普通高等教育“十二五”规划教材
省级精品课程辅导教材
考研辅导教材

大学数学辅导教程

下　册

(线性代数、概率论与数理统计)

主　编
王汝亮　张序萍　陈贵磊　郭秀荣
副主编
马芳芳　王鲁新　徐亚鹏　郭文静

上海交通大学出版社

内容提要

本书分上、下两册，下册为线性代数、概率论与数理统计部分，共13章：第1章行列式；第2章矩阵；第3章向量组；第4章线性方程组；第5章特征值和特征向量；第6章二次型；第7章随机事件与概率；第8章随机变量及其分布；第9章多维随机变量及其分布；第10章随机变量的数字特征；第11章大数定律与中心极限定理；第12章样本及抽样分布；第13章参数估计和假设检验. 每章都有知识点梳理，题型归类与方法分析，同步测试题，书末附有参考答案.

本书可以作为本科生参加研究生入学考试的指导书，也可作为数学考研的辅导教材和教学参考书.

图书在版编目(CIP)数据

大学数学辅导教程. 下 / 王汝亮等主编. —上海：
上海交通大学出版社，2013
ISBN 978-7-313-10484-7

Ⅰ. ①大… Ⅱ. ①王… Ⅲ. ①高等数学—研究生—入学考试—自学参考资料 Ⅳ. ①013

中国版本图书馆 CIP 数据核字(2013)第257030号

大学数学辅导教程
(线性代数、概率论与数理统计)
下 册

主　　编：王汝亮　张序萍　陈贵磊　郭秀荣
出版发行：上海交通大学出版社　　地　　址：上海市番禺路951号
邮政编码：200030　　电　　话：021-64071208
出 版 人：韩建民
印　　制：上海交大印务有限公司　　经　　销：全国新华书店
开　　本：787 mm×1092 mm　1/16　　印　　张：15.25
字　　数：341千字
版　　次：2013年11月第1版　　印　　次：2013年11月第1次印刷
书　　号：ISBN 978-7-313-10484-7/O
定　　价：28.00元

前言

大学数学是高等学校各专业重要的公共基础课，是培养学生抽象思维、逻辑推理、空间想象能力和科学计算能力以及应用知识能力必不可少的一门课程，也是进一步学习现代科学知识的必修课. 它不但广泛地应用于自然科学和工程技术，而且已经渗透到生命科学、经济科学和社会科学等众多的领域，乃至行政管理和人们的日常生活中，所以，能否应用数学观念定量思维已经成为衡量民族文化素质的一个重要标志，正如马克思所说："一门科学只有成功地运用数学时，才算达到了完善的地步."

高等数学、线性代数、概率论与数理统计是大学数学的三个组成部分，也是理工、经济类学生报考硕士研究生时必考的重要课程. 本书编者所授大学数学课程为省级精品课程，同时作者主持的《大学数学考研辅导与团队建设研究》是创新基金项目. 多年来考研数学辅导教学团队认真研究大学数学的教学内容和教学方法，认真总结举办考研数学辅导的经验，根据学生的知识结构，结合教学实践编写了《大学数学辅导教程》一书.

本书具有如下特点：将知识点进行了系统小结与归类，题型多样，技巧多变；对解题方法进行了归纳，使难题的解决有法可循；题目选择、题型的归纳都是依据多年对考研题目的研究所成，其知识的多样性、灵活性、技巧性、综合性等在书中都体现出来了.

在编写和出版该书的过程中得到了有关领导的大力支持和帮助，在此一并表示感谢.

囿于水平，加之时间仓促，书中存在的错误和不当之处，恳请读者批评指正.

编　者

2013 年 9 月

目录

第1篇 线性代数

第 1 篇

线性代数

第 1 章　行列式

行列式实质上由一些数值做成的方阵按照一定规则计算得到的一个数，是线性代数的基础内容，在线性方程组、矩阵、向量组的线性相关性、特征值及正定矩阵的研究中有所应用.

本章重点：

(1) 行列式的计算.

(2) 行列式 $|\boldsymbol{A}|$ 是否为零的判定.

1.1　行列式的概念

1.1.1　知识点梳理

1) 排列与逆序

定义 1　由自然数 1, 2, …, n 组成的不重复的每一种有确定次序的排列，称为一个 n 级排列.

定义 2　在一个 n 级排列中，若数 $i_t > i_s$，则称数 i_t 与 i_s 构成一个逆序. 一个 n 级排列中逆序数的总数称为该排列的逆序数，记为 $N(i_1, i_2, \cdots, i_n)$.

2) n 阶行列式的概念

定义 3　n 阶行列式

$$|\boldsymbol{A}| = \det(\boldsymbol{A}) = \begin{vmatrix} a_{11} & a_{12} & \cdots & a_{1n} \\ a_{21} & a_{22} & \cdots & a_{2n} \\ \cdots & \cdots & \cdots & \cdots \\ a_{n1} & a_{n2} & \cdots & a_{nn} \end{vmatrix} = \sum_{j_1 j_2 \cdots j_n} (-1)^{N(j_1 j_2 \cdots j_n)} a_{1j_1} a_{2j_2} \cdots a_{nj_n} \quad (1.1)$$

其中 $\sum\limits_{j_1 j_2 \cdots j_n}$ 表示对所有的 n 级排列 $j_1 j_2 \cdots j_n$ 求和，式(1.1)称为 n 阶行列式的完全展开式.

注： ① n 阶行列式是 $n!$ 项的代数和；

② 每项都是取自不同行不同列的 n 个元素的乘积；

③ 每项的符号是：当该项元素的行标按自然数顺序排列后，若对应的列标构成的排列是偶排列则取正号，是奇排列则取负号.

n 阶行列式也可定义为

$$|\boldsymbol{A}| = \sum (-1)^S a_{i_1 j_1} a_{i_2 j_2} \cdots a_{i_n j_n}.$$

其中 S 为行标与列标排列的逆序数之和，即

$$S = N(i_1 i_2 \cdots i_n) + N(j_1 j_2 \cdots j_n).$$

n 阶行列式还可定义为

$$|\boldsymbol{A}| = \sum (-1)^{N(i_1 i_2 \cdots i_n)} a_{i_1 1} a_{i_2 2} \cdots a_{i_n n}.$$

1.1.2 题型归类与方法分析

题型 1　关于行列式的概念

例 1　已知 $a_{23}a_{31}a_{ij}a_{64}a_{56}a_{15}$ 是 6 阶行列式中的一项，确定 i，j 的值以及此项所带的符号.

【解】　根据行列式的定义，它是不同行不同列元素乘积的代数和. 因此，行指标

$$2,\ 3,\ i,\ 6,\ 5,\ 1$$

应取自 1 至 6 的排列，故 $i=4$. 同理可知，$j=2$.

关于此项所带的符号，可有两种思路：

(1) 将该项按行的自然顺序排列，有 $a_{23}a_{31}a_{42}a_{64}a_{56}a_{15} = a_{15}a_{23}a_{31}a_{42}a_{56}a_{64}$，后者列的逆序数为 $N(531\,264)=7$，所以该项应带负号.

(2) 直接计算行的逆序数与列的逆序数，有 $N(234\,651)+N(312\,465)=9$，也知此项应带负号.

例 2　已知 $f(x) = \begin{vmatrix} x & 1 & 2 & 4 \\ 1 & 2-x & 2 & 4 \\ 2 & 0 & 1 & 2-x \\ 1 & x & x+3 & x+6 \end{vmatrix}$，证明 $f'(x)=0$ 有小于 1 的正根.

【分析】　按行列式定义易知 $f(x)$ 是 x 的多项式，显然 $f(x)$ 连续且可导. 根据罗尔定理，只需证明 $f(0)=f(1)$.

【证明】　因为 $f(0) = \begin{vmatrix} 0 & 1 & 2 & 4 \\ 1 & 2 & 2 & 4 \\ 2 & 0 & 1 & 2 \\ 1 & 0 & 3 & 6 \end{vmatrix} = 0$，$f(1) = \begin{vmatrix} 1 & 1 & 2 & 4 \\ 1 & 1 & 2 & 4 \\ 2 & 0 & 1 & 1 \\ 1 & 1 & 4 & 7 \end{vmatrix} = 0$，又知函数 $f(x)$ 在 $[0,1]$ 上连续，在 $(0,1)$ 内可导，故存在 $\xi \in (0,1)$，使 $f'(\xi)=0$，即 $f'(x)=0$ 有小于 1 的正根.

1.2 行列式的计算

1.2.1 知识点梳理

1) 行列式的性质

(1) 行列式与它的转置行列式相等,即 $|\boldsymbol{A}|=|\boldsymbol{A}^{\mathrm{T}}|$.

注: 由性质(1)可知,行列式的行与列具有相同的地位,行列式的行具有的性质,它的列也同样具有.

(2) 交换行列式的两行(列),行列式变号.

注: 交换行列式 i, j 两行(列),记为 $r_i \leftrightarrow r_j (c_i \leftrightarrow c_j)$.

推论 1 若行列式中有两行(列)的对应元素相同,则此行列式为零.

(3) 行列式中某一行(列)有公因子 k,则 k 可以提到行列式符号外.特别地,若行列式中某行(列)元素全是零,则行列式的值为零.

推论 2 行列式两行(列)元素对应成比例,则此行列式为零.

(4) 如果行列式中某行(列)的每个元素都是两个数的和,则此行列式可以拆成两个行列式的和.

注: 由于 $\boldsymbol{A}+\boldsymbol{B}=(a_{ij}+b_{ij})$,则 $|\boldsymbol{A}+\boldsymbol{B}|$ 应该拆成 2^n 个行列式之和,故一般情况下

$$|\boldsymbol{A}+\boldsymbol{B}| \neq |\boldsymbol{A}|+|\boldsymbol{B}|.$$

(5) 把行列式某行(列)的 k 倍加至另一行(列),行列式的值不变.

注: 在行列式计算中,往往先利用性质5作恒等变形,以期简化计算.

2) 行列式按行(列)展开

定义 4 在 n 阶行列式 $|\boldsymbol{A}|$ 中去掉元素 a_{ij} 的第 i 行以及第 j 列元素后的 $n-1$ 阶行列式,称为元素 a_{ij} 的余子式,记为 M_{ij},再记 $A_{ij}=(-1)^{i+j}M_{ij}$,A_{ij} 称为元素 a_{ij} 的代数余子式.

引理 1 一个 n 阶行列式 D,若其中第 i 行所有元素除 a_{ij} 外都为零,则该行列式等于 a_{ij} 与它的代数余子式的乘积,即 $D=a_{ij}A_{ij}$.

定理 1 行列式等于它的任一行(列)的各元素与其对应的代数余子式乘积之和,即

$$|\boldsymbol{A}|=a_{i1}A_{i1}+a_{i2}A_{i2}+\cdots+a_{in}A_{in} \qquad (i=1,\ 2,\ \cdots,\ n)$$

或

$$|\boldsymbol{A}|=a_{1j}A_{1j}+a_{2j}A_{2j}+\cdots+a_{nj}A_{nj} \qquad (j=1,\ 2,\ \cdots,\ n)$$

推论 3 行列式某一行(列)的元素与另一行(列)的对应元素的代数余子式乘积之和等于零,即

$$a_{i1}A_{j1}+a_{i2}A_{j2}+\cdots+a_{in}A_{jn}=0,\ i\neq j$$
$$a_{1i}A_{1j}+a_{2i}A_{2j}+\cdots+a_{ni}A_{nj}=0,\ i\neq j$$

综上所述，可得到有关代数余子式的一个重要性质：

$$\sum_{k=1}^{n} a_{ik}A_{jk} = \begin{cases} |\boldsymbol{A}|, & i=j \\ 0, & i\neq j \end{cases} \text{或} \quad \sum_{k=1}^{n} a_{ki}A_{kj} = \begin{cases} |\boldsymbol{A}|, & i=j \\ 0, & i\neq j. \end{cases}$$

3）行列式的计算

（1）化三角形行列式计算行列式. 计算行列式时，常利用行列式的性质，把它化为三角形行列式来计算. 例如，化为上三角形行列式的步骤为：

如果第一列第一个元素为0，先将第一行与其他行交换，使得第一列第一个元素不为0，然后把第一行分别乘以适当的数加到其他各行，使得第一列除第一个元素外其余元素全为0；再用同样的方法处理除去第一行和第一列后余下的低一阶行列式；如此继续下去，直至使它成为上三角形行列式，这时主对角线上元素的乘积就是所求行列式的值.

（2）降阶法计算行列式. 直接利用按行（列）展开法则计算行列式，运算量较大，尤其是高阶行列式. 因此，计算行列式时，一般先利用行列式的性质将行列式中某一行（列）化为仅含有一个非零元素，再按此行（列）展开，化为低一阶的行列式，如此继续下去直到化为三阶或二阶行列式.

（3）几种特殊行列式的计算：

① 上（下）三角形行列式等于其主对角线上元素的乘积，即

$$\begin{vmatrix} a_{11} & & * \\ & a_{22} & \\ 0 & & a_{nn} \end{vmatrix} = \begin{vmatrix} a_{11} & & 0 \\ & a_{22} & \\ * & & a_{nn} \end{vmatrix} = a_{11}a_{22}\cdots a_{nn}.$$

② 关于副对角线以外元素全为0的行列式，其计算公式为

$$\begin{vmatrix} * & & a_{1n} \\ & a_{2n-1} & \\ a_{n1} & & 0 \end{vmatrix} = \begin{vmatrix} 0 & & a_{1n} \\ & a_{2n-1} & \\ a_{n1} & & * \end{vmatrix} = (-1)^{\frac{n(n-1)}{2}} a_{1n}a_{2n-1}\cdots a_{n1}.$$

③ 拉普拉斯展开式，设 $\boldsymbol{A}$ 是 m 阶矩阵，$\boldsymbol{B}$ 是 n 阶矩阵，则

$$\begin{vmatrix} \boldsymbol{A} & \boldsymbol{0} \\ \boldsymbol{C} & \boldsymbol{B} \end{vmatrix} = \begin{vmatrix} \boldsymbol{A} & \boldsymbol{C} \\ \boldsymbol{0} & \boldsymbol{B} \end{vmatrix} = |\boldsymbol{A}||\boldsymbol{B}|,$$

$$\begin{vmatrix} \boldsymbol{0} & \boldsymbol{A} \\ \boldsymbol{B} & \boldsymbol{C} \end{vmatrix} = \begin{vmatrix} \boldsymbol{C} & \boldsymbol{A} \\ \boldsymbol{B} & \boldsymbol{0} \end{vmatrix} = (-1)^{mn} |\boldsymbol{A}||\boldsymbol{B}|.$$

④ 范德蒙行列式

$$\begin{vmatrix} 1 & 1 & 1 & \cdots & 1 \\ x_1 & x_2 & x_3 & \cdots & x_n \\ x_1^2 & x_2^2 & x_3^2 & \cdots & x_n^2 \\ & & \cdots & & \\ x_1^{n-1} & x_2^{n-1} & x_3^{n-1} & \cdots & x_n^{n-1} \end{vmatrix} = \prod_{1\leqslant j<i\leqslant n} (x_i - x_j).$$

(4) 有关行列式的几个重要公式：

① 若$\boldsymbol{A}$是n阶矩阵，则$|k\boldsymbol{A}|=k^n|\boldsymbol{A}|$.

② 若$\boldsymbol{A}$, $\boldsymbol{B}$都是n阶矩阵，则$|\boldsymbol{AB}|=|\boldsymbol{A}||\boldsymbol{B}|$.

③ 若$\boldsymbol{A}$是n阶矩阵，则$|\boldsymbol{A}^*|=|\boldsymbol{A}|^{n-1}$.

④ 若$\boldsymbol{A}$是n阶可逆矩阵，则$|\boldsymbol{A}^{-1}|=|\boldsymbol{A}|^{-1}$.

⑤ 若$\boldsymbol{A}$是n阶矩阵，$\lambda_i(i=1, 2, 3, \cdots, n)$是$\boldsymbol{A}$的特征值，则$|\boldsymbol{A}|=\prod\limits_{i=1}^{n}\lambda_i$.

⑥ 若$\boldsymbol{A}\sim\boldsymbol{B}$，则$|\boldsymbol{A}|=|\boldsymbol{B}|$.

4) 题型归类与方法分析

题型2 数字型行列式的计算

(1) 直接降阶计算行列式.

例3 计算n阶行列式 $|\boldsymbol{A}|=\begin{vmatrix} x & y & 0 & \cdots & 0 \\ 0 & x & y & \cdots & 0 \\ 0 & 0 & x & \cdots & 0 \\ & & \cdots & & \\ y & 0 & 0 & \cdots & x \end{vmatrix}_n$.

【解】 直接按第一列展开，得

$$|\boldsymbol{A}|=x(-1)^{1+1}\begin{vmatrix} x & y & \cdots & 0 & 0 \\ 0 & x & \cdots & 0 & 0 \\ & & \cdots & & \\ 0 & 0 & \cdots & x & y \\ 0 & 0 & \cdots & 0 & x \end{vmatrix}+y(-1)^{n+1}\begin{vmatrix} y & 0 & \cdots & 0 & 0 \\ x & y & \cdots & 0 & 0 \\ & & \cdots & & \\ 0 & 0 & \cdots & y & 0 \\ 0 & 0 & \cdots & x & y \end{vmatrix}$$

$$=x^n+(-1)^{n+1}y^n.$$

(2) 行(列)元素之和相等的行列式(归一法).

例4 计算 $|\boldsymbol{A}|=\begin{vmatrix} a & b & b & \cdots & b \\ b & a & b & \cdots & b \\ b & b & a & \cdots & b \\ & & \cdots & & \\ b & b & b & \cdots & a \end{vmatrix}_n$.

【分析】 行列式中各行元素之和都为$a+(n-1)b$，故可把行列式各列同时加到第一列，提出公因子$a+(n-1)b$，然后各行减去第一行，化为上三角形行列式来计算.

【解】 $$|\boldsymbol{A}|\overset{c_1+c_2+\cdots+c_n}{=}\begin{vmatrix} a+(n-1)b & b & b & \cdots & b \\ a+(n-1)b & a & b & \cdots & b \\ a+(n-1)b & b & a & \cdots & b \\ & & \cdots & & \\ a+(n-1)b & b & b & \cdots & a \end{vmatrix}_n=[a+(n-1)b]\begin{vmatrix} 1 & b & b & \cdots & b \\ 1 & a & b & \cdots & b \\ 1 & b & a & \cdots & b \\ & & \cdots & & \\ 1 & b & b & \cdots & a \end{vmatrix}$$

$$\xlongequal[r_n-r_1]{r_2-r_1,\ r_3-r_1,\ \cdots} [a+(n-1)b]\begin{vmatrix} 1 & b & b & \cdots & b \\ 0 & a-b & 0 & \cdots & 0 \\ 0 & 0 & a-b & \cdots & 0 \\ & & \cdots & & \\ 0 & 0 & 0 & \cdots & a-b \end{vmatrix} = [a+(n-1)b](a-b)^{n-1}.$$

(3) 箭形行列式.

例 5 计算 $|\boldsymbol{A}| = \begin{vmatrix} a_1 & 1 & 1 & \cdots & 1 \\ 1 & a_2 & 0 & \cdots & 0 \\ 1 & 0 & a_3 & \cdots & 0 \\ & & \cdots & & \\ 1 & 0 & 0 & \cdots & a_n \end{vmatrix}_n$ $(a_i \neq 0,\ i=1,2,\cdots,n)$.

【分析】 对于所谓的箭形行列式,可直接利用行列式的性质将其一条边化为零,从而根据三角或者次三角行列式的结果求值.

【解】 先将第 i 列提出 a_i,再把第 i 列的 -1 倍加至第 1 列 $(i=2,3,\cdots,n)$,得

$$|\boldsymbol{A}| = a_2a_3\cdots a_n\begin{vmatrix} a_1 & \frac{1}{a_2} & \frac{1}{a_3} & \cdots & \frac{1}{a_n} \\ 1 & 1 & 0 & \cdots & 0 \\ 1 & 0 & 1 & \cdots & 0 \\ & & \cdots & & \\ 1 & 0 & 0 & \cdots & 1 \end{vmatrix} = a_2a_3\cdots a_n\begin{vmatrix} a_1-\sum\limits_{i=2}^{n}\frac{1}{a_i} & \frac{1}{a_2} & \frac{1}{a_3} & \cdots & \frac{1}{a_n} \\ 0 & 1 & 0 & \cdots & 0 \\ 0 & 0 & 1 & \cdots & 0 \\ & & \cdots & & \\ 0 & 0 & 0 & \cdots & 1 \end{vmatrix}_n$$

$$=a_2a_3\cdots a_n\left(a_1-\sum_{i=2}^{n}\frac{1}{a_i}\right).$$

(4) 递推法.

例 6 计算 n 阶行列式 $D_n = \begin{vmatrix} 2a & 1 & 0 & \cdots & 0 \\ a^2 & 2a & 1 & \cdots & 0 \\ 0 & a^2 & 2a & \cdots & 0 \\ & & \cdots & & \\ 0 & \cdots & a^2 & 2a & 1 \\ 0 & \cdots & 0 & a^2 & 2a \end{vmatrix}$.

【解】 按第 1 列展开,有

$$D_n = 2aD_{n-1} - a^2D_{n-2},$$

得 $$D_n - aD_{n-1} = aD_{n-1} - a^2D_{n-2} = a(D_{n-1} - aD_{n-2});$$

从而 $$D_n - aD_{n-1} = a(D_{n-1} - aD_{n-2}) = a^2(D_{n-2} - aD_{n-3})$$

$$=\cdots = a^{n-2}(D_2 - aD_1) = a^n,$$

那么 $$D_n=a^n+aD_{n-1}=a(aD_{n-2}+a^{n-1})+a^n=a^2D_{n-2}+2a^n$$
$$=\cdots=a^{n-1}D_1+(n-1)a^n=(n+1)a^n.$$

(5) 数学归纳法.

例 7 证明 n 阶行列式 $D_n=\begin{vmatrix}2a & 1 & 0 & \cdots & 0\\ a^2 & 2a & 1 & \cdots & 0\\ 0 & a^2 & 2a & \cdots & 0\\ & & \cdots & & \\ 0 & \cdots & a^2 & 2a & 1\\ 0 & \cdots & 0 & a^2 & 2a\end{vmatrix}=(n+1)a^n$.

【证明】 当 $n=1$ 时，$D_1=2a$，命题正确.

当 $n=2$ 时，$D_2=\begin{vmatrix}2a & 1\\ a^2 & 2a\end{vmatrix}=3a^2$，命题正确.

设 $n=k$ 时，$D_k=(k+1)a^k$ 正确，下证当 $n=k+1$，命题正确.

$D_{k+1}=\begin{vmatrix}2a & 1 & 0 & \cdots & 0\\ a^2 & 2a & 1 & \cdots & 0\\ & & \cdots & & \\ 0 & \cdots & a^2 & 2a & 1\\ 0 & \cdots & 0 & a^2 & 2a\end{vmatrix}_{k+1}$，对 D_{k+1} 按第一列展开得

$$D_{k+1}=2a\begin{vmatrix}2a & 1 & 0 & \cdots & 0\\ a^2 & 2a & 1 & & 0\\ & & \cdots & & \\ 0 & \cdots & a^2 & 2a & 1\\ 0 & \cdots & 0 & a^2 & 2a\end{vmatrix}_k+a^2(-1)^{2+1}\begin{vmatrix}1 & 0 & 0 & \cdots & 0\\ a^2 & 2a & 1 & \cdots & 0\\ & & \cdots & & \\ 0 & \cdots & a^2 & 2a & 1\\ 0 & \cdots & 0 & a^2 & 2a\end{vmatrix}_k$$

$=2aD_k-a^2D_{k-1}$，

按归纳假设 $D_k=(k+1)a^k$，$D_{k-1}=ka^{k-1}$，从而

$$D_{k+1}=2a(k+1)a^k-a^2ka^{k-1}=(k+2)a^{k+1}.$$

证毕.

(6) 范德蒙行列式.

例 8 计算 $D_n=\begin{vmatrix}1 & 1 & \cdots & 1\\ x_1 & x_2 & \cdots & x_n\\ x_1^2 & x_2^2 & \cdots & x_n^2\\ & \cdots & & \\ x_1^{n-2} & x_2^{n-2} & \cdots & x_n^{n-2}\\ x_1^n & x_2^n & \cdots & x_n^n\end{vmatrix}$.

【解】 考虑 $n+1$ 阶范德蒙行列式

$$D_{n+1}=\begin{vmatrix}1 & 1 & \cdots & 1 & 1\\ x_1 & x_2 & \cdots & x_n & y\\ x_1^2 & x_2^2 & \cdots & x_n^2 & y^2\\ & & \cdots & & \\ x_1^{n-1} & x_2^{n-1} & \cdots & x_n^{n-1} & y^{n-1}\\ x_1^n & x_2^n & \cdots & x_n^n & y^n\end{vmatrix}=\prod_{i=1}^{n}(y-x_i)\prod_{1\leqslant j<i\leqslant n}(x_i-x_j),$$

易知原行列式是上式中 y^{n-1} 项系数的相反号,而上式 y^{n-1} 项系数为

$$-\sum_{i=1}^{n}x_i\prod_{1\leqslant j<i\leqslant n}(x_i-x_j),$$

故所求的行列式为

$$D_n=\sum_{i=1}^{n}x_i\prod_{1\leqslant j<i\leqslant n}(x_i-x_j).$$

(7) 关于某行(列)元素的余子式或代数余子式的线性组合.

例 9 设 $D=\begin{vmatrix}3 & -5 & 2 & 1\\ 1 & 1 & 0 & -5\\ -1 & 3 & 1 & 3\\ 2 & -4 & -1 & -3\end{vmatrix}$, D 中元素 a_{ij} 的余子式和代数余子式依次记为 M_{ij} 和 A_{ij}, 求 $A_{11}+A_{12}+A_{13}+A_{14}$ 及 $M_{11}+M_{21}+M_{31}+M_{41}$.

【解】 注意到 $A_{11}+A_{12}+A_{13}+A_{14}$ 中其线性组合系数分别为1,所以用1, 1, 1, 1代替 D 的第1行所得的行列式,可得

$$A_{11}+A_{12}+A_{13}+A_{14}=\begin{vmatrix}1 & 1 & 1 & 1\\ 1 & 1 & 0 & -5\\ -1 & 3 & 1 & 3\\ 2 & -4 & -1 & -3\end{vmatrix}=4,$$

$$M_{11}+M_{21}+M_{31}+M_{41}=A_{11}-A_{21}+A_{31}-A_{41}=\begin{vmatrix}1 & -5 & 2 & 1\\ -1 & 1 & 0 & -5\\ 1 & 3 & 1 & 3\\ -1 & -4 & -1 & -3\end{vmatrix}=0.$$

题型 3 抽象行列式的计算

例 10 设 $\boldsymbol{\alpha}_1, \boldsymbol{\alpha}_2, \boldsymbol{\alpha}_3$ 均为3维列向量,记矩阵 $\boldsymbol{A}=(\boldsymbol{\alpha}_1, \boldsymbol{\alpha}_2, \boldsymbol{\alpha}_3)$, $\boldsymbol{B}=(\boldsymbol{\alpha}_1+\boldsymbol{\alpha}_2+\boldsymbol{\alpha}_3, \boldsymbol{\alpha}_1+2\boldsymbol{\alpha}_2+4\boldsymbol{\alpha}_3, \boldsymbol{\alpha}_1+3\boldsymbol{\alpha}_2+9\boldsymbol{\alpha}_3)$, 如果 $|\boldsymbol{A}|=1$, 那么 $|\boldsymbol{B}|=$ ________.

【分析】 对矩阵 $\boldsymbol{B}$ 用分块技巧，有

$$\boldsymbol{B}=(\alpha_1, \alpha_2, \alpha_3)\begin{pmatrix}1&1&1\\1&2&3\\1&4&9\end{pmatrix}$$

两边取行列式，并用行列式乘法公式，得

$$|\boldsymbol{B}|=|\boldsymbol{A}|\begin{vmatrix}1&1&1\\1&2&3\\1&4&9\end{vmatrix}=2|\boldsymbol{A}|$$

所以 $|\boldsymbol{B}|=2$

例 11 设 $\boldsymbol{A}, \boldsymbol{B}$ 均为 n 阶矩阵，$|\boldsymbol{A}|=2$，$|\boldsymbol{B}|=-3$，则 $|2\boldsymbol{A}^*\boldsymbol{B}^{-1}|=$ ________.

【解】 $|2\boldsymbol{A}^*\boldsymbol{B}^{-1}|=2^n|\boldsymbol{A}^*||\boldsymbol{B}^{-1}|=2^n|\boldsymbol{A}|^{n-1}|\boldsymbol{B}|^{-1}=-\dfrac{2^{2n-1}}{3}$.

例 12 若 4 阶矩阵 $\boldsymbol{A}$ 与 $\boldsymbol{B}$ 相似，矩阵 $\boldsymbol{A}$ 的特征值为 $\frac{1}{2}, \frac{1}{3}, \frac{1}{4}, \frac{1}{5}$，则行列式 $|\boldsymbol{B}^{-1}-\boldsymbol{E}|=$ ________.

【解】 因为 $|\boldsymbol{A}|=\prod\limits_{i=1}^{4}\lambda_i$，故应求 $\boldsymbol{B}^{-1}-\boldsymbol{E}$ 的特征值. 由 $\boldsymbol{A}$ 与 $\boldsymbol{B}$ 相似知，$\boldsymbol{B}$ 的特征值是 $\frac{1}{2}, \frac{1}{3}, \frac{1}{4}, \frac{1}{5}$，那么 $\boldsymbol{B}^{-1}-E$ 的特征值是 1, 2, 3, 4，从而 $|\boldsymbol{B}^{-1}-\boldsymbol{E}|=1\times2\times3\times4=24$.

例 13 设 $\boldsymbol{A}, \boldsymbol{B}$ 为 3 阶矩阵，且 $|\boldsymbol{A}|=3$，$|\boldsymbol{B}|=2$，$|\boldsymbol{A}^{-1}+\boldsymbol{B}|=2$，则 $|\boldsymbol{A}+\boldsymbol{B}^{-1}|=$ ________.

【解】 利用单位矩阵恒等变形，有

$$\boldsymbol{A}+\boldsymbol{B}^{-1}=\boldsymbol{E}\boldsymbol{A}+\boldsymbol{B}^{-1}\boldsymbol{E}=(\boldsymbol{B}^{-1}\boldsymbol{B})\boldsymbol{A}+\boldsymbol{B}^{-1}(\boldsymbol{A}^{-1}\boldsymbol{A})=\boldsymbol{B}^{-1}(\boldsymbol{B}+\boldsymbol{A}^{-1})\boldsymbol{A}=\boldsymbol{B}^{-1}(\boldsymbol{A}^{-1}+\boldsymbol{B})\boldsymbol{A}$$

故

$$|\boldsymbol{A}+\boldsymbol{B}^{-1}|=|\boldsymbol{B}^{-1}|\cdot|\boldsymbol{A}^{-1}+\boldsymbol{B}|\cdot|\boldsymbol{A}|=\frac{1}{2}\cdot2\cdot3=3.$$

题型 4 含参数行列式的计算

例 14 已知 $\begin{vmatrix}\lambda-17&2&-7\\2&\lambda-14&4\\2&4&\lambda-14\end{vmatrix}=0$，则 $\lambda=$ ________.

【解】

$$\begin{vmatrix}\lambda-17&2&-7\\2&\lambda-14&4\\2&4&\lambda-14\end{vmatrix}=\begin{vmatrix}\lambda-17&2&-7\\2&\lambda-14&4\\0&18-\lambda&\lambda-18\end{vmatrix}=\begin{vmatrix}\lambda-17&-5&-7\\2&\lambda-10&4\\0&0&\lambda-18\end{vmatrix}$$

$$=(\lambda-18)\begin{vmatrix}\lambda-17&-5\\2&\lambda-10\end{vmatrix}=(\lambda-18)(\lambda-15)(\lambda-12)=0.$$

所以λ为 12，15，18.

题型 5　行列式 $|A|$ 是否为零的判定

证明行列式 $|A|=0$ 常用的思路有：

(1) 反证法，如 $|A|\neq 0$，从 A 可逆找矛盾；

(2) 构造齐次方程组 $Ax=0$，证明它有非零解；

(3) 证明矩阵 A 的秩小于 n；

(4) 证明 0 是矩阵 A 的一个特征值.

例 15　设 $A^2=A$，$A\neq E$，证明 $|A|=0$.

【证法一】　如 $|A|\neq 0$，则 A 可逆，那么 $A=A^{-1}A^2=A^{-1}A=E$，与已知条件 $A\neq E$ 矛盾.

【证法二】　由 $A^2=A$，有 $A(A-E)=0$，从而 $A-E$ 的每一列都是齐次方程组 $Ax=0$ 的解，又因 $A\neq E$，故齐次方程组 $Ax=0$ 有非零解，从而 $|A|=0$.

【证法三】　由 $A-E$ 的每一列都是齐次方程组 $Ax=0$ 的解，所以

$$r(A-E)\leqslant n-r(A)$$

又因 $A\neq E$，$r(A-E)>0$，故 $r(A)\leqslant n-r(A-E)<n$，所以 $|A|=0$.

1.3　行列式的应用

1.3.1　知识点梳理

1）克莱姆法则

定理 2　对于 n 个方程 n 个未知量的线性方程组

$$\begin{cases} a_{11}x_1+a_{12}x_2+\cdots+a_{1n}x_n=b_1 \\ a_{21}x_1+a_{22}x_2+\cdots+a_{2n}x_n=b_2 \\ \cdots \\ a_{n1}x_1+a_{n2}x_2+\cdots+a_{nn}x_n=b_n \end{cases},$$

如果系数行列式 $|A|\neq 0$，则方程组有唯一解，即

$$x_1=\frac{|A_1|}{|A|},\ x_2=\frac{|A_2|}{|A|},\ \cdots,\ x_n=\frac{|A_n|}{|A|},$$

其中 $|A_j|$ 就是把 $|A|$ 中第 j 列换成常数项.

2）克莱姆法则在齐次线性方程组中的应用结论

推论 4　若齐次线性方程组

$$\begin{cases} a_{11}x_1 + a_{12}x_2 + \cdots + a_{1n}x_n = 0 \\ a_{21}x_1 + a_{22}x_2 + \cdots + a_{2n}x_n = 0 \\ \cdots \\ a_{n1}x_1 + a_{n2}x_2 + \cdots + a_{nn}x_n = 0 \end{cases}$$

的系数行列式不为0,则方程组只有零解.

推论5 若齐次线性方程组

$$\begin{cases} a_{11}x_1 + a_{12}x_2 + \cdots + a_{1n}x_n = 0 \\ a_{21}x_1 + a_{22}x_2 + \cdots + a_{2n}x_n = 0 \\ \cdots \\ a_{n1}x_1 + a_{n2}x_2 + \cdots + a_{nn}x_n = 0 \end{cases}$$

有非零解,则系数行列式等于0.

1.3.2 题型归类与方法分析

题型6 克莱姆法则的应用

例16 齐次线性方程组

$$\begin{cases} \lambda x_1 + x_2 + \lambda^2 x_3 = 0 \\ x_1 + \lambda x_2 + x_3 = 0 \\ x_1 + x_2 + \lambda x_3 = 0 \end{cases}$$

的系数矩阵为$\boldsymbol{A}$,若存在三阶矩阵$\boldsymbol{B} \neq \boldsymbol{0}$使得$\boldsymbol{AB} = \boldsymbol{0}$,则(　　).

A. $\lambda = -2$且$|\boldsymbol{B}| = 0$　　B. $\lambda = -2$且$|\boldsymbol{B}| \neq 0$

C. $\lambda = 1$且$|\boldsymbol{B}| = 0$　　D. $\lambda = 1$且$|\boldsymbol{B}| \neq 0$

【解】 由$\boldsymbol{AB} = \boldsymbol{0}$知$r(\boldsymbol{A}) + r(\boldsymbol{B}) \leqslant 3$,又$\boldsymbol{A} \neq \boldsymbol{0}$,$\boldsymbol{B} \neq \boldsymbol{0}$,于是$1 \leqslant r(\boldsymbol{A}) < 3$,$1 \leqslant r(\boldsymbol{B}) < 3$,故$|\boldsymbol{B}| = 0$.

显然,$\lambda = 1$时$\boldsymbol{A} = \begin{pmatrix} 1 & 1 & 1 \\ 1 & 1 & 1 \\ 1 & 1 & 1 \end{pmatrix}$,有$1 \leqslant r(\boldsymbol{A}) < 3$,故应选C.

注: 对于条件$\boldsymbol{AB} = \boldsymbol{0}$应当有两个思路:一是$\boldsymbol{B}$的列向量是齐次方程组$\boldsymbol{Ax} = \boldsymbol{0}$的解;二是$r(\boldsymbol{A}) + r(\boldsymbol{B}) \leqslant n$($n$为矩阵$\boldsymbol{A}$的列数).

例17 设$\boldsymbol{A} = \begin{pmatrix} 1 & 2 & -2 \\ 4 & t & 3 \\ 3 & -1 & 1 \end{pmatrix}$,若存在三阶矩阵$\boldsymbol{B} \neq \boldsymbol{0}$使得$\boldsymbol{AB} = \boldsymbol{0}$,则$t =$ ________.

【解】 由 $\boldsymbol{AB}=\boldsymbol{0}$，且 $\boldsymbol{B}\neq\boldsymbol{0}$，知齐次方程组 $\boldsymbol{Ax}=\boldsymbol{0}$ 有非零解，由克莱姆法则知：

$$|\boldsymbol{A}|=0$$

即

$$|\boldsymbol{A}|=\begin{vmatrix}1&2&-2\\4&t&3\\3&-1&1\end{vmatrix}=0$$

所以

$$t=-3.$$

同步测试1

1）填空题

(1) 若 $\begin{vmatrix} 1 & 0 & 2 \\ x & 3 & 1 \\ 4 & x & 5 \end{vmatrix}$ 的代数余子式 $A_{12}=-1$，则代数余子式 $A_{21}=$ ________.

(2) 设 n 阶矩阵 $\boldsymbol{A}=\begin{pmatrix} 0 & 1 & 1 & \cdots & 1 & 1 \\ 1 & 0 & 1 & \cdots & 1 & 1 \\ 1 & 1 & 0 & \cdots & 1 & 1 \\ \cdots & & & & & \\ 1 & 1 & 1 & \cdots & 0 & 1 \\ 1 & 1 & 1 & \cdots & 1 & 0 \end{pmatrix}$，则 $|\boldsymbol{A}|=$ ________.

(3) 设 $\boldsymbol{A}=\begin{pmatrix} 1 & 2 & 3 \\ 0 & 1 & 0 \\ 2 & 4 & 8 \end{pmatrix}$，则 $|-2\boldsymbol{A}^{-1}|=$ ________.

(4) 设 $\boldsymbol{\alpha}, \boldsymbol{\beta}, \boldsymbol{\gamma}_1, \boldsymbol{\gamma}_2, \boldsymbol{\gamma}_3$ 都是四维列向量，且 $|\boldsymbol{A}|=|\boldsymbol{\alpha}, \boldsymbol{\gamma}_1, \boldsymbol{\gamma}_2, \boldsymbol{\gamma}_3|=4$，$|\boldsymbol{B}|=|\boldsymbol{\beta}, 2\boldsymbol{\gamma}_1, 3\boldsymbol{\gamma}_2, \boldsymbol{\gamma}_3|=21$，则 $|\boldsymbol{A}+\boldsymbol{B}|=$ ________.

(5) 若 $\boldsymbol{\alpha}_1, \boldsymbol{\alpha}_2, \boldsymbol{\alpha}_3, \boldsymbol{\beta}_1, \boldsymbol{\beta}_2$ 都是 4 维列向量，且 4 阶行列式 $|\boldsymbol{\alpha}_1, \boldsymbol{\alpha}_2, \boldsymbol{\alpha}_3, \boldsymbol{\beta}_1|=m$，$|\boldsymbol{\alpha}_1, \boldsymbol{\alpha}_2, \boldsymbol{\beta}_2, \boldsymbol{\alpha}_3|=n$，则 4 阶行列式 $|\boldsymbol{\alpha}_3, \boldsymbol{\alpha}_2, \boldsymbol{\alpha}_1, \boldsymbol{\beta}_1+\boldsymbol{\beta}_2|=$ ________.

(6) 设 $\boldsymbol{\alpha}=\begin{pmatrix} 1 \\ 0 \\ -1 \end{pmatrix}$，矩阵 $\boldsymbol{A}=\boldsymbol{\alpha}\boldsymbol{\alpha}^{\mathrm{T}}$，$n$ 为正整数，则 $|a\boldsymbol{E}-\boldsymbol{A}^n|=$ ________.

(7) 设矩阵 $\boldsymbol{A}=\begin{pmatrix} 2 & 1 & 0 \\ 1 & 2 & 0 \\ 0 & 0 & 1 \end{pmatrix}$，矩阵 $\boldsymbol{B}$ 满足 $\boldsymbol{A}\boldsymbol{B}\boldsymbol{A}^*=2\boldsymbol{B}\boldsymbol{A}^*+\boldsymbol{E}$，其中 $\boldsymbol{A}^*$ 为 $\boldsymbol{A}$ 的伴随矩阵，$\boldsymbol{E}$ 是单位矩阵，则 $|\boldsymbol{B}|=$ ________.

(8) 设矩阵 $\boldsymbol{A}=\begin{pmatrix} 2 & 1 \\ -1 & 2 \end{pmatrix}$，$\boldsymbol{E}$ 为 2 阶单位矩阵，矩阵 $\boldsymbol{B}$ 满足 $\boldsymbol{B}\boldsymbol{A}=\boldsymbol{B}+2\boldsymbol{E}$，则 $|\boldsymbol{B}|=$ ________;

(9) 设 $\boldsymbol{A}$ 为 n 阶矩阵，满足 $\boldsymbol{A}\boldsymbol{A}^{\mathrm{T}}=\boldsymbol{E}$，$|\boldsymbol{A}|<0$，则 $|\boldsymbol{A}+\boldsymbol{E}|=$ ________.

(10) 设齐次线性方程组 $\begin{cases} ax_1+x_2+2x_3=0 \\ x_1+ax_2+x_3=0 \\ x_1+x_2-x_3=0 \end{cases}$ 只有零解,则 a 满足的条件是________.

2) 选择题

(1) 记 $f(x)=\begin{vmatrix} x-2 & x-1 & x-2 & x-3 \\ 2x-2 & 2x-1 & 2x-2 & 2x-3 \\ 3x-3 & 3x-2 & 4x-5 & 3x-5 \\ 4x & 4x-3 & 5x-7 & 4x-3 \end{vmatrix}$,则方程 $f(x)=0$ 的根的个数为(　　).

A. 1　　B. 2　　C. 3　　D. 4

(2) 设 $\boldsymbol{A}$ 为 n 阶矩阵,对矩阵 $\boldsymbol{A}$ 作若干次初等变换得到矩阵 $\boldsymbol{B}$,那么必有(　　).

A. $|\boldsymbol{A}|=|\boldsymbol{B}|$　　B. 如 $|\boldsymbol{A}|=0$,则 $|\boldsymbol{B}|=0$

C. $|\boldsymbol{A}|\neq|\boldsymbol{B}|$　　D. 如 $|\boldsymbol{A}|>0$,则 $|\boldsymbol{B}|>0$

(3) 设 $\boldsymbol{A}$ 是 n 阶矩阵,且 $|\boldsymbol{A}|=0$,则(　　).

A. $\boldsymbol{A}$ 中必有两行元素对应成比例

B. $\boldsymbol{A}$ 中任一行向量是其余行向量的线性组合

C. $\boldsymbol{A}$ 中必有一列向量可有其余的列向量线性表出

D. 方程组 $\boldsymbol{Ax}=\boldsymbol{b}$ 必有无穷多解

(4) 设 $\begin{vmatrix} a_1 & a_2 & a_3 \\ b_1 & b_2 & b_3 \\ c_1 & c_2 & c_3 \end{vmatrix}=m$,则 $\begin{vmatrix} a_1 & 2c_1-5b_1 & 3b_1 \\ a_2 & 2c_2-5b_2 & 3b_2 \\ a_3 & 2c_3-5b_3 & 3b_3 \end{vmatrix}=$(　　).

A. $30m$　　B. $-15m$　　C. $6m$　　D. $-6m$

(5) 设 $\boldsymbol{A}$ 是 n 阶矩阵,则 $||\boldsymbol{A}^*|\boldsymbol{A}|=$(　　).

A. $|\boldsymbol{A}|^{n^2}$　　B. $|\boldsymbol{A}|^{n^2-n}$　　C. $|\boldsymbol{A}|^{n^2-n+1}$　　D. $|\boldsymbol{A}|^{n^2+n}$

(6) 设 $\boldsymbol{A}$ 是 n 阶矩阵,则 $|(2\boldsymbol{A})^*|=$(　　).

A. $2^n|\boldsymbol{A}^*|$　　B. $2^{n-1}|\boldsymbol{A}^*|$　　C. $2^{n^2-n}|\boldsymbol{A}^*|$　　D. $2^{n^2}|\boldsymbol{A}^*|$

(7) 设 $\boldsymbol{A}$ 是 m 阶矩阵,$\boldsymbol{B}$ 是 n 阶矩阵,且 $|\boldsymbol{A}|=a$,$|\boldsymbol{B}|=b$,若 $\boldsymbol{C}=\begin{pmatrix} \boldsymbol{0} & 3\boldsymbol{A} \\ -\boldsymbol{B} & \boldsymbol{0} \end{pmatrix}$,则 $|\boldsymbol{C}|=$(　　).

A. $-3ab$　　B. $3^m ab$　　C. $(-1)^{mn}3^m ab$　　D. $(-1)^{(m+1)n}3^m ab$

(8) $x=-2$ 是 $\begin{vmatrix} 1 & 1 & 1 \\ 1 & x & x^2 \\ 1 & -2 & 4 \end{vmatrix}=0$ 的(　　).

A. 充分必要条件　　B. 充分而非必要条件

C. 必要而非充分条件　　D. 既不充分也非必要条件

(9) 空间中两条直线 l_1：$\dfrac{x-x_1}{m_1}=\dfrac{y-y_1}{n_1}=\dfrac{z-z_1}{p_1}$ 与 l_2：$\dfrac{x-x_2}{m_2}=\dfrac{y-y_2}{n_2}=\dfrac{z-z_2}{p_2}$ 共面的充分必要条件是(　　).

A. $\dfrac{m_1}{m_2}=\dfrac{n_1}{n_2}=\dfrac{p_1}{p_2}$

B. $\begin{vmatrix} x_2-x_1 & y_2-y_1 & z_2-z_1 \\ m_1 & n_1 & p_1 \\ m_2 & n_2 & p_2 \end{vmatrix}$

C. $\dfrac{x_2-x_1}{m_1}=\dfrac{y_2-y_1}{n_1}=\dfrac{z_2-z_1}{p_1}$

D. $\begin{vmatrix} x_2-x_1 & y_2-y_1 & z_2-z_1 \\ m_1 & n_1 & p_1 \\ m_2 & n_2 & p_2 \end{vmatrix}\neq 0$

3）证明题

(1) 已知 $\boldsymbol{\alpha}$ 是 n 维列向量，且 $\boldsymbol{\alpha}^{\mathrm{T}}\boldsymbol{\alpha}=1$，设 $\boldsymbol{A}=\boldsymbol{E}-\boldsymbol{\alpha}\boldsymbol{\alpha}^{\mathrm{T}}$，证明：$|\boldsymbol{A}|=0$.

(2) 设 $\boldsymbol{A}$ 为 n 阶非零矩阵，当 $\boldsymbol{A}^{*}=\boldsymbol{A}^{\mathrm{T}}$ 时，证明 $|\boldsymbol{A}|\neq 0$.

(3) 设 $\boldsymbol{A}$ 为 n 阶矩阵，证明存在非零的 n 阶矩阵 $\boldsymbol{B}$ 使 $\boldsymbol{AB}=\boldsymbol{0}$ 的充分必要条件是 $|\boldsymbol{A}|=0$.

(4) 设 $\boldsymbol{A}$ 为 n 阶可逆矩阵，$\boldsymbol{A}$ 与 $\boldsymbol{A}^{-1}$ 的元素都是整数，证明：$|\boldsymbol{A}|=\pm 1$.

第 2 章　矩阵

矩阵实质上就是矩形阵列，也就是长方形数表. 它是线性代数的核心内容，它贯彻线性代数的始终.

本章重点：

(1) 矩阵的运算以及它们的运算规律.

(2) 逆矩阵的定义、计算、性质以及应用.

(3) 分块矩阵以及分块对角矩阵的运算.

(4) 利用初等变换求方阵的逆矩阵、解矩阵方程以及求矩阵的秩.

(5) 矩阵的秩的定义、计算以及性质.

2.1 矩阵的概念

2.1.1 知识点梳理

1) 定义

由 $m \times n$ 个数 a_{ij} $(i=1, 2, \cdots, m;\ j=1, 2, \cdots, n)$ 排成的 m 行 n 列的数表

$$\begin{bmatrix} a_{11} & a_{12} & \cdots & a_{1n} \\ a_{21} & a_{22} & \cdots & a_{2n} \\ & \cdots & & \\ a_{m1} & a_{m2} & \cdots & a_{mn} \end{bmatrix}.$$

称为 $m \times n$ 矩阵，简记为 $\boldsymbol{A} = (a_{ij})_{m\times n}$.

当 $m = n$ 时，称 $\boldsymbol{A}$ 为 n 阶矩阵或 n 阶方阵.

元素全是 0 的矩阵称为零矩阵，简记为 $\mathbf{0}$.

两个矩阵的行数相等且列数也相等，则称它们是同型矩阵.

如果 $\boldsymbol{A} = (a_{ij})_{m\times n}$ 与 $\boldsymbol{B} = (b_{ij})_{m\times n}$ 是同型矩阵，当它们的对应元素相等，即 $a_{ij} = b_{ij}$ $(i = 1, 2, \cdots, m;\ j = 1, 2, \cdots, n)$ 时，则称矩阵 $\boldsymbol{A}$ 与 $\boldsymbol{B}$ 相等，记为 $\boldsymbol{A} = \boldsymbol{B}$.

注： 矩阵的记号(数表外加括号)与行列式的记号(数表外加两竖线)很相像. 矩阵是一

个数表，而行列式则是一个数；另一方面方阵与行列式又紧密相关，根据行列式是否为零，把方阵划分为奇异和非奇异两类.

2）特殊矩阵

(1) 对角矩阵. 除主对角线上的元素外，其余元素均为 0 的 n 阶矩阵，称为 n 阶对角矩阵. 若主对角线上的元素相等，则称为数量矩阵.

(2) 单位矩阵. 主对角线上元素全是 1，其余元素全是 0 的 n 阶矩阵，叫做 n 阶单位矩阵，记为 $\boldsymbol{E}$（或 $\boldsymbol{I}$）.

(3) 三角矩阵. 主对角线以下的元素全为 0 的 n 阶矩阵称为 n 阶上三角矩阵；主对角线以上的元素全为 0 的 n 阶矩阵称为下三角矩阵. 上下三角矩阵统称为三角矩阵.

(4) 对称矩阵. 如果 n 阶矩阵 $\boldsymbol{A}=(a_{ij})$ 满足 $a_{ij}=a_{ji}(i,\ j=1,\ \cdots,\ n)$，即 $\boldsymbol{A}=\boldsymbol{A}^{\mathrm{T}}$，则称 $\boldsymbol{A}$ 为对称矩阵.

(5) 反对称矩阵. 如果 n 阶矩阵 $\boldsymbol{A}=(a_{ij})$ 满足 $a_{ij}=-a_{ji}(i,\ j=1,\ \cdots,\ n)$，即 $-\boldsymbol{A}=\boldsymbol{A}^{\mathrm{T}}$，则称 $\boldsymbol{A}$ 为反对称矩阵.

(6) 正交矩阵. 设 $\boldsymbol{A}$ 与 $\boldsymbol{B}$ 为方阵，如果有 $\boldsymbol{A}\boldsymbol{A}^{\mathrm{T}}=\boldsymbol{A}^{\mathrm{T}}\boldsymbol{A}=\boldsymbol{E}$，则称 $\boldsymbol{A}$ 为正交矩阵.

(7) 可交换矩阵. 设 $\boldsymbol{A}$ 与 $\boldsymbol{B}$ 是同阶方阵，若 $\boldsymbol{AB}=\boldsymbol{BA}$，则 $\boldsymbol{A}$, $\boldsymbol{B}$ 称为可交换矩阵.

2.2 矩阵的运算

2.2.1 知识点梳理

1）矩阵的加法

设矩阵 $\boldsymbol{A}$ 与 $\boldsymbol{B}$ 是两个同型矩阵，则定义

$$\boldsymbol{A}\pm\boldsymbol{B}=(a_{ij}\pm b_{ij})(i=1,\ 2,\ \cdots,\ m;\ j=1,\ 2,\ \cdots,\ n).$$

2）数乘矩阵

数乘矩阵时，将数乘到矩阵的每个元素上，即 $k\boldsymbol{A}=k\,(a_{ij})_{m\times n}=(ka_{ij})_{m\times n}$.

矩阵的加法与数乘运算满足下列运算规律：

(1) 交换律：$\boldsymbol{A}+\boldsymbol{B}=\boldsymbol{B}+\boldsymbol{A}$

(2) 结合律：$(\boldsymbol{A}+\boldsymbol{B})+\boldsymbol{C}=\boldsymbol{A}+(\boldsymbol{B}+\boldsymbol{C})$, $k(l\boldsymbol{A})=(kl)\boldsymbol{A}$

(3) 分配律：$k(\boldsymbol{A}+\boldsymbol{B})=k\boldsymbol{A}+k\boldsymbol{B}$, $(k+l)\boldsymbol{A}=k\boldsymbol{A}+l\boldsymbol{A}$

3）矩阵的乘法

(1) 定义：设 $\boldsymbol{A}=(a_{ij})_{m\times s}$, $\boldsymbol{B}=(b_{ij})_{s\times n}$，则称矩阵 $\boldsymbol{A}$, $\boldsymbol{B}$ 的乘积为 $\boldsymbol{C}=\boldsymbol{AB}=(c_{ij})_{m\times n}$，其中

$$c_{ij}=a_{i1}b_{1j}+a_{i2}b_{2j}+\cdots+a_{is}b_{sj}\,(i=1,\ 2,\ \cdots,\ m;\ j=1,\ 2,\ \cdots,\ n).$$

注： ① 只有当左边矩阵的列数等于右边矩阵的行数时，两个矩阵才能进行乘法运算.

② 乘积矩阵的行数与列数分别等于左边矩阵的行数和右边矩阵的列数.

③ 若 $\boldsymbol{C}=\boldsymbol{AB}$，则矩阵 $\boldsymbol{C}$ 的元素 c_{ij} 即为矩阵 $\boldsymbol{A}$ 的第 i 行元素与矩阵 $\boldsymbol{B}$ 的第 j 列对应元素乘积的和,即

$$c_{ij}=(a_{i1}\ a_{i2}\ \cdots a_{is})\begin{bmatrix}b_{1j}\\b_{2j}\\\vdots\\b_{sj}\end{bmatrix}=a_{i1}b_{1j}+a_{i2}b_{2j}+\cdots+a_{is}b_{sj}$$

(2) 性质:

① 结合律: $(\boldsymbol{AB})\boldsymbol{C}=\boldsymbol{A}(\boldsymbol{BC})$.

② 分配律: $(\boldsymbol{A}+\boldsymbol{B})\boldsymbol{C}=\boldsymbol{AC}+\boldsymbol{BC}$, $\boldsymbol{C}(\boldsymbol{A}+\boldsymbol{B})=\boldsymbol{CA}+\boldsymbol{CB}$.

③ 数与乘积的结合律: $(k\boldsymbol{A})\boldsymbol{B}=k(\boldsymbol{AB})$.

注: ① 矩阵乘法一般情况下不满足交换律,即 $\boldsymbol{AB}\neq\boldsymbol{BA}$;

例如, $\boldsymbol{A}=\begin{bmatrix}0&1\\1&0\end{bmatrix}$, $\boldsymbol{B}=\begin{bmatrix}1&2\\3&4\end{bmatrix}$,有

$$\boldsymbol{AB}=\begin{bmatrix}0&1\\1&0\end{bmatrix}\begin{bmatrix}1&2\\3&4\end{bmatrix}=\begin{bmatrix}3&4\\1&2\end{bmatrix},\ \boldsymbol{BA}=\begin{bmatrix}1&2\\3&4\end{bmatrix}\begin{bmatrix}0&1\\1&0\end{bmatrix}=\begin{bmatrix}2&1\\4&3\end{bmatrix}$$

特别地, $(\boldsymbol{A}+\boldsymbol{B})^2=(\boldsymbol{A}+\boldsymbol{B})(\boldsymbol{A}+\boldsymbol{B})=\boldsymbol{A}^2+\boldsymbol{AB}+\boldsymbol{BA}+\boldsymbol{B}^2\neq\boldsymbol{A}^2+2\boldsymbol{AB}+\boldsymbol{B}^2$.

② 由 $\boldsymbol{AB}=\boldsymbol{0}\Rightarrow\boldsymbol{A}=\boldsymbol{0}$ 或 $\boldsymbol{B}=\boldsymbol{0}$ 及 $\boldsymbol{A}^2=\boldsymbol{0}\Rightarrow\boldsymbol{A}=\boldsymbol{0}$ 均一般不成立.

例如,虽然 $\boldsymbol{A}\neq\boldsymbol{0}$, $\boldsymbol{B}\neq\boldsymbol{0}$,但

$$\boldsymbol{AB}=\begin{bmatrix}1&1\\2&2\end{bmatrix}\begin{bmatrix}1&-3\\-1&3\end{bmatrix}=\begin{bmatrix}0&0\\0&0\end{bmatrix}=\boldsymbol{0}$$

③ 消去律 $\boldsymbol{AB}=\boldsymbol{AC}$, $\boldsymbol{A}\neq\boldsymbol{0}\Rightarrow\boldsymbol{B}=\boldsymbol{C}$ 也不成立.

例如, $\boldsymbol{A}=\begin{bmatrix}1&2\\3&6\end{bmatrix}$, $\boldsymbol{B}=\begin{bmatrix}3&4\\-1&2\end{bmatrix}$, $\boldsymbol{C}=\begin{bmatrix}1&2\\0&3\end{bmatrix}$,

$$\boldsymbol{AB}=\begin{bmatrix}1&2\\3&6\end{bmatrix}\begin{bmatrix}3&4\\-1&2\end{bmatrix}=\begin{bmatrix}1&8\\3&24\end{bmatrix}=\begin{bmatrix}1&2\\3&6\end{bmatrix}\begin{bmatrix}1&2\\0&3\end{bmatrix}=\boldsymbol{AC}$$

显然 $\boldsymbol{B}\neq\boldsymbol{C}$.

但若 $\boldsymbol{A}$ 是 $m\times n$ 矩阵,秩 $r(\boldsymbol{A})=n$,则由 $\boldsymbol{AB}=\boldsymbol{AC}$ 可知 $\boldsymbol{B}=\boldsymbol{C}$ 这是因为:

$$\boldsymbol{AB}=\boldsymbol{AC}\Rightarrow\boldsymbol{A}(\boldsymbol{B}-\boldsymbol{C})=\boldsymbol{0}\Rightarrow r(\boldsymbol{A})+r(\boldsymbol{B}-\boldsymbol{C})\leqslant n\Rightarrow r(\boldsymbol{B}-\boldsymbol{C})=0,$$

故 $\boldsymbol{B}-\boldsymbol{C}=\boldsymbol{0}$,即 $\boldsymbol{B}=\boldsymbol{C}$.

4) 矩阵的转置

(1) 定义:矩阵 $\boldsymbol{A}=(a_{ij})_{m\times n}$ 将 $\boldsymbol{A}$ 的行与列的元素位置交换,称为矩阵 $\boldsymbol{A}$ 的转置,记为

$\boldsymbol{A}^{\mathrm{T}}=(a_{ji})_{n\times m}$.

(2) 性质：$(\boldsymbol{A}^{\mathrm{T}})^{\mathrm{T}}=\boldsymbol{A}$，$(\boldsymbol{A}+\boldsymbol{B})^{\mathrm{T}}=\boldsymbol{A}^{\mathrm{T}}+\boldsymbol{B}^{\mathrm{T}}$，$(k\boldsymbol{A})^{\mathrm{T}}=k\boldsymbol{A}^{\mathrm{T}}$，$(\boldsymbol{AB})^{\mathrm{T}}=\boldsymbol{B}^{\mathrm{T}}\boldsymbol{A}^{\mathrm{T}}$，$|\boldsymbol{A}^{\mathrm{T}}|=|\boldsymbol{A}|$.

5) 方阵的幂

(1) 定义：对方阵 $\boldsymbol{A}$，定义 $\boldsymbol{A}^k=\underbrace{\boldsymbol{AA}\cdots\boldsymbol{A}}_{k\text{个}\boldsymbol{A}\text{相乘}}$ 称为 $\boldsymbol{A}$ 的 k 次幂.

(2) 性质：$\boldsymbol{A}^m\boldsymbol{A}^n=\boldsymbol{A}^{m+n}$，$(\boldsymbol{A}^m)^n=\boldsymbol{A}^{mn}$，$m$，$n$ 为正整数.

注：若 $\boldsymbol{A}$，$\boldsymbol{B}$ 可交换，即 $\boldsymbol{AB}=\boldsymbol{BA}$，则 $(\boldsymbol{AB})^n=\boldsymbol{A}^n\boldsymbol{B}^n$，$(\boldsymbol{A}+\boldsymbol{B})^2=\boldsymbol{A}^2+2\boldsymbol{AB}+\boldsymbol{B}^2$，$(\boldsymbol{A}-\boldsymbol{B})^2=\boldsymbol{A}^2-2\boldsymbol{AB}+\boldsymbol{B}^2$，$\boldsymbol{A}^2-\boldsymbol{B}^2=(\boldsymbol{A}-\boldsymbol{B})(\boldsymbol{A}+\boldsymbol{B})$，$(\boldsymbol{A}+\boldsymbol{B})^n=\sum\limits_{k=0}^{n}C_n^k\boldsymbol{A}^{n-k}\boldsymbol{B}^k$ 均成立.

6) 矩阵多项式

(1) 定义：设有 x 的 m 次多项式

$$f(x)=a_mx^m+a_{m-1}x^{m-1}+\cdots+a_1x+a_0,$$

当用方阵 $\boldsymbol{A}$ 替代 x 时，就成为矩阵多项式

$$f(\boldsymbol{A})=a_m\boldsymbol{A}^m+a_{m-1}\boldsymbol{A}^{m-1}+\cdots+a_1\boldsymbol{A}+a_0\boldsymbol{E}.$$

注：常数项 a_0 用 $a_0\boldsymbol{E}$ 替代.

(2) 性质：

① $f(\boldsymbol{A})$ 也是 n 阶方阵.

② 设 $f(\boldsymbol{A})$ 与 $g(\boldsymbol{A})$ 为矩阵 $\boldsymbol{A}$ 的两个多项式，则有 $f(\boldsymbol{A})g(\boldsymbol{A})=g(\boldsymbol{A})f(\boldsymbol{A})$，从而熟知的普通多项式的乘法和因式分解对矩阵多项式也成立，如 $(\boldsymbol{A}+\boldsymbol{E})^n=\boldsymbol{E}+\sum\limits_{k=1}^{n}C_n^k\boldsymbol{A}^k$ 也成立.

③ $\Lambda=\mathrm{diag}(\lambda_1,\cdots,\lambda_n)$，则 $f(\Lambda)=\mathrm{diag}(f(\lambda_1),\cdots,f(\lambda_n))$.

④ 若 $\boldsymbol{A}=\boldsymbol{PBP}^{-1}$，则 $f(\boldsymbol{A})=\boldsymbol{P}f(\boldsymbol{B})\boldsymbol{P}^{-1}$.

7) n 阶矩阵的行列式

(1) 定义：设 $\boldsymbol{A}$ 为 n 阶方阵，称 $|\boldsymbol{A}|$ 为 $\boldsymbol{A}$ 的行列式.

(2) 性质：$|\boldsymbol{AB}|=|\boldsymbol{A}||\boldsymbol{B}|$，$|\boldsymbol{A}^m|=|\boldsymbol{A}|^m$，$|k\boldsymbol{A}|=k^n|\boldsymbol{A}|$，$\boldsymbol{A}$，$\boldsymbol{B}$ 为 n 阶方阵.

8) 伴随矩阵

(1) 定义：设 $\boldsymbol{A}$ 为 n 阶方阵，$\boldsymbol{A}_{ij}$ 为元素 a_{ij} 的代数余子式，定义 $\boldsymbol{A}^*=(\boldsymbol{A}_{ji})$ 为矩阵 $\boldsymbol{A}$ 的伴随矩阵.

(2) 性质：$\boldsymbol{AA}^*=\boldsymbol{A}^*\boldsymbol{A}=|\boldsymbol{A}|\boldsymbol{E}$，$(\boldsymbol{A}^*)^{\mathrm{T}}=(\boldsymbol{A}^{\mathrm{T}})^*$，$|\boldsymbol{A}^*|=|\boldsymbol{A}|^{n-1}$，$(k\boldsymbol{A})^*=k^{n-1}\boldsymbol{A}^*$，$\boldsymbol{A}^*=|\boldsymbol{A}|\boldsymbol{A}^{-1}$，$(\boldsymbol{A}^*)^*=|\boldsymbol{A}|^{n-2}\boldsymbol{A}$.

2.2.2 题型归类与方法分析

题型1 求方阵的幂

例1 设 $\boldsymbol{\alpha}=(1,2,3)$，$\boldsymbol{\beta}=\left(1,\frac{1}{2},\frac{1}{3}\right)$，$\boldsymbol{A}=\boldsymbol{\alpha}^{\mathrm{T}}\boldsymbol{\beta}$，则 $\boldsymbol{A}^n=($　　$)$.

【解】 因为

$$\boldsymbol{A}^n=\boldsymbol{\alpha}^{\mathrm{T}}(\boldsymbol{\beta}\boldsymbol{\alpha}^{\mathrm{T}})\cdots(\boldsymbol{\beta}\boldsymbol{\alpha}^{\mathrm{T}})\boldsymbol{\beta}=(\boldsymbol{\beta}\boldsymbol{\alpha}^{\mathrm{T}})^{n-1}\boldsymbol{A},\ \boldsymbol{\beta}\boldsymbol{\alpha}^{\mathrm{T}}=1\times1+2\times\frac{1}{2}+3\times\frac{1}{3}=3,$$

$$\boldsymbol{A}=\boldsymbol{\alpha}^{\mathrm{T}}\boldsymbol{\beta}=\begin{bmatrix}1&\frac{1}{2}&\frac{1}{3}\\2&1&\frac{2}{3}\\3&\frac{3}{2}&1\end{bmatrix},$$

故

$$\boldsymbol{A}^n=3^{n-1}\boldsymbol{A}=3^{n-1}\begin{bmatrix}1&\frac{1}{2}&\frac{1}{3}\\2&1&\frac{2}{3}\\3&\frac{3}{2}&1\end{bmatrix}.$$

注: 若 $r(\boldsymbol{A})=1$,则 $\boldsymbol{A}=\boldsymbol{\alpha}\boldsymbol{\beta}^{\mathrm{T}}$($\boldsymbol{\alpha},\boldsymbol{\beta}$ 为 n 维列向量),$\boldsymbol{A}^n=l^{n-1}\boldsymbol{A}$ ($l=\boldsymbol{\alpha}^{\mathrm{T}}\boldsymbol{\beta}$).

例 2 $\boldsymbol{A}=\begin{bmatrix}1&0&1\\0&2&0\\1&0&1\end{bmatrix}$, $n\geqslant2$,则 $\boldsymbol{A}^n-2\boldsymbol{A}^{n-1}=$( ).

【解】 方法一:因为 $\boldsymbol{A}^2=\begin{bmatrix}2&0&2\\0&4&0\\2&0&2\end{bmatrix}=2\boldsymbol{A}$,

所以 $\boldsymbol{A}^n-2\boldsymbol{A}^{n-1}=\boldsymbol{A}^{n-2}(\boldsymbol{A}^2-2\boldsymbol{A})=\boldsymbol{0}$

方法二:因为 $\boldsymbol{A}^n-2\boldsymbol{A}^{n-1}=\boldsymbol{A}^{n-1}(\boldsymbol{A}-2\boldsymbol{E})$,

$$\boldsymbol{A}-2\boldsymbol{E}=\begin{bmatrix}-1&0&1\\0&0&0\\1&0&-1\end{bmatrix},$$

从而

$$\boldsymbol{A}(\boldsymbol{A}-2\boldsymbol{E})=\begin{bmatrix}1&0&1\\0&2&0\\1&0&1\end{bmatrix}\begin{bmatrix}-1&0&1\\0&0&0\\1&0&-1\end{bmatrix}=\boldsymbol{0},$$

故 $\boldsymbol{A}^n-2\boldsymbol{A}^{n-1}=\boldsymbol{0}.$

例3 $\boldsymbol{A}=\begin{bmatrix}0&-1&0\\1&0&0\\0&0&-1\end{bmatrix}$，$\boldsymbol{B}=\boldsymbol{P}^{-1}\boldsymbol{A}\boldsymbol{P}$，$\boldsymbol{P}$ 为三阶可逆矩阵,则 $\boldsymbol{B}^{2\,004}-2\boldsymbol{A}^2=$ (　　).

【解】

$$\boldsymbol{A}^2=\begin{bmatrix}-1&0&0\\0&-1&0\\0&0&1\end{bmatrix},\ \boldsymbol{B}^{2\,004}=\boldsymbol{P}^{-1}\boldsymbol{A}^{2\,004}\boldsymbol{P}=\boldsymbol{P}^{-1}\begin{bmatrix}-1&0&0\\0&-1&0\\0&0&1\end{bmatrix}^{1\,002}\boldsymbol{P}=\boldsymbol{P}^{-1}\boldsymbol{E}\boldsymbol{P}=\boldsymbol{E},$$

则 $$\boldsymbol{B}^{2\,004}-2\boldsymbol{A}^2=\begin{bmatrix}3&0&0\\0&3&0\\0&0&-1\end{bmatrix}.$$

例4 若 $\boldsymbol{A}=\begin{bmatrix}0&0&0\\2&0&0\\1&3&0\end{bmatrix}$，则 $\boldsymbol{A}^2=$ (　　)，$\boldsymbol{A}^3=$ (　　).

【解】 $\boldsymbol{A}^2=\begin{bmatrix}0&0&0\\0&0&0\\6&0&0\end{bmatrix}$，$\boldsymbol{A}^3=\begin{bmatrix}0&0&0\\0&0&0\\0&0&0\end{bmatrix}=\boldsymbol{0}$.

注: 对于这类型4阶矩阵,有 $\begin{bmatrix}0&1&2&3\\0&0&4&5\\0&0&0&6\\0&0&0&0\end{bmatrix}^2=\begin{bmatrix}0&0&4&17\\0&0&0&24\\0&0&0&0\\0&0&0&0\end{bmatrix}$，

$$\begin{bmatrix}0&1&2&3\\0&0&4&5\\0&0&0&6\\0&0&0&0\end{bmatrix}^3=\begin{bmatrix}0&0&0&24\\0&0&0&0\\0&0&0&0\\0&0&0&0\end{bmatrix},\ \begin{bmatrix}0&1&2&3\\0&0&4&5\\0&0&0&6\\0&0&0&0\end{bmatrix}^4=\begin{bmatrix}0&0&0&0\\0&0&0&0\\0&0&0&0\\0&0&0&0\end{bmatrix}=\boldsymbol{0}.$$

例5 设 $\boldsymbol{A}=\begin{bmatrix}1&0&1\\0&1&0\\0&0&1\end{bmatrix}$，求 $\boldsymbol{A}^n$.

【解】 方法一：利用对角阵和主对角线为零的上三角阵幂的特点进行计算.

令

$$\boldsymbol{A}=\begin{bmatrix}1&0&1\\0&1&0\\0&0&1\end{bmatrix}=\boldsymbol{E}+\begin{bmatrix}0&0&1\\0&0&0\\0&0&0\end{bmatrix}=\boldsymbol{E}+\boldsymbol{B}.$$

其中

$$\boldsymbol{B}=\begin{bmatrix}0&0&1\\0&0&0\\0&0&0\end{bmatrix},$$

则 $\boldsymbol{A}^n=(\boldsymbol{E}+\boldsymbol{B})^n=\boldsymbol{E}^n+n\boldsymbol{E}^{n-1}\boldsymbol{B}+\cdots+\boldsymbol{B}^n$,

由 $\boldsymbol{B}^2=\begin{bmatrix}0&0&1\\0&0&0\\0&0&0\end{bmatrix}\begin{bmatrix}0&0&1\\0&0&0\\0&0&0\end{bmatrix}=\boldsymbol{0}$,所以 $\boldsymbol{B}^k=\boldsymbol{0}(k\geqslant 2)$,

故 $\boldsymbol{A}^n=\boldsymbol{E}+n\boldsymbol{B}=\begin{bmatrix}1&0&n\\0&1&0\\0&0&1\end{bmatrix}$.

方法二:由于 $\boldsymbol{A}$ 是初等矩阵,$\boldsymbol{A}^n=\boldsymbol{E}\cdot\boldsymbol{A}\cdot\boldsymbol{A}\cdots\boldsymbol{A}$,相当于对 $\boldsymbol{E}=\begin{bmatrix}1&0&0\\0&1&0\\0&0&1\end{bmatrix}$ 施行 n 次列初等变换(把第一列加到第三列),故

$$\boldsymbol{A}^n=\begin{bmatrix}1&0&n\\0&1&0\\0&0&1\end{bmatrix}.$$

方法三:用数学归纳法

因为 $\boldsymbol{A}=\begin{bmatrix}1&0&1\\0&1&0\\0&0&1\end{bmatrix}$, $\boldsymbol{A}^2=\boldsymbol{A}\cdot\boldsymbol{A}=\begin{bmatrix}1&0&2\\0&1&0\\0&0&1\end{bmatrix}$,

$$\boldsymbol{A}^3=\boldsymbol{A}^2\cdot\boldsymbol{A}=\begin{bmatrix}1&0&3\\0&1&0\\0&0&1\end{bmatrix},$$

一般地,设 $\boldsymbol{A}^{n-1}=\begin{bmatrix}1&0&n-1\\0&1&0\\0&0&1\end{bmatrix}$,则

$$\boldsymbol{A}^n=\boldsymbol{A}^{n-1}\cdot\boldsymbol{A}=\begin{bmatrix}1&0&n-1\\0&1&0\\0&0&1\end{bmatrix}\begin{bmatrix}1&0&1\\0&1&0\\0&0&1\end{bmatrix}=\begin{bmatrix}1&0&n\\0&1&0\\0&0&1\end{bmatrix};$$

由数学归纳法知 $A^n=\begin{bmatrix}1&0&n\\0&1&0\\0&0&1\end{bmatrix}$.

例 6 设 $A=\begin{bmatrix}3&1&0&0\\0&3&0&0\\0&0&3&9\\0&0&1&3\end{bmatrix}$，则 $A^n=$（ ）.

【解】 由分块对角矩阵公式 $\begin{bmatrix}B&0\\0&C\end{bmatrix}^n=\begin{bmatrix}B^n&0\\0&C^n\end{bmatrix}$，则只需要算出 $\begin{bmatrix}3&1\\0&3\end{bmatrix}$ 与 $\begin{bmatrix}3&9\\1&3\end{bmatrix}$ 的 n 次幂.

因为 $\begin{bmatrix}3&1\\0&3\end{bmatrix}=\begin{bmatrix}3&0\\0&3\end{bmatrix}+\begin{bmatrix}0&1\\0&0\end{bmatrix}=3E+B$，

故
$$\begin{aligned}\begin{bmatrix}3&1\\0&3\end{bmatrix}^n&=(3E+B)^n=(3E)^n+n(3E)^{n-1}B\\&=\begin{bmatrix}3^n&0\\0&3^n\end{bmatrix}+n\cdot 3^{n-1}\begin{bmatrix}0&1\\0&0\end{bmatrix}=\begin{bmatrix}3^n&n\cdot 3^{n-1}\\0&3^n\end{bmatrix},\end{aligned}$$

而矩阵 $\begin{bmatrix}3&9\\1&3\end{bmatrix}$ 的秩为 1，有 $\begin{bmatrix}3&9\\1&3\end{bmatrix}^n=6^{n-1}\begin{bmatrix}3&9\\1&3\end{bmatrix}$，

从而

$$A^n=\begin{bmatrix}3^n&n\cdot 3^{n-1}&0&0\\0&3^n&0&0\\0&0&3\cdot 6^{n-1}&9\cdot 6^{n-1}\\0&0&6^{n-1}&3\cdot 6^{n-1}\end{bmatrix}.$$

例 7 设某种生物最多存活 30 天，将其分为 3 个年龄组 [0, 10)，[10, 20)，[20, 30)，统计资料表明在 10 天内各年龄组的繁殖率及死亡率如下表：

年龄区间	繁殖率/(%)	死亡率/(%)
[0, 10)	0	50
[10, 20)	200	75
[20, 30)	150	100

设第 n 个 10 天后各年龄组该生物的个数依次为 x_n，y_n，z_n 则 $\begin{bmatrix} x_{n+1} \\ y_{n+1} \\ z_{n+1} \end{bmatrix}$ 与 $\begin{bmatrix} x_n \\ y_n \\ z_n \end{bmatrix}$ 的关系式的矩阵形式 $\begin{bmatrix} x_{n+1} \\ y_{n+1} \\ z_{n+1} \end{bmatrix} = \boldsymbol{A} \begin{bmatrix} x_n \\ y_n \\ z_n \end{bmatrix}$ 中，$\boldsymbol{A} = (\quad)$.

【解】 10 天后 [0，10) 年龄组的生物是当初这期间各年龄组繁殖的总和，而 [10，20) 年龄组的生物是 [0，10) 年龄组中存活下来的，[20，30) 年龄组的生物则是 [10，20) 年龄组中存活下来的.

第一个年龄组的 x_n 个生物，经过 10 天年龄为 [10，20)，由于存活率是 50%，所以 10 天后，第二个年龄组生物个数 $y_{n+1} = \frac{1}{2}x_n$. 同理，第二个年龄组的 y_n 个生物，经过 10 天年龄为 [20，30)，由于存活率是 25%，故 $z_{n+1} = \frac{1}{4}y_n$. 而第三个年龄组的 z_n 个生物，经过 10 天全部死亡.

第二个年龄组的 y_n 个生物在这 10 天当中繁殖的新生命有 $2y_n$ 个，其年龄是 [0，10)，第三个年龄组的 z_n 个生物在这 10 天中繁殖的新生命有 $\frac{3}{2}z_n$ 个，其年龄是 [0，10)，所以 $x_{n+1} = 2y_n + \frac{3}{2}z_n$. 因此有

$$\begin{cases} x_{n+1} = 2y_n + \dfrac{3}{2}z_n \\ y_{n+1} = \dfrac{1}{2}x_n \\ z_{n+1} = \dfrac{1}{4}y_n \end{cases},$$

用矩阵乘法表示，即

$$\begin{bmatrix} x_{n+1} \\ y_{n+1} \\ z_{n+1} \end{bmatrix} = \begin{bmatrix} 0 & 2 & \dfrac{3}{2} \\ \dfrac{1}{2} & 0 & 0 \\ 0 & \dfrac{1}{4} & 0 \end{bmatrix} \begin{bmatrix} x_n \\ y_n \\ z_n \end{bmatrix},$$

于是

$$\boldsymbol{A} = \begin{bmatrix} 0 & 2 & \dfrac{3}{2} \\ \dfrac{1}{2} & 0 & 0 \\ 0 & \dfrac{1}{4} & 0 \end{bmatrix}.$$

题型2 与伴随矩阵相关联的命题

例8 设$\boldsymbol{A}$是3阶矩阵，$\boldsymbol{A}=(a_{ij})_{3\times3}$，$\boldsymbol{A}^*=\boldsymbol{A}^{\mathrm{T}}$，若$a_{11}=a_{12}=a_{13}>0$，则$a_{11}=$(　　).

A. $\dfrac{\sqrt{3}}{3}$　　B. 3　　C. $\dfrac{1}{3}$　　D. $\sqrt{3}$

【解】 $|\boldsymbol{A}^*|=|\boldsymbol{A}|^{3-1}=|\boldsymbol{A}|^2$，由于$\boldsymbol{A}^*=\boldsymbol{A}^{\mathrm{T}}$，故$|\boldsymbol{A}^*|=|\boldsymbol{A}|$，则$|\boldsymbol{A}|=1$或$|\boldsymbol{A}|=0$(舍)，进而$|\boldsymbol{A}|=a_{11}^2+a_{12}^2+a_{13}^2=1$，则$a_{11}=\dfrac{\sqrt{3}}{3}$，故选A.

例9 已知$\boldsymbol{A}=\dfrac{1}{2}\begin{bmatrix}1&3&0\\2&5&0\\1&-1&2\end{bmatrix}$，则$(\boldsymbol{A}^{-1})^*=$(　　).

【解】 $(\boldsymbol{A}^{-1})^*=\dfrac{\boldsymbol{A}}{|\boldsymbol{A}|}$，而$|\boldsymbol{A}|=\dfrac{1}{8}\begin{vmatrix}1&3&0\\2&5&0\\1&-1&2\end{vmatrix}=-\dfrac{1}{4}$，

则
$$(\boldsymbol{A}^{-1})^*=-2\begin{bmatrix}1&3&0\\2&5&0\\1&-1&2\end{bmatrix}.$$

例10 设$\boldsymbol{A},\boldsymbol{B}$均为2阶矩阵，$\boldsymbol{A}^*,\boldsymbol{B}^*$分别为$\boldsymbol{A},\boldsymbol{B}$的伴随矩阵，若$|\boldsymbol{A}|=2$，$|\boldsymbol{B}|=3$，则分块矩阵$\begin{bmatrix}\boldsymbol{0}&\boldsymbol{A}\\\boldsymbol{B}&\boldsymbol{0}\end{bmatrix}$的伴随矩阵为(　　).

A. $\begin{bmatrix}\boldsymbol{0}&3\boldsymbol{A}^*\\2\boldsymbol{B}^*&\boldsymbol{0}\end{bmatrix}$　　B. $\begin{bmatrix}\boldsymbol{0}&2\boldsymbol{A}^*\\3\boldsymbol{B}^*&\boldsymbol{0}\end{bmatrix}$

C. $\begin{bmatrix}\boldsymbol{0}&3\boldsymbol{B}^*\\2\boldsymbol{A}^*&\boldsymbol{0}\end{bmatrix}$　　D. $\begin{bmatrix}\boldsymbol{0}&2\boldsymbol{B}^*\\3\boldsymbol{A}^*&\boldsymbol{0}\end{bmatrix}$

【解】
$$\begin{bmatrix}\boldsymbol{0}&\boldsymbol{A}\\\boldsymbol{B}&\boldsymbol{0}\end{bmatrix}^*=\begin{vmatrix}\boldsymbol{0}&\boldsymbol{A}\\\boldsymbol{B}&\boldsymbol{0}\end{vmatrix}\begin{bmatrix}\boldsymbol{0}&\boldsymbol{A}\\\boldsymbol{B}&\boldsymbol{0}\end{bmatrix}^{-1}=(-1)^{2\cdot2}|\boldsymbol{A}||\boldsymbol{B}|\begin{bmatrix}\boldsymbol{0}&\boldsymbol{B}^{-1}\\\boldsymbol{A}^{-1}&\boldsymbol{0}\end{bmatrix}=\begin{bmatrix}\boldsymbol{0}&2\boldsymbol{B}^*\\3\boldsymbol{A}^*&\boldsymbol{0}\end{bmatrix},$$
故选D.

例11 设$\boldsymbol{A}$为n阶非零方阵，$\boldsymbol{A}^*$是$\boldsymbol{A}$的伴随矩阵，$\boldsymbol{A}^{\mathrm{T}}$是$\boldsymbol{A}$的转置矩阵，证明：当$\boldsymbol{A}^{\mathrm{T}}=\boldsymbol{A}^*$时，$\boldsymbol{A}$可逆.

【证】 假设$\boldsymbol{A}$不可逆，即$|\boldsymbol{A}|=0$，因为$\boldsymbol{A}\boldsymbol{A}^*=|\boldsymbol{A}|\boldsymbol{E}$，$\boldsymbol{A}^{\mathrm{T}}=\boldsymbol{A}^*$，所以，$\boldsymbol{A}\boldsymbol{A}^{\mathrm{T}}=|\boldsymbol{A}|\boldsymbol{E}=\boldsymbol{0}$.

设 $\boldsymbol{A}$ 的行向量为 $\boldsymbol{\alpha}_i(i=1,\cdots,n)$，于是 $\boldsymbol{\alpha}_i\boldsymbol{\alpha}_i^{\mathrm{T}}=\mathbf{0}\ (i=1,\cdots,n)$，则 $\boldsymbol{\alpha}_i=\mathbf{0}$，即 $\boldsymbol{A}=\mathbf{0}$，这与 $\boldsymbol{A}$ 是非零矩阵矛盾，故 $|\boldsymbol{A}|\neq 0$，即 $\boldsymbol{A}$ 可逆.

例 12 设 $\boldsymbol{A}$ 是 n 阶方阵，且 $\boldsymbol{A}$ 的行列式 $|\boldsymbol{A}|=a$，而 $\boldsymbol{A}^*$ 是 $\boldsymbol{A}$ 的伴随矩阵，则 $|\boldsymbol{A}^*|=$ ________.

【解】 由 $\boldsymbol{A}\boldsymbol{A}^*=|\boldsymbol{A}|\boldsymbol{E}$，得 $|\boldsymbol{A}||\boldsymbol{A}^*|=|\boldsymbol{A}|^n$，则 $|\boldsymbol{A}^*|=|\boldsymbol{A}|^{n-1}=a^{n-1}$.

例 13 设 $\boldsymbol{A}$ 是任一 $n\ (n\geqslant 3)$ 阶方阵，$\boldsymbol{A}^*$ 是 $\boldsymbol{A}$ 的伴随矩阵，又 k 是一常数，且 $k\neq 0,\pm 1$，则 $(k\boldsymbol{A})^*$ 必为( ).

A. $k\boldsymbol{A}^*$　　B. $k^{n-1}\boldsymbol{A}^*$　　C. $k^n\boldsymbol{A}^*$　　D. $k^{-1}\boldsymbol{A}^*$

【解】 $\boldsymbol{A}^*$ 的每个元素都是 $\boldsymbol{A}$ 的某个元素的 $n-1$ 阶代数余子式，而 $k\boldsymbol{A}$ 的每个代数余子式的每行(或每列)都含有公因子 k，从而该代数余子式恰为 $\boldsymbol{A}$ 中相应元素的代数余子式的 k^{n-1} 倍. 因此 $(k\boldsymbol{A})^*=k^{n-1}\boldsymbol{A}^*$，故选 B.

例 14 设 $\boldsymbol{A}$ 是任一 n 阶非奇异矩阵，$\boldsymbol{A}^*$ 是 $\boldsymbol{A}$ 的伴随矩阵，则 $(\boldsymbol{A}^*)^*$ 等于( ).

A. $|\boldsymbol{A}|^{n-1}\boldsymbol{A}$　　B. $|\boldsymbol{A}|^{n-2}\boldsymbol{A}$　　C. $|\boldsymbol{A}|^n\boldsymbol{A}$　　D. $|\boldsymbol{A}|^{n+1}\boldsymbol{A}$

【解】 $(\boldsymbol{A}^*)^*=|\boldsymbol{A}^*|(\boldsymbol{A}^*)^{-1}=|\boldsymbol{A}|^{n-1}\dfrac{\boldsymbol{A}}{|\boldsymbol{A}|}=|\boldsymbol{A}|^{n-2}\boldsymbol{A}$，故选 B.

例 15 设 $\boldsymbol{A}$ 为 n 阶可逆矩阵，若矩阵 $\boldsymbol{A}$ 的特征值是 λ，则伴随矩阵 $\boldsymbol{A}^*$ 的特征值是________.

【解】 由矩阵 $\boldsymbol{A}$ 的特征值是 λ 可知，存在 n 维向量 $\boldsymbol{\alpha}\neq\mathbf{0}$，有 $\boldsymbol{A}\boldsymbol{\alpha}=\lambda\boldsymbol{\alpha}$，则 $\boldsymbol{A}^*\boldsymbol{A}\boldsymbol{\alpha}=\lambda\boldsymbol{A}^*\boldsymbol{\alpha}$，即 $|\boldsymbol{A}|\boldsymbol{\alpha}=\lambda\boldsymbol{A}^*\boldsymbol{\alpha}$，从而 $\boldsymbol{A}^*\boldsymbol{\alpha}=\dfrac{|\boldsymbol{A}|}{\lambda}\boldsymbol{\alpha}$，即 $\boldsymbol{A}^*$ 的特征值是 $\dfrac{|\boldsymbol{A}|}{\lambda}$.

例 16 已知

$$|\boldsymbol{A}|=\begin{vmatrix} 0 & 1 & 0 & 0 \\ 0 & 0 & \frac{1}{2} & 0 \\ 0 & 0 & 0 & \frac{1}{3} \\ \frac{1}{4} & 0 & 0 & 0 \end{vmatrix},$$

那么行列式 $|\boldsymbol{A}|$ 所有元素的代数余子式之和为________.

【解】 由 $\boldsymbol{A}^*=|\boldsymbol{A}|\boldsymbol{A}^{-1}$，而 $|\boldsymbol{A}|=\dfrac{1}{4}\cdot(-1)^{3+1}\cdot\left(1\cdot\dfrac{1}{2}\cdot\dfrac{1}{3}\right)=-\dfrac{1}{24}$，

$$\boldsymbol{A}^{-1}=\begin{bmatrix} 0 & 0 & 0 & 4 \\ 1 & 0 & 0 & 0 \\ 0 & 2 & 0 & 0 \\ 0 & 0 & 3 & 0 \end{bmatrix},$$

从而

$$A^* = -\frac{1}{24}\begin{bmatrix} 0 & 0 & 0 & 4 \\ 1 & 0 & 0 & 0 \\ 0 & 2 & 0 & 0 \\ 0 & 0 & 3 & 0 \end{bmatrix},$$

故 $|A|$ 所有元素的代数余子式之和为 $-\frac{1}{24}(1+2+3+4)=-\frac{5}{12}$.

例 17 设 A 为 n 阶非奇异矩阵，α 为 n 维列向量，b 为常数，记分块矩阵

$$P=\begin{bmatrix} E & 0 \\ -\alpha^T A^* & |A| \end{bmatrix},\ Q=\begin{bmatrix} A & \alpha \\ \alpha^T & b \end{bmatrix}.$$

① 计算并化简 PQ；② 证明：矩阵 Q 可逆的充要条件是 $\alpha^T A^{-1}\alpha \neq b$.

【解】 ① $PQ=\begin{bmatrix} E & 0 \\ -\alpha^T A^* & |A| \end{bmatrix}\begin{bmatrix} A & \alpha \\ \alpha^T & b \end{bmatrix}$

$$=\begin{bmatrix} A & \alpha E \\ -\alpha^T A^* A+\alpha^T |A| & -\alpha^T A^*\alpha+b|A| \end{bmatrix},$$

因为 $A^{-1}=\frac{A^*}{|A|}$,

所以 $|A|E=A^*A,\ -\alpha^T A^*A=-\alpha^T|A|,\ -\alpha^T A^*A+\alpha^T|A|=0,\ A^*=|A|A^{-1}$

$$PQ=\begin{bmatrix} A & \alpha E \\ 0 & -(\alpha^T A^{-1}\alpha+b)|A| \end{bmatrix};$$

② 因为 $|P|=\begin{vmatrix} E & 0 \\ -\alpha^T A^* & |A| \end{vmatrix}=|A|$,

所以 $|PQ|=|P||Q|=|A||Q|=\begin{vmatrix} A & \alpha E \\ 0 & -(\alpha^T A^{-1}\alpha+b)|A| \end{vmatrix}=(-\alpha^T A^{-1}\alpha+b)|A|^2$,

$$|Q|=(-\alpha^T A^{-1}\alpha+b)|A|.$$

矩阵 Q 可逆的充要条件是 $\alpha^T A^{-1}\alpha\neq b$.

2.3 逆矩阵

2.3.1 知识点梳理

1) 定义

设 A 是 n 阶方阵，若存在 n 阶矩阵 B 使得 $AB=BA=E$ 成立，则称 A 是可逆矩阵或非

奇异矩阵，$\boldsymbol{B}$ 是 $\boldsymbol{A}$ 的逆矩阵，记为 $\boldsymbol{A}^{-1}$.

2）求法

(1) 利用伴随矩阵求逆矩阵. 当 $\boldsymbol{A}$ 非奇异时，即 $|\boldsymbol{A}|\neq 0$，有 $\boldsymbol{A}^{-1}=\dfrac{1}{|\boldsymbol{A}|}\boldsymbol{A}^*$.

一般来说，当 $\boldsymbol{A}$ 是低阶矩阵时 ($n\leqslant 3$)，可以考虑利用伴随矩阵 $\boldsymbol{A}^*$ 求 $\boldsymbol{A}$ 的逆，但应特别注意：

① $\boldsymbol{A}^*=(\boldsymbol{A}_{ji})=(\boldsymbol{A}_{ij})^{\mathrm{T}}$，其中 $\boldsymbol{A}_{ij}$ 是元素 a_{ij} 的代数余子式，a_{ij} 与 $\boldsymbol{A}_{ij}$ 在 $\boldsymbol{A}$ 与 $\boldsymbol{A}^*$ 中的位置是不同的. 若

$$\boldsymbol{A}=\begin{bmatrix} a_{11} & a_{12} & \cdots & a_{1n} \\ a_{21} & a_{22} & \cdots & a_{2n} \\ & & \cdots & \\ a_{n1} & a_{n2} & \cdots & a_{nn} \end{bmatrix},$$

则

$$\boldsymbol{A}^*=\begin{bmatrix} \boldsymbol{A}_{11} & \boldsymbol{A}_{21} & \cdots & \boldsymbol{A}_{n1} \\ \boldsymbol{A}_{12} & \boldsymbol{A}_{22} & \cdots & \boldsymbol{A}_{n2} \\ & & \cdots & \\ \boldsymbol{A}_{1n} & \boldsymbol{A}_{2n} & \cdots & \boldsymbol{A}_{nn} \end{bmatrix}=\begin{bmatrix} \boldsymbol{A}_{11} & \boldsymbol{A}_{12} & \cdots & \boldsymbol{A}_{1n} \\ \boldsymbol{A}_{21} & \boldsymbol{A}_{22} & \cdots & \boldsymbol{A}_{2n} \\ & & \cdots & \\ \boldsymbol{A}_{n1} & \boldsymbol{A}_{n2} & \cdots & \boldsymbol{A}_{nn} \end{bmatrix}^{\mathrm{T}}.$$

② $\boldsymbol{A}_{ij}=(-1)^{i+j}\boldsymbol{M}_{ij}$ 是代数余子式，符号 $(-1)^{i+j}$ 不能忘记.

③ $\boldsymbol{A}^{-1}=\dfrac{1}{|\boldsymbol{A}|}\boldsymbol{A}^*$，注意最后还要把 $\boldsymbol{A}^*$ 乘以 $\dfrac{1}{|\boldsymbol{A}|}$.

特别地，当 $\boldsymbol{A}=\begin{bmatrix} a & b \\ c & d \end{bmatrix}$，$ad-bc\neq 0$ 时，$\boldsymbol{A}^*=\begin{bmatrix} d & -b \\ -c & a \end{bmatrix}$，相当于主对角线元素换位，次对角线元素变号，即可得到 $\boldsymbol{A}^*$，从而

$$\boldsymbol{A}^{-1}=\begin{bmatrix} a & b \\ c & d \end{bmatrix}^{-1}=\frac{1}{ad-bc}\begin{bmatrix} d & -b \\ -c & a \end{bmatrix}.$$

(2) 利用初等变换法求逆矩阵. 方阵 $\boldsymbol{A}$ 非奇异的充分必要条件是 $\boldsymbol{A}$ 可表示为若干个同阶初等矩阵的乘积，欲求 $\boldsymbol{A}$ 的逆矩阵时，首先由 $\boldsymbol{A}$ 做出一个 $n\times 2n$ 矩阵，即

$$(\boldsymbol{A}\vdots\boldsymbol{E}),$$

其次对这个矩阵施以行初等变换(且只能用行初等变换)，将它的左半部的矩阵 $\boldsymbol{A}$ 化为单位矩阵，那么原来右半部的单位矩阵就同时化为 $\boldsymbol{A}^{-1}$，即

$$(\boldsymbol{A}\vdots\boldsymbol{E})\xrightarrow{\text{行初等变换}}(\boldsymbol{E}\vdots\boldsymbol{A}^{-1}),$$

或者

$$\begin{bmatrix} \boldsymbol{A} \\ \cdots \\ \boldsymbol{E} \end{bmatrix} \xrightarrow{\text{列初等变换}} \begin{bmatrix} \boldsymbol{E} \\ \cdots \\ \boldsymbol{A}^{-1} \end{bmatrix}.$$

3) 性质

(1) 若 $\boldsymbol{A}$ 可逆，则 $\boldsymbol{A}^{-1}$ 唯一.

(2) n 阶方阵 $\boldsymbol{A}$ 可逆的充要条件是 $|\boldsymbol{A}| \neq 0$.

(3) 设 $\boldsymbol{A}$ 为 n 阶方阵，若存在 n 阶方阵 $\boldsymbol{B}$，使得 $\boldsymbol{AB} = \boldsymbol{E}$，则 $\boldsymbol{BA} = \boldsymbol{E}$.

(4) $(\boldsymbol{A}^{-1})^{-1} = \boldsymbol{A}$, $(k\boldsymbol{A})^{-1} = \dfrac{1}{k}\boldsymbol{A}^{-1}$, $(\boldsymbol{AB})^{-1} = \boldsymbol{B}^{-1}\boldsymbol{A}^{-1}$, $(\boldsymbol{A}^n)^{-1} = (\boldsymbol{A}^{-1})^n$, $(\boldsymbol{A}^{-1})^{\mathrm{T}} = (\boldsymbol{A}^{\mathrm{T}})^{-1}$,

$|\boldsymbol{A}^{-1}| = \dfrac{1}{|\boldsymbol{A}|}$, $\boldsymbol{A}^{-1} = \dfrac{1}{|\boldsymbol{A}|}\boldsymbol{A}^*$, $(\boldsymbol{A}^{-1})^* = (\boldsymbol{A}^*)^{-1} = \dfrac{1}{|\boldsymbol{A}|}\boldsymbol{A}$.

注: ① 可逆矩阵一定是方阵，但并不是所有方阵都有逆矩阵.

② 方阵 $\boldsymbol{A}$ 可逆的充分必要条件是 $\boldsymbol{A}$ 非奇异，即 $|\boldsymbol{A}| \neq 0$.

③ 若 $\boldsymbol{A}$ 为 n 阶方阵，若存在 n 阶方阵 $\boldsymbol{B}$，使得 $\boldsymbol{AB} = \boldsymbol{E}$，则 $\boldsymbol{BA} = \boldsymbol{E}$. 即在计算或证明时，只要由 $\boldsymbol{AB} = \boldsymbol{E}$ 或 $\boldsymbol{BA} = \boldsymbol{E}$，就可得出 $\boldsymbol{A}$, $\boldsymbol{B}$ 互为逆矩阵的结论 ($\boldsymbol{A}^{-1} = \boldsymbol{B}$, $\boldsymbol{B}^{-1} = \boldsymbol{A}$).

4) 逆矩阵的应用

(1) 求解矩阵方程. 对于标准矩阵方程

$$\boldsymbol{A}X = \boldsymbol{C} \quad X\boldsymbol{B} = \boldsymbol{C} \quad \boldsymbol{A}X\boldsymbol{B} = \boldsymbol{C},$$

若矩阵 $\boldsymbol{A}$ 可逆，则可分别求出其解为

$$X = \boldsymbol{A}^{-1}\boldsymbol{C},\ X = \boldsymbol{C}\boldsymbol{B}^{-1},\ X = \boldsymbol{A}^{-1}\boldsymbol{C}\boldsymbol{B}^{-1}.$$

注: 若 $\boldsymbol{A}$ 不可逆，可将上述方程转化为线性方程组求解.

(2) 求方阵的幂. 若存在可逆矩阵 $\boldsymbol{P}$，使得 $\boldsymbol{AP} = \boldsymbol{P}\Lambda$，即

$$\boldsymbol{A} = \boldsymbol{P}\Lambda\boldsymbol{P}^{-1},$$

则

$$\boldsymbol{A}^n = \boldsymbol{P}\Lambda^n\boldsymbol{P}^{-1}.$$

求矩阵多项式: 若存在可逆矩阵 $\boldsymbol{P}$，使得 $\boldsymbol{AP} = \boldsymbol{P}\Lambda$，即

$$\boldsymbol{A} = \boldsymbol{P}\Lambda\boldsymbol{P}^{-1},$$

则

$$f(\boldsymbol{A}) = \boldsymbol{P}f(\Lambda)\boldsymbol{P}^{-1}.$$

2.3.2 题型归类与方法分析

题型 3 可逆矩阵的计算和证明

例 18 已知 3 阶矩阵 $\boldsymbol{A}$ 的逆矩阵为 $\boldsymbol{A}^{-1}=\begin{bmatrix}1&1&1\\1&2&1\\1&1&3\end{bmatrix}$，求其伴随矩阵 $\boldsymbol{A}^*$ 的逆矩阵.

【解】
$$[\boldsymbol{A}^{-1}\mid\boldsymbol{E}]=\left[\begin{array}{ccc|ccc}1&1&1&1&0&0\\1&2&1&0&1&0\\1&1&3&0&0&1\end{array}\right]\to\left[\begin{array}{ccc|ccc}1&1&1&1&0&0\\0&1&0&-1&1&0\\0&0&2&-1&0&1\end{array}\right]$$

$$\to\left[\begin{array}{ccc|ccc}1&1&1&1&0&0\\0&1&0&-1&1&0\\0&0&1&-\frac{1}{2}&0&\frac{1}{2}\end{array}\right]\to\left[\begin{array}{ccc|ccc}1&0&1&2&-1&0\\0&1&0&-1&1&0\\0&0&1&-\frac{1}{2}&0&\frac{1}{2}\end{array}\right]$$

$$\to\left[\begin{array}{ccc|ccc}1&0&0&\frac{5}{2}&-1&-\frac{1}{2}\\0&1&0&-1&1&0\\0&0&1&-\frac{1}{2}&0&\frac{1}{2}\end{array}\right]=[\boldsymbol{E}\mid\boldsymbol{A}],$$

$$|\boldsymbol{A}^{-1}|=\begin{vmatrix}1&1&1\\1&2&1\\1&1&3\end{vmatrix}=\begin{vmatrix}1&1&1\\0&1&0\\0&0&2\end{vmatrix}=2,$$

所以

$$(\boldsymbol{A}^*)^{-1}=(\boldsymbol{A}^{-1})^*=|\boldsymbol{A}^{-1}|\boldsymbol{A}=2\begin{bmatrix}\frac{5}{2}&-1&-\frac{1}{2}\\-1&1&0\\-\frac{1}{2}&0&\frac{1}{2}\end{bmatrix}=\begin{bmatrix}5&-2&-1\\-2&2&0\\-1&0&1\end{bmatrix}.$$

例 19 设 $\boldsymbol{A}=\begin{bmatrix}1&0&0&0\\-2&3&0&0\\0&-4&5&0\\0&0&-6&7\end{bmatrix}$，$\boldsymbol{E}$ 为 4 阶单位矩阵，且 $\boldsymbol{B}=(\boldsymbol{E}+\boldsymbol{A})^{-1}(\boldsymbol{E}-\boldsymbol{A})$，

则 $(\boldsymbol{E}+\boldsymbol{B})^{-1}=(\quad)$.

【解】 $\boldsymbol{E}+\boldsymbol{B}=\boldsymbol{E}+(\boldsymbol{E}+\boldsymbol{A})^{-1}(\boldsymbol{E}-\boldsymbol{A})$,

从而 $(\boldsymbol{E}+\boldsymbol{A})(\boldsymbol{E}+\boldsymbol{B})=(\boldsymbol{E}+\boldsymbol{A})\boldsymbol{E}+(\boldsymbol{E}-\boldsymbol{A})=2\boldsymbol{E}$,

于是 $(\boldsymbol{E}+\boldsymbol{B})^{-1}=\frac{1}{2}(\boldsymbol{E}+\boldsymbol{A})=\begin{bmatrix}1&0&0&0\\-1&2&0&0\\0&-2&3&0\\0&0&-3&4\end{bmatrix}$.

例 20 设$\boldsymbol{A}$, $\boldsymbol{B}$, $\boldsymbol{A}+\boldsymbol{B}$, $\boldsymbol{A}^{-1}+\boldsymbol{B}^{-1}$ 均为n阶可逆矩阵,则 $(\boldsymbol{A}^{-1}+\boldsymbol{B}^{-1})^{-1}$ 等于(　　).

A. $\boldsymbol{A}^{-1}+\boldsymbol{B}^{-1}$　　B. $\boldsymbol{A}+\boldsymbol{B}$

C. $\boldsymbol{A}(\boldsymbol{A}+\boldsymbol{B})^{-1}\boldsymbol{B}$　　D. $(\boldsymbol{A}+\boldsymbol{B})^{-1}$

【解】

$$(\boldsymbol{A}^{-1}+\boldsymbol{B}^{-1})^{-1}=[(\boldsymbol{E}+\boldsymbol{B}^{-1}\boldsymbol{A})\boldsymbol{A}^{-1}]^{-1}=[\boldsymbol{B}^{-1}(\boldsymbol{A}+\boldsymbol{B})\boldsymbol{A}^{-1}]^{-1}=\boldsymbol{A}(\boldsymbol{A}+\boldsymbol{B})^{-1}\boldsymbol{B},$$

故选 C.

例 21 已知$\boldsymbol{A}$是n阶矩阵,满足$\boldsymbol{A}^3=2\boldsymbol{E}$, $\boldsymbol{B}=\boldsymbol{A}^2+2\boldsymbol{A}+\boldsymbol{E}$, 则$\boldsymbol{B}^{-1}=$(　　).

【解】 $\boldsymbol{A}^3+\boldsymbol{E}=(\boldsymbol{A}+\boldsymbol{E})(\boldsymbol{A}^2-\boldsymbol{A}+\boldsymbol{E})=3\boldsymbol{E}$,则$(\boldsymbol{A}+\boldsymbol{E})^{-1}=\frac{1}{3}(\boldsymbol{A}^2-\boldsymbol{A}+\boldsymbol{E})$,从而

$$\boldsymbol{B}^{-1}=[(\boldsymbol{A}+\boldsymbol{E})^2]^{-1}=[(\boldsymbol{A}+\boldsymbol{E})^{-1}]^2=\frac{1}{9}(\boldsymbol{A}^2-\boldsymbol{A}+\boldsymbol{E})^2.$$

例 22 若$\boldsymbol{A}$是n阶矩阵,满足$\boldsymbol{A}^2+3\boldsymbol{A}-2\boldsymbol{E}=0$,则$(\boldsymbol{A}+\boldsymbol{E})^{-1}=$(　　).

【解】 $\boldsymbol{A}^2-\boldsymbol{E}+3\boldsymbol{A}+3\boldsymbol{E}-4\boldsymbol{E}=\boldsymbol{0}$,即$(\boldsymbol{A}+\boldsymbol{E})(\boldsymbol{A}-\boldsymbol{E})+3(\boldsymbol{A}+\boldsymbol{E})=4\boldsymbol{E}$,则

$$(\boldsymbol{A}+\boldsymbol{E})(\boldsymbol{A}-2\boldsymbol{E})=4\boldsymbol{E},$$

故

$$(\boldsymbol{A}+\boldsymbol{E})^{-1}=\frac{1}{4}(\boldsymbol{A}+2\boldsymbol{E}).$$

例 23 设$\boldsymbol{A}$, $\boldsymbol{B}$是3阶矩阵,且$2\boldsymbol{A}^{-1}\boldsymbol{B}=\boldsymbol{B}-4\boldsymbol{E}$.

① 证明:$\boldsymbol{A}-2\boldsymbol{E}$可逆.

② 若$\boldsymbol{B}=\begin{bmatrix}1&-2&0\\1&2&0\\0&0&2\end{bmatrix}$,求$\boldsymbol{A}$.

【证】 ① 由$2\boldsymbol{A}^{-1}\boldsymbol{B}=\boldsymbol{B}-4\boldsymbol{E}$,得$2\boldsymbol{B}=\boldsymbol{AB}-4\boldsymbol{A}$,从而$\boldsymbol{AB}-2\boldsymbol{B}-4\boldsymbol{A}=\boldsymbol{0}$,

即 $(\boldsymbol{A}-2\boldsymbol{E})\boldsymbol{B}-4(\boldsymbol{A}-2\boldsymbol{E})=8\boldsymbol{E}\Rightarrow(\boldsymbol{A}-2\boldsymbol{E})(\boldsymbol{B}-4\boldsymbol{E})=8\boldsymbol{E}$,

故 $\boldsymbol{A}-2\boldsymbol{E}$可逆且$(\boldsymbol{A}-2\boldsymbol{E})^{-1}=\frac{1}{8}(\boldsymbol{B}-4\boldsymbol{E})$.

【解】 ②

$$A-2E=8(B-4E)^{-1}=8\begin{bmatrix}-3&-2&0\\1&-2&0\\0&0&-2\end{bmatrix}^{-1}$$

$$=8\begin{bmatrix}-\frac{2}{8}&\frac{2}{8}&0\\-\frac{1}{8}&-\frac{3}{8}&0\\0&0&-\frac{1}{2}\end{bmatrix}=\begin{bmatrix}-2&2&0\\-1&-3&0\\0&0&-4\end{bmatrix},$$

所以

$$A=\begin{bmatrix}0&2&0\\-1&-1&0\\0&0&-2\end{bmatrix}.$$

例 24 设A为n阶方阵,E为n阶单位矩阵,ξ为n维非零列向量,且满足$A=E-\xi\xi^T$.

① 证明:$A^2=A$的充分必要条件是$\xi^T\xi=1$.

② 证明:当$\xi^T\xi=1$时,A不可逆.

【证明】 ① 必要性:由$A=E-\xi\xi^T$,则

$$A^2=(E-\xi\xi^T)^2=E-2\xi\xi^T+\xi(\xi^T\xi)\xi^T=E-(2-\xi^T\xi)\xi\xi^T.$$

因为$A^2=A$,即$E-(2-\xi^T\xi)\xi\xi^T=E-\xi\xi^T$,所以$\xi^T\xi=1$.

充分性:因为$A^2=(E-\xi\xi^T)^2=E-2\xi\xi^T+\xi(\xi^T\xi)\xi^T=E-(2-\xi^T\xi)\xi\xi^T$,又因为$\xi^T\xi=1$,所以$A^2=E-(2-\xi^T\xi)\xi\xi^T=E-\xi\xi^T$,即$A^2=A$.

② 用反证法:假设A可逆,所以存在A^{-1},由题意:ξ为n维非零列向量,所以$\xi\xi^T\neq 0$,即$A\neq E$. 由①可知,当$\xi^T\xi=1$时,$A^2=A$,故等式两端同乘A^{-1}得:$A=E$与已知矛盾,故假设不成立. A不可逆.

因为$A=E-\xi\xi^T$,所以$A\xi=(E-\xi\xi^T)\xi=\xi-\xi(\xi^T\xi)$,又因为$\xi^T\xi=1$,所以$A\xi=\xi-\xi(\xi^T\xi)=0$,而$\xi$为$n$维非零列向量,所以齐次线性方程组$Ax=0$有非零解,故$A$不可逆.

由①可知,当$\xi^T\xi=1$时,$A^2=A$,即$A(E-A)=0$. 所以$r(A)+r(E-A)\leqslant n$. 由题意:ξ为n维非零列向量,所以$\xi\xi^T\neq 0$,即$E-A\neq 0$,所以$r(E-A)\geqslant 1$. 故$r(A)\leqslant n-1$,所以A不可逆.

题型 4　求解矩阵方程

例 25 设 3 阶方阵A, B满足关系式$A^{-1}BA=6A+BA$,且$A=\begin{bmatrix}\frac{1}{3}&0&0\\0&\frac{1}{4}&0\\0&0&\frac{1}{7}\end{bmatrix}$,

则 $\boldsymbol{B}=($　　$)$.

【解】 由 $\boldsymbol{A}^{-1}\boldsymbol{B}\boldsymbol{A}=6\boldsymbol{A}+\boldsymbol{B}\boldsymbol{A}$ 得，$\boldsymbol{A}^{-1}\boldsymbol{B}=6\boldsymbol{E}+\boldsymbol{B}$，即 $(\boldsymbol{A}^{-1}-\boldsymbol{E})\boldsymbol{B}=6\boldsymbol{E}$，$\boldsymbol{B}=6(\boldsymbol{A}^{-1}-\boldsymbol{E})^{-1}$，而

$$\boldsymbol{A}^{-1}=\begin{bmatrix}3&0&0\\0&4&0\\0&0&7\end{bmatrix},\ \boldsymbol{A}^{-1}-\boldsymbol{E}=\begin{bmatrix}2&0&0\\0&3&0\\0&0&6\end{bmatrix},$$

故

$$\boldsymbol{B}=6\begin{bmatrix}2&0&0\\0&3&0\\0&0&6\end{bmatrix}^{-1}=\begin{bmatrix}3&0&0\\0&2&0\\0&0&1\end{bmatrix}.$$

例 26 设 4 阶矩阵 $\boldsymbol{B}=\begin{bmatrix}1&-1&0&0\\0&1&-1&0\\0&0&1&-1\\0&0&0&1\end{bmatrix}$，$\boldsymbol{C}=\begin{bmatrix}2&1&3&4\\0&2&1&3\\0&0&2&1\\0&0&0&2\end{bmatrix}$，且矩阵 $\boldsymbol{A}$ 满足关系式 $\boldsymbol{A}(\boldsymbol{E}-\boldsymbol{C}^{-1}\boldsymbol{B})^{\mathrm{T}}\boldsymbol{C}^{\mathrm{T}}=\boldsymbol{E}$，其中 $\boldsymbol{E}$ 是 4 阶单位矩阵，求矩阵 $\boldsymbol{A}$.

【解】 $\boldsymbol{A}(\boldsymbol{E}-\boldsymbol{C}^{-1}\boldsymbol{B})^{\mathrm{T}}\boldsymbol{C}^{\mathrm{T}}=\boldsymbol{A}[\boldsymbol{C}(\boldsymbol{E}-\boldsymbol{C}^{-1}\boldsymbol{B})]^{\mathrm{T}}=\boldsymbol{A}(\boldsymbol{C}-\boldsymbol{B})^{\mathrm{T}}=\boldsymbol{E}$，从而

$$\boldsymbol{A}=[(\boldsymbol{C}-\boldsymbol{B})^{\mathrm{T}}]^{-1}=\begin{bmatrix}1&0&0&0\\2&1&0&0\\3&2&1&0\\4&3&2&1\end{bmatrix}^{-1}=\begin{bmatrix}1&0&0&0\\-2&1&0&0\\1&-2&1&0\\0&1&-2&1\end{bmatrix}.$$

例 27 设矩阵 $\boldsymbol{A}$ 的伴随矩阵 $\boldsymbol{A}^{*}=\begin{bmatrix}1&0&0&0\\0&1&0&0\\1&0&1&0\\0&-3&0&8\end{bmatrix}$，且 $\boldsymbol{A}\boldsymbol{B}\boldsymbol{A}^{-1}=\boldsymbol{B}\boldsymbol{A}^{-1}+3\boldsymbol{E}$，其中 $\boldsymbol{E}$ 为 4 阶单位矩阵，求矩阵 $\boldsymbol{B}$.

【解】 由 $|\boldsymbol{A}^{*}|=|\boldsymbol{A}|^{n-1}$，有 $|\boldsymbol{A}|^{3}=8$，得 $|\boldsymbol{A}|=2$，

用 $\boldsymbol{A}$ 右乘矩阵方程 $\boldsymbol{A}\boldsymbol{B}\boldsymbol{A}^{-1}=\boldsymbol{B}\boldsymbol{A}^{-1}+3\boldsymbol{E}$ 的两端得 $\boldsymbol{A}\boldsymbol{B}=\boldsymbol{B}+3\boldsymbol{A}$，

再左乘 $\boldsymbol{A}^{*}$ 得 $2\boldsymbol{B}=\boldsymbol{A}^{*}\boldsymbol{B}+6\boldsymbol{E}$，从而 $(2\boldsymbol{E}-\boldsymbol{A}^{*})\boldsymbol{B}=6\boldsymbol{E}$，则

$$\boldsymbol{B}=6(2\boldsymbol{E}-\boldsymbol{A}^{*})^{-1}=6\begin{bmatrix}1&0&0&0\\0&1&0&0\\-1&0&1&0\\0&3&0&-6\end{bmatrix}^{-1}=6\begin{bmatrix}1&0&0&0\\0&1&0&0\\1&0&1&0\\0&\frac{1}{2}&0&-\frac{1}{6}\end{bmatrix}$$

$$=\begin{bmatrix}6&0&0&0\\0&6&0&0\\6&0&6&0\\0&3&0&-1\end{bmatrix}.$$

例 28 设 $\boldsymbol{A}, \boldsymbol{B}, \boldsymbol{C}$ 为 n 阶方阵,且有 $\begin{cases}\boldsymbol{B}=\boldsymbol{E}+\boldsymbol{AB}\\\boldsymbol{C}=\boldsymbol{A}+\boldsymbol{CA}\end{cases}$,则 $\boldsymbol{B}-\boldsymbol{C}=$ (　　).

A. $\boldsymbol{E}$　　B. $-\boldsymbol{E}$　　C. $\boldsymbol{A}$　　D. $-\boldsymbol{A}$

【解】 由 $\boldsymbol{B}=\boldsymbol{E}+\boldsymbol{AB}$,得 $(\boldsymbol{E}-\boldsymbol{A})\boldsymbol{B}=\boldsymbol{E}$,即 $\boldsymbol{B}=(\boldsymbol{E}-\boldsymbol{A})^{-1}$,

由 $\boldsymbol{C}=\boldsymbol{A}+\boldsymbol{CA}$,得 $\boldsymbol{C}(\boldsymbol{E}-\boldsymbol{A})=\boldsymbol{A}$,即 $\boldsymbol{C}=\boldsymbol{A}(\boldsymbol{E}-\boldsymbol{A})^{-1}$,

故 $\boldsymbol{B}-\boldsymbol{C}=(\boldsymbol{E}-\boldsymbol{A})^{-1}-\boldsymbol{A}(\boldsymbol{E}-\boldsymbol{A})^{-1}=(\boldsymbol{E}-\boldsymbol{A})(\boldsymbol{E}-\boldsymbol{A})^{-1}=\boldsymbol{E}$,故选 A.

例 29 已知 $\boldsymbol{AX}=\boldsymbol{B}$,其中

$$\boldsymbol{A}=\begin{bmatrix}1&3&3\\2&6&9\\-1&-3&3\end{bmatrix},\boldsymbol{B}=\begin{bmatrix}2&-1&1\\7&4&-1\\4&13&-7\end{bmatrix},$$

求矩阵 $\boldsymbol{X}$.

【解】 易见 $\boldsymbol{A}$ 不可逆,可转换为解非齐次线性方程组. 设 $\boldsymbol{X}=\begin{bmatrix}x_1&y_1&z_1\\x_2&y_2&z_2\\x_3&y_3&z_3\end{bmatrix}$,则

$$\begin{bmatrix}1&3&3\\2&6&9\\-1&-3&3\end{bmatrix}\begin{bmatrix}x_1&y_1&z_1\\x_2&y_2&z_2\\x_3&y_3&z_3\end{bmatrix}=\begin{bmatrix}2&-1&1\\7&4&-1\\4&13&-7\end{bmatrix},$$

即

$$\begin{bmatrix}1&3&3\\2&6&9\\-1&-3&3\end{bmatrix}\begin{bmatrix}x_1\\x_2\\x_3\end{bmatrix}=\begin{bmatrix}2\\7\\4\end{bmatrix},\begin{bmatrix}1&3&3\\2&6&9\\-1&-3&3\end{bmatrix}\begin{bmatrix}y_1\\y_2\\y_3\end{bmatrix}=\begin{bmatrix}-1\\4\\13\end{bmatrix},$$

$$\begin{bmatrix}1&3&3\\2&6&9\\-1&-3&3\end{bmatrix}\begin{bmatrix}z_1\\z_2\\z_3\end{bmatrix}=\begin{bmatrix}1\\-1\\-7\end{bmatrix}.$$

这三个方程组的系数矩阵一样,常数项不同,化简以下增广矩阵,即

$$\left[\begin{array}{ccc|ccc}1&3&3&2&-1&1\\2&6&9&7&4&-1\\-1&-3&3&4&13&-7\end{array}\right]\rightarrow\left[\begin{array}{ccc|ccc}1&3&3&2&-1&1\\0&0&3&3&6&-3\\0&0&0&0&0&0\end{array}\right],$$

解得

$$\begin{cases} x_1 = -3t-1 \\ x_2 = t \\ x_3 = 1 \end{cases}, \begin{cases} y_1 = -3u-7 \\ y_2 = u \\ y_3 = 2 \end{cases}, \begin{cases} z_1 = -3v+4 \\ z_2 = v \\ z_3 = -1 \end{cases},$$

从而

$$X = \begin{bmatrix} -3t-1 & -3u-7 & -3v+4 \\ t & u & v \\ 1 & 2 & -1 \end{bmatrix},$$ 其中 t，u，v 为任意实数.

2.4 分块矩阵

2.4.1 知识点梳理

1) 定义

用水平和铅直虚线将矩阵中的元素分割成若干个小块，每一小块称为矩阵的一个子块或子矩阵，则原矩阵是以这些子块为元素的分块矩阵.

2) 分块矩阵的运算(可将子矩阵当作通常矩阵的元素看待)

(1) 分块矩阵的加法：

$$\begin{bmatrix} \boldsymbol{A} & \boldsymbol{B} \\ \boldsymbol{C} & \boldsymbol{D} \end{bmatrix} + \begin{bmatrix} \boldsymbol{X} & \boldsymbol{Y} \\ \boldsymbol{Z} & \boldsymbol{W} \end{bmatrix} = \begin{bmatrix} \boldsymbol{A}+\boldsymbol{X} & \boldsymbol{B}+\boldsymbol{Y} \\ \boldsymbol{C}+\boldsymbol{Z} & \boldsymbol{D}+\boldsymbol{W} \end{bmatrix}.$$

(2) 分块矩阵的数量乘法：

$$k\begin{bmatrix} \boldsymbol{A} & \boldsymbol{B} \\ \boldsymbol{C} & \boldsymbol{D} \end{bmatrix} = \begin{bmatrix} k\boldsymbol{A} & k\boldsymbol{B} \\ k\boldsymbol{C} & k\boldsymbol{D} \end{bmatrix}.$$

(3) 分块矩阵的乘法(左分块矩阵的列的分法必须与右分块矩阵的行的分法一致)：

$$\begin{bmatrix} \boldsymbol{A} & \boldsymbol{B} \\ \boldsymbol{C} & \boldsymbol{D} \end{bmatrix} \begin{bmatrix} \boldsymbol{X} & \boldsymbol{Y} \\ \boldsymbol{Z} & \boldsymbol{W} \end{bmatrix} = \begin{bmatrix} \boldsymbol{AX}+\boldsymbol{BZ} & \boldsymbol{AY}+\boldsymbol{BW} \\ \boldsymbol{CX}+\boldsymbol{DZ} & \boldsymbol{CY}+\boldsymbol{DW} \end{bmatrix}.$$

(4) 分块矩阵的转置：

$$\begin{bmatrix} \boldsymbol{A} & \boldsymbol{B} \\ \boldsymbol{C} & \boldsymbol{D} \end{bmatrix}^{\mathrm{T}} = \begin{bmatrix} \boldsymbol{A}^{\mathrm{T}} & \boldsymbol{C}^{\mathrm{T}} \\ \boldsymbol{B}^{\mathrm{T}} & \boldsymbol{D}^{\mathrm{T}} \end{bmatrix}.$$

特别地，关于分块对角矩阵以及分块三角形矩阵有如下结论：

(5) 分块对角矩阵的幂:

$$\begin{bmatrix} A & 0 \\ 0 & B \end{bmatrix}^n = \begin{bmatrix} A^n & 0 \\ 0 & B^n \end{bmatrix}.$$

(6) 特殊分块矩阵的行列式(设 A 为 m 阶矩阵, B 为 n 阶矩阵):

$$\begin{vmatrix} A & C \\ 0 & B \end{vmatrix} = \begin{vmatrix} A & 0 \\ C & B \end{vmatrix} = |A||B|,\quad \begin{vmatrix} C & A \\ B & 0 \end{vmatrix} = \begin{vmatrix} 0 & A \\ B & C \end{vmatrix} = (-1)^{mn}\ |A||B|.$$

(7) 分块对角以及分块三角形矩阵的逆矩阵(A, B 均为可逆方阵).

$$\begin{bmatrix} A & 0 \\ 0 & B \end{bmatrix}^{-1} = \begin{bmatrix} A^{-1} & 0 \\ 0 & B^{-1} \end{bmatrix},\quad \begin{bmatrix} 0 & A \\ B & 0 \end{bmatrix}^{-1} = \begin{bmatrix} 0 & B^{-1} \\ A^{-1} & 0 \end{bmatrix},$$

$$\begin{bmatrix} A & C \\ 0 & B \end{bmatrix}^{-1} = \begin{bmatrix} A^{-1} & -A^{-1}CB^{-1} \\ 0 & B^{-1} \end{bmatrix},\quad \begin{bmatrix} A & 0 \\ C & B \end{bmatrix}^{-1} = \begin{bmatrix} A^{-1} & 0 \\ -B^{-1}CA^{-1} & B^{-1} \end{bmatrix}.$$

注: 矩阵分块是矩阵运算中的一种技巧,其好处在于:① 矩阵分块后,能突出该矩阵的结构,使运算简化;② 可将大矩阵的运算划分为小矩阵的运算,使运算条理化;③ 可为某些命题的证明提供方法.

常见的分块方法有:对矩阵按列分块、按行分块,它们的区别在于:按列分块,在运算中,把矩阵视为一个行向量,这时矩阵就等同于一个列向量组;按行分块矩阵可视为一个列向量,矩阵等同于它的行向量组.由此理解矩阵与向量组的关系.

2.4.2 题型归类与方法分析

题型 5 关于分块矩阵的计算与证明

例 30 设 n 阶矩阵 A 及 s 阶矩阵 B 都可逆,求 $\begin{bmatrix} 0 & A \\ B & 0 \end{bmatrix}^{-1}$.

【解】 设 $\begin{bmatrix} 0 & A \\ B & 0 \end{bmatrix}^{-1} = \begin{bmatrix} X_1 & X_2 \\ X_3 & X_4 \end{bmatrix}$,则

$$\begin{bmatrix} 0 & A \\ B & 0 \end{bmatrix}\begin{bmatrix} 0 & A \\ B & 0 \end{bmatrix}^{-1} = \begin{bmatrix} 0 & A \\ B & 0 \end{bmatrix}\begin{bmatrix} X_1 & X_2 \\ X_3 & X_4 \end{bmatrix} = \begin{bmatrix} E & 0 \\ 0 & E \end{bmatrix},$$

即

$$\begin{bmatrix} AX_3 & AX_4 \\ BX_1 & BX_2 \end{bmatrix} = \begin{bmatrix} E & 0 \\ 0 & E \end{bmatrix},$$

因为$\boldsymbol{A}$, $\boldsymbol{B}$可逆,故

$$\boldsymbol{X}_1=\boldsymbol{X}_4=\boldsymbol{0},\ \boldsymbol{X}_3=\boldsymbol{A}^{-1},\ \boldsymbol{X}_2=\boldsymbol{B}^{-1},$$

所以

$$\begin{bmatrix}\boldsymbol{0} & \boldsymbol{A}\\ \boldsymbol{B} & \boldsymbol{0}\end{bmatrix}^{-1}=\begin{bmatrix}\boldsymbol{0} & \boldsymbol{B}^{-1}\\ \boldsymbol{A}^{-1} & \boldsymbol{0}\end{bmatrix}.$$

注: 本例是用待定系数法求出了分块矩阵的逆矩阵,同样的方法我们还可以求出分块对角形矩阵以及分块上(下)三角矩阵的逆矩阵,即

$$\begin{bmatrix}\boldsymbol{A} & \boldsymbol{0}\\ \boldsymbol{0} & \boldsymbol{B}\end{bmatrix}^{-1}=\begin{bmatrix}\boldsymbol{A}^{-1} & \boldsymbol{0}\\ \boldsymbol{0} & \boldsymbol{B}^{-1}\end{bmatrix},$$

$$\begin{bmatrix}\boldsymbol{A} & \boldsymbol{C}\\ \boldsymbol{0} & \boldsymbol{B}\end{bmatrix}^{-1}=\begin{bmatrix}\boldsymbol{A}^{-1} & -\boldsymbol{A}^{-1}\boldsymbol{C}\boldsymbol{B}^{-1}\\ \boldsymbol{0} & \boldsymbol{B}^{-1}\end{bmatrix},$$

$$\begin{bmatrix}\boldsymbol{A} & \boldsymbol{0}\\ \boldsymbol{C} & \boldsymbol{B}\end{bmatrix}^{-1}=\begin{bmatrix}\boldsymbol{A}^{-1} & \boldsymbol{0}\\ -\boldsymbol{B}^{-1}\boldsymbol{C}\boldsymbol{A}^{-1} & \boldsymbol{B}^{-1}\end{bmatrix}.$$

例 31 用矩阵的分块求下列矩阵的逆矩阵:

$$① \begin{bmatrix}0 & 0 & 2\\ 1 & 2 & 0\\ 3 & 4 & 0\end{bmatrix};\ ② \begin{bmatrix}5 & 2 & 0 & 0\\ 2 & 1 & 0 & 0\\ 0 & 0 & 8 & 3\\ 0 & 0 & 5 & 2\end{bmatrix}.$$

【解】 ① 设$\boldsymbol{C}=\begin{bmatrix}0 & 0 & 2\\ 1 & 2 & 0\\ 3 & 4 & 0\end{bmatrix}=\begin{bmatrix}\boldsymbol{0} & \boldsymbol{A}\\ \boldsymbol{B} & \boldsymbol{0}\end{bmatrix}$,

$$\boldsymbol{A}=(2),\ \boldsymbol{A}^{-1}=\left(\frac{1}{2}\right),\ \boldsymbol{B}=\begin{bmatrix}1 & 2\\ 3 & 4\end{bmatrix},$$

$$\boldsymbol{B}^{-1}=\begin{bmatrix}1 & 2\\ 3 & 4\end{bmatrix}^{-1}=-\frac{1}{2}\begin{bmatrix}4 & -2\\ -3 & 1\end{bmatrix}=\begin{bmatrix}-2 & 1\\ \frac{3}{2} & -\frac{1}{2}\end{bmatrix},$$

由例30可得

$$\boldsymbol{C}^{-1}=\begin{bmatrix}\boldsymbol{0} & \boldsymbol{A}\\ \boldsymbol{B} & \boldsymbol{0}\end{bmatrix}^{-1}=\begin{bmatrix}\boldsymbol{0} & \boldsymbol{B}^{-1}\\ \boldsymbol{A}^{-1} & \boldsymbol{0}\end{bmatrix},$$

所以

$$C^{-1}=\begin{bmatrix}0&-2&1\\0&\frac{3}{2}&-\frac{1}{2}\\\frac{1}{2}&0&0\end{bmatrix}.$$

② 设$C=\begin{bmatrix}5&2&0&0\\2&1&0&0\\0&0&8&3\\0&0&5&2\end{bmatrix}=\begin{bmatrix}A&0\\0&B\end{bmatrix}$,

$$A=\begin{bmatrix}5&2\\2&1\end{bmatrix}, A^{-1}=\begin{bmatrix}1&-2\\-2&5\end{bmatrix}, B=\begin{bmatrix}8&3\\5&2\end{bmatrix}, B^{-1}=\begin{bmatrix}2&-3\\-5&8\end{bmatrix},$$

由例30注可知

$$C^{-1}=\begin{bmatrix}A&0\\0&B\end{bmatrix}^{-1}=\begin{bmatrix}A^{-1}&0\\0&B^{-1}\end{bmatrix},$$

所以

$$C^{-1}=\begin{bmatrix}1&-2&0&0\\-2&5&0&0\\0&0&2&-3\\0&0&-5&8\end{bmatrix}.$$

例 32 设A为3×3矩阵,$|A|=-2$,把A按列分块为$A=(A_1, A_2, A_3)$,其中A_j $(j=1, 2, 3)$为A的第j列,求:① $|A_1, 2A_2, A_3|$;② $|A_3-2A_1, 3A_2, A_1|$.

【解】 由$|A|=-2$,

即

$$|A_1, A_2, A_3|=-2,$$

则

$$|A_1, 2A_2, A_3|=2|A_1, A_2, A_3|=-4,$$

$$|A_3-2A_1, 3A_2, A_1|=3|A_3-2A_1, A_2, A_1|=3|A_3, A_2, A_1|=-3|A_1, A_2, A_3|=6.$$

例 33 设$A^{\mathrm{T}}A=0$,证明$A=0$.

【证明】 设$A=(a_{ij})_{m\times n}$,若$\beta_1, \beta_2, \cdots, \beta_n$为$A$的列子块,则

$$\boldsymbol{A}^{\mathrm{T}}\boldsymbol{A}=\begin{bmatrix}\boldsymbol{\beta}_1^{\mathrm{T}}\\\boldsymbol{\beta}_2^{\mathrm{T}}\\\vdots\\\boldsymbol{\beta}_n^{\mathrm{T}}\end{bmatrix}[\boldsymbol{\beta}_1\quad\boldsymbol{\beta}_2\quad\cdots\quad\boldsymbol{\beta}_n]=\begin{bmatrix}\boldsymbol{\beta}_1^{\mathrm{T}}\boldsymbol{\beta}_1 & \boldsymbol{\beta}_1^{\mathrm{T}}\boldsymbol{\beta}_2 & \cdots & \boldsymbol{\beta}_1^{\mathrm{T}}\boldsymbol{\beta}_n\\\boldsymbol{\beta}_2^{\mathrm{T}}\boldsymbol{\beta}_1 & \boldsymbol{\beta}_2^{\mathrm{T}}\boldsymbol{\beta}_2 & \cdots & \boldsymbol{\beta}_2^{\mathrm{T}}\boldsymbol{\beta}_n\\\cdots & & & \\\boldsymbol{\beta}_n^{\mathrm{T}}\boldsymbol{\beta}_1 & \boldsymbol{\beta}_n^{\mathrm{T}}\boldsymbol{\beta}_2 & \cdots & \boldsymbol{\beta}_n^{\mathrm{T}}\boldsymbol{\beta}_n\end{bmatrix},$$

因为 $\boldsymbol{A}^{\mathrm{T}}\boldsymbol{A}=\boldsymbol{0}$，故

$$\boldsymbol{\beta}_i^{\mathrm{T}}\boldsymbol{\beta}_j=\boldsymbol{0}\ (i,\ j=1,\ 2,\ \cdots,\ n),$$

特别地，有

$$\boldsymbol{\beta}_j^{\mathrm{T}}\boldsymbol{\beta}_j=\boldsymbol{0}\ (j=1,\ 2,\ \cdots,\ n),$$

而 $\boldsymbol{\beta}_i^{\mathrm{T}}\boldsymbol{\beta}_j=a_{1j}^2+a_{2j}^2+\cdots+a_{mj}^2=\boldsymbol{0}$，所以

$$a_{1j}=a_{2j}=\cdots=a_{mj}=0\ (j=1,\ 2,\ \cdots,\ n),$$

即

$$\boldsymbol{A}=\boldsymbol{0}.$$

2.5　初等变换

2.5.1　知识点梳理

1）矩阵的初等变换

（1）定义：初等变换分为初等行变换和初等列变换，指的是：

① 将矩阵的某两行（列）对换位置.

② 以非零常数 c 乘矩阵的某一行（列）.

③ 将矩阵的某一行（列）乘常数 c 并加到另一行（列）.

（2）性质：初等变换不改变矩阵的秩.

2）矩阵等价

（1）定义：如果矩阵 $\boldsymbol{A}$ 可经过有限次初等变换化为矩阵 $\boldsymbol{B}$，则称矩阵 $\boldsymbol{A}$ 与 $\boldsymbol{B}$ 等价，记为 $\boldsymbol{A}\simeq\boldsymbol{B}$.

（2）性质：

① 任一矩阵 $\boldsymbol{A}$ 都与一个形如 $\begin{bmatrix}\boldsymbol{E}_r & \boldsymbol{0}\\\boldsymbol{0} & \boldsymbol{0}\end{bmatrix}$ 的矩阵等价，其中 $\boldsymbol{E}_r$ 是 r 阶单位矩阵，r 是 $\boldsymbol{A}$ 的秩，称 $\begin{bmatrix}\boldsymbol{E}_r & \boldsymbol{0}\\\boldsymbol{0} & \boldsymbol{0}\end{bmatrix}$ 为 $\boldsymbol{A}$ 的标准形.

② 若$\boldsymbol{A}$与$\boldsymbol{B}$等价,则$\boldsymbol{B}$与$\boldsymbol{A}$也等价(对称性);

若$\boldsymbol{A}$与$\boldsymbol{B}$等价,$\boldsymbol{B}$与$\boldsymbol{C}$等价,则$\boldsymbol{A}$与$\boldsymbol{C}$也等价(传递性).

③ $\boldsymbol{A}\cong\boldsymbol{B}$等价$\Leftrightarrow\boldsymbol{A},\boldsymbol{B}$同型且有相同的秩$\Leftrightarrow$存在可逆矩阵$\boldsymbol{P},\boldsymbol{Q}$,使$\boldsymbol{PAQ}=\boldsymbol{B}$.

3) 初等矩阵

(1) 定义:单位矩阵$\boldsymbol{E}$经过一次初等变换所得到的矩阵称为初等矩阵,有三种初等矩阵,分别对应三种初等变换,记为$\boldsymbol{E}_{ij}$,$\boldsymbol{E}_i(c)$,$\boldsymbol{E}_{ij}(c)$.

(2) 性质:

① 用初等矩阵左(右)乘矩阵$\boldsymbol{A}$,相当于对$\boldsymbol{A}$施行一次相应的初等行(列)变换.

② $|\boldsymbol{E}_{ij}|=-1$, $|\boldsymbol{E}_i(c)|=c$, $|\boldsymbol{E}_{ij}(c)|=1$.

③ $\boldsymbol{E}_{ij}^{-1}=\boldsymbol{E}_{ij}$, $\boldsymbol{E}_i^{-1}(c)=\boldsymbol{E}_i\left(\frac{1}{c}\right)$, $\boldsymbol{E}_{ij}^{-1}(c)=\boldsymbol{E}_{ij}(-c)$.

④ $\boldsymbol{E}_{ij}^{\mathrm{T}}=\boldsymbol{E}_{ij}$, $\boldsymbol{E}_i^{\mathrm{T}}(c)=\boldsymbol{E}_i(c)$, $\boldsymbol{E}_{ij}^{\mathrm{T}}(c)=\boldsymbol{E}_{ji}(c)$.

⑤ $\boldsymbol{E}_{ij}^*=-\boldsymbol{E}_{ij}$, $\boldsymbol{E}_i^*(c)=c\boldsymbol{E}_i\left(\frac{1}{c}\right)$, $\boldsymbol{E}_{ij}^*(c)=\boldsymbol{E}_{ij}(-c)$.

2.5.2 题型归类与方法分析

题型 6 初等变换与初等矩阵

例 34 设$\boldsymbol{A},\boldsymbol{B}$为同阶可逆矩阵,则( ).

A. $\boldsymbol{AB}=\boldsymbol{BA}$ B. 存在可逆矩阵$\boldsymbol{P}$,使$\boldsymbol{P}^{-1}\boldsymbol{AP}=\boldsymbol{B}$

C. 存在可逆矩阵$\boldsymbol{C}$,使$\boldsymbol{C}^{\mathrm{T}}\boldsymbol{AC}=\boldsymbol{B}$ D. 存在可逆矩阵$\boldsymbol{P},\boldsymbol{Q}$,使$\boldsymbol{PAQ}=\boldsymbol{B}$

【解】 由于$\boldsymbol{A}$可逆,故存在可逆矩阵$\boldsymbol{P},\boldsymbol{M}$,使$\boldsymbol{PAM}=\boldsymbol{E}$,两边同乘$\boldsymbol{B}$,得到$\boldsymbol{PA}(\boldsymbol{MB})=\boldsymbol{B}$,记$\boldsymbol{Q}=\boldsymbol{MB}$(由$\boldsymbol{M},\boldsymbol{B}$可逆故$\boldsymbol{MB}$可逆),即得$\boldsymbol{PAQ}=\boldsymbol{B}$,故选D.

例 35 设$\boldsymbol{A}$是n阶可逆矩阵,将$\boldsymbol{A}$的第i行与第j行对调后得到矩阵记为$\boldsymbol{B}$,证明$\boldsymbol{B}$可逆,并求$\boldsymbol{AB}^{-1}$.

【解】 由于$\boldsymbol{A}$可逆,故$|\boldsymbol{A}|\neq 0$,从而$|\boldsymbol{B}|=-|\boldsymbol{A}|\neq 0$,所以$\boldsymbol{B}$可逆.

由已知可得,$\boldsymbol{B}=\boldsymbol{E}_{ij}\boldsymbol{A}$,因为$\boldsymbol{E}_{ij}^{-1}=\boldsymbol{E}_{ij}$,所以$\boldsymbol{AB}^{-1}=\boldsymbol{A}(\boldsymbol{E}_{ij}\boldsymbol{A})^{-1}=\boldsymbol{AA}^{-1}\boldsymbol{E}_{ij}^{-1}=\boldsymbol{E}_{ij}$.

例 36 $\boldsymbol{A}=\begin{bmatrix}a_{11}&a_{12}&a_{13}\\a_{21}&a_{22}&a_{23}\\a_{31}&a_{32}&a_{33}\end{bmatrix}$, $\boldsymbol{B}=\begin{bmatrix}a_{21}&a_{22}&a_{23}\\a_{11}&a_{12}&a_{13}\\a_{31}+a_{11}&a_{32}+a_{12}&a_{33}+a_{13}\end{bmatrix}$, $\boldsymbol{P}_1=\begin{bmatrix}0&1&0\\1&0&0\\0&0&1\end{bmatrix}$,

$\boldsymbol{P}_2=\begin{bmatrix}1&0&0\\0&1&0\\1&0&1\end{bmatrix}$,则必有( ).

A. $\boldsymbol{AP}_1\boldsymbol{P}_2=\boldsymbol{B}$ B. $\boldsymbol{AP}_2\boldsymbol{P}_1=\boldsymbol{B}$

C. $\boldsymbol{P}_1\boldsymbol{P}_2\boldsymbol{A}=\boldsymbol{B}$ D. $\boldsymbol{P}_2\boldsymbol{P}_1\boldsymbol{A}=\boldsymbol{B}$

【解】 注意到$\boldsymbol{B}$是对$\boldsymbol{A}$施行两次初等行变换所得到的矩阵,首先将$\boldsymbol{A}$的第一行加到第三行上去，然后再将第一行与第二行互换，所以选项 A，B 都不正确. 由于用初等矩阵 $\boldsymbol{P}_2$ 左乘 $\boldsymbol{A}$，相当于把 $\boldsymbol{A}$ 的第一行加到第三行上去，得到矩阵 $\boldsymbol{P}_2\boldsymbol{A}$，再用初等矩阵 $\boldsymbol{P}_1$ 左乘 $\boldsymbol{P}_2\boldsymbol{A}$，则相当于把 $\boldsymbol{P}_2\boldsymbol{A}$ 的第一二行对调，因此有 $\boldsymbol{P}_1\boldsymbol{P}_2\boldsymbol{A}=\boldsymbol{B}$，故选 C.

例 37 设 $\boldsymbol{A}=\begin{bmatrix} a_{11} & a_{12} & a_{13} & a_{14} \\ a_{21} & a_{22} & a_{23} & a_{24} \\ a_{31} & a_{32} & a_{33} & a_{34} \\ a_{41} & a_{42} & a_{43} & a_{44} \end{bmatrix}$，$\boldsymbol{B}=\begin{bmatrix} a_{14} & a_{13} & a_{12} & a_{11} \\ a_{24} & a_{23} & a_{22} & a_{21} \\ a_{34} & a_{33} & a_{32} & a_{31} \\ a_{44} & a_{43} & a_{42} & a_{41} \end{bmatrix}$

$\boldsymbol{P}_1=\begin{bmatrix} 0 & 0 & 0 & 1 \\ 0 & 1 & 0 & 0 \\ 0 & 0 & 1 & 0 \\ 1 & 0 & 0 & 0 \end{bmatrix}$，$\boldsymbol{P}_2=\begin{bmatrix} 1 & 0 & 0 & 0 \\ 0 & 0 & 1 & 0 \\ 0 & 1 & 0 & 0 \\ 0 & 0 & 0 & 1 \end{bmatrix}$，其中 $\boldsymbol{A}$ 可逆，则 $\boldsymbol{B}^{-1}$ 等于（　　）.

A. $\boldsymbol{A}^{-1}\boldsymbol{P}_1\boldsymbol{P}_2$　　　　B. $\boldsymbol{P}_1\boldsymbol{A}^{-1}\boldsymbol{P}_2$

C. $\boldsymbol{P}_1\boldsymbol{P}_2\boldsymbol{A}^{-1}$　　　　D. $\boldsymbol{P}_2\boldsymbol{A}^{-1}\boldsymbol{P}_1$

【解】 可以看出，矩阵是交换矩阵的第 2、第 3 列和交换第 1、第 4 列得到的，即 $\boldsymbol{B}=\boldsymbol{A}\boldsymbol{P}_2\boldsymbol{P}_1$，于是 $\boldsymbol{B}^{-1}=\boldsymbol{P}_1^{-1}\boldsymbol{P}_2^{-1}\boldsymbol{A}^{-1}=\boldsymbol{P}_1\boldsymbol{P}_2\boldsymbol{A}^{-1}$，故选 C.

例 38 设 $\boldsymbol{A}$，$\boldsymbol{P}$ 均为 3 阶矩阵，$\boldsymbol{P}^{\mathrm{T}}$ 为 $\boldsymbol{P}$ 的转置，且 $\boldsymbol{P}^{\mathrm{T}}\boldsymbol{A}\boldsymbol{P}=\begin{bmatrix} 1 & 0 & 0 \\ 0 & 1 & 0 \\ 0 & 0 & 2 \end{bmatrix}$，若 $\boldsymbol{P}=(\boldsymbol{\alpha}_1,\boldsymbol{\alpha}_2,\boldsymbol{\alpha}_3)$，$\boldsymbol{Q}=(\boldsymbol{\alpha}_1+\boldsymbol{\alpha}_2,\boldsymbol{\alpha}_2,\boldsymbol{\alpha}_3)$ 则 $\boldsymbol{Q}^{\mathrm{T}}\boldsymbol{A}\boldsymbol{Q}$ 为（　　）.

A. $\begin{bmatrix} 2 & 1 & 0 \\ 1 & 1 & 0 \\ 0 & 0 & 2 \end{bmatrix}$　　　　B. $\begin{bmatrix} 1 & 1 & 0 \\ 1 & 2 & 0 \\ 0 & 0 & 2 \end{bmatrix}$

C. $\begin{bmatrix} 2 & 0 & 0 \\ 0 & 1 & 0 \\ 0 & 0 & 2 \end{bmatrix}$　　　　D. $\begin{bmatrix} 1 & 0 & 0 \\ 0 & 2 & 0 \\ 0 & 0 & 2 \end{bmatrix}$

【解】 $\boldsymbol{Q}=(\boldsymbol{\alpha}_1+\boldsymbol{\alpha}_2,\boldsymbol{\alpha}_2,\boldsymbol{\alpha}_3)=(\boldsymbol{\alpha}_1,\boldsymbol{\alpha}_2,\boldsymbol{\alpha}_3)\begin{bmatrix} 1 & 0 & 0 \\ 1 & 1 & 0 \\ 0 & 0 & 1 \end{bmatrix}=\boldsymbol{P}\boldsymbol{C}$，则

$$\boldsymbol{Q}^{\mathrm{T}}\boldsymbol{A}\boldsymbol{Q}=\boldsymbol{C}^{\mathrm{T}}\boldsymbol{P}^{\mathrm{T}}\boldsymbol{A}\boldsymbol{P}\boldsymbol{C}=\begin{bmatrix} 1 & 1 & 0 \\ 0 & 1 & 0 \\ 0 & 0 & 1 \end{bmatrix}\begin{bmatrix} 1 & 0 & 0 \\ 0 & 1 & 0 \\ 0 & 0 & 2 \end{bmatrix}\begin{bmatrix} 1 & 0 & 0 \\ 1 & 1 & 0 \\ 0 & 0 & 1 \end{bmatrix}=\begin{bmatrix} 2 & 1 & 0 \\ 1 & 1 & 0 \\ 0 & 0 & 2 \end{bmatrix},$$

故选 A.

例 39 设 $\boldsymbol{A}$ 为 3 阶矩阵，将 $\boldsymbol{A}$ 的第 2 列加到第 1 列得到 $\boldsymbol{B}$，再交换 $\boldsymbol{B}$ 的第 2 行和第 3 行

得到单位矩阵 $\boldsymbol{E}$, $\boldsymbol{P}_1=\begin{bmatrix}1&0&0\\1&1&0\\0&0&1\end{bmatrix}$, $\boldsymbol{P}_2=\begin{bmatrix}1&0&0\\0&0&1\\0&1&0\end{bmatrix}$, 则 $\boldsymbol{A}=$ (　　).

A. $\boldsymbol{P}_1\boldsymbol{P}_2$　　B. $\boldsymbol{P}_1^{-1}\boldsymbol{P}_2$　　C. $\boldsymbol{P}_2\boldsymbol{P}_1$　　D. $\boldsymbol{P}_2\boldsymbol{P}_1^{-1}$

【解】 由题意知 $\boldsymbol{B}=\boldsymbol{A}\boldsymbol{P}_1$, $\boldsymbol{E}=\boldsymbol{P}_2\boldsymbol{B}$, 从而 $\boldsymbol{E}=\boldsymbol{P}_2\boldsymbol{B}=\boldsymbol{P}_2\boldsymbol{A}\boldsymbol{P}_1$, 则 $\boldsymbol{A}=\boldsymbol{P}_2^{-1}\boldsymbol{P}_1^{-1}=\boldsymbol{P}_2\boldsymbol{P}_1^{-1}$, 故选 D.

例 40 $\begin{bmatrix}1&0&0\\0&1&0\\0&2&1\end{bmatrix}^{2\,010}\begin{bmatrix}1&2&3\\2&3&4\\3&4&5\end{bmatrix}\begin{bmatrix}0&0&1\\0&1&0\\1&0&0\end{bmatrix}^{2\,011}=$ (　　).

【解】

$$\begin{bmatrix}1&0&0\\0&1&0\\0&2&1\end{bmatrix}^{2\,010}=\begin{bmatrix}1&0&0\\0&1&0\\0&4\,020&1\end{bmatrix},\quad\begin{bmatrix}0&0&1\\0&1&0\\1&0&0\end{bmatrix}^{2\,011}=\begin{bmatrix}0&0&1\\0&1&0\\1&0&0\end{bmatrix},$$

从而

$$\begin{bmatrix}1&0&0\\0&1&0\\0&4\,020&1\end{bmatrix}\begin{bmatrix}1&2&3\\2&3&4\\3&4&5\end{bmatrix}\begin{bmatrix}0&0&1\\0&1&0\\1&0&0\end{bmatrix}$$

$$=\begin{bmatrix}1&2&3\\2&3&4\\8\,043&12\,064&16\,085\end{bmatrix}\begin{bmatrix}0&0&1\\0&1&0\\1&0&0\end{bmatrix}=\begin{bmatrix}3&2&1\\4&3&2\\16\,085&12\,064&8\,043\end{bmatrix}.$$

例 41 已知矩阵 $\boldsymbol{A}=\begin{bmatrix}1&2&1\\0&2&1\\-1&a&3\end{bmatrix}$ 与矩阵 $\boldsymbol{B}=\begin{bmatrix}1&0&0\\0&1&0\\0&0&0\end{bmatrix}$ 等价.

① 求 a 的值;

② 求可逆矩阵 $\boldsymbol{P}$ 和 $\boldsymbol{Q}$, 使 $\boldsymbol{PAQ}=\boldsymbol{B}$.

【解】 ① 矩阵 $\boldsymbol{A}$ 和 $\boldsymbol{B}$ 等价 $\Leftrightarrow$ $\boldsymbol{A}$ 和 $\boldsymbol{B}$ 均为 $m\times n$ 矩阵且秩 $r(\boldsymbol{A})=r(\boldsymbol{B})$.

对矩阵 $\boldsymbol{A}$ 作初等变换,有

$$\boldsymbol{A}=\begin{bmatrix}1&2&1\\0&2&1\\-1&a&3\end{bmatrix}\to\begin{bmatrix}1&2&1\\0&2&1\\0&a+2&4\end{bmatrix}\to\begin{bmatrix}1&2&1\\0&2&1\\0&a-6&0\end{bmatrix},$$

由秩 $r(\boldsymbol{B})=2$, 知 $r(\boldsymbol{A})=2$, 故 $a=6$.

② 对矩阵 $\boldsymbol{A}$ 作初等变换化为矩阵 $\boldsymbol{B}$, 有

$$A=\begin{bmatrix}1&2&1\\0&2&1\\-1&6&3\end{bmatrix}\to\begin{bmatrix}1&2&1\\0&2&1\\0&8&4\end{bmatrix}\to\begin{bmatrix}1&0&0\\0&2&1\\0&8&4\end{bmatrix}\to\begin{bmatrix}1&0&0\\0&2&1\\0&0&0\end{bmatrix}\to\begin{bmatrix}1&0&0\\0&2&0\\0&0&0\end{bmatrix}\to\begin{bmatrix}1&0&0\\0&1&0\\0&0&0\end{bmatrix},$$

把所用初等矩阵写出，得

$$P=\begin{bmatrix}1&0&0\\0&1&0\\0&-4&1\end{bmatrix}\begin{bmatrix}1&-1&0\\0&1&0\\0&0&1\end{bmatrix}\begin{bmatrix}1&0&0\\0&1&0\\1&0&1\end{bmatrix}=\begin{bmatrix}1&-1&0\\0&1&0\\1&-4&1\end{bmatrix}$$

$$Q=\begin{bmatrix}1&0&0\\0&1&-\frac{1}{2}\\0&0&1\end{bmatrix}\begin{bmatrix}1&0&0\\0&\frac{1}{2}&0\\0&0&1\end{bmatrix}=\begin{bmatrix}1&0&0\\0&\frac{1}{2}&-\frac{1}{2}\\0&0&1\end{bmatrix}.$$

注：本题考查矩阵等价，初等矩阵左乘、右乘问题. 把矩阵 A 化为矩阵 B 的方法不唯一，因此可逆矩阵 P，Q 不唯一.

2.6 矩阵的秩

2.6.1 知识点梳理

1) 定义

矩阵 A 中非零子式的最高阶数称为矩阵 A 的秩，记为 $r(A)$.

2) 用初等变换求矩阵的秩

由于行阶梯形矩阵和行最简形矩阵的秩等于其非零行的行数，而初等变换又不改变矩阵的秩，所以对矩阵 A 施行初等行变换化为行阶梯形或行最简形矩阵 B，则矩阵 A 的秩 $r(A)$ 等于矩阵 B 中非零行的行数.

3) 有关秩的重要结论与公式

(1) $r(A)=r(A^{T})=r(AA^{T})$.

(2) 设 A 是 $m\times n$ 矩阵，则 $0\leqslant r(A)\leqslant \min\{m,n\}$.

(3) $r(kA)=\begin{cases}0, & 当\ k=0,\\ r(A), & 当\ k\neq 0\end{cases}$ 其中 k 是常数.

(4) 若 $A\neq 0$，则 $r(A)\geqslant 1$.

(5) $r(A\pm B)\leqslant r(A)+r(B)$.

(6) $r(AB)\leqslant \min\{r(A),r(B)\}$.

(7) 若 A 可逆，则 $r(AB)=r(B)$.

(8) 设 A 为 $m\times n$ 矩阵，B 为 $n\times s$ 矩阵，若 $AB=0$，则 $r(A)+r(B)\leqslant n$.

注: ① $r(\boldsymbol{A})\geqslant r$ 的充分必要条件是 $\boldsymbol{A}$ 中至少有一个 r 阶子式不为零.

② $r(\boldsymbol{A})\leqslant r$ 的充分必要条件是 $\boldsymbol{A}$ 中所有 $r+1$ 阶子式均为零.

③ $r(\boldsymbol{A})=r$ 的充分必要条件是 $\boldsymbol{A}$ 中至少有一个 r 阶子式不为零,并且所有 $r+1$ 阶子式均为零.

④ $r(\boldsymbol{A})=0$ 的充分必要条件是 $\boldsymbol{A}=\boldsymbol{0}$.

2.6.2 题型归类与方法分析

题型 7 有关矩阵秩的计算与证明

例 42 设矩阵 $\boldsymbol{A}=\begin{bmatrix} k & 1 & 1 & 1 \\ 1 & k & 1 & 1 \\ 1 & 1 & k & 1 \\ 1 & 1 & 1 & k \end{bmatrix}$,且秩 $r(\boldsymbol{A})=3$,则 $k=($ $)$.

【解】 因为秩 $r(\boldsymbol{A})=3$,故行列式 $|\boldsymbol{A}|=0$,可解得 $k=-3$, $k=1$,当 $k=1$ 时,秩 $r(\boldsymbol{A})=1$,不合题意,故 $k=-3$.

例 43 求矩阵 $\boldsymbol{A}=\begin{bmatrix} 1 & 1 & 1 & 1 \\ 0 & 1 & -1 & b \\ 2 & 3 & a & 4 \\ 3 & 5 & 1 & 7 \end{bmatrix}$ 的秩.

【解】 $\begin{bmatrix} 1 & 1 & 1 & 1 \\ 0 & 1 & -1 & b \\ 2 & 3 & a & 4 \\ 3 & 5 & 1 & 7 \end{bmatrix}\rightarrow\begin{bmatrix} 1 & 1 & 1 & 1 \\ 0 & 1 & -1 & b \\ 0 & 1 & a-2 & 2 \\ 0 & 2 & -2 & 4 \end{bmatrix}\rightarrow\begin{bmatrix} 1 & 1 & 1 & 1 \\ 0 & 1 & -1 & b \\ 0 & 0 & a-1 & 2-b \\ 0 & 0 & 0 & 4-2b \end{bmatrix}$,

因此,当 $a\neq 1$, $b\neq 2$ 时, $r(\boldsymbol{A})=4$;当 $a\neq 1$, $b=2$ 或 $a=1$, $b\neq 2$ 时, $r(\boldsymbol{A})=3$;当 $a=1$, $b=2$ 时, $r(\boldsymbol{A})=2$.

例 44 已知 $\boldsymbol{Q}=\begin{bmatrix} 1 & 2 & 3 \\ 2 & 4 & t \\ 3 & 6 & 9 \end{bmatrix}$, $\boldsymbol{P}$ 为三阶非零矩阵,且满足 $\boldsymbol{PQ}=\boldsymbol{0}$,则 $r(\boldsymbol{P})=($ $)$.

A. 当 $t=6$ 时, $\boldsymbol{P}$ 的秩必为 1

B. 当 $t=6$ 时, $\boldsymbol{P}$ 的秩必为 2

C. 当 $t\neq 6$ 时, $\boldsymbol{P}$ 的秩为必 1

D. 当 $t\neq 6$ 时, $\boldsymbol{P}$ 的秩为必 2

【解】 因为 $\boldsymbol{P}$, $\boldsymbol{Q}$ 为三阶方阵,又 $\boldsymbol{PQ}=\boldsymbol{0}$,故 $r(\boldsymbol{P})+r(\boldsymbol{Q})\leqslant 3$.

当 $t=6$ 时，$r(\boldsymbol{Q})=r\begin{bmatrix}1&2&3\\2&4&6\\3&6&9\end{bmatrix}=1$，于是 $r(\boldsymbol{P})\leqslant 2$，

当 $t\neq 6$ 时，$r(\boldsymbol{Q})=2$，于是 $r(\boldsymbol{P})\leqslant 1$，

又 $r(\boldsymbol{P})\geqslant 1$（$\boldsymbol{P}$ 为三阶非零方阵），故 $r(\boldsymbol{P})=1$. 选 C.

例 45　设 $\boldsymbol{A}$ 与 $\boldsymbol{B}$ 均为 n 阶方阵，若 $\boldsymbol{AB}=\boldsymbol{0}$，则 $r(\boldsymbol{A})+r(\boldsymbol{B})\leqslant n$.

【证】　设矩阵 $\boldsymbol{B}$ 的列向量为 $\boldsymbol{\beta}_1, \boldsymbol{\beta}_2, \cdots, \boldsymbol{\beta}_n$，则由分块矩阵的乘法

有
$$\boldsymbol{AB}=(\boldsymbol{A\beta}_1, \boldsymbol{A\beta}_2, \cdots, \boldsymbol{A\beta}_n)=(\boldsymbol{0}, \boldsymbol{0}, \cdots, \boldsymbol{0}),$$

于是
$$\boldsymbol{A\beta}_j=\boldsymbol{0}\ (j=1, 2, \cdots, n),$$

可见 $\boldsymbol{B}$ 的列向量是齐次线性方程组 $\boldsymbol{Ax}=\boldsymbol{0}$ 的解.

设 $r(\boldsymbol{A})=r$，则齐次方程组的基础解系所含向量的个数为 $n-r$ 个.

于是向量组 $\boldsymbol{\beta}_1, \boldsymbol{\beta}_2, \cdots, \boldsymbol{\beta}_n$ 的秩 $\leqslant n-r$，即 $r(\boldsymbol{B})\leqslant n-r$，故 $r(\boldsymbol{A})+r(\boldsymbol{B})\leqslant n$.

例 46　设 $\boldsymbol{A}$ 为 n 阶矩阵，$\boldsymbol{A}^*$ 是 $\boldsymbol{A}$ 的伴随矩阵，证明：

$$r(\boldsymbol{A}^*)=\begin{cases}n, & 若\ r(\boldsymbol{A})=n\\ 1, & 若\ r(\boldsymbol{A})=n-1\\ 0, & 若\ r(\boldsymbol{A})<n-1\end{cases}.$$

【证】　若 $r(\boldsymbol{A})=n$，则 $|\boldsymbol{A}|\neq 0$，由于 $|\boldsymbol{A}^*|=|\boldsymbol{A}|^{n-1}$，故 $|\boldsymbol{A}^*|\neq 0$，所以 $r(\boldsymbol{A}^*)=n$.

若 $r(\boldsymbol{A})<n-1$，则 $\boldsymbol{A}$ 中所有 $n-1$ 阶子式均为 0，即 $|\boldsymbol{A}|$ 的所有代数余子式均为 0，即 $\boldsymbol{A}^*=\boldsymbol{0}$，故 $r(\boldsymbol{A}^*)=0$.

若 $r(\boldsymbol{A})=n-1$，则 $|\boldsymbol{A}|=0$ 且 $\boldsymbol{A}$ 中存在 $n-1$ 阶子式不为 0，由 $|\boldsymbol{A}|=0$ 有 $\boldsymbol{AA}^*=|\boldsymbol{A}|\boldsymbol{E}=\boldsymbol{0}$，从而 $r(\boldsymbol{A})+r(\boldsymbol{A}^*)\leqslant n$，得 $r(\boldsymbol{A}^*)\leqslant 1$.

又因 $\boldsymbol{A}$ 中有 $n-1$ 阶子式非零，知 $\boldsymbol{A}_{ij}\neq\boldsymbol{0}$，即 $\boldsymbol{A}^*\neq\boldsymbol{0}$，得 $r(\boldsymbol{A}^*)\geqslant 1$，故 $r(\boldsymbol{A}^*)=1$.

同步测试 2

1) 填空题

(1) 已知 $\boldsymbol{A}$ 是 3 阶矩阵,且所有元素都是 -1, 则 $\boldsymbol{A}^4+\boldsymbol{A}^3=$ (　　).

(2) 设 $\boldsymbol{\alpha}, \boldsymbol{\beta}$ 是 n 维非零列向量,矩阵 $\boldsymbol{A}=2\boldsymbol{E}-\boldsymbol{\alpha}\boldsymbol{\beta}^{\mathrm{T}}$, 若 $\boldsymbol{A}^2=\boldsymbol{A}+2\boldsymbol{E}$, 则 $\boldsymbol{\alpha}^{\mathrm{T}}\boldsymbol{\beta}=$ (　　).

(3) 已知 $\boldsymbol{A}=(\boldsymbol{\alpha}_1, \boldsymbol{\alpha}_2, \boldsymbol{\alpha}_3, \boldsymbol{\beta}_1)$, $\boldsymbol{B}=(\boldsymbol{\alpha}_3, \boldsymbol{\alpha}_1, \boldsymbol{\alpha}_2, \boldsymbol{\beta}_2)$ 都为 4 阶矩阵,其中 $\boldsymbol{\alpha}_1, \boldsymbol{\alpha}_2, \boldsymbol{\alpha}_3, \boldsymbol{\beta}_1, \boldsymbol{\beta}_2$ 均为 4 维列向量,若 $|\boldsymbol{A}|=1$, $|\boldsymbol{B}|=2$, 则 $|\boldsymbol{A}-2\boldsymbol{B}|=$ (　　).

(4) 已知矩阵 $\boldsymbol{A}$ 满足 $\boldsymbol{A}^2=\begin{bmatrix}2&1&0\\1&1&0\\0&0&4\end{bmatrix}$, $\boldsymbol{A}^5=\begin{bmatrix}8&5&0\\5&3&0\\0&0&-32\end{bmatrix}$, 则 $\boldsymbol{A}=$ (　　).

(5) 已知 $\boldsymbol{ABC}=\boldsymbol{D}$, 其中 $\boldsymbol{A}=\begin{bmatrix}1&0&0\\0&1&-1\\0&0&1\end{bmatrix}$, $\boldsymbol{C}=\begin{bmatrix}0&0&1\\0&1&0\\1&0&0\end{bmatrix}$, $\boldsymbol{D}=\begin{bmatrix}1&1&1\\0&2&2\\0&0&3\end{bmatrix}$, 则 $\boldsymbol{B}^*=$ (　　).

(6) 若对任意的 $n\times 1$ 矩阵 $\boldsymbol{X}$, 均有 $\boldsymbol{AX}=\boldsymbol{0}$, 则 $\boldsymbol{A}=$ (　　).

(7) 设 $\boldsymbol{A}$ 为 m 阶方阵,存在非零的 $m\times n$ 矩阵 $\boldsymbol{B}$, 使 $\boldsymbol{AB}=\boldsymbol{0}$ 的充分必要条件是(　　).

(8) 设 $\boldsymbol{A}$ 为 n 阶矩阵,则存在两个不相等的 n 阶矩阵 $\boldsymbol{B}, \boldsymbol{C}$, 使 $\boldsymbol{AB}=\boldsymbol{AC}$ 的充要条件是(　　).

(9) 设矩阵 $\boldsymbol{A}=\begin{bmatrix}1&-1\\2&3\end{bmatrix}$, $\boldsymbol{B}=\boldsymbol{A}^2-3\boldsymbol{A}+2\boldsymbol{E}$, 则 $\boldsymbol{B}^{-1}=$ (　　).

(10) 若 n 阶矩阵 $\boldsymbol{A}$ 满足方程 $\boldsymbol{A}^2+2\boldsymbol{A}+3\boldsymbol{E}=\boldsymbol{0}$, 则 $\boldsymbol{A}^{-1}=$ (　　).

2) 选择题

(1) 已知 $\boldsymbol{A}$ 是行列式值为 -3 的 3 阶矩阵,若 $k\boldsymbol{A}$ 的逆矩阵是 $\boldsymbol{A}^*-\left|\frac{1}{2}\boldsymbol{A}^{\mathrm{T}}\right|\boldsymbol{A}^{-1}$, 则 $k=$ (　　).

A. $-\frac{2}{3}$　　B. $-\frac{8}{21}$　　C. $-\frac{8}{27}$　　D. $-\frac{2}{9}$

(2) 设矩阵 $\boldsymbol{A}=\begin{bmatrix}2&1\\1&2\end{bmatrix}$, $\boldsymbol{B}$ 是 2 阶矩阵,且 $\boldsymbol{AB}=\boldsymbol{B}$, k_1, k_2 为任意数,则 $\boldsymbol{B}=$ (　　).

A. $\begin{bmatrix}k_1&k_2\\k_1&k_2\end{bmatrix}$　　B. $\begin{bmatrix}k_1&-2k_2\\-2k_1&k_2\end{bmatrix}$　　C. $\begin{bmatrix}k_1&-k_1\\-k_2&k_2\end{bmatrix}$　　D. $\begin{bmatrix}k_1&k_2\\-k_1&-k_2\end{bmatrix}$

(3) 矩阵 $\boldsymbol{A}=\begin{bmatrix}1 & 4 & 3 & -1\\ -2 & 3 & 1 & a+1\\ 2 & a & -1 & -1\end{bmatrix}$ 的等价标准形是(　　).

A. $\begin{bmatrix}1 & 0 & 0 & 0\\ 0 & 1 & 0 & 0\\ 0 & 0 & 0 & 0\end{bmatrix}$　　B. $\begin{bmatrix}1 & 0 & 0 & 0\\ 0 & 1 & 0 & 0\\ 0 & 0 & 1 & 0\end{bmatrix}$

C. $\begin{bmatrix}1 & 0 & 0\\ 0 & 1 & 0\\ 0 & 0 & 1\end{bmatrix}$　　D. 与 a 有关,不能确定

(4) 设 $\boldsymbol{A}$, $\boldsymbol{B}$ 均为 n 阶矩阵, $\boldsymbol{AB}=\boldsymbol{0}$, 且 $\boldsymbol{B}\neq\boldsymbol{0}$, 则必有(　　).

A. $(\boldsymbol{A}+\boldsymbol{B})^2=\boldsymbol{A}^2+\boldsymbol{B}^2$　　B. $|\boldsymbol{B}|\neq 0$

C. $|\boldsymbol{B}^*|\neq 0$　　D. $|\boldsymbol{A}^*|=0$

(5) 设 $\boldsymbol{A}$, $\boldsymbol{B}$, $\boldsymbol{C}$ 均为 n 阶矩阵,且 $\boldsymbol{AB}=\boldsymbol{BC}=\boldsymbol{CA}=\boldsymbol{E}$, 则 $\boldsymbol{A}^2+\boldsymbol{B}^2+\boldsymbol{C}^2$ 等于(　　).

A. $3\boldsymbol{E}$　　B. $2\boldsymbol{E}$　　C. $\boldsymbol{E}$　　D. $\boldsymbol{0}$

(6) 设 $\boldsymbol{A}$, $\boldsymbol{B}$ 都是 n 阶可逆矩阵,则 $\left|-2\begin{bmatrix}\boldsymbol{A}^{\mathrm{T}} & \boldsymbol{0}\\ \boldsymbol{0} & \boldsymbol{B}^{-1}\end{bmatrix}\right|$ 等于(　　).

A. $(-2)^{2n}|\boldsymbol{A}||\boldsymbol{B}|^{-1}$　　B. $(-2)^{n}|\boldsymbol{A}||\boldsymbol{B}|^{-1}$

C. $-2|\boldsymbol{A}^{\mathrm{T}}||\boldsymbol{B}|$　　D. $-2|\boldsymbol{A}||\boldsymbol{B}|^{-1}$

(7) 设 $\boldsymbol{A}$ 为 n 阶可逆矩阵,则 $(-\boldsymbol{A})^*$ 等于(　　).

A. $-\boldsymbol{A}^*$　　B. $\boldsymbol{A}^*$　　C. $(-1)^n\boldsymbol{A}^*$　　D. $(-1)^{n-1}\boldsymbol{A}^*$

(8) 已知 $\boldsymbol{P}=\begin{bmatrix}0 & 0 & 1\\ 0 & 1 & 0\\ 1 & 0 & 0\end{bmatrix}$, $\boldsymbol{A}=\begin{bmatrix}a_{11} & a_{12} & a_{13}\\ a_{21} & a_{22} & a_{23}\\ a_{31} & a_{32} & a_{33}\end{bmatrix}$, 且 $\boldsymbol{P}^m\boldsymbol{A}\boldsymbol{P}^n=\boldsymbol{A}$, 则正整数 m, n 为(　　).

A. $m=5$, $n=4$　　B. $m=5$, $n=5$

C. $m=4$, $n=5$　　D. $m=4$, $n=4$

(9) 设 $\boldsymbol{A}$, $\boldsymbol{B}$ 都是 n 阶非零矩阵,且 $\boldsymbol{AB}=\boldsymbol{0}$, 则 $\boldsymbol{A}$ 和 $\boldsymbol{B}$ 的秩(　　).

A. 必有一个等于零　　B. 都小于 n

C. 一个小于 n, 一个等于 n　　D. 都等于 n

3) 解答题

(1) 设 $\boldsymbol{A}=\begin{bmatrix}1 & 2 & 1\\ 0 & 1 & a\\ 1 & a & 0\end{bmatrix}$, $\boldsymbol{B}$ 是 3 阶非零矩阵,且 $\boldsymbol{BA}=\boldsymbol{0}$.

① 求矩阵 $\boldsymbol{B}$;

② 若 $\boldsymbol{B}$ 的第 1 列是 $(1, 2, -3)^{\mathrm{T}}$，求 $(\boldsymbol{B}-\boldsymbol{E})^6$.

(2) 设 $\boldsymbol{A}$, $\boldsymbol{B}$ 均为 n 阶矩阵，且 $\boldsymbol{A}+2\boldsymbol{B}=\boldsymbol{AB}$,

① 证明：$\boldsymbol{A}-2\boldsymbol{E}$ 为可逆矩阵，$\boldsymbol{E}$ 为单位矩阵.

② 证明：$\boldsymbol{AB}=\boldsymbol{BA}$.

③ 已知 $\boldsymbol{B}=\begin{bmatrix}1 & 1 & 0\\ -1 & 1 & 0\\ 0 & 0 & 2\end{bmatrix}$，求 $\boldsymbol{A}$.

(3) 设 $\boldsymbol{A}$, $\boldsymbol{B}$ 均为 n 阶反对称矩阵，

① 证明：对任何 n 维列向量 $\boldsymbol{\alpha}$，恒有 $\boldsymbol{\alpha}^{\mathrm{T}}\boldsymbol{A}\boldsymbol{\alpha}=\boldsymbol{0}$.

② 证明：对任何非零实数 k，恒有 $\boldsymbol{A}-k\boldsymbol{E}$ 是可逆矩阵.

③ 证明：若 $\boldsymbol{AB}-\boldsymbol{BA}$ 是可逆矩阵，n 必是偶数.

(4) 已知 3 阶矩阵 $\boldsymbol{A}$ 满足 $\boldsymbol{A}\boldsymbol{\alpha}_i=i\boldsymbol{\alpha}_i\ (i=1, 2, 3)$，其中 $\boldsymbol{\alpha}_1=(1, 2, 2)^{\mathrm{T}}$，$\boldsymbol{\alpha}_2=(2, -2, 1)^{\mathrm{T}}$，$\boldsymbol{\alpha}_3=(-2, -1, 2)^{\mathrm{T}}$，试求矩阵 $\boldsymbol{A}$.

(5) 当 $\boldsymbol{A}=\begin{bmatrix}\dfrac{1}{2} & -\dfrac{\sqrt{3}}{2}\\ \dfrac{\sqrt{3}}{2} & \dfrac{1}{2}\end{bmatrix}$ 时，$\boldsymbol{A}^6=\boldsymbol{E}$，求 $\boldsymbol{A}^{11}$.

(6) 已知 $\boldsymbol{A}$, $\boldsymbol{B}$ 为 n 阶方阵，且满足 $\boldsymbol{A}^2=\boldsymbol{A}$，$\boldsymbol{B}^2=\boldsymbol{B}$ 与 $(\boldsymbol{A}-\boldsymbol{B})^2=\boldsymbol{A}+\boldsymbol{B}$，试证：$\boldsymbol{AB}=\boldsymbol{BA}=\boldsymbol{0}$.

(7) 设 $\boldsymbol{A}$, $\boldsymbol{B}$ 均为 n 阶方阵，且满足 $\boldsymbol{A}^2=\boldsymbol{A}$，$\boldsymbol{B}^2=\boldsymbol{B}$ 和 $(\boldsymbol{A}+\boldsymbol{B})^2=\boldsymbol{A}+\boldsymbol{B}$，证明：$\boldsymbol{AB}$ 为零矩阵.

(8) 设 $\boldsymbol{A}$, $\boldsymbol{B}$ 为 n 阶方阵，已知 $|\boldsymbol{B}|\neq 0$，$\boldsymbol{A}-\boldsymbol{E}$ 可逆，且 $(\boldsymbol{A}-\boldsymbol{E})^{-1}=(\boldsymbol{B}-\boldsymbol{E})^{\mathrm{T}}$，求证：$\boldsymbol{A}$ 可逆.

(9) 设 $\boldsymbol{A}$, $\boldsymbol{B}$, $\boldsymbol{A}+\boldsymbol{B}$ 为 n 阶正交矩阵，试证：$(\boldsymbol{A}+\boldsymbol{B})^{-1}=\boldsymbol{A}^{-1}+\boldsymbol{B}^{-1}$.

(10) 已知对于 n 阶矩阵 $\boldsymbol{A}$，存在正整数 k 使 $\boldsymbol{A}^k=\boldsymbol{0}$，证明 $\boldsymbol{E}-\boldsymbol{A}$ 可逆，并给出其逆矩阵的表达式，其中 $\boldsymbol{E}$ 是 n 阶单位矩阵.

第3章 向量组

向量组是线性代数的几何部分，其主要研究了向量组的线性表示、向量组的线性相关性、向量组的秩以及向量空间，与线性方程组有着千丝万缕的联系.

本章重点：

(1) 向量组的线性组合与线性表示以及向量组间的线性表示.

(2) 向量组线性相关、线性无关的概念、判别及性质.

(3) 向量组的极大线性无关组和向量组的秩的概念及其求法.

(4) 向量空间、子空间、基、维数、坐标、基变换和坐标变换公式，以及过渡矩阵(仅数学一要求).

(5) 内积以及线性无关向量组正交规范化的施密特方法.

(6) 规范正交基、正交矩阵的概念以及性质.

3.1 向量组的线性表示

3.1.1 知识点梳理

1) 向量组的线性表示

(1) 定义：给定向量组 $\boldsymbol{A}$：$\boldsymbol{a}_1, \boldsymbol{a}_2, \cdots, \boldsymbol{a}_s$ 和向量 $\boldsymbol{b}$，若存在一组数 $k_1, k_2, \cdots, k_s$，使

$$\boldsymbol{b} = k_1\boldsymbol{a}_1 + k_2\boldsymbol{a}_2 + \cdots + k_s\boldsymbol{a}_s,$$

则称向量 $\boldsymbol{b}$ 可由向量组 $\boldsymbol{A}$ 线性表示或称 $\boldsymbol{b}$ 是向量组 A 的线性组合.

(2) 判定：$\boldsymbol{b}$ 可由向量组 $\boldsymbol{A}$ 线性表示 $\Leftrightarrow$ 非齐次线性方程组 $(\boldsymbol{a}_1, \boldsymbol{a}_2, \cdots, \boldsymbol{a}_s)\begin{pmatrix} x_1 \\ x_2 \\ \vdots \\ x_s \end{pmatrix} = \boldsymbol{b}$

有解

$$\Leftrightarrow \text{秩}\ r(\boldsymbol{a}_1, \boldsymbol{a}_2, \cdots, \boldsymbol{a}_s) = r(\boldsymbol{a}_1, \boldsymbol{a}_2, \cdots, \boldsymbol{a}_s, \boldsymbol{b}).$$

2) 向量组等价

(1) 定义：设有两个向量组 $\boldsymbol{A}$: $\boldsymbol{a}_1, \boldsymbol{a}_2, \cdots, \boldsymbol{a}_s$; $\boldsymbol{B}$: $\boldsymbol{b}_1, \boldsymbol{b}_2, \cdots, \boldsymbol{b}_t$，若向量组 $\boldsymbol{B}$ 中的每个向量都能由向量组 $\boldsymbol{A}$ 线性表示，则称向量组 $\boldsymbol{B}$ 能由向量组 $\boldsymbol{A}$ 线性表示，若向量组 $\boldsymbol{A}$ 与向量组 $\boldsymbol{B}$ 能互相线性表示，则称这两个向量组等价.

(2) 判定：向量组 B 能由向量组 A 线性表示 $\Leftrightarrow$ 矩阵 $\boldsymbol{A} = (\boldsymbol{a}_1, \boldsymbol{a}_2, \cdots, \boldsymbol{a}_s)$ 的秩等于矩阵 $(\boldsymbol{A}, \boldsymbol{B}) = (\boldsymbol{a}_1, \boldsymbol{a}_2, \cdots, \boldsymbol{a}_s, \boldsymbol{b}_1, \boldsymbol{b}_2, \cdots, \boldsymbol{b}_t)$ 的秩，即 $R(\boldsymbol{A}) = R(\boldsymbol{A}, \boldsymbol{B})$，向量组 $\boldsymbol{B}$ 和向量组 $\boldsymbol{A}$ 等价 $\Leftrightarrow R(\boldsymbol{A}) = R(\boldsymbol{B}) = R(\boldsymbol{A}, \boldsymbol{B})$.

3.1.2 题型归类与分析

题型 1 一个向量由一组向量线性表示的判定

例 1 已知 $\boldsymbol{\alpha}_1 = (1, 4, 0, 2)^{\mathrm{T}}$, $\boldsymbol{\alpha}_2 = (2, 7, 1, 3)^{\mathrm{T}}$, $\boldsymbol{\alpha}_3 = (0, 1, -1, a)^{\mathrm{T}}$, $\boldsymbol{\beta} = (3, 10, b, 4)^{\mathrm{T}}$，问：

① a, b 取何值时，$\boldsymbol{\beta}$ 不能由 $\boldsymbol{\alpha}_1, \boldsymbol{\alpha}_2, \boldsymbol{\alpha}_3$ 线性表示？

② a, b 取何值时，$\boldsymbol{\beta}$ 能由 $\boldsymbol{\alpha}_1, \boldsymbol{\alpha}_2, \boldsymbol{\alpha}_3$ 线性表示？并写出此表达式.

【解】 令 $\boldsymbol{A} = (\boldsymbol{\alpha}_1, \boldsymbol{\alpha}_2, \boldsymbol{\alpha}_3)$, $\boldsymbol{x} = (x_1, x_2, x_3)^{\mathrm{T}}$，作方程 $\boldsymbol{Ax} = \boldsymbol{\beta}$,

$$(\boldsymbol{A}, \boldsymbol{\beta}) = \begin{bmatrix} 1 & 2 & 0 & 3 \\ 4 & 7 & 1 & 10 \\ 0 & 1 & -1 & b \\ 2 & 3 & a & 4 \end{bmatrix} \to \begin{bmatrix} 1 & 2 & 0 & 3 \\ 0 & -1 & 1 & -2 \\ 0 & 1 & -1 & b \\ 0 & -1 & a & -2 \end{bmatrix} \to \begin{bmatrix} 1 & 2 & 0 & 3 \\ 0 & -1 & 1 & -2 \\ 0 & 0 & a-1 & 0 \\ 0 & 0 & 0 & b-2 \end{bmatrix}$$

当 $b \neq 2$ 时，线性方程组 $\boldsymbol{Ax} = \boldsymbol{\beta}$ 无解，此时 $\boldsymbol{\beta}$ 不能由 $\boldsymbol{\alpha}_1, \boldsymbol{\alpha}_2, \boldsymbol{\alpha}_3$ 线性表示；

当 $b = 2$, $a \neq 1$ 时，$r(\boldsymbol{A}) = R(\boldsymbol{A}, \boldsymbol{\beta}) = 3$，线性方程组 $\boldsymbol{Ax} = \boldsymbol{\beta}$ 有唯一解 $\boldsymbol{x} = (-1, 2, 0)^{\mathrm{T}}$，故 $\boldsymbol{\beta}$ 能由 $\boldsymbol{\alpha}_1, \boldsymbol{\alpha}_2, \boldsymbol{\alpha}_3$ 线性表示，且 $\boldsymbol{\beta} = -\boldsymbol{\alpha}_1 + 2\boldsymbol{\alpha}_2$；

当 $b = 2$, $a = 1$ 时，$r(\boldsymbol{A}) = R(\boldsymbol{A}, \boldsymbol{\beta}) = 2 < 3$，$\boldsymbol{Ax} = \boldsymbol{\beta}$ 有无穷多解 $\boldsymbol{x} = (-2c-1, c+2, c)^{\mathrm{T}}$，故 $\boldsymbol{\beta}$ 能由 $\boldsymbol{\alpha}_1, \boldsymbol{\alpha}_2, \boldsymbol{\alpha}_3$ 线性表示，且 $\boldsymbol{\beta} = -(2c+1)\boldsymbol{\alpha}_1 + (c+2)\boldsymbol{\alpha}_2 + c\boldsymbol{\alpha}_3$，$c$ 是任意常数.

例 2 设向量 $\boldsymbol{\beta}$ 可由 $\boldsymbol{\alpha}_1, \boldsymbol{\alpha}_2, \cdots, \boldsymbol{\alpha}_m$ 线性表示，但不能由向量组Ⅰ：$\boldsymbol{\alpha}_1, \boldsymbol{\alpha}_2, \cdots, \boldsymbol{\alpha}_{m-1}$ 线性表示，记向量组Ⅱ：$\boldsymbol{\alpha}_1, \boldsymbol{\alpha}_2, \cdots, \boldsymbol{\alpha}_{m-1}, \boldsymbol{\beta}$，则(　　).

A. $\boldsymbol{\alpha}_m$ 不能由Ⅰ线性表示，也不能由Ⅱ线性表示

B. $\boldsymbol{\alpha}_m$ 不能由Ⅰ线性表示，但能由Ⅱ线性表示

C. $\boldsymbol{\alpha}_m$ 能由Ⅰ线性表示，也能由Ⅱ线性表示

D. $\boldsymbol{\alpha}_m$ 能由Ⅰ线性表示，但不能由Ⅱ线性表示

【分析】 因为 $\boldsymbol{\beta}$ 可由 $\boldsymbol{\alpha}_1, \boldsymbol{\alpha}_2, \cdots, \boldsymbol{\alpha}_m$ 线性表示，故可设

$$\boldsymbol{\beta} = k_1\boldsymbol{\alpha}_1 + k_2\boldsymbol{\alpha}_2 + \cdots + k_m\boldsymbol{\alpha}_m,$$

由于 $\boldsymbol{\beta}$ 不能由向量组Ⅰ：$\boldsymbol{\alpha}_1, \boldsymbol{\alpha}_2, \cdots, \boldsymbol{\alpha}_{m-1}$ 线性表示，故上述表达式中必有 $k_m \neq 0$.

因此

$$\boldsymbol{\alpha}_m=\frac{1}{k_m}(\boldsymbol{\beta}-k_1\boldsymbol{\alpha}_1-k_2\boldsymbol{\alpha}_2-\cdots-k_{m-1}\boldsymbol{\alpha}_{m-1}),$$

即 $\boldsymbol{\alpha}_m$ 能由Ⅱ线性表示，可排除 A，D.

若 $\boldsymbol{\alpha}_m$ 能由Ⅰ线性表示，设 $\boldsymbol{\alpha}_m=l_1\boldsymbol{\alpha}_1+l_2\boldsymbol{\alpha}_2+\cdots+l_{m-1}\boldsymbol{\alpha}_{m-1}$，则

$$\boldsymbol{\beta}=(k_1+k_m l_1)\boldsymbol{\alpha}_1+(k_2+k_m l_2)\boldsymbol{\alpha}_2+\cdots+(k_{m-1}+k_m l_{m-1})\boldsymbol{\alpha}_{m-1}$$

与题设矛盾，故应选 B.

例 3 设有向量组Ⅰ：$\boldsymbol{\alpha}_1=(1,0,2)^{\mathrm{T}}$，$\boldsymbol{\alpha}_2=(1,1,3)^{\mathrm{T}}$，$\boldsymbol{\alpha}_3=(1,-1,a+2)^{\mathrm{T}}$ 和向量组Ⅱ：$\boldsymbol{\beta}_1=(1,2,a+3)^{\mathrm{T}}$，$\boldsymbol{\beta}_2=(2,1,a+6)^{\mathrm{T}}$，$\boldsymbol{\beta}_3=(2,1,a+4)^{\mathrm{T}}$.

试问：当 a 为何值时，向量组Ⅰ与Ⅱ等价？当 a 为何值时，向量组Ⅰ与Ⅱ不等价？

【解】

$$(\boldsymbol{\alpha}_1,\boldsymbol{\alpha}_2,\boldsymbol{\alpha}_3,\boldsymbol{\beta}_1,\boldsymbol{\beta}_2,\boldsymbol{\beta}_3)=\begin{bmatrix}1&1&1&1&2&2\\0&1&-1&2&1&1\\2&3&a+2&a+3&a+6&a+4\end{bmatrix}$$

$$\rightarrow\begin{bmatrix}1&1&1&1&2&2\\0&1&-1&2&1&1\\0&1&a&a+1&a+2&a\end{bmatrix}\rightarrow\begin{bmatrix}1&1&1&1&2&2\\0&1&-1&2&1&1\\0&0&a+1&a-1&a+1&a-1\end{bmatrix},$$

① 当 $a\neq-1$ 时，行列式 $|\boldsymbol{\alpha}_1,\boldsymbol{\alpha}_2,\boldsymbol{\alpha}_3|=a+1\neq0$ 由克莱姆法则，知三个线性方程组 $x_1\boldsymbol{\alpha}_1+x_2\boldsymbol{\alpha}_2+x_3\boldsymbol{\alpha}_3=\boldsymbol{\beta}_i(i=1,2,3)$ 均有唯一解，所以 $\boldsymbol{\beta}_1$，$\boldsymbol{\beta}_2$，$\boldsymbol{\beta}_3$ 可由向量组Ⅰ线性表示，

由于

$$|\boldsymbol{\beta}_1,\boldsymbol{\beta}_2,\boldsymbol{\beta}_3|=\begin{vmatrix}1&2&2\\2&1&1\\a+3&a+6&a+4\end{vmatrix}=\begin{vmatrix}1&2&0\\2&1&0\\a+3&a+6&-2\end{vmatrix}=6\neq0,$$

故任意 a，方程组恒有唯一解，即 $\boldsymbol{\alpha}_1$，$\boldsymbol{\alpha}_2$，$\boldsymbol{\alpha}_3$ 总可由向量组Ⅱ线性表示.

因此，当 $a\neq-1$ 时，向量组Ⅰ与Ⅱ等价

② 当 $a=-1$ 时，有

$$(\boldsymbol{\alpha}_1,\boldsymbol{\alpha}_2,\boldsymbol{\alpha}_3,\boldsymbol{\beta}_1,\boldsymbol{\beta}_2,\boldsymbol{\beta}_3)\rightarrow\begin{bmatrix}1&1&1&1&2&2\\0&1&-1&2&1&1\\0&0&0&-2&0&-2\end{bmatrix},$$

由于 $r(\boldsymbol{\alpha}_1,\boldsymbol{\alpha}_2,\boldsymbol{\alpha}_3)\neq r(\boldsymbol{\alpha}_1,\boldsymbol{\alpha}_2,\boldsymbol{\alpha}_3,\boldsymbol{\beta}_1)$，线性方程组 $x_1\boldsymbol{\alpha}_1+x_2\boldsymbol{\alpha}_2+x_3\boldsymbol{\alpha}_3=\boldsymbol{\beta}_1$ 无解，故向量 $\boldsymbol{\beta}_1$ 不能 $\boldsymbol{\alpha}_1$，$\boldsymbol{\alpha}_2$，$\boldsymbol{\alpha}_3$ 线性表示，因此向量组Ⅰ与Ⅱ不等价.

例 4 确定常数 a，使向量组 $\boldsymbol{\alpha}_1=(1,1,a)^{\mathrm{T}}$，$\boldsymbol{\alpha}_2=(1,a,1)^{\mathrm{T}}$，$\boldsymbol{\alpha}_3=(a,1,1)^{\mathrm{T}}$ 可由向量组 $\boldsymbol{\beta}_1=(1,1,a)^{\mathrm{T}}$，$\boldsymbol{\beta}_2=(-2,a,4)^{\mathrm{T}}$，$\boldsymbol{\beta}_3=(-2,a,a)^{\mathrm{T}}$ 线性表示，但向量组 $\boldsymbol{\beta}_1$，$\boldsymbol{\beta}_2$，

$\boldsymbol{\beta}_3$ 不能由 $\boldsymbol{\alpha}_1, \boldsymbol{\alpha}_2, \boldsymbol{\alpha}_3$ 线性表示.

【解】 因为 $\boldsymbol{\alpha}_1, \boldsymbol{\alpha}_2, \boldsymbol{\alpha}_3$ 可由向量组 $\boldsymbol{\beta}_1, \boldsymbol{\beta}_2, \boldsymbol{\beta}_3$ 线性表示，故三个线性方程组 $x_1\boldsymbol{\beta}_1 + x_2\boldsymbol{\beta}_2 + x_3\boldsymbol{\beta}_3 = \boldsymbol{\alpha}_i\,(i=1, 2, 3)$ 均有解.

$$\begin{bmatrix} 1 & -2 & -2 & 1 & 1 & a \\ 1 & a & a & 1 & a & 1 \\ a & 4 & a & a & 1 & 1 \end{bmatrix} \to \begin{bmatrix} 1 & -2 & -2 & 1 & 1 & a \\ 0 & a+2 & a+2 & 0 & a-1 & 1-a \\ 0 & 2a+4 & 3a & 0 & 1-a & 1-a^2 \end{bmatrix}$$

$$\to \begin{bmatrix} 1 & -2 & -2 & 1 & 1 & a \\ 0 & a+2 & a+2 & 0 & a-1 & 1-a \\ 0 & 0 & a-4 & 0 & 3-3a & -(a-1)^2 \end{bmatrix},$$

可见 $a \neq 4$ 且 $a \neq -2$ 时，$\boldsymbol{\alpha}_1, \boldsymbol{\alpha}_2, \boldsymbol{\alpha}_3$ 可由 $\boldsymbol{\beta}_1, \boldsymbol{\beta}_2, \boldsymbol{\beta}_3$ 线性表示.

向量组 $\boldsymbol{\beta}_1, \boldsymbol{\beta}_2, \boldsymbol{\beta}_3$ 不能由 $\boldsymbol{\alpha}_1, \boldsymbol{\alpha}_2, \boldsymbol{\alpha}_3$ 线性表示，故 $x_1\boldsymbol{\alpha}_1 + x_2\boldsymbol{\alpha}_2 + x_3\boldsymbol{\alpha}_3 = \boldsymbol{\beta}_j\,(j=1, 2, 3)$ 无解，对增广矩阵做初等行变换，有

$$\begin{bmatrix} 1 & 1 & a & 1 & -2 & -2 \\ 1 & a & 1 & 1 & 1 & a \\ a & 1 & 1 & a & 4 & a \end{bmatrix} \to \begin{bmatrix} 1 & 1 & a & 1 & -2 & -2 \\ 0 & a-1 & 1-a & 0 & a+2 & a+2 \\ 0 & 1-a & 1-a^2 & 0 & 2a+4 & 3a \end{bmatrix}$$

$$\to \begin{bmatrix} 1 & 1 & a & 1 & -2 & -2 \\ 0 & a-1 & 1-a & 0 & a+2 & a+2 \\ 0 & 0 & 2-a-a^2 & 0 & 3a+6 & 4a+2 \end{bmatrix},$$

可见 $a=1$ 或 $a=-2$ 时，$\boldsymbol{\beta}_2, \boldsymbol{\beta}_3$ 不能由 $\boldsymbol{\alpha}_1, \boldsymbol{\alpha}_2, \boldsymbol{\alpha}_3$ 线性表示.

因此 $a=1$ 时，向量组 $\boldsymbol{\alpha}_1, \boldsymbol{\alpha}_2, \boldsymbol{\alpha}_3$ 可由向量组 $\boldsymbol{\beta}_1, \boldsymbol{\beta}_2, \boldsymbol{\beta}_3$ 线性表示，但向量组 $\boldsymbol{\beta}_1, \boldsymbol{\beta}_2, \boldsymbol{\beta}_3$ 不能由 $\boldsymbol{\alpha}_1, \boldsymbol{\alpha}_2, \boldsymbol{\alpha}_3$ 线性表示.

例 5 设向量组 $\boldsymbol{\alpha}_1 = (1, 0, 1)^{\mathrm{T}}, \boldsymbol{\alpha}_2 = (0, 1, 1)^{\mathrm{T}}, \boldsymbol{\alpha}_3 = (1, 3, 5)^{\mathrm{T}}$ 不能由向量组 $\boldsymbol{\beta}_1 = (1, 1, 1)^{\mathrm{T}}, \boldsymbol{\beta}_2 = (1, 2, 3)^{\mathrm{T}}, \boldsymbol{\beta}_3 = (3, 4, a)^{\mathrm{T}}$ 线性表示.

① 求 a 的值；

② 将 $\boldsymbol{\beta}_1, \boldsymbol{\beta}_2, \boldsymbol{\beta}_3$ 用 $\boldsymbol{\alpha}_1, \boldsymbol{\alpha}_2, \boldsymbol{\alpha}_3$ 线性表示.

【解】 ① 因为 $|\boldsymbol{\alpha}_1, \boldsymbol{\alpha}_2, \boldsymbol{\alpha}_3| = \begin{vmatrix} 1 & 0 & 1 \\ 0 & 1 & 3 \\ 1 & 1 & 5 \end{vmatrix} = 1 \neq 0$，所以 $\boldsymbol{\alpha}_1, \boldsymbol{\alpha}_2, \boldsymbol{\alpha}_3$ 线性无关.

那么 $\boldsymbol{\alpha}_1, \boldsymbol{\alpha}_2, \boldsymbol{\alpha}_3$ 不能由 $\boldsymbol{\beta}_1, \boldsymbol{\beta}_2, \boldsymbol{\beta}_3$ 线性表示 $\Leftrightarrow$ $\boldsymbol{\beta}_1, \boldsymbol{\beta}_2, \boldsymbol{\beta}_3$ 线性相关，即

$$|\boldsymbol{\beta}_1, \boldsymbol{\beta}_2, \boldsymbol{\beta}_3| = \begin{vmatrix} 1 & 1 & 3 \\ 1 & 2 & 4 \\ 1 & 3 & a \end{vmatrix} = \begin{vmatrix} 1 & 1 & 3 \\ 0 & 1 & 1 \\ 0 & 2 & a-3 \end{vmatrix} = a-5 = 0,$$

所以 $a=5$.

② 如果方程组 $x_1\boldsymbol{\alpha}_1 + x_2\boldsymbol{\alpha}_2 + x_3\boldsymbol{\alpha}_3 = \boldsymbol{\beta}_j\,(j=1, 2, 3)$ 都有解，即 $\boldsymbol{\beta}_1, \boldsymbol{\beta}_2, \boldsymbol{\beta}_3$ 可由 $\boldsymbol{\alpha}_1, \boldsymbol{\alpha}_2,$

$\boldsymbol{\alpha}_3$ 线性表示. 对 $(\boldsymbol{\alpha}_1, \boldsymbol{\alpha}_2, \boldsymbol{\alpha}_3, \boldsymbol{\beta}_1, \boldsymbol{\beta}_2, \boldsymbol{\beta}_3)$ 作初等行变换，有

$$\begin{bmatrix} 1 & 0 & 1 & 1 & 1 & 3 \\ 0 & 1 & 3 & 1 & 2 & 4 \\ 1 & 1 & 5 & 1 & 3 & 5 \end{bmatrix} \to \begin{bmatrix} 1 & 0 & 1 & 1 & 1 & 3 \\ 0 & 1 & 3 & 1 & 2 & 4 \\ 0 & 1 & 5 & 0 & 2 & 2 \end{bmatrix} \to \begin{bmatrix} 1 & 0 & 1 & 1 & 1 & 3 \\ 0 & 1 & 3 & 1 & 2 & 4 \\ 0 & 0 & 1 & -1 & 0 & -2 \end{bmatrix}$$

$$\to \begin{bmatrix} 1 & 0 & 0 & 2 & 1 & 5 \\ 0 & 1 & 0 & 4 & 2 & 10 \\ 0 & 0 & 1 & -1 & 0 & -2 \end{bmatrix},$$

所以 $\boldsymbol{\beta}_1 = 2\boldsymbol{\alpha}_1 + 4\boldsymbol{\alpha}_2 - \boldsymbol{\alpha}_3$, $\boldsymbol{\beta}_2 = \boldsymbol{\alpha}_1 + 2\boldsymbol{\alpha}_2$, $\boldsymbol{\beta}_3 = 5\boldsymbol{\alpha}_1 + 10\boldsymbol{\alpha}_2 - 2\boldsymbol{\alpha}_3$.

3.2 向量组的线性相关性

3.2.1 知识点梳理

1）定义

给定向量组 $\boldsymbol{A}$：$\boldsymbol{a}_1, \boldsymbol{a}_2, \cdots, \boldsymbol{a}_s$，如果存在不全为零的数 $k_1, k_2, \cdots, k_s$，使 $k_1\boldsymbol{a}_1 + k_2\boldsymbol{a}_2 + \cdots + k_s\boldsymbol{a}_s = 0$，则称向量组 $\boldsymbol{A}$ 线性相关，否则称为线性无关.

2）判定

(1) 一个向量 $\boldsymbol{a}$ 线性相关 $\Leftrightarrow \boldsymbol{a} = 0$.

(2) 两个向量线性相关 $\Leftrightarrow$ 它们对应的分量成比例.

(3) n 个 n 维向量 $\boldsymbol{a}_1, \boldsymbol{a}_2, \cdots, \boldsymbol{a}_n$ 线性相关 $\Leftrightarrow |\boldsymbol{a}_1, \boldsymbol{a}_2, \cdots, \boldsymbol{a}_n| = 0$.

(4) 向量组 $\boldsymbol{a}_1, \boldsymbol{a}_2, \cdots, \boldsymbol{a}_s$ 线性相关 $\Leftrightarrow (\boldsymbol{a}_1, \boldsymbol{a}_2, \cdots, \boldsymbol{a}_s)\begin{pmatrix} x_1 \\ x_2 \\ \vdots \\ x_s \end{pmatrix} = 0$ 有非零解.

$\Leftrightarrow$ 向量组的秩 $r(\boldsymbol{a}_1, \boldsymbol{a}_2, \cdots \boldsymbol{a}_s) < s$.

$\Leftrightarrow$ 向量组中至少有一个向量可由其余向量线性表示.

(5) 向量组 $\boldsymbol{a}_1, \boldsymbol{a}_2, \cdots, \boldsymbol{a}_s$ 线性无关 $\Leftrightarrow (\boldsymbol{a}_1, \boldsymbol{a}_2, \cdots, \boldsymbol{a}_s)\begin{pmatrix} x_1 \\ x_2 \\ \vdots \\ x_s \end{pmatrix} = 0$ 只有零解.

$\Leftrightarrow$ 向量组的秩 $r(\boldsymbol{a}_1, \boldsymbol{a}_2, \cdots, \boldsymbol{a}_s) = s$.

$\Leftrightarrow$ 向量组中任一个向量都不能由其余向量线性表示.

3）性质

(1) 任意 $n+1$ 个 n 维向量一定线性相关.

(2) 若向量组中有一部分向量(部分组)线性相关,则整个向量组线性相关.线性无关的向量组中任一部分组皆线性无关.

(3) 如果 $\boldsymbol{a}_1, \boldsymbol{a}_2, \cdots, \boldsymbol{a}_s$ 线性无关, $\boldsymbol{a}_1, \boldsymbol{a}_2, \cdots, \boldsymbol{a}_s, \boldsymbol{b}$ 线性相关,则 $\boldsymbol{b}$ 可由向量组 $\boldsymbol{A}$ 线性表示,且表示法唯一.

(4) 设有两向量组 $\boldsymbol{A}$: $\boldsymbol{a}_1, \boldsymbol{a}_2, \cdots, \boldsymbol{a}_s$; B: $\boldsymbol{b}_1, \boldsymbol{b}_2, \cdots, \boldsymbol{b}_t$, 向量组 $\boldsymbol{B}$ 可由向量组 $\boldsymbol{A}$ 线性表示,若 $s < t$, 则向量组 $\boldsymbol{B}$ 线性相关.

3.2.2 题型归类与分析

题型 2 向量组的线性相关性的判别

例 6 设 $\boldsymbol{\alpha}_1 = \begin{bmatrix} 0 \\ 0 \\ c_1 \end{bmatrix}, \boldsymbol{\alpha}_2 = \begin{bmatrix} 0 \\ 1 \\ c_2 \end{bmatrix}, \boldsymbol{\alpha}_3 = \begin{bmatrix} 1 \\ -1 \\ c_3 \end{bmatrix}, \boldsymbol{\alpha}_4 = \begin{bmatrix} -1 \\ 1 \\ c_4 \end{bmatrix}$, 其中 c_1, c_2, c_3, c_4 为任意常数,则下列向量组线性相关的是(　　).

A. $\boldsymbol{\alpha}_1, \boldsymbol{\alpha}_2, \boldsymbol{\alpha}_3$　　　　B. $\boldsymbol{\alpha}_1, \boldsymbol{\alpha}_2, \boldsymbol{\alpha}_4$

C. $\boldsymbol{\alpha}_1, \boldsymbol{\alpha}_3, \boldsymbol{\alpha}_4$　　　　D. $\boldsymbol{\alpha}_2, \boldsymbol{\alpha}_3, \boldsymbol{\alpha}_4$

【分析】 $|\boldsymbol{\alpha}_1, \boldsymbol{\alpha}_3, \boldsymbol{\alpha}_4| = \begin{vmatrix} 0 & 1 & -1 \\ 0 & -1 & 1 \\ c_1 & c_3 & c_4 \end{vmatrix} = c_1 \begin{vmatrix} 1 & -1 \\ -1 & 1 \end{vmatrix} = 0$, 所以 $\boldsymbol{\alpha}_1, \boldsymbol{\alpha}_3, \boldsymbol{\alpha}_4$ 线性相关,选 C.

例 7 下列向量组中,线性无关的是(　　).

A. $(1, 2, 3, 4)^{\mathrm{T}}, (2, 3, 4, 5)^{\mathrm{T}}, (0, 0, 0, 0)^{\mathrm{T}}$

B. $(1, 2, 3-1)^{\mathrm{T}}, (3, 5, 6)^{\mathrm{T}}, (0, 7, 9)^{\mathrm{T}}, (1, 0, 2)^{\mathrm{T}}$

C. $(a, 2, 3, 4)^{\mathrm{T}}, (b, 1, 2, 3)^{\mathrm{T}}(c, 3, 4, 5)^{\mathrm{T}}, (d, 0, 0, 0)^{\mathrm{T}}$

D. $(a, 1, b, 0, 0)^{\mathrm{T}}, (c, 0, d, 6, 0)^{\mathrm{T}}, (a, 0, c, 5, 6)^{\mathrm{T}}$

【分析】

A 中有零向量必线性相关.

B 中 4 个三维向量必线性相关.

C 是 4 个四维向量考察行列式,因为

$$\begin{vmatrix} a & b & c & d \\ 1 & 1 & 3 & 0 \\ 2 & 2 & 4 & 0 \\ 3 & 3 & 5 & 0 \end{vmatrix} = -d \begin{vmatrix} 1 & 1 & 3 \\ 2 & 2 & 4 \\ 3 & 3 & 5 \end{vmatrix} = 0,$$

从而线性相关 D 中,因为

$$\begin{vmatrix} 1 & 0 & 0 \\ 0 & 6 & 5 \\ 0 & 0 & 6 \end{vmatrix} \neq 0,$$

知 $(1, 0, 0)^{\mathrm{T}}$, $(0, 6, 0)^{\mathrm{T}}$, $(0, 5, 6)^{\mathrm{T}}$ 线性无关,那么其延伸组必先线性无关.

注: 设 $\boldsymbol{\alpha}_1, \boldsymbol{\alpha}_2, \cdots, \boldsymbol{\alpha}_s$ 是 m 维向量, $\boldsymbol{\beta}_1, \boldsymbol{\beta}_2, \cdots, \boldsymbol{\beta}_s$ 是 n 维向量,令

$$\boldsymbol{\gamma}_1 = \begin{pmatrix} \boldsymbol{\alpha}_1 \\ \boldsymbol{\beta}_1 \end{pmatrix}, \boldsymbol{\gamma}_2 = \begin{pmatrix} \boldsymbol{\alpha}_2 \\ \boldsymbol{\beta}_2 \end{pmatrix}, \cdots, \boldsymbol{\gamma}_s = \begin{pmatrix} \boldsymbol{\alpha}_s \\ \boldsymbol{\beta}_s \end{pmatrix}$$

其中 $\boldsymbol{\gamma}_1, \boldsymbol{\gamma}_2, \cdots, \boldsymbol{\gamma}_s$ 是 $m+n$ 维向量. 如果 $\boldsymbol{\alpha}_1, \boldsymbol{\alpha}_2, \cdots, \boldsymbol{\alpha}_s$ 线性无关,则 $\boldsymbol{\gamma}_1, \boldsymbol{\gamma}_2, \cdots, \boldsymbol{\gamma}_s$ 线性无关;反之,若 $\boldsymbol{\gamma}_1, \boldsymbol{\gamma}_2, \cdots, \boldsymbol{\gamma}_s$ 线性相关,则 $\boldsymbol{\alpha}_1, \boldsymbol{\alpha}_2, \cdots, \boldsymbol{\alpha}_s$ 线性相关.

例 8 若 $\boldsymbol{\alpha}_1 = (1, 3, 4, -2)^{\mathrm{T}}$, $\boldsymbol{\alpha}_2 = (2, 1, 3, t)^{\mathrm{T}}$, $\boldsymbol{\alpha}_3 = (3, -1, 2, 0)^{\mathrm{T}}$ 线性相关,则 $t = ($ $)$.

【分析】 $$(\boldsymbol{\alpha}_1, \boldsymbol{\alpha}_2, \boldsymbol{\alpha}_3) = \begin{bmatrix} 1 & 2 & 3 \\ 3 & 1 & -1 \\ 4 & 3 & 2 \\ -2 & t & 0 \end{bmatrix} \to \begin{bmatrix} 1 & 2 & 3 \\ 0 & 1 & 2 \\ 0 & t+4 & 6 \\ -2 & t & 0 \end{bmatrix} \to \begin{bmatrix} 1 & 2 & 3 \\ 0 & 1 & 2 \\ 0 & 0 & 6-2(t+4) \\ 0 & 0 & 0 \end{bmatrix},$$

因为 $\boldsymbol{\alpha}_1, \boldsymbol{\alpha}_2, \boldsymbol{\alpha}_3$ 线性相关 $\Leftrightarrow r(\boldsymbol{\alpha}_1, \boldsymbol{\alpha}_2, \boldsymbol{\alpha}_3) < 3$, 从而 $6-2(t+4)=0$, 即 $t=-1$.

例 9 设三阶矩阵 $\boldsymbol{A} = \begin{bmatrix} 1 & 2 & -2 \\ 2 & 1 & 2 \\ 3 & 0 & 4 \end{bmatrix}$, 三维列向量 $\boldsymbol{\alpha} = (a, 1, 1)^{\mathrm{T}}$, 已知 $\boldsymbol{A\alpha}$ 与 $\boldsymbol{\alpha}$ 线性相关,则 $a = ($ $)$.

【分析】 两个向量线性相关 $\Leftrightarrow$ 它们对应的分量成比例.

由于

$$\boldsymbol{A\alpha} = \begin{bmatrix} 1 & 2 & -2 \\ 2 & 1 & 2 \\ 3 & 0 & 4 \end{bmatrix} \begin{bmatrix} a \\ 1 \\ 1 \end{bmatrix} = \begin{bmatrix} a \\ 2a+3 \\ 3a+4 \end{bmatrix},$$

所以 $\dfrac{a}{a} = \dfrac{2a+3}{1} = \dfrac{3a+4}{1}$, 可解出 $a=-1$.

例 10 设 λ_1, λ_2 是矩阵 $\boldsymbol{A}$ 的两个不同的特征值,对应的特征向量分别为 $\boldsymbol{\alpha}_1, \boldsymbol{\alpha}_2$, 则 $\boldsymbol{\alpha}_1$, $\boldsymbol{A}(\boldsymbol{\alpha}_1+\boldsymbol{\alpha}_2)$ 线性无关的充分必要条件是( ).

A. $\lambda_1 \neq 0$　　B. $\lambda_2 \neq 0$　　C. $\lambda_1 = 0$　　D. $\lambda_2 = 0$

【分析】 按特征值和特征向量的定义,有 $\boldsymbol{A}(\boldsymbol{\alpha}_1+\boldsymbol{\alpha}_2) = \boldsymbol{A}\boldsymbol{\alpha}_1 + \boldsymbol{A}\boldsymbol{\alpha}_2 = \lambda_1\boldsymbol{\alpha}_1 + \lambda_2\boldsymbol{\alpha}_2$, $\boldsymbol{\alpha}_1$, $\boldsymbol{A}(\boldsymbol{\alpha}_1+\boldsymbol{\alpha}_2)$ 线性无关 $\Leftrightarrow k_1\boldsymbol{\alpha}_1 + k_2\boldsymbol{A}(\boldsymbol{\alpha}_1+\boldsymbol{\alpha}_2) = \boldsymbol{0}$, k_1, k_2 恒为 0

$$\Leftrightarrow (k_1+\lambda_1 k_2)\boldsymbol{\alpha}_1 + \lambda_2 k_2 \boldsymbol{\alpha}_2 = \boldsymbol{0},\ k_1, k_2 \text{ 恒为 } 0.$$

由于不同特征值的特征向量线性无关,所以 $\boldsymbol{\alpha}_1, \boldsymbol{\alpha}_2$ 线性无关,于是

$$\begin{cases} k_1+\lambda_1 k_2=0 \\ \lambda_2 k_2=0 \end{cases}, k_1, k_2 \text{ 恒为 } 0,$$

而齐次方程组 $\begin{cases} k_1+\lambda_1 k_2=0 \\ \lambda_2 k_2=0 \end{cases}$，只有零解 $\Leftrightarrow \begin{vmatrix} 1 & \lambda_1 \\ 0 & \lambda_2 \end{vmatrix} \neq 0 \Leftrightarrow \lambda_2 \neq 0$，选 B.

例 11 设向量组 $\boldsymbol{\alpha}_1, \boldsymbol{\alpha}_2, \boldsymbol{\alpha}_3$ 线性无关，向量 $\boldsymbol{\beta}_1$ 可由 $\boldsymbol{\alpha}_1, \boldsymbol{\alpha}_2, \boldsymbol{\alpha}_3$ 线性表示，而向量 $\boldsymbol{\beta}_2$ 不能由 $\boldsymbol{\alpha}_1, \boldsymbol{\alpha}_2, \boldsymbol{\alpha}_3$ 线性表示，则对于任意常数 k，必有(　　).

A. $\boldsymbol{\alpha}_1, \boldsymbol{\alpha}_2, \boldsymbol{\alpha}_3, k\boldsymbol{\beta}_1+\boldsymbol{\beta}_2$ 线性无关　　B. $\boldsymbol{\alpha}_1, \boldsymbol{\alpha}_2, \boldsymbol{\alpha}_3, k\boldsymbol{\beta}_1+\boldsymbol{\beta}_2$ 线性相关

C. $\boldsymbol{\alpha}_1, \boldsymbol{\alpha}_2, \boldsymbol{\alpha}_3, \boldsymbol{\beta}_1+k\boldsymbol{\beta}_2$ 线性无关　　D. $\boldsymbol{\alpha}_1, \boldsymbol{\alpha}_2, \boldsymbol{\alpha}_3, \boldsymbol{\beta}_1+k\boldsymbol{\beta}_2$ 线性相关

【分析】 如果 $\boldsymbol{\alpha}_1, \boldsymbol{\alpha}_2, \cdots, \boldsymbol{\alpha}_s$ 线性无关，$\boldsymbol{\beta}$ 不能由 $\boldsymbol{\alpha}_1, \boldsymbol{\alpha}_2, \cdots, \boldsymbol{\alpha}_s$ 线性表示，则 $\boldsymbol{\alpha}_1, \boldsymbol{\alpha}_2, \cdots, \boldsymbol{\alpha}_s, \boldsymbol{\beta}$ 线性无关，这是因为 $\boldsymbol{\beta}$ 不能由 $\boldsymbol{\alpha}_1, \boldsymbol{\alpha}_2, \cdots, \boldsymbol{\alpha}_s$ 线性表示等价于

$$r(\boldsymbol{\alpha}_1, \boldsymbol{\alpha}_2, \cdots, \boldsymbol{\alpha}_s) < r(\boldsymbol{\alpha}_1, \boldsymbol{\alpha}_2, \cdots, \boldsymbol{\alpha}_s, \boldsymbol{\beta}).$$

由于 $\boldsymbol{\alpha}_1, \boldsymbol{\alpha}_2, \cdots, \boldsymbol{\alpha}_s$ 线性无关，知 $r(\boldsymbol{\alpha}_1, \boldsymbol{\alpha}_2, \cdots, \boldsymbol{\alpha}_s)=s$，从而

$$r(\boldsymbol{\alpha}_1, \boldsymbol{\alpha}_2, \cdots, \boldsymbol{\alpha}_s, \boldsymbol{\beta})=s+1,$$

即 $\boldsymbol{\alpha}_1, \boldsymbol{\alpha}_2, \cdots, \boldsymbol{\alpha}_s, \boldsymbol{\beta}$ 线性无关.

因为 $\boldsymbol{\beta}_2$ 不能由 $\boldsymbol{\alpha}_1, \boldsymbol{\alpha}_2, \boldsymbol{\alpha}_3$ 线性表示，$\boldsymbol{\alpha}_1, \boldsymbol{\alpha}_2, \boldsymbol{\alpha}_3$ 线性无关，不论 k 取何值，$k\boldsymbol{\beta}_1$ 总能由 $\boldsymbol{\alpha}_1, \boldsymbol{\alpha}_2, \boldsymbol{\alpha}_3$ 线性表示，所以 $\boldsymbol{\alpha}_1, \boldsymbol{\alpha}_2, \boldsymbol{\alpha}_3, k\boldsymbol{\beta}_1+\boldsymbol{\beta}_2$ 线性无关，故选 A.

而 $\boldsymbol{\alpha}_1, \boldsymbol{\alpha}_2, \boldsymbol{\alpha}_3, \boldsymbol{\beta}_1+k\boldsymbol{\beta}_2$ 当 $k=0$ 时线性相关，当 $k\neq 0$ 时线性无关，即 C, D 均不正确.

例 12 设 $\boldsymbol{\alpha}_1=\begin{bmatrix} a_1 \\ a_2 \\ a_3 \end{bmatrix}, \boldsymbol{\alpha}_2=\begin{bmatrix} b_1 \\ b_2 \\ b_3 \end{bmatrix}, \boldsymbol{\alpha}_3=\begin{bmatrix} c_1 \\ c_2 \\ c_3 \end{bmatrix}$，则三条直线

$$a_1x+b_1y+c_1=0,$$
$$a_2x+b_2y+c_2=0,$$
$$a_3x+b_3y+c_3=0$$

(其中 $a_i^2+b_i^2\neq 0, i=1, 2, 3$) 交于一点的充要条件是(　　).

A. $\boldsymbol{\alpha}_1, \boldsymbol{\alpha}_2, \boldsymbol{\alpha}_3$ 线性相关　　B. $\boldsymbol{\alpha}_1, \boldsymbol{\alpha}_2, \boldsymbol{\alpha}_3$ 线性无关

C. $r(\boldsymbol{\alpha}_1, \boldsymbol{\alpha}_2, \boldsymbol{\alpha}_3)=r(\boldsymbol{\alpha}_1, \boldsymbol{\alpha}_2)$　　D. $\boldsymbol{\alpha}_1, \boldsymbol{\alpha}_2, \boldsymbol{\alpha}_3$ 线性相关，$\boldsymbol{\alpha}_1, \boldsymbol{\alpha}_2$ 线性无关

【分析】 三条直线交于一点的充要条件是方程组

$$\begin{cases} a_1x+b_1y+c_1=0 \\ a_2x+b_2y+c_2=0 \\ a_3x+b_3y+c_3=0 \end{cases}$$

有唯一解，亦即 $r(\mathbf{A})=r(\overline{\mathbf{A}})=n$，即 $r(\boldsymbol{\alpha}_1, \boldsymbol{\alpha}_2, \boldsymbol{\alpha}_3)=r(\boldsymbol{\alpha}_1, \boldsymbol{\alpha}_2)=2$，所以应选 D.

注意： 选项 C 保证方程组有解，即三条直线有交点，但不能确定交点唯一，选项 A 是必要条件，不是充分条件，选项 B 表示三条直线没有公共交点.

例 13 设向量组 $\boldsymbol{\alpha}_1, \boldsymbol{\alpha}_2, \boldsymbol{\alpha}_3$ 线性无关,则下列向量组线性相关的是( ).

A. $\boldsymbol{\alpha}_1-\boldsymbol{\alpha}_2, \boldsymbol{\alpha}_2-\boldsymbol{\alpha}_3, \boldsymbol{\alpha}_3-\boldsymbol{\alpha}_1$　　B. $\boldsymbol{\alpha}_1+\boldsymbol{\alpha}_2, \boldsymbol{\alpha}_2+\boldsymbol{\alpha}_3, \boldsymbol{\alpha}_3+\boldsymbol{\alpha}_1$

C. $\boldsymbol{\alpha}_1-2\boldsymbol{\alpha}_3, \boldsymbol{\alpha}_2-2\boldsymbol{\alpha}_3, \boldsymbol{\alpha}_3-2\boldsymbol{\alpha}_1$　　D. $\boldsymbol{\alpha}_1+2\boldsymbol{\alpha}_2, \boldsymbol{\alpha}_2+2\boldsymbol{\alpha}_3, \boldsymbol{\alpha}_3+2\boldsymbol{\alpha}_1$

【分析】

方法 1: 定义法

若存在不全为零的数 k_1, k_2, k_3, 使 $k_1\boldsymbol{\alpha}_1+k_2\boldsymbol{\alpha}_2+k_3\boldsymbol{\alpha}_3=\mathbf{0}$ 成立,则称 $\boldsymbol{\alpha}_1, \boldsymbol{\alpha}_2, \boldsymbol{\alpha}_3$ 线性相关. 因为 $(\boldsymbol{\alpha}_1-\boldsymbol{\alpha}_2)+(\boldsymbol{\alpha}_2-\boldsymbol{\alpha}_3)+(\boldsymbol{\alpha}_3-\boldsymbol{\alpha}_1)=\mathbf{0}$, 故 $\boldsymbol{\alpha}_1-\boldsymbol{\alpha}_2, \boldsymbol{\alpha}_2-\boldsymbol{\alpha}_3, \boldsymbol{\alpha}_3-\boldsymbol{\alpha}_1$ 线性相关, 所以选 A.

方法 2: 排除法

因为 $(\boldsymbol{\alpha}_1+\boldsymbol{\alpha}_2, \boldsymbol{\alpha}_2+\boldsymbol{\alpha}_3, \boldsymbol{\alpha}_3+\boldsymbol{\alpha}_1)=(\boldsymbol{\alpha}_1, \boldsymbol{\alpha}_2, \boldsymbol{\alpha}_3)\begin{bmatrix}1&0&1\\1&1&0\\0&1&1\end{bmatrix}=(\boldsymbol{\alpha}_1, \boldsymbol{\alpha}_2, \boldsymbol{\alpha}_3)\boldsymbol{C}$,

其中 $\boldsymbol{C}=\begin{bmatrix}1&0&1\\1&1&0\\0&1&1\end{bmatrix}$, 且 $|\boldsymbol{C}|=\begin{vmatrix}1&0&1\\1&1&0\\0&1&1\end{vmatrix}=2\neq 0$, 所以 $\boldsymbol{\alpha}_1+\boldsymbol{\alpha}_2, \boldsymbol{\alpha}_2+\boldsymbol{\alpha}_3, \boldsymbol{\alpha}_3+\boldsymbol{\alpha}_1$ 线性无关,排除 B,同理排除 C 和 D,所以选 A.

注: 若 $\boldsymbol{\alpha}_1, \boldsymbol{\alpha}_2, \boldsymbol{\alpha}_3$ 线性无关, $\boldsymbol{\beta}_1, \boldsymbol{\beta}_2, \boldsymbol{\beta}_3$ 可由 $\boldsymbol{\alpha}_1, \boldsymbol{\alpha}_2, \boldsymbol{\alpha}_3$ 线性表出,设 $(\boldsymbol{\beta}_1, \boldsymbol{\beta}_2, \boldsymbol{\beta}_3)=(\boldsymbol{\alpha}_1, \boldsymbol{\alpha}_2, \boldsymbol{\alpha}_3)\boldsymbol{C}$, 则 $\boldsymbol{\beta}_1, \boldsymbol{\beta}_2, \boldsymbol{\beta}_3$ 线性无关的充要条件是 $|C|\neq 0$.

题型 3　向量组线性相关性的证明

例 14 已知 n 维向量 $\boldsymbol{\alpha}_1, \boldsymbol{\alpha}_2, \boldsymbol{\alpha}_3$ 线性无关,证明 $3\boldsymbol{\alpha}_1+2\boldsymbol{\alpha}_2, \boldsymbol{\alpha}_2-\boldsymbol{\alpha}_3, 4\boldsymbol{\alpha}_3-5\boldsymbol{\alpha}_1$ 线性无关.

【证法一】 (用定义,重组)

设 $k_1(3\boldsymbol{\alpha}_1+2\boldsymbol{\alpha}_2)+k_2(\boldsymbol{\alpha}_2-\boldsymbol{\alpha}_3)+k_3(4\boldsymbol{\alpha}_3-5\boldsymbol{\alpha}_1)=\mathbf{0}$,

即 $(3k_1-5k_3)\boldsymbol{\alpha}_1+(2k_1+k_2)\boldsymbol{\alpha}_2+(4k_3-k_2)\boldsymbol{\alpha}_3=\mathbf{0}$,

由于 $\boldsymbol{\alpha}_1, \boldsymbol{\alpha}_2, \boldsymbol{\alpha}_3$ 线性无关,那么

$$\begin{cases}3k_1-5k_3=0\\2k_1+k_2=0\\4k_3-k_2=0\end{cases},$$

因为 $\begin{vmatrix}3&0&-5\\2&1&0\\0&-1&4\end{vmatrix}=22\neq 0$, 故此齐次线性方程组只有零解 $k_1=0, k_2=0, k_3=0$, 故 $3\boldsymbol{\alpha}_1+2\boldsymbol{\alpha}_2, \boldsymbol{\alpha}_2-\boldsymbol{\alpha}_3, 4\boldsymbol{\alpha}_3-5\boldsymbol{\alpha}_1$ 线性无关.

【证法二】 (用秩)

令 $\boldsymbol{\beta}_1 = 3\boldsymbol{\alpha}_1 + 2\boldsymbol{\alpha}_2$, $\boldsymbol{\beta}_2 = \boldsymbol{\alpha}_2 - \boldsymbol{\alpha}_3$, $\boldsymbol{\beta}_3 = 4\boldsymbol{\alpha}_3 - 5\boldsymbol{\alpha}_1$, 则 $(\boldsymbol{\beta}_1, \boldsymbol{\beta}_2, \boldsymbol{\beta}_3) = (\boldsymbol{\alpha}_1, \boldsymbol{\alpha}_2, \boldsymbol{\alpha}_3)\begin{bmatrix}3 & 0 & -5\\ 2 & 1 & 0\\ 0 & -1 & 4\end{bmatrix}$,因为矩阵 $\begin{bmatrix}3 & 0 & -5\\ 2 & 1 & 0\\ 0 & -1 & 4\end{bmatrix}$ 可逆,所以 $r(\boldsymbol{\beta}_1, \boldsymbol{\beta}_2, \boldsymbol{\beta}_3) = r(\boldsymbol{\alpha}_1, \boldsymbol{\alpha}_2, \boldsymbol{\alpha}_3) = 3$, 即 $\boldsymbol{\beta}_1, \boldsymbol{\beta}_2, \boldsymbol{\beta}_3$ 线性无关,亦即 $3\boldsymbol{\alpha}_1 + 2\boldsymbol{\alpha}_2$, $\boldsymbol{\alpha}_2 - \boldsymbol{\alpha}_3$, $4\boldsymbol{\alpha}_3 - 5\boldsymbol{\alpha}_1$ 线性无关.

例 15 设 $\boldsymbol{A}$ 是 n 阶矩阵, $\boldsymbol{\alpha}$ 是 n 维列向量,若 $\boldsymbol{A}^{m-1}\boldsymbol{\alpha} \neq \boldsymbol{0}$, $\boldsymbol{A}^m\boldsymbol{\alpha} = \boldsymbol{0}$,

【证明】 向量组 $\boldsymbol{\alpha}, \boldsymbol{A\alpha}, \boldsymbol{A}^2\boldsymbol{\alpha}, \cdots, \boldsymbol{A}^{m-1}\boldsymbol{\alpha}$ 线性无关.

【证】 (用定义,同乘)

设 $k_1\boldsymbol{\alpha} + k_2\boldsymbol{A\alpha} + k_3\boldsymbol{A}^2\boldsymbol{\alpha} + \cdots k_m\boldsymbol{A}^{m-1}\boldsymbol{\alpha} = \boldsymbol{0}$, (3.1)

由于 $\boldsymbol{A}^m\boldsymbol{\alpha} = \boldsymbol{0}$, 知 $\boldsymbol{A}^{m+1}\boldsymbol{\alpha} = \boldsymbol{0}$, $\boldsymbol{A}^{m+2}\boldsymbol{\alpha} = \boldsymbol{0}$, $\cdots$

用 $\boldsymbol{A}^{m-1}$ 左乘(3.1)式两端,并把 $\boldsymbol{A}^{m+1}\boldsymbol{\alpha} = \boldsymbol{0}$, $\boldsymbol{A}^{m+2}\boldsymbol{\alpha} = \boldsymbol{0}$, $\cdots$ 代入,有

$$k_1\boldsymbol{A}^{m-1}\boldsymbol{\alpha} = \boldsymbol{0}, \tag{3.2}$$

因为 $\boldsymbol{A}^{m-1}\boldsymbol{\alpha} \neq \boldsymbol{0}$, 故 $k_1 = 0$. 把 $k_1 = 0$ 代入(3.1)式,有

$$k_2\boldsymbol{A\alpha} + k_3\boldsymbol{A}^2\boldsymbol{\alpha} + \cdots + k_m\boldsymbol{A}^{m-1}\boldsymbol{\alpha} = \boldsymbol{0},$$

同理,用 $\boldsymbol{A}^{m-2}$ 左乘上式两端,可知

$$k_2\boldsymbol{A}^{m-1}\boldsymbol{\alpha} = \boldsymbol{0},$$

从而 $k_2 = 0$,

类似可得 $k_3 = 0, \cdots, k_m = 0$, 所以向量组 $\boldsymbol{\alpha}, \boldsymbol{A\alpha}, \boldsymbol{A}^2\boldsymbol{\alpha}, \cdots, \boldsymbol{A}^{m-1}\boldsymbol{\alpha}$ 线性无关.

例 16 设 $\boldsymbol{A}$ 是 3 阶矩阵, $\boldsymbol{\alpha}_1$, $\boldsymbol{\alpha}_2$ 为 $\boldsymbol{A}$ 的分别属于特征值 -1, 1 的特征向量,向量 $\boldsymbol{\alpha}_3$ 满足 $\boldsymbol{A}\boldsymbol{\alpha}_3 = \boldsymbol{\alpha}_2 + \boldsymbol{\alpha}_3$, 证明 $\boldsymbol{\alpha}_1, \boldsymbol{\alpha}_2, \boldsymbol{\alpha}_3$ 线性无关.

【证法一】 (用定义,同乘)由特征值和特征向量的定义知

$$\boldsymbol{A}\boldsymbol{\alpha}_1 = -\boldsymbol{\alpha}_1, \ \boldsymbol{A}\boldsymbol{\alpha}_2 = \boldsymbol{\alpha}_2,$$

设

$$k_1\boldsymbol{\alpha}_1 + k_2\boldsymbol{\alpha}_2 + k_3\boldsymbol{\alpha}_3 = \boldsymbol{0}, \tag{3.3}$$

用 A 乘(3.3)式得

$$-k_1\boldsymbol{\alpha}_1 + k_2\boldsymbol{\alpha}_2 + k_3(\boldsymbol{\alpha}_2 + \boldsymbol{\alpha}_3) = \boldsymbol{0}, \tag{3.4}$$

(3.3)式$-$(3.4)式得

$$2k_1\boldsymbol{\alpha}_1 - k_3\boldsymbol{\alpha}_2 = \boldsymbol{0}.$$

因为 $\boldsymbol{\alpha}_1$, $\boldsymbol{\alpha}_2$ 为 $\boldsymbol{A}$ 的分别属于特征值 -1, 1 的特征向量,故 $\boldsymbol{\alpha}_1$, $\boldsymbol{\alpha}_2$ 线性无关,所以 $k_1 = 0$, $k_3 = 0$ 代入(3.3)式得: $k_2\boldsymbol{\alpha}_2 = \boldsymbol{0}$.

又因 $\boldsymbol{\alpha}_2$ 是特征向量, $\boldsymbol{\alpha}_2 \neq \boldsymbol{0}$, 从而 $k_2 = 0$, 因此 $\boldsymbol{\alpha}_1, \boldsymbol{\alpha}_2, \boldsymbol{\alpha}_3$ 线性无关.

【证法二】 (反证法)因为 $\boldsymbol{\alpha}_1$, $\boldsymbol{\alpha}_2$ 为 $\boldsymbol{A}$ 的分别属于不同特征值的特征向量,故 $\boldsymbol{\alpha}_1$, $\boldsymbol{\alpha}_2$ 线性无关,如果 $\boldsymbol{\alpha}_1, \boldsymbol{\alpha}_2, \boldsymbol{\alpha}_3$ 线性相关,则

$$\boldsymbol{\alpha}_3 = k_1\boldsymbol{\alpha}_1 + k_2\boldsymbol{\alpha}_2, \tag{3.5}$$

用$\boldsymbol{A}$左乘(3.5)式两端,并把$\boldsymbol{A}\boldsymbol{\alpha}_1 = -\boldsymbol{\alpha}_1$, $\boldsymbol{A}\boldsymbol{\alpha}_2 = \boldsymbol{\alpha}_2$, $\boldsymbol{A}\boldsymbol{\alpha}_3 = \boldsymbol{\alpha}_2 + \boldsymbol{\alpha}_3$代入得

$$\boldsymbol{\alpha}_2 + \boldsymbol{\alpha}_3 = -k_1\boldsymbol{\alpha}_1 + k_2\boldsymbol{\alpha}_2, \tag{3.6}$$

(3.6)式−(3.5)式得$\boldsymbol{\alpha}_2 = -2k_1\boldsymbol{\alpha}_1$,与$\boldsymbol{\alpha}_1$, $\boldsymbol{\alpha}_2$线性无关相矛盾.

例 17 设$\boldsymbol{\alpha}_1, \boldsymbol{\alpha}_2, \cdots, \boldsymbol{\alpha}_t$是齐次方程组$\boldsymbol{Ax} = \boldsymbol{0}$的基础解系,$\boldsymbol{\beta}$不是$\boldsymbol{Ax} = \boldsymbol{0}$的解,证明$\boldsymbol{\beta}+\boldsymbol{\alpha}_1, \boldsymbol{\beta}+\boldsymbol{\alpha}_2, \cdots, \boldsymbol{\beta}+\boldsymbol{\alpha}_t$线性无关.

【证】 (用定义,同乘且重组)

$$\text{设 } k_1(\boldsymbol{\beta}+\boldsymbol{\alpha}_1) + k_2(\boldsymbol{\beta}+\boldsymbol{\alpha}_2) + \cdots + k_t(\boldsymbol{\beta}+\boldsymbol{\alpha}_t) = \boldsymbol{0}, \tag{3.7}$$

因为$\boldsymbol{A}\boldsymbol{\alpha}_i = \boldsymbol{0}\ (i = 1, 2, \cdots, t)$, $\boldsymbol{A\beta} \neq \boldsymbol{0}$,用$\boldsymbol{A}$左乘(3.7)式两端,得

$$(k_1 + k_2 + \cdots + k_t)\boldsymbol{A\beta} = \boldsymbol{0},$$

从而

$$k_1 + k_2 + \cdots + k_t = 0, \tag{3.8}$$

由(3.7)式,又有

$$(k_1 + k_2 + \cdots + k_t)\boldsymbol{\beta} + k_1\boldsymbol{\alpha}_1 + k_2\boldsymbol{\alpha}_2 + \cdots + k_t\boldsymbol{\alpha}_t = \boldsymbol{0}, \tag{3.9}$$

将(3.8)式代入(3.9)式得

$$k_1\boldsymbol{\alpha}_1 + k_2\boldsymbol{\alpha}_2 + \cdots + k_t\boldsymbol{\alpha}_t = \boldsymbol{0}.$$

因为$\boldsymbol{\alpha}_1, \boldsymbol{\alpha}_2, \cdots, \boldsymbol{\alpha}_t$是齐次方程组$\boldsymbol{Ax} = \boldsymbol{0}$的基础解系,它们线性无关,故必有

$$k_1 = 0,\ k_2 = 0,\ \cdots,\ k_t = 0,$$

因此$\boldsymbol{\beta}+\boldsymbol{\alpha}_1, \boldsymbol{\beta}+\boldsymbol{\alpha}_2, \cdots, \boldsymbol{\beta}+\boldsymbol{\alpha}_t$线性无关.

3.3 向量组的秩

3.3.1 知识点梳理

1) 极大无关组和向量组的秩的定义

设有向量组$\boldsymbol{A}$: $\boldsymbol{a}_1, \boldsymbol{a}_2, \cdots, \boldsymbol{a}_s$,若在向量组$\boldsymbol{A}$中能选出$r$个向量$\boldsymbol{a}_{j_1}, \boldsymbol{a}_{j_2}, \cdots, \boldsymbol{a}_{j_r}$,满足

(1) 向量组$\boldsymbol{A}_0$: $\boldsymbol{a}_{j_1}, \boldsymbol{a}_{j_2}, \cdots, \boldsymbol{a}_{j_r}$线性无关.

(2) 向量组$\boldsymbol{A}$中任意$r+1$个向量(若有的话)都线性相关,则称向量组$\boldsymbol{A}_0$是向量组$\boldsymbol{A}$的一个极大线性无关向量组(简称极大无关组);极大无关组所含向量的个数r称为向量组A的秩.

注: ① 零向量组的秩为0;② 一个向量组的极大无关组通常不唯一.

2) 极大无关组的求法

以向量组中各向量为列向量组成矩阵 $\boldsymbol{A}$ 后，做初等行变换将该矩阵化为行阶梯形矩阵，从而确定了极大无关组中所含向量的个数，选取非零行的首非零元所在的列，则可直接写出所求向量组的极大无关组.

3) 关于向量组的秩的结论

(1) 设 $\boldsymbol{A}$ 为 $m\times n$ 矩阵，则矩阵 $\boldsymbol{A}$ 的秩等于它的列向量组的秩，也等于它的行向量组的秩.

(2) 等价的向量组的秩相等.

3.3.2 题型归类与分析

题型 4 向量组的秩与矩阵的秩

例 18 已知向量组 $\boldsymbol{\alpha}_1=(1,2,3,4)$，$\boldsymbol{\alpha}_2=(2,3,4,5)$，$\boldsymbol{\alpha}_3=(3,4,5,6)$，$\boldsymbol{\alpha}_4=(4,5,6,7)$，则该向量组的秩是(　　).

【分析】

$$\boldsymbol{A}=\begin{bmatrix}\boldsymbol{\alpha}_1\\ \boldsymbol{\alpha}_2\\ \boldsymbol{\alpha}_3\\ \boldsymbol{\alpha}_4\end{bmatrix}=\begin{bmatrix}1&2&3&4\\2&3&4&5\\3&4&5&6\\4&5&6&7\end{bmatrix}\to\begin{bmatrix}1&2&3&4\\0&-1&-2&-3\\0&-2&-4&-6\\0&-3&-6&-9\end{bmatrix}\to\begin{bmatrix}1&2&3&4\\0&1&2&3\\0&0&0&0\\0&0&0&0\end{bmatrix}$$

故 $r(\boldsymbol{\alpha}_1,\boldsymbol{\alpha}_2,\boldsymbol{\alpha}_3,\boldsymbol{\alpha}_4)=r(\boldsymbol{A})=2$，所以应填(2).

例 19 设有向量组

$$\boldsymbol{\alpha}_1=(1,-1,2,4),\ \boldsymbol{\alpha}_2=(0,3,1,2),\ \boldsymbol{\alpha}_3=(3,0,7,4),$$
$$\boldsymbol{\alpha}_4=(1,-2,2,0),\ \boldsymbol{\alpha}_5=(2,1,5,10),$$

则该向量组的极大无关组是(　　).

A. $\boldsymbol{\alpha}_1,\boldsymbol{\alpha}_2,\boldsymbol{\alpha}_3$　　B. $\boldsymbol{\alpha}_1,\boldsymbol{\alpha}_2,\boldsymbol{\alpha}_4$　　C. $\boldsymbol{\alpha}_1,\boldsymbol{\alpha}_2,\boldsymbol{\alpha}_5$　　D. $\boldsymbol{\alpha}_1,\boldsymbol{\alpha}_2,\boldsymbol{\alpha}_4,\boldsymbol{\alpha}_5$

【分析】 用列向量做初等行变换，有

$$\begin{bmatrix}1&0&3&1&2\\-1&3&0&-2&1\\2&1&7&2&5\\4&2&14&0&10\end{bmatrix}\to\begin{bmatrix}1&0&3&1&2\\0&3&3&-1&3\\0&1&1&0&1\\0&2&2&-4&2\end{bmatrix}\to\begin{bmatrix}1&0&3&1&2\\0&1&1&0&1\\0&0&0&1&0\\0&0&0&0&0\end{bmatrix},$$

每行第一个非 0 元在第 1, 2, 4 列，故 $\boldsymbol{\alpha}_1,\boldsymbol{\alpha}_2,\boldsymbol{\alpha}_4$ 是极大无关组.

例 20 已知向量组 $\boldsymbol{\beta}_1=\begin{bmatrix}0\\1\\-1\end{bmatrix}$，$\boldsymbol{\beta}_2=\begin{bmatrix}a\\2\\1\end{bmatrix}$，$\boldsymbol{\beta}_3=\begin{bmatrix}b\\1\\0\end{bmatrix}$ 与向量组 $\boldsymbol{\alpha}_1=\begin{bmatrix}1\\2\\-3\end{bmatrix}$，$\boldsymbol{\alpha}_2=$

$\begin{bmatrix}3\\0\\1\end{bmatrix}$，$\boldsymbol{\alpha}_3=\begin{bmatrix}9\\6\\7\end{bmatrix}$ 具有相同的秩，且 $\boldsymbol{\beta}_3$ 可由 $\boldsymbol{\alpha}_1$，$\boldsymbol{\alpha}_2$，$\boldsymbol{\alpha}_3$ 线性表示，求 a，b 的值.

【解】 因 $\boldsymbol{\beta}_3$ 可由 $\boldsymbol{\alpha}_1$，$\boldsymbol{\alpha}_2$，$\boldsymbol{\alpha}_3$ 线性表示，故线性方程组

$$\begin{bmatrix}1&3&9\\2&0&6\\-3&1&-7\end{bmatrix}\begin{bmatrix}x_1\\x_2\\x_3\end{bmatrix}=\begin{bmatrix}b\\1\\0\end{bmatrix}$$

有解，对增广矩阵实行初等行变换：

$$\begin{bmatrix}1&3&9&b\\2&0&6&1\\-3&1&-7&0\end{bmatrix}\to\begin{bmatrix}1&3&9&b\\0&-6&-12&1-2b\\0&10&20&3b\end{bmatrix}\to\begin{bmatrix}1&3&9&b\\0&1&2&\dfrac{2b-1}{6}\\0&1&2&\dfrac{3b}{10}\end{bmatrix}$$

$$\to\begin{bmatrix}1&3&9&b\\0&1&2&\dfrac{2b-1}{6}\\0&1&0&\dfrac{3b}{10}-\dfrac{2b-1}{6}\end{bmatrix},$$

由非齐次线性方程组有解的条件知 $\dfrac{3b}{10}-\dfrac{2b-1}{6}=0$，得 $b=5$.

又 $\boldsymbol{\alpha}_1$ 和 $\boldsymbol{\alpha}_2$ 线性无关，$\boldsymbol{\alpha}_3=3\boldsymbol{\alpha}_1+2\boldsymbol{\alpha}_2$，所以向量组 $\boldsymbol{\alpha}_1$，$\boldsymbol{\alpha}_2$，$\boldsymbol{\alpha}_3$ 的秩为 2，

由题设知向量组 $\boldsymbol{\beta}_1$，$\boldsymbol{\beta}_2$，$\boldsymbol{\beta}_3$ 的秩也是 2，从而 $\begin{vmatrix}0&a&5\\1&2&1\\-1&1&0\end{vmatrix}=0$，解之得 $a=15$.

例 21 设 4 维向量组

$$\boldsymbol{\alpha}_1=(1+a,\ 1,\ 1,\ 1)^{\mathrm{T}},\ \boldsymbol{\alpha}_2=(2,\ 2+a,\ 2,\ 2)^{\mathrm{T}},$$
$$\boldsymbol{\alpha}_3=(3,\ 3,\ 3+a,\ 3)^{\mathrm{T}},\ \boldsymbol{\alpha}_4=(4,\ 4,\ 4,\ 4+a)^{\mathrm{T}},$$

问 a 为何值时，$\boldsymbol{\alpha}_1$，$\boldsymbol{\alpha}_2$，$\boldsymbol{\alpha}_3$，$\boldsymbol{\alpha}_4$ 线性相关？当 $\boldsymbol{\alpha}_1$，$\boldsymbol{\alpha}_2$，$\boldsymbol{\alpha}_3$，$\boldsymbol{\alpha}_4$ 线性相关时，求其一个极大无关组，并将其余向量用该极大线性无关组线性表出.

【解法一】

$$(\boldsymbol{\alpha}_1,\ \boldsymbol{\alpha}_2,\ \boldsymbol{\alpha}_3,\ \boldsymbol{\alpha}_4)=\begin{bmatrix}1+a&2&3&4\\1&2+a&3&4\\1&2&3+a&4\\1&2&3&4+a\end{bmatrix}\to\begin{bmatrix}1+a&2&3&4\\-a&a&0&0\\-a&0&a&0\\-a&0&0&a\end{bmatrix},$$

若 $a=0$,则秩 $r(\boldsymbol{\alpha}_1,\boldsymbol{\alpha}_2,\boldsymbol{\alpha}_3,\boldsymbol{\alpha}_4)=1$,$\boldsymbol{\alpha}_1,\boldsymbol{\alpha}_2,\boldsymbol{\alpha}_3,\boldsymbol{\alpha}_4$ 线性相关,极大无关组为 $\boldsymbol{\alpha}_1$,且 $\boldsymbol{\alpha}_2=2\boldsymbol{\alpha}_1$,$\boldsymbol{\alpha}_3=3\boldsymbol{\alpha}_1$,$\boldsymbol{\alpha}_4=4\boldsymbol{\alpha}_1$.

若 $a\neq 0$,则有

$$(\boldsymbol{\alpha}_1,\boldsymbol{\alpha}_2,\boldsymbol{\alpha}_3,\boldsymbol{\alpha}_4)\rightarrow\begin{bmatrix}1+a&2&3&4\\-1&1&0&0\\-1&0&1&0\\-1&0&0&1\end{bmatrix}\rightarrow\begin{bmatrix}a+10&0&0&0\\-1&1&0&0\\-1&0&1&0\\-1&0&0&1\end{bmatrix},$$

当 $a=-10$ 时,$\boldsymbol{\alpha}_1,\boldsymbol{\alpha}_2,\boldsymbol{\alpha}_3,\boldsymbol{\alpha}_4$ 线性相关,极大无关组 $\boldsymbol{\alpha}_2,\boldsymbol{\alpha}_3,\boldsymbol{\alpha}_4$,且 $\boldsymbol{\alpha}_1=-\boldsymbol{\alpha}_2-\boldsymbol{\alpha}_3-\boldsymbol{\alpha}_4$.

【解法二】 因为

$$|\boldsymbol{\alpha}_1,\boldsymbol{\alpha}_2,\boldsymbol{\alpha}_3,\boldsymbol{\alpha}_4|=\begin{vmatrix}1+a&2&3&4\\1&2+a&3&4\\1&2&3+a&4\\1&2&3&4+a\end{vmatrix}=(a+10)a^3,$$

那么,当 $a=0$ 或 $a=-10$ 时,$\boldsymbol{\alpha}_1,\boldsymbol{\alpha}_2,\boldsymbol{\alpha}_3,\boldsymbol{\alpha}_4$ 线性相关,

当 $a=0$ 时,$\boldsymbol{\alpha}_1$ 为 $\boldsymbol{\alpha}_1,\boldsymbol{\alpha}_2,\boldsymbol{\alpha}_3,\boldsymbol{\alpha}_4$ 的一个极大无关组,且 $\boldsymbol{\alpha}_2=2\boldsymbol{\alpha}_1$,$\boldsymbol{\alpha}_3=3\boldsymbol{\alpha}_1$,$\boldsymbol{\alpha}_4=4\boldsymbol{\alpha}_1$,

当 $a=-10$ 时,对 $(\boldsymbol{\alpha}_1,\boldsymbol{\alpha}_2,\boldsymbol{\alpha}_3,\boldsymbol{\alpha}_4)$ 作初等行变换,有

$$(\boldsymbol{\alpha}_1,\boldsymbol{\alpha}_2,\boldsymbol{\alpha}_3,\boldsymbol{\alpha}_4)=\begin{bmatrix}-9&2&3&4\\1&-8&3&4\\1&2&-7&4\\1&2&3&-6\end{bmatrix}\rightarrow\begin{bmatrix}-9&2&3&4\\10&-10&0&0\\10&0&-10&0\\10&0&0&-10\end{bmatrix}\rightarrow$$

$$\begin{bmatrix}-9&2&3&4\\1&-1&0&0\\1&0&-1&0\\1&0&0&-1\end{bmatrix}\rightarrow\begin{bmatrix}0&0&0&0\\1&-1&0&0\\1&0&-1&0\\1&0&0&-1\end{bmatrix}=(\boldsymbol{\beta}_1,\boldsymbol{\beta}_2,\boldsymbol{\beta}_3,\boldsymbol{\beta}_4).$$

由于 $\boldsymbol{\beta}_2,\boldsymbol{\beta}_3,\boldsymbol{\beta}_4$ 是 $\boldsymbol{\beta}_1,\boldsymbol{\beta}_2,\boldsymbol{\beta}_3,\boldsymbol{\beta}_4$ 的一个极大无关组且 $\boldsymbol{\beta}_1=-\boldsymbol{\beta}_2-\boldsymbol{\beta}_3-\boldsymbol{\beta}_4$,故 $\boldsymbol{\alpha}_2,\boldsymbol{\alpha}_3,\boldsymbol{\alpha}_4$ 是 $\boldsymbol{\alpha}_1,\boldsymbol{\alpha}_2,\boldsymbol{\alpha}_3,\boldsymbol{\alpha}_4$ 的一个极大无关组且 $\boldsymbol{\alpha}_1=-\boldsymbol{\alpha}_2-\boldsymbol{\alpha}_3-\boldsymbol{\alpha}_4$.

题型 5　关于秩的证明

例 22　设向量组 Ⅰ:$\boldsymbol{\alpha}_1,\boldsymbol{\alpha}_2,\cdots,\boldsymbol{\alpha}_r$ 可由向量组 Ⅱ:$\boldsymbol{\beta}_1,\boldsymbol{\beta}_2,\cdots,\boldsymbol{\beta}_s$ 线性表示,下列命题正确的是(　　).

A. 若向量组Ⅰ线性无关,则 $r\leqslant s$　　B. 若向量组Ⅰ线性相关,则 $r>s$

C. 若向量组Ⅱ线性无关,则 $r\leqslant s$　　D. 若向量组Ⅱ线性无关,则 $r>s$

【分析】 由于向量组 Ⅰ: $\boldsymbol{\alpha}_1, \boldsymbol{\alpha}_2, \cdots, \boldsymbol{\alpha}_r$ 可由向量组 Ⅱ: $\boldsymbol{\beta}_1, \boldsymbol{\beta}_2, \cdots, \boldsymbol{\beta}_s$ 线性表示,所以 $r(\text{Ⅰ}) \leqslant r(\text{Ⅱ})$,即

$$r(\boldsymbol{\alpha}_1, \boldsymbol{\alpha}_2, \cdots, \boldsymbol{\alpha}_r) \leqslant r(\boldsymbol{\beta}_1, \boldsymbol{\beta}_2, \cdots, \boldsymbol{\beta}_s) \leqslant s.$$

若向量组Ⅰ线性无关,则 $r(\boldsymbol{\alpha}_1, \boldsymbol{\alpha}_2, \cdots, \boldsymbol{\alpha}_r) = r$, 所以

$$r = r(\boldsymbol{\alpha}_1, \boldsymbol{\alpha}_2, \cdots, \boldsymbol{\alpha}_r) \leqslant r(\boldsymbol{\beta}_1, \boldsymbol{\beta}_2, \cdots, \boldsymbol{\beta}_s) \leqslant s,$$

即 $r \leqslant s$, 选 A.

例 23 设 $\boldsymbol{A}$ 为 $m \times n$ 矩阵, $\boldsymbol{B}$ 为 $n \times m$ 矩阵, $\boldsymbol{E}$ 为 m 阶单位矩阵,若 $\boldsymbol{AB} = \boldsymbol{E}$, 则( ).

A. 秩 $r(\boldsymbol{A}) = m$, 秩 $r(\boldsymbol{B}) = m$ B. 秩 $r(\boldsymbol{A}) = m$, 秩 $r(\boldsymbol{B}) = n$

C. 秩 $r(\boldsymbol{A}) = n$, 秩 $r(\boldsymbol{B}) = m$ D. 秩 $r(\boldsymbol{A}) = n$, 秩 $r(\boldsymbol{B}) = n$

【分析】 由于 $\boldsymbol{AB} = \boldsymbol{E}$, 故 $r(\boldsymbol{AB}) = r(\boldsymbol{E}) = m$, 又由于 $r(\boldsymbol{AB}) \leqslant r(\boldsymbol{A})$, $r(\boldsymbol{AB}) \leqslant r(\boldsymbol{B})$, 故

$$m \leqslant r(\boldsymbol{A}),\ m \leqslant r(\boldsymbol{B}).$$

由于 $\boldsymbol{A}$ 为 $m \times n$ 矩阵, $\boldsymbol{B}$ 为 $n \times m$ 矩阵,故

$$m \geqslant r(\boldsymbol{A}),\ m \geqslant r(\boldsymbol{B}),$$

从而 $r(\boldsymbol{A}) = m$, $r(\boldsymbol{B}) = m$, 故选 A.

例 24 设 $\boldsymbol{A}$ 为 $m \times n$ 矩阵, $\boldsymbol{B}$ 为 $n \times m$ 矩阵,则( )正确.

A. 当 $m > n$ 时, $|\boldsymbol{AB}| \neq 0$ B. 当 $m > n$ 时, $|\boldsymbol{AB}| = 0$

C. 当 $m < n$ 时, $|\boldsymbol{AB}| \neq 0$ D. 当 $m < n$ 时, $|\boldsymbol{AB}| = 0$

【分析】 $\boldsymbol{AB}$ 是 m 阶矩阵,且 $r(\boldsymbol{AB}) \leqslant \min\{m, n\}$, 于是,当 $m > n$ 时,必有 $r(\boldsymbol{AB}) < m$, 从而 $\boldsymbol{AB}$ 不可逆, $|\boldsymbol{AB}| = 0$, A 当然不对, $m < n$ 不能断定 $r(\boldsymbol{AB})$ 与 m 的关系,C 和 D 都不一定成立.

例 25 两个非零矩阵 $\boldsymbol{A}$, $\boldsymbol{B}$ 满足 $\boldsymbol{AB} = \boldsymbol{0}$, 则( ).

A. $\boldsymbol{A}$ 的列向量组线性相关, $\boldsymbol{B}$ 的行向量组线性相关

B. $\boldsymbol{A}$ 的列向量组线性相关, $\boldsymbol{B}$ 的列向量组线性相关

C. $\boldsymbol{A}$ 的行向量组线性相关, $\boldsymbol{B}$ 的行向量组线性相关

D. $\boldsymbol{A}$ 的行向量组线性相关, $\boldsymbol{B}$ 的列向量组线性相关

【分析】 设 $\boldsymbol{A}$ 为 $m \times n$ 矩阵, $\boldsymbol{B}$ 为 $n \times s$ 矩阵,则由 $\boldsymbol{AB} = \boldsymbol{0}$ 得到

$$r(\boldsymbol{A}) + r(\boldsymbol{B}) \leqslant n.$$

由于 A, B 都不是零矩阵, $r(\boldsymbol{A}) > 0$, $r(\boldsymbol{B}) > 0$, 于是 $r(\boldsymbol{A}) < n$, $r(\boldsymbol{B}) < n$, $\boldsymbol{A}$ 的列向量组和 $\boldsymbol{B}$ 的行向量组都有 n 个向量,它们的秩都小于个数,因此都线性相关.

$\boldsymbol{A}$ 有 m 个行向量,当 $m < n$ 时,不能确定 $r(\boldsymbol{A})$ 是否小于 m, 从而不能确定 $\boldsymbol{A}$ 的行向量组的线性相关性,同理, $\boldsymbol{B}$ 的列向量组的线性相关性也不能确定. 故选 A.

例 26 已知向量组 Ⅰ: $\boldsymbol{\alpha}_1, \boldsymbol{\alpha}_2, \boldsymbol{\alpha}_3$; Ⅱ: $\boldsymbol{\alpha}_1, \boldsymbol{\alpha}_2, \boldsymbol{\alpha}_3, \boldsymbol{\alpha}_4$; Ⅲ: $\boldsymbol{\alpha}_1, \boldsymbol{\alpha}_2, \boldsymbol{\alpha}_3, \boldsymbol{\alpha}_5$, 如果各向量组的秩分别为 $r(\text{Ⅰ}) = r(\text{Ⅱ}) = 3$, $r(\text{Ⅲ}) = 4$, 证明向量组 $\boldsymbol{\alpha}_1, \boldsymbol{\alpha}_2, \boldsymbol{\alpha}_3, \boldsymbol{\alpha}_5 - \boldsymbol{\alpha}_4$ 的秩为 4

【证】 因为 $r(\mathrm{I})=r(\mathrm{II})=3$，所以 $\boldsymbol{\alpha}_1,\boldsymbol{\alpha}_2,\boldsymbol{\alpha}_3$ 线性无关，而 $\boldsymbol{\alpha}_1,\boldsymbol{\alpha}_2,\boldsymbol{\alpha}_3,\boldsymbol{\alpha}_4$ 线性相关，因此 $\boldsymbol{\alpha}_4$ 可由 $\boldsymbol{\alpha}_1,\boldsymbol{\alpha}_2,\boldsymbol{\alpha}_3$ 线性表出，设为 $\boldsymbol{\alpha}_4=l_1\boldsymbol{\alpha}_1+l_2\boldsymbol{\alpha}_2+l_3\boldsymbol{\alpha}_3$.

若 $k_1\boldsymbol{\alpha}_1+k_2\boldsymbol{\alpha}_2+k_3\boldsymbol{\alpha}_3+k_4(\boldsymbol{\alpha}_5-\boldsymbol{\alpha}_4)=\mathbf{0}$，即

$$(k_1-l_1k_4)\boldsymbol{\alpha}_1+(k_2-l_2k_4)\boldsymbol{\alpha}_2+(k_3-l_3k_4)\boldsymbol{\alpha}_3+k_4\boldsymbol{\alpha}_5=\mathbf{0},$$

由于 $r(\mathrm{III})=4$，即 $\boldsymbol{\alpha}_1,\boldsymbol{\alpha}_2,\boldsymbol{\alpha}_3,\boldsymbol{\alpha}_5$ 线性无关，故必有

$$\begin{cases}k_1-l_1k_4=0\\ k_2-l_2k_4=0\\ k_3-l_3k_4=0\\ k_4=0\end{cases},$$

解出

$$k_4=0,\ k_3=0,\ k_2=0,\ k_1=0,$$

于是 $\boldsymbol{\alpha}_1,\boldsymbol{\alpha}_2,\boldsymbol{\alpha}_3,\boldsymbol{\alpha}_5-\boldsymbol{\alpha}_4$ 的秩为 4.

题型 6 关于矩阵等价与向量组等价

例 27 已知向量组 Ⅰ：$\boldsymbol{\alpha}_1,\boldsymbol{\alpha}_2,\cdots,\boldsymbol{\alpha}_s$ 与向量组 Ⅱ：$\boldsymbol{\alpha}_1,\boldsymbol{\alpha}_2,\cdots,\boldsymbol{\alpha}_s,\boldsymbol{\beta}_1,\boldsymbol{\beta}_2,\cdots,\boldsymbol{\beta}_t$ 有相同的秩，证明 $\boldsymbol{\beta}_1,\boldsymbol{\beta}_2,\cdots,\boldsymbol{\beta}_t$ 可以由 $\boldsymbol{\alpha}_1,\boldsymbol{\alpha}_2,\cdots,\boldsymbol{\alpha}_s$ 线性表出.

【证】 由于向量组 Ⅰ：$\boldsymbol{\alpha}_1,\boldsymbol{\alpha}_2,\cdots,\boldsymbol{\alpha}_s$ 与向量组 Ⅱ：$\boldsymbol{\alpha}_1,\boldsymbol{\alpha}_2,\cdots,\boldsymbol{\alpha}_s,\boldsymbol{\beta}_1,\boldsymbol{\beta}_2,\cdots,\boldsymbol{\beta}_t$ 有相同的秩，因此它们极大无关组所含向量个数相同，设 $\boldsymbol{\alpha}_{i1},\boldsymbol{\alpha}_{i2},\cdots\boldsymbol{\alpha}_{ir}$ 是向量组Ⅰ的极大无关组，那么 $\boldsymbol{\alpha}_{i1},\boldsymbol{\alpha}_{i2},\cdots,\boldsymbol{\alpha}_{ir}$ 也是向量组Ⅱ中 r 个线性无关的向量，又因 $r(\mathrm{II})=r(\mathrm{I})=r$，从而 $\boldsymbol{\alpha}_{i1},\boldsymbol{\alpha}_{i2},\cdots,\boldsymbol{\alpha}_{ir}$ 也是向量组Ⅱ的极大无关组，因此，$\boldsymbol{\beta}_1,\boldsymbol{\beta}_2,\cdots,\boldsymbol{\beta}_t$ 可以由 $\boldsymbol{\alpha}_{i1},\boldsymbol{\alpha}_{i2},\cdots,\boldsymbol{\alpha}_{ir}$ 线性表出，也就有 $\boldsymbol{\beta}_1,\boldsymbol{\beta}_2,\cdots,\boldsymbol{\beta}_t$ 可以由 $\boldsymbol{\alpha}_1,\boldsymbol{\alpha}_2,\cdots,\boldsymbol{\alpha}_s$ 线性表出.

例 28 设向量组Ⅰ可由向量组Ⅱ线性表出，且 $r(\mathrm{I})=r(\mathrm{II})$，证明向量组Ⅰ与Ⅱ等价.

【证】 设 $r(\mathrm{I})=r(\mathrm{II})=r$，且 $\boldsymbol{\alpha}_1,\boldsymbol{\alpha}_2,\cdots,\boldsymbol{\alpha}_r$ 与 $\boldsymbol{\beta}_1,\boldsymbol{\beta}_2,\cdots,\boldsymbol{\beta}_r$ 分别是向量组Ⅰ与向量组Ⅱ的极大无关组，由于向量组Ⅰ可由向量组Ⅱ线性表出，故 $\boldsymbol{\alpha}_1,\boldsymbol{\alpha}_2,\cdots,\boldsymbol{\alpha}_r$ 可由 $\boldsymbol{\beta}_1,\boldsymbol{\beta}_2,\cdots,\boldsymbol{\beta}_r$ 线性表示，那么

$$r(\boldsymbol{\alpha}_1,\boldsymbol{\alpha}_2,\cdots,\boldsymbol{\alpha}_r,\boldsymbol{\beta}_1,\boldsymbol{\beta}_2,\cdots,\boldsymbol{\beta}_r)=r(\boldsymbol{\beta}_1,\boldsymbol{\beta}_2,\cdots,\boldsymbol{\beta}_r)=r.$$

又因 $\boldsymbol{\alpha}_1,\boldsymbol{\alpha}_2,\cdots,\boldsymbol{\alpha}_r$ 线性无关，于是 $\boldsymbol{\alpha}_1,\boldsymbol{\alpha}_2,\cdots,\boldsymbol{\alpha}_r$ 是向量组 $\boldsymbol{\alpha}_1,\boldsymbol{\alpha}_2,\cdots,\boldsymbol{\alpha}_r,\boldsymbol{\beta}_1,\boldsymbol{\beta}_2,\cdots,\boldsymbol{\beta}_r$ 的极大无关组，从而 $\boldsymbol{\beta}_1,\boldsymbol{\beta}_2,\cdots,\boldsymbol{\beta}_r$ 可由 $\boldsymbol{\alpha}_1,\boldsymbol{\alpha}_2,\cdots,\boldsymbol{\alpha}_r$ 线性表出，进而向量组Ⅱ可由 $\boldsymbol{\alpha}_1,\boldsymbol{\alpha}_2,\cdots,\boldsymbol{\alpha}_r$ 线性表出，也就是向量组Ⅱ可由向量组Ⅰ线性表出. 又已知向量组Ⅰ可由向量组Ⅱ线性表出，所以Ⅰ与Ⅱ等价.

注： 若向量组Ⅰ与Ⅱ等价，则 $r(\mathrm{I})=r(\mathrm{II})$，但 $r(\mathrm{I})=r(\mathrm{II})$ 时，向量组Ⅰ与Ⅱ不一定等价.

例 29 设 n 维列向量组 $\boldsymbol{\alpha}_1,\boldsymbol{\alpha}_2,\cdots,\boldsymbol{\alpha}_m\ (m<n)$ 线性无关，则 n 维列向量组 $\boldsymbol{\beta}_1,\boldsymbol{\beta}_2,\cdots,\boldsymbol{\beta}_m$ 线性无关的充分必要条件为(　　).

A. 向量组 $\boldsymbol{\alpha}_1, \boldsymbol{\alpha}_2, \cdots, \boldsymbol{\alpha}_m$ 可由向量组 $\boldsymbol{\beta}_1, \boldsymbol{\beta}_2, \cdots, \boldsymbol{\beta}_m$ 线性表示

B. 向量组 $\boldsymbol{\beta}_1, \boldsymbol{\beta}_2, \cdots, \boldsymbol{\beta}_m$ 可由向量组 $\boldsymbol{\alpha}_1, \boldsymbol{\alpha}_2, \cdots, \boldsymbol{\alpha}_m$ 线性表示

C. 向量组 $\boldsymbol{\alpha}_1, \boldsymbol{\alpha}_2, \cdots, \boldsymbol{\alpha}_m$ 与向量组 $\boldsymbol{\beta}_1, \boldsymbol{\beta}_2, \cdots, \boldsymbol{\beta}_m$ 等价

D. 矩阵 $\boldsymbol{A}=(\boldsymbol{\alpha}_1, \boldsymbol{\alpha}_2, \cdots, \boldsymbol{\alpha}_m)$ 与矩阵 $\boldsymbol{B}=(\boldsymbol{\beta}_1, \boldsymbol{\beta}_2, \cdots, \boldsymbol{\beta}_m)$ 等价

【分析】 简记向量组 $\boldsymbol{\alpha}_1, \boldsymbol{\alpha}_2, \cdots, \boldsymbol{\alpha}_m$ 为 Ⅰ，向量组 $\boldsymbol{\beta}_1, \boldsymbol{\beta}_2, \cdots, \boldsymbol{\beta}_m$ 为 Ⅱ，那么Ⅱ线性无关 $\Leftrightarrow r(\text{Ⅱ})=m$.

A. 若向量组Ⅰ可由向量组Ⅱ线性表出，则秩 $r(\text{Ⅰ})\leqslant r(\text{Ⅱ})$，又因向量组Ⅰ线性无关，即有 $m=r(\text{Ⅰ})\leqslant r(\text{Ⅱ})\leqslant m$，从而 $r(\text{Ⅱ})=m$，即 $\boldsymbol{\beta}_1, \boldsymbol{\beta}_2, \cdots, \boldsymbol{\beta}_m$ 线性无关，充分性成立. 必要性不成立，例如：

$$\boldsymbol{\alpha}_1=\begin{bmatrix}1\\0\\0\end{bmatrix}, \boldsymbol{\alpha}_2=\begin{bmatrix}0\\1\\0\end{bmatrix}, \boldsymbol{\beta}_1=\begin{bmatrix}1\\0\\0\end{bmatrix}, \boldsymbol{\beta}_2=\begin{bmatrix}0\\0\\1\end{bmatrix},$$

则 $\boldsymbol{\alpha}_1, \boldsymbol{\alpha}_2$ 与 $\boldsymbol{\beta}_1, \boldsymbol{\beta}_2$ 均线性无关，但 $\boldsymbol{\alpha}_1, \boldsymbol{\alpha}_2$ 不能由 $\boldsymbol{\beta}_1, \boldsymbol{\beta}_2$ 线性表出.

B. 若向量组Ⅱ可由向量组Ⅰ线性表出，则 $r(\text{Ⅱ})\leqslant r(\text{Ⅰ})=m$，即有 $r(\boldsymbol{\beta}_1, \boldsymbol{\beta}_2, \cdots, \boldsymbol{\beta}_m)\leqslant m$，所以 $\boldsymbol{\beta}_1, \boldsymbol{\beta}_2, \cdots, \boldsymbol{\beta}_m$ 的线性相关性不能确定，选项 B 不是充分条件. 选项 A 的反例说明 B 也不是必要条件，因此条件 B 既不充分也不必要.

C 向量组等价，即可以互相线性表出，由选项 A、B 知 C 只是充分条件.

D 矩阵 $\boldsymbol{A}$ 与 $\boldsymbol{B}$ 等价是指经过初等变换 $\boldsymbol{A}$ 可以转换为矩阵 $\boldsymbol{B}$，$\boldsymbol{A}$ 与 $\boldsymbol{B}$ 等价的充分必要条件是 $r(\boldsymbol{A})=r(\boldsymbol{B})$

如果矩阵 $\boldsymbol{A}=(\boldsymbol{\alpha}_1, \boldsymbol{\alpha}_2, \cdots, \boldsymbol{\alpha}_m)$ 与矩阵 $\boldsymbol{B}=(\boldsymbol{\beta}_1, \boldsymbol{\beta}_2, \cdots, \boldsymbol{\beta}_m)$ 等价，则

$$r(\boldsymbol{A})=r(\boldsymbol{\alpha}_1, \boldsymbol{\alpha}_2, \cdots, \boldsymbol{\alpha}_m)=r(\boldsymbol{\beta}_1, \boldsymbol{\beta}_2, \cdots, \boldsymbol{\beta}_m)=r(\boldsymbol{B}),$$

又因为向量组 $\boldsymbol{\alpha}_1, \boldsymbol{\alpha}_2, \cdots, \boldsymbol{\alpha}_m$ 线性无关，$r(\boldsymbol{\alpha}_1, \boldsymbol{\alpha}_2, \cdots, \boldsymbol{\alpha}_m)=m$，从而 $r(\boldsymbol{\beta}_1, \boldsymbol{\beta}_2, \cdots, \boldsymbol{\beta}_m)=m$，因此，向量组 $\boldsymbol{\beta}_1, \boldsymbol{\beta}_2, \cdots, \boldsymbol{\beta}_m$ 线性无关，充分性成立.

反之，若向量组 $\boldsymbol{\alpha}_1, \boldsymbol{\alpha}_2, \cdots, \boldsymbol{\alpha}_m$ 与 $\boldsymbol{\beta}_1, \boldsymbol{\beta}_2, \cdots, \boldsymbol{\beta}_m$ 均线性无关，则

$$r(\boldsymbol{\alpha}_1, \boldsymbol{\alpha}_2, \cdots, \boldsymbol{\alpha}_m)=r(\boldsymbol{\beta}_1, \boldsymbol{\beta}_2, \cdots, \boldsymbol{\beta}_m)=m,$$

从而秩 $r(\boldsymbol{A})=r(\boldsymbol{B})$，即矩阵 $\boldsymbol{A}$ 与 $\boldsymbol{B}$ 等价，必要性成立，所以选 D.

3.4 向量空间

3.4.1 知识点梳理

1）向量空间的定义

设 $\boldsymbol{V}$ 为 n 维向量的集合，若集合 $\boldsymbol{V}$ 非空，且对于 n 维向量的加法和数乘运算封闭，即

(1) 若 $\boldsymbol{\alpha}\in\boldsymbol{V}, \boldsymbol{\beta}\in\boldsymbol{V}$，则 $\boldsymbol{\alpha}+\boldsymbol{\beta}\in\boldsymbol{V}$.

(2) 若 $\boldsymbol{\alpha}\in \mathbf{V}$, $\lambda\in \mathbf{R}$, 则 $\lambda\boldsymbol{\alpha}\in \mathbf{V}$,

则称集合 $\boldsymbol{V}$ 为 $\boldsymbol{R}$ 上的向量空间.

注: 向量空间仅数学一要求.

2) 基,维数,坐标

如果向量空间 $\mathbf{V}$ 中的 m 个向量 $\boldsymbol{a}_1, \boldsymbol{a}_2, \cdots, \boldsymbol{a}_m$ 满足:

① 向量组 $\boldsymbol{a}_1, \boldsymbol{a}_2, \cdots, \boldsymbol{a}_m$ 线性无关;

② 对于 $\mathbf{V}$ 中任意向量 $\boldsymbol{b}$, $\boldsymbol{b}$ 均可由向量组 $\boldsymbol{a}_1, \boldsymbol{a}_2, \cdots, \boldsymbol{a}_m$ 线性表示,即

$$x_1\boldsymbol{a}_1+x_2\boldsymbol{a}_2+\cdots+x_m\boldsymbol{a}_m=\boldsymbol{b},$$

则称 $\boldsymbol{a}_1, \boldsymbol{a}_2, \cdots, \boldsymbol{a}_m$ 为向量空间 $\mathbf{V}$ 的一个基,基中所含向量的个数 m 称为向量空间 $\mathbf{V}$ 的维数,记作 $\dim\mathbf{V}=m$,并称 $\mathbf{V}$ 是 m 维向量空间,向量 $\boldsymbol{b}$ 的表示系数 $x_1, x_2, \cdots, x_m$ 称为向量 $\boldsymbol{b}$ 在基 $\boldsymbol{a}_1, \boldsymbol{a}_2, \cdots, \boldsymbol{a}_m$ 下的坐标.

3) Schmidt 正交化

如果向量组 $\boldsymbol{a}_1, \boldsymbol{a}_2, \boldsymbol{a}_3$ 线性无关,令

$$\begin{aligned}\boldsymbol{b}_1&=\boldsymbol{a}_1,\\ \boldsymbol{b}_2&=\boldsymbol{a}_2-\frac{(\boldsymbol{a}_2, \boldsymbol{b}_1)}{(\boldsymbol{b}_1, \boldsymbol{b}_1)}\boldsymbol{b}_1,\\ \boldsymbol{b}_3&=\boldsymbol{a}_3-\frac{(\boldsymbol{a}_3, \boldsymbol{b}_1)}{(\boldsymbol{b}_1, \boldsymbol{b}_1)}\boldsymbol{b}_1-\frac{(\boldsymbol{a}_3, \boldsymbol{b}_2)}{(\boldsymbol{b}_2, \boldsymbol{b}_2)}\boldsymbol{b}_2,\end{aligned}$$

那么 $\boldsymbol{b}_1, \boldsymbol{b}_2, \boldsymbol{b}_3$ 两两正交,称为正交向量组,将其单位化

$$\boldsymbol{p}_1=\frac{\boldsymbol{b}_1}{\|\boldsymbol{b}_1\|},\ \boldsymbol{p}_2=\frac{\boldsymbol{b}_2}{\|\boldsymbol{b}_2\|},\ \boldsymbol{p}_3=\frac{\boldsymbol{b}_3}{\|\boldsymbol{b}_3\|}.$$

4) 规范正交基

设 $\boldsymbol{e}_1, \boldsymbol{e}_2, \cdots, \boldsymbol{e}_n$ 是向量空间的一组基,如果它们满足

$$(\boldsymbol{e}_i, \boldsymbol{e}_j)=\begin{cases}1 & i=j\\ 0 & i\neq j\end{cases},$$

则称 $\boldsymbol{e}_1, \boldsymbol{e}_2, \cdots, \boldsymbol{e}_n$ 为规范正交基.

5) 过渡矩阵

在 n 维向量空间给定两组基

$$\text{I}:\boldsymbol{\alpha}_1, \boldsymbol{\alpha}_2, \cdots, \boldsymbol{\alpha}_n \qquad \text{II}:\boldsymbol{\beta}_1, \boldsymbol{\beta}_2, \cdots, \boldsymbol{\beta}_n$$

若

$$\begin{aligned}\boldsymbol{\beta}_1&=c_{11}\boldsymbol{\alpha}_1+c_{21}\boldsymbol{\alpha}_2+\cdots+c_{n1}\boldsymbol{\alpha}_n\\ \boldsymbol{\beta}_2&=c_{12}\boldsymbol{\alpha}_1+c_{22}\boldsymbol{\alpha}_2+\cdots+c_{n2}\boldsymbol{\alpha}_n\\ &\cdots\cdots\end{aligned}$$

$$\boldsymbol{\beta}_n = c_{1n}\boldsymbol{\alpha}_1 + c_{2n}\boldsymbol{\alpha}_2 + \cdots + c_{nn}\boldsymbol{\alpha}_n$$

即

$$(\boldsymbol{\beta}_1, \boldsymbol{\beta}_2, \cdots, \boldsymbol{\beta}_n) = (\boldsymbol{\alpha}_1, \boldsymbol{\alpha}_2, \cdots, \boldsymbol{\alpha}_n)\boldsymbol{C}$$

其中

$$\boldsymbol{C} = \begin{bmatrix} c_{11} & c_{12} & \cdots & c_{1n} \\ c_{21} & c_{22} & \cdots & c_{2n} \\ & \cdots & & \\ c_{n1} & c_{n2} & \cdots & c_{nn} \end{bmatrix}$$

称为由基 $\boldsymbol{\alpha}_1, \boldsymbol{\alpha}_2, \cdots, \boldsymbol{\alpha}_n$ 到基 $\boldsymbol{\beta}_1, \boldsymbol{\beta}_2, \cdots, \boldsymbol{\beta}_n$ 的过渡矩阵.

3.4.2 题型归类与分析

题型7 与向量空间有关的命题

例30 设 $\boldsymbol{A}$ 是秩为2的 5×4 矩阵，

$\boldsymbol{\alpha}_1 = (1, 1, 2, 3)^{\mathrm{T}}$, $\boldsymbol{\alpha}_2 = (-1, 1, 4, -1)^{\mathrm{T}}$, $\boldsymbol{\alpha}_3 = (5, -1, -8, 9)^{\mathrm{T}}$ 是齐次线性方程组 $\boldsymbol{Ax} = \boldsymbol{0}$ 的解向量，求 $\boldsymbol{Ax} = \boldsymbol{0}$ 的解空间的一个标准正交基.

【分析】 要求 $\boldsymbol{Ax} = \boldsymbol{0}$ 的解空间的一个标准正交基，首先必须确定此解空间的维数及相应个数的线性无关的解.

因 $r(\boldsymbol{A}) = 2$，故解空间的维数 $n - r(\boldsymbol{A}) = 2$，又因 $\boldsymbol{\alpha}_1, \boldsymbol{\alpha}_2$ 线性无关，故 $\boldsymbol{\alpha}_1, \boldsymbol{\alpha}_2$ 是解空间的基. 取

$$\boldsymbol{\beta}_1 = \boldsymbol{\alpha}_1 = (1, 1, 2, 3)^{\mathrm{T}},$$

$$\boldsymbol{\beta}_2 = \boldsymbol{\alpha}_2 - \frac{(\boldsymbol{\alpha}_2, \boldsymbol{\beta}_1)}{(\boldsymbol{\beta}_1, \boldsymbol{\beta}_1)}\boldsymbol{\beta}_1 = \frac{2}{3}(-2, 1, 5, -3)^{\mathrm{T}},$$

将其单位化，有 $\gamma_1 = \frac{1}{\sqrt{15}}(1, 1, 2, 3)^{\mathrm{T}}$, $\gamma_2 = \frac{1}{\sqrt{39}}(-2, 1, 5, -3)^{\mathrm{T}}$.

例31 从 R^2 的基 $\boldsymbol{\alpha}_1 = \begin{bmatrix} 1 \\ 0 \end{bmatrix}$, $\boldsymbol{\alpha}_2 = \begin{bmatrix} 1 \\ -1 \end{bmatrix}$ 到基 $\boldsymbol{\beta}_1 = \begin{bmatrix} 1 \\ 1 \end{bmatrix}$, $\boldsymbol{\beta}_2 = \begin{bmatrix} 1 \\ 2 \end{bmatrix}$ 的过渡矩阵为(　　).

【分析】 设从基 $\boldsymbol{\alpha}_1, \boldsymbol{\alpha}_2$ 到基 $\boldsymbol{\beta}_1, \boldsymbol{\beta}_2$ 的过渡矩阵为 $\boldsymbol{C}$，则 $(\boldsymbol{\beta}_1, \boldsymbol{\beta}_2) = (\boldsymbol{\alpha}_1, \boldsymbol{\alpha}_2)\boldsymbol{C}$，那么，由

$$\begin{bmatrix} 1 & 1 & 1 & 1 \\ 0 & -1 & 1 & 2 \end{bmatrix} \to \begin{bmatrix} 1 & 0 & 2 & 3 \\ 0 & -1 & 1 & 2 \end{bmatrix} \to \begin{bmatrix} 1 & 0 & 2 & 3 \\ 0 & 1 & -1 & -2 \end{bmatrix},$$

可知,应填 $\begin{bmatrix} 2 & 3 \\ -1 & -2 \end{bmatrix}$;

当然,也可以先求出 $\begin{bmatrix} 1 & 1 \\ 0 & -1 \end{bmatrix}^{-1} = \begin{bmatrix} 1 & 1 \\ 0 & -1 \end{bmatrix}$,再作矩阵乘法而得到过渡矩阵.

例 32 设 $\boldsymbol{\alpha}_1, \boldsymbol{\alpha}_2, \boldsymbol{\alpha}_3$ 是 3 维向量空间 $\boldsymbol{R}^3$ 的一组基,则由基 $\boldsymbol{\alpha}_1, \frac{1}{2}\boldsymbol{\alpha}_2, \frac{1}{3}\boldsymbol{\alpha}_3$ 到基 $\boldsymbol{\alpha}_1 + \boldsymbol{\alpha}_2, \boldsymbol{\alpha}_2 + \boldsymbol{\alpha}_3, \boldsymbol{\alpha}_3 + \boldsymbol{\alpha}_1$ 的过渡矩阵为(　　).

【分析】 由于

$$(\boldsymbol{\alpha}_1 + \boldsymbol{\alpha}_2, \boldsymbol{\alpha}_2 + \boldsymbol{\alpha}_3, \boldsymbol{\alpha}_3 + \boldsymbol{\alpha}_1) = \left(\boldsymbol{\alpha}_1, \frac{1}{2}\boldsymbol{\alpha}_2, \frac{1}{3}\boldsymbol{\alpha}_3\right)\begin{bmatrix} 1 & 0 & 1 \\ 2 & 2 & 0 \\ 0 & 3 & 3 \end{bmatrix},$$

按过渡矩阵的定义知应填 $\begin{bmatrix} 1 & 0 & 1 \\ 2 & 2 & 0 \\ 0 & 3 & 3 \end{bmatrix}$.

例 33 设 $\boldsymbol{\alpha}_1 = (1, 2, -1, 0)^{\mathrm{T}}, \boldsymbol{\alpha}_2 = (1, 1, 0, 2)^{\mathrm{T}}, \boldsymbol{\alpha}_3 = (2, 1, 1, a)^{\mathrm{T}}$,若由 $\boldsymbol{\alpha}_1, \boldsymbol{\alpha}_2, \boldsymbol{\alpha}_3$ 生成的向量空的维数为 2,则 $a =$ (　　).

【分析】 由 $\boldsymbol{\alpha}_1, \boldsymbol{\alpha}_2, \boldsymbol{\alpha}_3$ 生成的向量空间的维数为 2,可知向量组的秩 $r(\boldsymbol{\alpha}_1, \boldsymbol{\alpha}_2, \boldsymbol{\alpha}_3) = 2$,

$$(\boldsymbol{\alpha}_1, \boldsymbol{\alpha}_2, \boldsymbol{\alpha}_3) = \begin{bmatrix} 1 & 1 & 2 \\ 2 & 1 & 1 \\ -1 & 0 & 1 \\ 0 & 2 & a \end{bmatrix} \to \begin{bmatrix} 1 & 1 & 2 \\ 0 & -1 & -3 \\ 0 & 1 & 3 \\ 0 & 2 & a \end{bmatrix} \to \begin{bmatrix} 1 & 1 & 2 \\ 0 & 1 & 3 \\ 0 & 0 & a-6 \\ 0 & 0 & a \end{bmatrix},$$

所以 $a = 6$.

同步测试3

1）填空题

(1) 向量 $\boldsymbol{\alpha}_1=(1,4,2)^{\mathrm{T}}$，$\boldsymbol{\alpha}_2=(2,7,3)^{\mathrm{T}}$，$\boldsymbol{\alpha}_3=(0,1,a)^{\mathrm{T}}$ 可以表示任一个三维向量，则 $a=($ $)$.

(2) 已知 $\boldsymbol{\alpha}_1=(1,3,2,a)^{\mathrm{T}}$，$\boldsymbol{\alpha}_2=(2,7,a,3)^{\mathrm{T}}$，$\boldsymbol{\alpha}_3=(0,a,5,-5)^{\mathrm{T}}$ 线性相关，则 $a=($ $)$.

(3) 向量组 $\boldsymbol{\alpha}_1=(1,3,6,2)^{\mathrm{T}}$，$\boldsymbol{\alpha}_2=(2,1,2,-1)^{\mathrm{T}}$，$\boldsymbol{\alpha}_3=(1,-1,a,-2)^{\mathrm{T}}$ 的秩为2，则 $a=($ $)$.

(4) 已知 $\boldsymbol{\alpha}_1$，$\boldsymbol{\alpha}_2$，$\boldsymbol{\alpha}_3$ 线性无关，而 $3\boldsymbol{\alpha}_1-\boldsymbol{\alpha}_2+\boldsymbol{\alpha}_3$，$2\boldsymbol{\alpha}_1+\boldsymbol{\alpha}_2-\boldsymbol{\alpha}_3$，$\boldsymbol{\alpha}_1+t\boldsymbol{\alpha}_2+2\boldsymbol{\alpha}_3$ 线性相关，则 $t=($ $)$.

(5) 设三维列向量 $\boldsymbol{\alpha}_1$，$\boldsymbol{\alpha}_2$，$\boldsymbol{\alpha}_3$ 线性无关，$\boldsymbol{A}$ 为3阶矩阵，且有 $\boldsymbol{A}\boldsymbol{\alpha}_1=\boldsymbol{\alpha}_1+2\boldsymbol{\alpha}_2+3\boldsymbol{\alpha}_3$，$\boldsymbol{A}\boldsymbol{\alpha}_2=2\boldsymbol{\alpha}_2+3\boldsymbol{\alpha}_3$，$\boldsymbol{A}\boldsymbol{\alpha}_3=3\boldsymbol{\alpha}_2-4\boldsymbol{\alpha}_3$，则 $|\boldsymbol{A}|=($ $)$.

2）选择题

(1) 设向量组 $\boldsymbol{\alpha}_1$，$\boldsymbol{\alpha}_2$，$\boldsymbol{\alpha}_3$ 线性无关，则线性无关的向量组是(　　).

A. $\boldsymbol{\alpha}_1-\boldsymbol{\alpha}_2$，$\boldsymbol{\alpha}_3-\boldsymbol{\alpha}_1$，$\boldsymbol{\alpha}_2-\boldsymbol{\alpha}_3$　　B. $\boldsymbol{\alpha}_1-\boldsymbol{\alpha}_2$，$2\boldsymbol{\alpha}_2+3\boldsymbol{\alpha}_3$，$\boldsymbol{\alpha}_1+\boldsymbol{\alpha}_3$

C. $\boldsymbol{\alpha}_1-\boldsymbol{\alpha}_2$，$2\boldsymbol{\alpha}_2+\boldsymbol{\alpha}_3$，$\boldsymbol{\alpha}_1+\boldsymbol{\alpha}_2+\boldsymbol{\alpha}_3$　　D. $\boldsymbol{\alpha}_1+\boldsymbol{\alpha}_2$，$2\boldsymbol{\alpha}_2+3\boldsymbol{\alpha}_3$，$5\boldsymbol{\alpha}_1+8\boldsymbol{\alpha}_2$

(2) 设 $\boldsymbol{\alpha}_1=(1,0,6,a_1)^{\mathrm{T}}$，$\boldsymbol{\alpha}_2=(1,-1,2,a_2)^{\mathrm{T}}$，$\boldsymbol{\alpha}_3=(2,0,7,a_3)^{\mathrm{T}}$，$\boldsymbol{\alpha}_4=(0,0,0,a_4)^{\mathrm{T}}$，其中 a_1，a_2，a_3，a_4 为任意实数，则(　　).

A. $\boldsymbol{\alpha}_1$，$\boldsymbol{\alpha}_2$，$\boldsymbol{\alpha}_3$ 必线性相关　　B. $\boldsymbol{\alpha}_1$，$\boldsymbol{\alpha}_2$，$\boldsymbol{\alpha}_3$ 必线性无关

C. $\boldsymbol{\alpha}_1$，$\boldsymbol{\alpha}_2$，$\boldsymbol{\alpha}_3$，$\boldsymbol{\alpha}_4$ 必线性相关　　D. $\boldsymbol{\alpha}_1$，$\boldsymbol{\alpha}_2$，$\boldsymbol{\alpha}_3$，$\boldsymbol{\alpha}_4$ 必线性无关

(3) 设 $\boldsymbol{A}$ 为 $m\times n$ 矩阵，且其列向量组线性无关，$\boldsymbol{B}$ 为 n 阶矩阵，满足 $\boldsymbol{AB}=\boldsymbol{A}$，则 $r(\boldsymbol{B})$(　　).

A. 等于 n　　B. 小于 n　　C. 等于1　　D. 不能确定

(4) 设向量组Ⅰ：$\boldsymbol{\alpha}_1$，$\boldsymbol{\alpha}_2$，…，$\boldsymbol{\alpha}_r$ 可由向量组Ⅱ：$\boldsymbol{\beta}_1$，$\boldsymbol{\beta}_2$，…，$\boldsymbol{\beta}_s$ 线性表示，则(　　).

A. 当 $r<s$ 时，向量组Ⅱ必线性相关　　B. 当 $r>s$ 时，向量组Ⅱ必线性相关

C. 当 $r<s$ 时，向量组Ⅰ必线性相关　　D. 当 $r>s$ 时，向量组Ⅰ必线性相关

3）解答题

(1) 已知 n 维向量组（Ⅰ）$\boldsymbol{\alpha}_1$，$\boldsymbol{\alpha}_2$，…，$\boldsymbol{\alpha}_s$ 与（Ⅱ）$\boldsymbol{\alpha}_1$，$\boldsymbol{\alpha}_2$，…，$\boldsymbol{\alpha}_s$，$\boldsymbol{\beta}$ 有相同的秩，证明 $\boldsymbol{\beta}$ 可以由 $\boldsymbol{\alpha}_1$，$\boldsymbol{\alpha}_2$，…，$\boldsymbol{\alpha}_s$ 线性表出.

(2) 已知 n 维向量 $\boldsymbol{\alpha}_1$，$\boldsymbol{\alpha}_2$，…，$\boldsymbol{\alpha}_s$ 非零且两两正交，证明 $\boldsymbol{\alpha}_1$，$\boldsymbol{\alpha}_2$，…，$\boldsymbol{\alpha}_s$ 线性无关.

(3) 设 $\boldsymbol{\alpha}_1$，$\boldsymbol{\alpha}_2$，$\boldsymbol{\beta}_1$，$\boldsymbol{\beta}_2$ 均是3维列向量，且 $\boldsymbol{\alpha}_1$，$\boldsymbol{\alpha}_2$ 线性无关，$\boldsymbol{\beta}_1$，$\boldsymbol{\beta}_2$ 线性无关，证明存在非

零向量 γ, 使得 γ 即可由 $\boldsymbol{\alpha}_1$, $\boldsymbol{\alpha}_2$ 线性表出,也可由 $\boldsymbol{\beta}_1$,$\boldsymbol{\beta}_2$ 线性表出. 当 $\boldsymbol{\alpha}_1=\begin{pmatrix}1\\0\\2\end{pmatrix}$, $\boldsymbol{\alpha}_2=\begin{pmatrix}2\\-1\\3\end{pmatrix}$, $\boldsymbol{\beta}_1=\begin{pmatrix}-3\\2\\-5\end{pmatrix}$, $\boldsymbol{\beta}_2=\begin{pmatrix}0\\1\\1\end{pmatrix}$ 时,求出所有的向量 γ.

(4) 求向量组

$\boldsymbol{\alpha}_1=(1,2,-1,1)^{\mathrm{T}}$, $\boldsymbol{\alpha}_2=(2,0,t,0)^{\mathrm{T}}$, $\boldsymbol{\alpha}_3=(0,-4,5,-2)^{\mathrm{T}}$, $\boldsymbol{\alpha}_4=(3,-2,t+4,-1)^{\mathrm{T}}$ 的秩和一个极大无关组.

第4章　线性方程组

线性方程组是线性代数的核心.线性方程组有矩阵形式和向量形式.借助于矩阵形式给出了方程组有解的充分必要条件,利用向量形式给出了齐次线性方程组的基础解系,然后得出了非齐次线性方程组解的结构.

本章重点:

(1) 齐次线性方程组有非零解的充分必要条件,基础解系、通解.

(2) 非齐次线性方程组有解的充分必要条件,解的结构及通解.

(3) 方程组的公共解与同解.

4.1　线性方程组的表示形式

4.1.1　知识点梳理

1) 非齐次与齐次线性方程组的一般表示式

方程组

$$\begin{cases} a_{11}x_1+a_{12}x_2+\cdots+a_{1n}x_n=b_1 \\ a_{21}x_1+a_{22}x_2+\cdots+a_{2n}x_n=b_2 \\ \cdots \\ a_{m1}x_1+a_{m2}x_2+\cdots+a_{mn}x_n=b_m \end{cases} \tag{4.1}$$

称为 n 个未知数 m 个方程的非齐次线性方程组.

如果 $b_i=0(\forall i=1,2,\cdots,m)$,则称方程组

$$\begin{cases} a_{11}x_1+a_{12}x_2+\cdots+a_{1n}x_n=0 \\ a_{21}x_1+a_{22}x_2+\cdots+a_{2n}x_n=0 \\ \cdots \\ a_{m1}x_1+a_{m2}x_2+\cdots+a_{mn}x_n=0 \end{cases} \tag{4.2}$$

为齐次线性方程组,它是方程组(4.1)的导出组.

2) 线性方程组的矩阵表示

如果记方程组(4.1)的系数矩阵 $\boldsymbol{A}=\begin{bmatrix} a_{11} & a_{12} & \cdots & a_{1n} \\ a_{21} & a_{22} & \cdots & a_{2n} \\ & \cdots & & \\ a_{m1} & a_{m2} & \cdots & a_{mn} \end{bmatrix}$, $\boldsymbol{x}=\begin{bmatrix} x_1 \\ x_2 \\ \cdots \\ x_n \end{bmatrix}$, $\boldsymbol{b}=\begin{bmatrix} b_1 \\ b_2 \\ \cdots \\ b_m \end{bmatrix}$

方程组(4.1)的增广矩阵 $\overline{\boldsymbol{A}}=\begin{bmatrix} a_{11} & a_{12} & \cdots & a_{1n} & b_1 \\ a_{21} & a_{22} & \cdots & a_{2n} & b_2 \\ & & \cdots & & \\ a_{m1} & a_{m2} & \cdots & a_{mn} & b_m \end{bmatrix}$

则非齐次线性方程组(4.1)的矩阵表示为:$\boldsymbol{Ax}=\boldsymbol{b}$,齐次线性方程组(4.2)的矩阵表示为:$\boldsymbol{Ax}=\boldsymbol{0}$.

3) 向量表示

记系数矩阵 $\boldsymbol{A}$ 的第 j 列为 $\boldsymbol{\alpha}_j=[a_{1j}, a_{2j}, \cdots, a_{mj}]^{\mathrm{T}}(j=1, 2, \cdots, n)$,则非齐次线性方程组(4.1)的向量表示为 $\boldsymbol{\alpha}_1x_1+\boldsymbol{\alpha}_2x_2+\cdots+\boldsymbol{\alpha}_nx_n=\boldsymbol{b}$,齐次线性方程组(4.2)的向量表示为 $\boldsymbol{\alpha}_1x_1+\boldsymbol{\alpha}_2x_2+\cdots+\boldsymbol{\alpha}_nx_n=\boldsymbol{0}$.

4.2 齐次线性方程组的解

4.2.1 知识点梳理

1) 解的性质

如果 $\boldsymbol{\eta}_1, \boldsymbol{\eta}_2$ 是齐次线性方程组 $\boldsymbol{Ax}=\boldsymbol{0}$ 的两个解,那么其线性组合仍是该齐次线性方程组 $\boldsymbol{Ax}=\boldsymbol{0}$ 的解.

2) 基础解系

向量组 $\boldsymbol{\eta}_1, \boldsymbol{\eta}_2, \cdots, \boldsymbol{\eta}_t$ 称为齐次线性方程组 $\boldsymbol{Ax}=\boldsymbol{0}$ 的基础解系,如果

(1) $\boldsymbol{\eta}_1, \boldsymbol{\eta}_2, \cdots, \boldsymbol{\eta}_t$ 是 $\boldsymbol{Ax}=\boldsymbol{0}$ 的解.

(2) $\boldsymbol{\eta}_1, \boldsymbol{\eta}_2, \cdots, \boldsymbol{\eta}_t$ 线性无关.

(3) $\boldsymbol{Ax}=\boldsymbol{0}$ 的任一解都可由 $\boldsymbol{\eta}_1, \boldsymbol{\eta}_2, \cdots, \boldsymbol{\eta}_t$ 线性表出.

3) 通解

如果 $\boldsymbol{\eta}_1, \boldsymbol{\eta}_2, \cdots, \boldsymbol{\eta}_t$ 称为齐次线性方程组 $\boldsymbol{Ax}=\boldsymbol{0}$ 的基础解系,那么,对于任意常数 $c_1, c_2, \cdots, c_t$, $c_1\boldsymbol{\eta}_1+c_2\boldsymbol{\eta}_2+\cdots+c_t\boldsymbol{\eta}_t$ 是齐次方程组 $\boldsymbol{Ax}=\boldsymbol{0}$ 的通解.

4) 齐次线性方程组解的判定

(1) $\boldsymbol{Ax}=\boldsymbol{0}$ 有非零解 $\Leftrightarrow r(\boldsymbol{A})<n$.

(2) 当 $m<n$ (即方程的个数<未知数的个数)时,$\boldsymbol{Ax}=\boldsymbol{0}$ 必有非零解.

(3) 当 $m=n$ 时,$\boldsymbol{Ax}=\boldsymbol{0}$ 有非零解 $\Leftrightarrow |\boldsymbol{A}|=0$.

4.2.2 题型归类与分析

题型 1 关于齐次线性方程组的非零解、基础解系和通解

例 1 求齐次方程组 $\begin{cases} x_1 + x_2 + x_5 = 0 \\ x_1 + x_2 - x_3 = 0, \\ x_3 + x_4 + x_5 = 0 \end{cases}$ 的基础解系.

【解】 对系数矩阵作初等行变换,有

$$A = \begin{bmatrix} 1 & 1 & 0 & 0 & 1 \\ 1 & 1 & -1 & 0 & 0 \\ 0 & 0 & 1 & 1 & 1 \end{bmatrix} \to \begin{bmatrix} 1 & 1 & 0 & 0 & 1 \\ 0 & 0 & -1 & 0 & -1 \\ 0 & 0 & 0 & 1 & 0 \end{bmatrix},$$

由 $n - r(\boldsymbol{A}) = 5 - 3 = 2$, 取 x_2, x_5 为自由未知量,得其基础解系为

$$\boldsymbol{\eta}_1 = (-1, 1, 0, 0, 0)^{\mathrm{T}}, \boldsymbol{\eta}_2 = (-1, 0, -1, 0, 1)^{\mathrm{T}}.$$

例 2 求齐次线性方程组

$$\begin{cases} 6x_1 + 4x_2 + 5x_3 + 2x_4 + 3x_5 = 0 \\ 3x_1 + 2x_2 - 2x_3 + x_4 = 0, \\ 9x_1 + 6x_2 + 3x_4 + 2x_5 = 0 \end{cases}$$

的一个基础解系,并写出通解.

【解】 ① 用初等行变换将系数矩阵化为行最简形矩阵

$$\boldsymbol{A} = \begin{bmatrix} 6 & 4 & 5 & 2 & 3 \\ 3 & 2 & -2 & 1 & 0 \\ 9 & 6 & 0 & 3 & 2 \end{bmatrix} \to \begin{bmatrix} 1 & \frac{2}{3} & 0 & \frac{1}{3} & \frac{2}{9} \\ 0 & 0 & 1 & 0 & \frac{1}{3} \\ 0 & 0 & 0 & 0 & 0 \end{bmatrix};$$

② 选定自由未知量,得同解方程组

$$\begin{cases} x_1 = -\frac{2}{3}x_2 - \frac{1}{3}x_4 - \frac{2}{9}x_5, \\ x_3 = -\frac{1}{3}x_5; \end{cases}$$

③ 对自由未知量赋值,决定基础解系:

$$令 \begin{pmatrix} x_2 \\ x_4 \\ x_5 \end{pmatrix} = \begin{pmatrix} 1 \\ 0 \\ 0 \end{pmatrix}, \begin{pmatrix} 0 \\ 1 \\ 0 \end{pmatrix}, \begin{pmatrix} 0 \\ 0 \\ 1 \end{pmatrix}, 则对应有 \begin{pmatrix} x_1 \\ x_3 \end{pmatrix} = \begin{pmatrix} -\frac{2}{3} \\ 0 \end{pmatrix}, \begin{pmatrix} -\frac{1}{3} \\ 0 \end{pmatrix}, \begin{pmatrix} -\frac{2}{9} \\ -\frac{1}{3} \end{pmatrix},$$

即得基础解系

$$\boldsymbol{\eta}_1=\left(-\frac{2}{3},1,0,0,0\right)^{\mathrm{T}},\boldsymbol{\eta}_2=\left(-\frac{1}{3},0,0,1,0\right)^{\mathrm{T}},\boldsymbol{\eta}_3=\left(-\frac{2}{9},0,-\frac{1}{3},0,1\right)^{\mathrm{T}}.$$

④ 写出通解：

$c_1\boldsymbol{\eta}_1+c_2\boldsymbol{\eta}_2+c_3\boldsymbol{\eta}_3$，其中 c_1,c_2,c_3 为任意常数.

例 3 已知齐次线性方程组 $\begin{cases}x_1+2x_2+x_3=0\\x_1+ax_2+2x_3=0\\ax_1+4x_2+3x_3=0\\2x_1+(a+2)x_2-5x_3=0\end{cases}$ 有非零解，则 $a=$(　　).

【分析】 齐次线性方程组有非零解的充分必要条件是系数矩阵的秩小于 n，由于

$$\boldsymbol{A}=\begin{bmatrix}1&2&1\\1&a&2\\a&4&3\\2&a+2&-5\end{bmatrix}\to\begin{bmatrix}1&2&1\\0&a-2&1\\0&4-2a&3-a\\0&a-2&-7\end{bmatrix}\to\begin{bmatrix}1&2&1\\0&a-2&1\\0&0&5-a\\0&0&-8\end{bmatrix},$$

可见秩 $r(\boldsymbol{A})<3\Leftrightarrow a=2$.

注：由于本题 $\boldsymbol{A}$ 是 4×3 矩阵，故对 $\boldsymbol{Ax}=\boldsymbol{0}$ 作有非零解判定时，应当用矩阵的秩，而不是用行列式.

例 4 设 $\boldsymbol{A}=\begin{bmatrix}1&0&3&1&2\\2&1&7&4&3\\-1&2&-1&3&0\end{bmatrix}$，则 $\boldsymbol{Ax}=\boldsymbol{0}$ 的基础解系中所含解向量的个数是(　　).

【分析】 由于 $\boldsymbol{Ax}=\boldsymbol{0}$ 的基础解系由 $n-r(\boldsymbol{A})$ 个解向量所构成，故应计算 $r(\boldsymbol{A})$.

$$\boldsymbol{A}=\begin{bmatrix}1&0&3&1&2\\2&1&7&4&3\\-1&2&-1&3&0\end{bmatrix}\to\begin{bmatrix}1&0&3&1&2\\0&1&1&2&-1\\0&2&2&4&2\end{bmatrix}\to\begin{bmatrix}1&0&3&1&2\\0&1&1&2&-1\\0&0&0&0&4\end{bmatrix},$$

由于 $r(\boldsymbol{A})=3$，那么 $n-r(\boldsymbol{A})=5-3=2$，所以基础解系中所含解向量的个数为 2.

例 5 设 $\boldsymbol{A}$ 是 n 阶矩阵，秩 $r(\boldsymbol{A})=n-1$.

① 若矩阵 $\boldsymbol{A}$ 的各行元素之和均为 0，则方程组 $\boldsymbol{Ax}=\boldsymbol{0}$ 的通解是________；

② 若行列式 $|\boldsymbol{A}|$ 的代数余子式 $A_{11}\neq0$，则方程组 $\boldsymbol{Ax}=\boldsymbol{0}$ 的通解是________.

【分析】 由于 $n-r(\boldsymbol{A})=n-(n-1)=1$，故 $\boldsymbol{Ax}=\boldsymbol{0}$ 的通解形式为 $k\boldsymbol{\eta}$，只需要找出 $\boldsymbol{Ax}=\boldsymbol{0}$ 的一个非零解就可以了.

① 齐次线性方程组 $\boldsymbol{Ax}=\boldsymbol{0}$，即

$$\begin{cases} a_{11}x_1 + a_{12}x_2 + \cdots + a_{1n}x_n = 0 \\ a_{21}x_1 + a_{22}x_2 + \cdots + a_{2n}x_n = 0 \\ \cdots \\ a_{n1}x_1 + a_{n2}x_2 + \cdots + a_{nn}x_n = 0 \end{cases},$$

那么,各行元素之和均为 0,即

$$\begin{cases} a_{11} + a_{12} + \cdots + a_{1n} = 0 \\ a_{21} + a_{22} + \cdots + a_{2n} = 0 \\ \cdots \\ a_{n1} + a_{n2} + \cdots + a_{nn} = 0 \end{cases},$$

所以 $x_1 = 1,\ x_2 = 1,\ \cdots,\ x_n = 1$ 是 $\boldsymbol{Ax} = \boldsymbol{0}$ 的一个解,因此 $\boldsymbol{Ax} = \boldsymbol{0}$ 的通解为 $k(1,\ 1,\ \cdots,\ 1)^{\mathrm{T}}$.

② 由 $r(\boldsymbol{A}) = n-1$ 知行列式 $|\boldsymbol{A}| = 0$,那么 $\boldsymbol{AA}^* = |\boldsymbol{A}|\boldsymbol{E} = 0$,故伴随矩阵 $\boldsymbol{A}^*$ 的每一列都是齐次线性方程组 $\boldsymbol{Ax} = \boldsymbol{0}$ 的解,对于由 $A_{11} \neq 0$,故 $(A_{11},\ A_{12},\ \cdots,\ A_{1n})^{\mathrm{T}}$ 是 $\boldsymbol{Ax} = \boldsymbol{0}$ 的非零解,因此,$\boldsymbol{Ax} = \boldsymbol{0}$ 的通解是 $k(A_{11},\ A_{12},\ \cdots,\ A_{1n})^{\mathrm{T}}$.

例 6 设 $\boldsymbol{A} = (\boldsymbol{\alpha}_1,\ \boldsymbol{\alpha}_2,\ \boldsymbol{\alpha}_3,\ \boldsymbol{\alpha}_4)$ 是 4 阶矩阵,$\boldsymbol{A}^*$ 为其伴随矩阵,若 $(1,\ 0,\ 1,\ 0)^{\mathrm{T}}$ 是方程组 $\boldsymbol{Ax} = \boldsymbol{0}$ 的一个基础解系,则 $\boldsymbol{A}^*\boldsymbol{x} = \boldsymbol{0}$ 的基础解系可为(　　).

A. $\boldsymbol{\alpha}_1,\ \boldsymbol{\alpha}_3$　　B. $\boldsymbol{\alpha}_1,\ \boldsymbol{\alpha}_2$　　C. $\boldsymbol{\alpha}_1,\ \boldsymbol{\alpha}_2,\ \boldsymbol{\alpha}_3$　　D. $\boldsymbol{\alpha}_2,\ \boldsymbol{\alpha}_3,\ \boldsymbol{\alpha}_4$

【分析一】 本题没有给出具体的方程组,因而求解应从解的结构,由秩开始因为 $\boldsymbol{Ax} = \boldsymbol{0}$ 只有一个线性无关的解,即 $n - r(\boldsymbol{A}) = 1$,从而 $r(A) = 3$,那么 $r(\boldsymbol{A}^*) = 1$,故 $n - r(\boldsymbol{A}^*) = 4 - 1 = 3$,所以 $\boldsymbol{A}^*\boldsymbol{x} = \boldsymbol{0}$ 的基础解系中有 3 个线性无关的解,可见选项 A, B 均错误.

再由 $\boldsymbol{A}^*\boldsymbol{A} = |\boldsymbol{A}|\boldsymbol{E} = \boldsymbol{0}$,知 $\boldsymbol{A}$ 的列向量全是 $\boldsymbol{A}^*\boldsymbol{x} = \boldsymbol{0}$ 的解,而 $r(\boldsymbol{A}) = 3$,故 $\boldsymbol{A}$ 的列向量中必有 3 个线性无关.

最后,因向量 $(1,\ 0,\ 1,\ 0)^{\mathrm{T}}$ 是 $\boldsymbol{Ax} = \boldsymbol{0}$ 的解,故 $\boldsymbol{A}\begin{bmatrix}1\\0\\1\\0\end{bmatrix} = (\boldsymbol{\alpha}_1,\ \boldsymbol{\alpha}_2,\ \boldsymbol{\alpha}_3,\ \boldsymbol{\alpha}_4)\begin{bmatrix}1\\0\\1\\0\end{bmatrix} = \boldsymbol{0}$,即 $\boldsymbol{\alpha}_1 + \boldsymbol{\alpha}_3 = \boldsymbol{0}$,说明 $\boldsymbol{\alpha}_1,\ \boldsymbol{\alpha}_3$ 相关,所以 $\boldsymbol{\alpha}_1,\ \boldsymbol{\alpha}_2,\ \boldsymbol{\alpha}_3$,从而应选 D.

【分析二】 用排除法,求出 $r(\boldsymbol{A}^*) = 1$,排除选项 A, B;由 $\boldsymbol{\alpha}_1 + \boldsymbol{\alpha}_3 = 0$,即 $\boldsymbol{\alpha}_1,\ \boldsymbol{\alpha}_3$ 相关,排除选项 C,只能选 D.

例 7 设 n 阶矩阵 $\boldsymbol{A}$ 的伴随矩阵 $\boldsymbol{A}^* \neq \boldsymbol{0}$,若 $\boldsymbol{\alpha}_1,\ \boldsymbol{\alpha}_2,\ \boldsymbol{\alpha}_3,\ \boldsymbol{\alpha}_4$ 是非齐次线性方程组 $\boldsymbol{Ax} = \boldsymbol{b}$ 的互不相等的解,则对应的齐次线性方程组 $\boldsymbol{Ax} = \boldsymbol{0}$ 的基础解系(　　).

A. 不存在　　B. 仅含一个非零解向量

C. 含两个线性无关的解向量　　D. 含三个线性无关的解向量

【分析】 因为 $\boldsymbol{\alpha}_1 \neq \boldsymbol{\alpha}_2$,知 $\boldsymbol{\alpha}_1 - \boldsymbol{\alpha}_2 \neq \boldsymbol{0}$,所以 $\boldsymbol{\alpha}_1 - \boldsymbol{\alpha}_2$ 是 $\boldsymbol{Ax} = \boldsymbol{0}$ 的非零解,故 $r(\boldsymbol{A}) < n$,又因 $\boldsymbol{A}^* \neq \boldsymbol{0}$,说明有代数余子式 $\boldsymbol{A}_{ij} \neq \boldsymbol{0}$,即 $|\boldsymbol{A}|$ 中有 $n-1$ 阶子式非零,因此 $r(\boldsymbol{A}) = n-$

1，那么 $n-r(\boldsymbol{A})=1$，即 $\boldsymbol{Ax}=\mathbf{0}$ 的基础解系仅含一个非零解向量，应选 B.

例 8 已知 $\boldsymbol{\alpha}_1,\boldsymbol{\alpha}_2,\boldsymbol{\alpha}_3,\boldsymbol{\alpha}_4$ 是线性方程组 $\boldsymbol{Ax}=\mathbf{0}$ 的一个基础解系，若 $\boldsymbol{\beta}_1=\boldsymbol{\alpha}_1+t\boldsymbol{\alpha}_2$，$\boldsymbol{\beta}_2=\boldsymbol{\alpha}_2+t\boldsymbol{\alpha}_3$，$\boldsymbol{\beta}_3=\boldsymbol{\alpha}_3+t\boldsymbol{\alpha}_4$，$\boldsymbol{\beta}_4=\boldsymbol{\alpha}_4+t\boldsymbol{\alpha}_1$，讨论实数 t 满足什么关系时，$\boldsymbol{\beta}_1,\boldsymbol{\beta}_2,\boldsymbol{\beta}_3,\boldsymbol{\beta}_4$ 也是线性方程组 $\boldsymbol{Ax}=\mathbf{0}$ 的一个基础解系?

【分析】 基础解系应满足三个条件：首先，应是解向量；其次，应线性无关；第三，向量个数为 $n-r(\boldsymbol{A})$，本题关键是证明 $\boldsymbol{\beta}_1,\boldsymbol{\beta}_2,\boldsymbol{\beta}_3,\boldsymbol{\beta}_4$ 线性无关，而抽象向量组的线性无关性的证明一般都采用定义法.

【解法一】 由于 $\boldsymbol{\beta}_1,\boldsymbol{\beta}_2,\boldsymbol{\beta}_3,\boldsymbol{\beta}_4$ 均为 $\boldsymbol{\alpha}_1,\boldsymbol{\alpha}_2,\boldsymbol{\alpha}_3,\boldsymbol{\alpha}_4$ 的线性组合，所以 $\boldsymbol{\beta}_1,\boldsymbol{\beta}_2,\boldsymbol{\beta}_3,\boldsymbol{\beta}_4$ 均为 $\boldsymbol{Ax}=\mathbf{0}$ 解，下面证明 $\boldsymbol{\beta}_1,\boldsymbol{\beta}_2,\boldsymbol{\beta}_3,\boldsymbol{\beta}_4$ 线性无关. 设 $k_1\boldsymbol{\beta}_1+k_2\boldsymbol{\beta}_2+k_3\boldsymbol{\beta}_3+k_4\boldsymbol{\beta}_4=\mathbf{0}$，即

$$(k_1+tk_4)\boldsymbol{\alpha}_1+(tk_1+k_2)\boldsymbol{\alpha}_2+(tk_2+k_3)\boldsymbol{\alpha}_3+(tk_3+k_4)\boldsymbol{\alpha}_4=\mathbf{0},$$

由于 $\boldsymbol{\alpha}_1,\boldsymbol{\alpha}_2,\boldsymbol{\alpha}_3,\boldsymbol{\alpha}_4$ 线性无关，因此其系数全为零，即

$$\begin{cases}k_1+tk_4=0\\ tk_1+k_2=0\\ tk_2+k_3=0\\ tk_3+k_4=0\end{cases},$$

其系数行列式

$$\begin{vmatrix}1&0&0&t\\ t&1&0&0\\ 0&t&1&0\\ 0&0&t&1\end{vmatrix}=1-t^4,$$

可见，当 $1-t^4\neq 0$，即 $t\neq\pm 1$ 时，上述方程组只有零解 $k_1=k_2=k_3=k_4=0$，因此 $\boldsymbol{\beta}_1,\boldsymbol{\beta}_2,\boldsymbol{\beta}_3,\boldsymbol{\beta}_4$ 线性无关，又因 $\boldsymbol{Ax}=\mathbf{0}$ 的基础解系是 4 个向量，故 $\boldsymbol{\beta}_1,\boldsymbol{\beta}_2,\boldsymbol{\beta}_3,\boldsymbol{\beta}_4$ 也是线性方程组 $\boldsymbol{Ax}=\mathbf{0}$ 的一个基础解系.

【解法二】 本题也可用秩来证明 $\boldsymbol{\beta}_1,\boldsymbol{\beta}_2,\boldsymbol{\beta}_3,\boldsymbol{\beta}_4$ 线性无关：

由题设 $\boldsymbol{\beta}_1,\boldsymbol{\beta}_2,\boldsymbol{\beta}_3,\boldsymbol{\beta}_4$ 可由 $\boldsymbol{\alpha}_1,\boldsymbol{\alpha}_2,\boldsymbol{\alpha}_3,\boldsymbol{\alpha}_4$ 线性表示，且

$$(\boldsymbol{\beta}_1,\boldsymbol{\beta}_2,\boldsymbol{\beta}_3,\boldsymbol{\beta}_4)=(\boldsymbol{\alpha}_1,\boldsymbol{\alpha}_2,\boldsymbol{\alpha}_3,\boldsymbol{\alpha}_4)\begin{bmatrix}1&0&0&t\\ t&1&0&0\\ 0&t&1&0\\ 0&0&t&1\end{bmatrix},$$

可见向量组 $\boldsymbol{\beta}_1,\boldsymbol{\beta}_2,\boldsymbol{\beta}_3,\boldsymbol{\beta}_4$ 可由 $\boldsymbol{\alpha}_1,\boldsymbol{\alpha}_2,\boldsymbol{\alpha}_3,\boldsymbol{\alpha}_4$ 线性表示的充要条件是

$$\begin{vmatrix}1&0&0&t\\ t&1&0&0\\ 0&t&1&0\\ 0&0&t&1\end{vmatrix}=1-t^4\neq 0,$$

即 $t \neq \pm 1$ 时,向量组 $\boldsymbol{\alpha}_1, \boldsymbol{\alpha}_2, \boldsymbol{\alpha}_3, \boldsymbol{\alpha}_4$ 与向量组 $\boldsymbol{\beta}_1, \boldsymbol{\beta}_2, \boldsymbol{\beta}_3, \boldsymbol{\beta}_4$ 等价,那么

$$r(\boldsymbol{\beta}_1, \boldsymbol{\beta}_2, \boldsymbol{\beta}_3, \boldsymbol{\beta}_4) = r(\boldsymbol{\alpha}_1, \boldsymbol{\alpha}_2, \boldsymbol{\alpha}_3, \boldsymbol{\alpha}_4) = 4,$$

从而向量组 $\boldsymbol{\beta}_1, \boldsymbol{\beta}_2, \boldsymbol{\beta}_3, \boldsymbol{\beta}_4$ 线性无关.

例 9 设有齐次线性方程组

$$\begin{cases} (1+a)x_1 + x_2 + \cdots + x_n = 0 \\ 2x_1 + (2+a)x_2 + \cdots + 2x_n = 0 \\ \qquad\cdots \\ nx_1 + nx_2 + \cdots + (n+a)x_n = 0 \end{cases} \quad (n \geqslant 2).$$

试问 a 为何值时,方程组有非零解,并求其通解.

【解法一】 对系数矩阵做初等行变换

$$\boldsymbol{A} = \begin{bmatrix} 1+a & 1 & 1 & \cdots & 1 \\ 2 & 2+a & 2 & \cdots & 2 \\ 3 & 3 & 3+a & \cdots & 3 \\ & & \cdots & & \\ n & n & n & \cdots & n+a \end{bmatrix} \rightarrow \begin{bmatrix} 1+a & 1 & 1 & \cdots & 1 \\ -2a & a & 0 & \cdots & 0 \\ -3a & 0 & a & \cdots & 0 \\ & & \cdots & & \\ -na & 0 & 0 & \cdots & a \end{bmatrix} = \boldsymbol{B}.$$

① 若 $a = 0$, $r(\boldsymbol{A}) = 1$, 方程组有非零解,其同解方程组为

$$x_1 + x_2 + \cdots + x_n = 0,$$

由此得基础解系为

$$\boldsymbol{\eta}_1 = (-1, 1, 0, \cdots, 0)^{\mathrm{T}}, \boldsymbol{\eta}_2 = (-1, 0, 1, \cdots, 0)^{\mathrm{T}}, \cdots \boldsymbol{\eta}_{n-1} = (-1, 0, 0, \cdots, 1)^{\mathrm{T}},$$

所以方程组的通解是

$$k_1\boldsymbol{\eta}_1 + k_2\boldsymbol{\eta}_2 + \cdots + k_{n-1}\boldsymbol{\eta}_{n-1}, \text{其中 } k_1, k_2, \cdots, k_{n-1} \text{ 为任意常数.}$$

② 若 $a \neq 0$, 对矩阵 $\boldsymbol{B}$ 继续作初等行变换,有

$$\boldsymbol{B} \rightarrow \begin{bmatrix} 1+a & 1 & 1 & \cdots & 1 \\ -2 & 1 & 0 & \cdots & 0 \\ -3 & 0 & 1 & \cdots & 0 \\ & & \cdots & & \\ -n & 0 & 0 & \cdots & 1 \end{bmatrix} \rightarrow \begin{bmatrix} a+\frac{1}{2}n(n+1) & 0 & 0 & \cdots & 0 \\ -2 & 1 & 0 & \cdots & 0 \\ -3 & 0 & 1 & \cdots & 0 \\ & & \cdots & & \\ -n & 0 & 0 & \cdots & 1 \end{bmatrix},$$

故当 $a = -\frac{1}{2}n(n+1)$ 时, $r(\boldsymbol{A}) = n-1 < n$, 方程组也有非零解,其同解方程组为

$$\begin{cases} -2x_1+x_2=0 \\ -3x_1+x_3=0 \\ \quad\cdots \\ -nx_1+x_n=0 \end{cases},$$

得基础解系 $\boldsymbol{\eta}=(1,2,\cdots,n)^{\mathrm{T}}$，于是方程组的通解为 $k\boldsymbol{\eta}$，k 为任意常数.

【解法二】 由于系数行列式

$$|\boldsymbol{A}|=\begin{vmatrix} 1+a & 1 & 1 & \cdots & 1 \\ 2 & 2+a & 2 & \cdots & 2 \\ 3 & 3 & 3+a & \cdots & 3 \\ & & \cdots & & \\ n & n & n & \cdots & n+a \end{vmatrix}$$

$$=\begin{vmatrix} a+\frac{1}{2}n(n+1) & a+\frac{1}{2}n(n+1) & a+\frac{1}{2}n(n+1) & \cdots & a+\frac{1}{2}n(n+1) \\ 2 & 2+a & 2 & \cdots & 2 \\ 3 & 3 & 3+a & \cdots & 3 \\ & & \cdots & & \\ n & n & n & \cdots & n+a \end{vmatrix}$$

$$=\left(a+\frac{1}{2}n(n+1)\right)\begin{vmatrix} 1 & 1 & 1 & \cdots & 1 \\ 0 & a & 0 & \cdots & 0 \\ 0 & 0 & a & \cdots & 0 \\ & & \cdots & & \\ 0 & 0 & 0 & \cdots & a \end{vmatrix}=\left(a+\frac{1}{2}n(n+1)\right)a^{n-1},$$

那么,有非零解 $\Leftrightarrow |\boldsymbol{A}|=0 \Leftrightarrow a=0$ 或 $a=-\frac{1}{2}n(n+1)$.

① 若 $a=0$，对系数矩阵作初等行变换,有

$$\boldsymbol{A}=\begin{bmatrix} 1 & 1 & 1 & \cdots & 1 \\ 2 & 2 & 2 & \cdots & 2 \\ 3 & 3 & 3 & \cdots & 3 \\ & & \cdots & & \\ n & n & n & \cdots & n \end{bmatrix}\rightarrow\begin{bmatrix} 1 & 1 & 1 & \cdots & 1 \\ 0 & 0 & 0 & \cdots & 0 \\ 0 & 0 & 0 & \cdots & 0 \\ & & \cdots & & \\ 0 & 0 & 0 & \cdots & 0 \end{bmatrix}=\boldsymbol{B},$$

故得同解方程组为

$$x_1+x_2+\cdots+x_n=0,$$

由此得基础解系为

$\boldsymbol{\eta}_1=(-1,1,0,\cdots,0)^{\mathrm{T}}$, $\boldsymbol{\eta}_2=(-1,0,1,\cdots,0)^{\mathrm{T}}$, $\cdots$, $\boldsymbol{\eta}_{n-1}=(-1,0,0,\cdots,1)^{\mathrm{T}}$

所以方程组的通解是 $k_1\boldsymbol{\eta}_1+k_2\boldsymbol{\eta}_2+\cdots+k_{n-1}\boldsymbol{\eta}_{n-1}$，其中 $k_1, k_2, \cdots, k_{n-1}$ 为任意常数.

② 若 $a=-\dfrac{1}{2}n(n+1)$，对系数矩阵作初等行变换，有

$$\boldsymbol{A}=\begin{bmatrix}1+a & 1 & 1 & \cdots & 1\\ 2 & 2+a & 2 & \cdots & 2\\ 3 & 3 & 3+a & \cdots & 3\\ & & \cdots & & \\ n & n & n & \cdots & n+a\end{bmatrix}\to\begin{bmatrix}1+a & 1 & 1 & \cdots & 1\\ -2a & a & 0 & \cdots & 0\\ -3a & 0 & a & \cdots & 0\\ & & \cdots & & \\ -na & 0 & 0 & \cdots & a\end{bmatrix}$$

$$\to\begin{bmatrix}1+a & 1 & 1 & \cdots & 1\\ -2 & 1 & 0 & \cdots & 0\\ -3 & 0 & 1 & \cdots & 0\\ & & \cdots & & \\ -n & 0 & 0 & \cdots & 1\end{bmatrix}\to\begin{bmatrix}0 & 0 & 0 & \cdots & 0\\ -2 & 1 & 0 & \cdots & 0\\ -3 & 0 & 1 & \cdots & 0\\ & & \cdots & & \\ -n & 0 & 0 & \cdots & 1\end{bmatrix},$$

其同解方程组为

$$\begin{cases}-2x_1+x_2=0\\ -3x_1+x_3=0\\ \qquad\cdots\\ -nx_1+x_n=0\end{cases},$$

得基础解系 $\boldsymbol{\eta}=(1,2,\cdots,n)^{\mathrm{T}}$，于是方程组的通解为 $k\boldsymbol{\eta}$，k 为任意常数.

例 10　设齐次方程组

$$\begin{cases}ax_1+bx_2+bx_3+\cdots+bx_n=0\\ bx_1+ax_2+bx_3+\cdots+bx_n=0\\ \qquad\cdots\\ bx_1+bx_2+bx_3+\cdots+ax_n=0\end{cases},$$

其中 $a\neq 0$, $b\neq 0$, $n\geqslant 2$，试讨论 a，b 为何值时，方程组仅有零解，有无穷多组解，在有无穷多解时，求出全部解，并用基础解系表示全部解.

【分析】　这是 n 个未知数 n 个方程的齐次线性方程组，$\boldsymbol{Ax}=\boldsymbol{0}$ 只有零解的充要条件是 $|\boldsymbol{A}|\neq 0$，故可从行列式入手.

【解】

$$|\boldsymbol{A}|=\begin{vmatrix}a & b & b & \cdots & b\\ b & a & b & \cdots & b\\ b & b & a & \cdots & b\\ & & \cdots & & \\ b & b & b & \cdots & a\end{vmatrix}=[a+(n-1)b]\begin{vmatrix}1 & 1 & 1 & \cdots & 1\\ b & a & b & \cdots & b\\ b & b & a & \cdots & b\\ & & \cdots & & \\ b & b & b & \cdots & a\end{vmatrix}$$

$$=[a+(n-1)b]\begin{vmatrix}1&1&1&\cdots&1\\0&a-b&0&\cdots&0\\0&0&a-b&\cdots&0\\&&\cdots&&\\0&0&0&\cdots&a-b\end{vmatrix}$$

$$=[a+(n-1)b](a-b)^{n-1},$$

① 当 $a\neq b$ 且 $a\neq(1-n)b$ 时,方程组只有零解.

② 当 $a=b$ 时,对系数矩阵做初等行变换,有

$$\boldsymbol{A}=\begin{bmatrix}a&a&a&\cdots&a\\a&a&a&\cdots&a\\a&a&a&\cdots&a\\&&\cdots&&\\a&a&a&\cdots&a\end{bmatrix}\to\begin{bmatrix}1&1&1&\cdots&1\\0&0&0&\cdots&0\\0&0&0&\cdots&0\\&&\cdots&&\\0&0&0&0&0\end{bmatrix},$$

由于 $n-r(\mathrm{A})=n-1$,取 $x_2,x_3,\cdots,x_n$ 为自由变量,得基础解系为:

$\boldsymbol{\alpha}_1=(-1,1,0,\cdots,0)^{\mathrm{T}}$, $\boldsymbol{\alpha}_2=(-1,0,1,\cdots,0)^{\mathrm{T}}$, $\cdots$, $\boldsymbol{\alpha}_{n-1}=(-1,0,0,\cdots,1)^{\mathrm{T}}$,

方程组的通解是:$k_1\boldsymbol{\alpha}_1+k_2\boldsymbol{\alpha}_2+\cdots k_{n-1}\boldsymbol{\alpha}_{n-1}$,其中 $k_1,k_2,\cdots,k_{n-1}$ 为任意常数.

③ 当 $a=(1-n)b$ 时,对系数矩阵做初等行变换

$$\boldsymbol{A}=\begin{bmatrix}(1-n)b&b&b&\cdots&b&b\\b&(1-n)b&b&\cdots&b&b\\b&b&(1-n)b&\cdots&b&b\\&&\cdots&&&\\b&b&b&\cdots&(1-n)b&b\\b&b&b&\cdots&b&(1-n)b\end{bmatrix}$$

$$\to\begin{bmatrix}-nb&0&0&\cdots&0&nb\\0&-nb&0&\cdots&0&nb\\0&0&-nb&\cdots&0&nb\\&&&\cdots&&\\0&0&0&\cdots&-nb&nb\\b&b&b&\cdots&b&(1-n)b\end{bmatrix}\to\begin{bmatrix}1&0&0&\cdots&0&-1\\0&1&0&\cdots&0&-1\\0&0&1&\cdots&0&-1\\&&&\cdots&&\\0&0&0&\cdots&1&-1\\b&b&b&\cdots&b&(1-n)b\end{bmatrix}$$

$$\to\begin{bmatrix}1&0&0&\cdots&0&-1\\0&1&0&\cdots&0&-1\\0&0&1&\cdots&0&-1\\&&\cdots&&&\\0&0&0&\cdots&1&-1\\0&0&0&\cdots&0&0\end{bmatrix},$$

由于 $n-r(\mathbf{A})=1$，即基础解系只有1个解向量，取 x_n 为自由变量，则基础解系为：$\boldsymbol{\alpha}=(1, 1, 1, \cdots, 1)^{\mathrm{T}}$，故通解为 $k\boldsymbol{\alpha}$，其中 k 为任意的常数.

4.3 非齐次线性方程组的解

4.3.1 知识点梳理

1）解的性质

(1) 如果 $\boldsymbol{\alpha}, \boldsymbol{\beta}$ 是线性方程组 $\mathbf{A}\boldsymbol{x}=\boldsymbol{b}$ 的两个解，则 $\boldsymbol{\alpha}-\boldsymbol{\beta}$ 是导出组 $\mathbf{A}\boldsymbol{x}=\mathbf{0}$ 的解.

(2) 如果 $\boldsymbol{\alpha}$ 是线性方程组 $\mathbf{A}\boldsymbol{x}=\boldsymbol{b}$ 的解，$\boldsymbol{\eta}$ 是导出组 $\mathbf{A}\boldsymbol{x}=\mathbf{0}$ 的解，则 $\boldsymbol{\alpha}+\boldsymbol{\eta}$ 是 $\mathbf{A}\boldsymbol{x}=\boldsymbol{b}$ 的解.

2）通解

对非齐次线性方程组 $\mathbf{A}\boldsymbol{x}=\boldsymbol{b}$，若 $r(\mathbf{A})=r(\mathbf{A}, \boldsymbol{b})=r<n$，且已知 $\boldsymbol{\eta}_1, \boldsymbol{\eta}_2, \cdots, \boldsymbol{\eta}_{n-r}$ 是导出组 $\mathbf{A}\boldsymbol{x}=\mathbf{0}$ 的基础解系，$\boldsymbol{\xi}_0$ 是 $\mathbf{A}\boldsymbol{x}=\boldsymbol{b}$ 的某个已知解，则 $\mathbf{A}\boldsymbol{x}=\boldsymbol{b}$ 的通解为

$$\boldsymbol{\xi}_0+c_1\boldsymbol{\eta}_1+c_2\boldsymbol{\eta}_2+\cdots+c_{n-r}\boldsymbol{\eta}_{n-r}，\text{其中 } c_1, c_2, \cdots, c_{n-r} \text{ 为任意常数.}$$

3）定理

设齐次线性方程组(4.2)系数矩阵的秩 $r(\mathbf{A})=r<n$，则 $\mathbf{A}\boldsymbol{x}=\mathbf{0}$ 的基础解系由 $n-r$ 个解向量构成，即 $\mathbf{A}\boldsymbol{x}=\mathbf{0}$ 有 $n-r(\mathbf{A})$ 个线性无关的解向量.

4）非齐次线性方程组解的判定

(1) $\mathbf{A}\boldsymbol{x}=\boldsymbol{b}$ 有解 $\Leftrightarrow r(\mathbf{A})=r(\overline{\mathbf{A}})$；

$\mathbf{A}\boldsymbol{x}=\boldsymbol{b}$ 无解 $\Leftrightarrow r(\mathbf{A})<r(\overline{\mathbf{A}})$ 或者 $r(\mathbf{A})\neq r(\overline{\mathbf{A}})$.

(2) $\mathbf{A}\boldsymbol{x}=\boldsymbol{b}$ 有唯一解 $\Leftrightarrow r(\mathbf{A})=r(\overline{\mathbf{A}})=n$.

(3) $\mathbf{A}\boldsymbol{x}=\boldsymbol{b}$ 有无限多解 $\Leftrightarrow r(\mathbf{A})=r(\overline{\mathbf{A}})<n$.

4.3.2 题型归类与分析

题型2 非齐次线性方程组有解的充分必要条件

例11 $\mathbf{A}\boldsymbol{x}=\boldsymbol{b}$ 经初等行变换其增广矩阵化为

$$\begin{bmatrix} 1 & 0 & 3 & 2 & -1 \\ & a-3 & 2 & 6 & a-1 \\ & & a-2 & a & -2 \\ & & & -3 & a+1 \end{bmatrix},$$

若方程组无解，则 $a=$（　　）.

A. -1　　B. 1　　C. 2　　D. 3

【分析】 $\boldsymbol{Ax}=\boldsymbol{b}$ 无解 $\Leftrightarrow r(\boldsymbol{A})\neq r(\overline{\boldsymbol{A}})$,

当 $a=-1$ 时, $r(\boldsymbol{A})=4$, $r(\overline{\boldsymbol{A}})=4$, 方程组有唯一解,故 A 不正确;

当 $a=1$ 时, $r(\boldsymbol{A})=4$, $r(\overline{\boldsymbol{A}})=4$, 方程组有唯一解,故 B 不正确;

当 $a=2$ 时,

$$\overline{\boldsymbol{A}}\to\begin{bmatrix}1&0&3&2&-1\\&a-3&2&6&a-1\\&&a-2&a&-2\\&&&-3&a+1\end{bmatrix}\to\begin{bmatrix}1&0&3&2&-1\\&-1&2&6&1\\&&&1&-1\\&&&0&0\end{bmatrix},$$

$r(\boldsymbol{A})=r(\overline{\boldsymbol{A}})<4$, 方程组有无穷多解,故 C 不正确;

当 $a=3$ 时,

$$\overline{\boldsymbol{A}}\to\begin{bmatrix}1&0&3&2&-1\\&&2&6&1\\&&1&3&-2\\&&&0&0\end{bmatrix},$$

可看出二、三两个方程矛盾,故选 D.

例 12 下列命题中,正确的命题是(　　).

A. 方程组 $\boldsymbol{Ax}=\boldsymbol{b}$ 有唯一解 $\Leftrightarrow|\boldsymbol{A}|\neq0$

B. 若 $\boldsymbol{Ax}=\boldsymbol{0}$ 只有零解,那么 $\boldsymbol{Ax}=\boldsymbol{b}$ 有唯一解

C. 若 $\boldsymbol{Ax}=\boldsymbol{0}$ 有非零解,则 $\boldsymbol{Ax}=\boldsymbol{b}$ 有无穷多解

D. 若 $\boldsymbol{Ax}=\boldsymbol{b}$ 有两个不同的解,那么 $\boldsymbol{Ax}=\boldsymbol{0}$ 有无穷多解

【分析】

① $\boldsymbol{A}$ 不一定是 n 阶矩阵,行列式不一定存在.

② $\boldsymbol{Ax}=\boldsymbol{0}$ 只有零解 $\Leftrightarrow r(\boldsymbol{A})=n$, $\boldsymbol{Ax}=\boldsymbol{b}$ 有唯一解 $\Leftrightarrow r(\boldsymbol{A})=r(\overline{\boldsymbol{A}})=n$, 因为 $r(\boldsymbol{A})=n$ 不能推出 $r(\overline{\boldsymbol{A}})=n$, 故 B 不正确.

③ $\boldsymbol{Ax}=\boldsymbol{0}$ 有非零解 $\Leftrightarrow r(\boldsymbol{A})<n$, $\boldsymbol{Ax}=\boldsymbol{b}$ 有无穷多解 $\Leftrightarrow r(\boldsymbol{A})=r(\overline{\boldsymbol{A}})<n$, 故 C 不正确.

④ 若 $\boldsymbol{\alpha}_1$, $\boldsymbol{\alpha}_2$ 是方程组 $\boldsymbol{Ax}=\boldsymbol{b}$ 有两个不同的解,则 $\boldsymbol{\alpha}_1-\boldsymbol{\alpha}_2$ 是 $\boldsymbol{Ax}=\boldsymbol{0}$ 的非零解,故 $\boldsymbol{Ax}=\boldsymbol{0}$ 有无穷多解,即 D 正确.

例 13 设 $\boldsymbol{A}$ 是 $m\times n$ 矩阵,非齐次线性方程组 $\boldsymbol{Ax}=\boldsymbol{b}$ 有解的充分条件是(　　).

A. $r(\boldsymbol{A})=m$　　B. $\boldsymbol{A}$ 的行向量组线性相关

C. $r(\boldsymbol{A})=n$　　D. $\boldsymbol{A}$ 的列向量组线性相关

【分析】 非齐次线性方程组 $\boldsymbol{Ax}=\boldsymbol{b}$ 有解的充分必要条件是 $r(\boldsymbol{A})=r(\overline{\boldsymbol{A}})$, 由于 $\overline{\boldsymbol{A}}$ 是 $m\times(n+1)$ 矩阵,按秩的概念与性质知 $r(\boldsymbol{A})\leqslant r(\overline{\boldsymbol{A}})\leqslant m$.

如果 $r(\boldsymbol{A})=m$, 则必有 $r(\boldsymbol{A})=r(\overline{\boldsymbol{A}})=m$, 所以方程组 $\boldsymbol{Ax}=\boldsymbol{b}$ 有解,但当 $r(\boldsymbol{A})=r(\overline{\boldsymbol{A}})<m$ 时,方程组仍有解,故 A 是方程组有解的充分条件,而 B,C,D 均不能保证 $r(\boldsymbol{A})=$

$r(\overline{\boldsymbol{A}})$.

例14 已知方程组 $\begin{bmatrix}1 & 2 & 1\\ 2 & 3 & a+2\\ 1 & a & -2\end{bmatrix}\begin{bmatrix}x_1\\ x_2\\ x_3\end{bmatrix}=\begin{bmatrix}1\\ 3\\ 0\end{bmatrix}$ 无解，则 $a=$（　　）.

【分析】 非齐次线性方程组 $\boldsymbol{Ax}=\boldsymbol{b}$ 无解的充分必要条件是 $r(\boldsymbol{A})\neq r(\overline{\boldsymbol{A}})$,

$$\begin{bmatrix}1 & 2 & 1 & 1\\ 2 & 3 & a+2 & 3\\ 1 & a & -2 & 0\end{bmatrix}\to\begin{bmatrix}1 & 2 & 1 & 1\\ 0 & -1 & a & 1\\ 0 & a-2 & -3 & -1\end{bmatrix}\to\begin{bmatrix}1 & 2 & 1 & 1\\ 0 & -1 & a & 1\\ 0 & 0 & a^2-2a-3 & a-3\end{bmatrix}$$

若 $a=-1$，则 $\overline{\boldsymbol{A}}\to\begin{bmatrix}1 & 2 & 1 & 1\\ & -1 & -1 & 1\\ & & & -4\end{bmatrix}$，于是有 $r(\boldsymbol{A})=2$，$r(\overline{\boldsymbol{A}})=3$，从而方程组无解. 故应填 $a=-1$.

例15 设方程 $\begin{bmatrix}a & 1 & 1\\ 1 & a & 1\\ 1 & 1 & a\end{bmatrix}\begin{bmatrix}x_1\\ x_2\\ x_3\end{bmatrix}=\begin{bmatrix}1\\ 1\\ -2\end{bmatrix}$ 有无穷多解，则 $a=$（　　）.

【分析】 非齐次线性方程组 $\boldsymbol{Ax}=\boldsymbol{b}$ 有无穷多解的充分必要条件是 $r(\boldsymbol{A})=r(\overline{\boldsymbol{A}})<n$,

$$\overline{\boldsymbol{A}}=\begin{bmatrix}a & 1 & 1 & 1\\ 1 & a & 1 & 1\\ 1 & 1 & 1 & -2\end{bmatrix}\to\begin{bmatrix}1 & 1 & a & -2\\ 0 & a-1 & 1-a & 3\\ 0 & 0 & 2-a-a^2 & 2a+4\end{bmatrix},$$

可见 $r(\boldsymbol{A})=r(\overline{\boldsymbol{A}})<3\Leftrightarrow a=-2$.

例16 $\boldsymbol{A}$ 是 n 矩阵，$\boldsymbol{\alpha}$ 是 n 维列向量，若秩 $\begin{bmatrix}\boldsymbol{A} & \boldsymbol{\alpha}\\ \boldsymbol{\alpha}^{\mathrm{T}} & \boldsymbol{0}\end{bmatrix}=$ 秩 $(\boldsymbol{A})$，则线性方程组

A. $\boldsymbol{Ax}=\boldsymbol{\alpha}$ 必有无穷多解　　B. $\boldsymbol{Ax}=\boldsymbol{\alpha}$ 必有唯一解

C. $\begin{bmatrix}\boldsymbol{A} & \boldsymbol{\alpha}\\ \boldsymbol{\alpha}^{\mathrm{T}} & \boldsymbol{0}\end{bmatrix}\begin{bmatrix}\boldsymbol{x}\\ \boldsymbol{y}\end{bmatrix}=\boldsymbol{0}$ 仅有零解　　D. $\begin{bmatrix}\boldsymbol{A} & \boldsymbol{\alpha}\\ \boldsymbol{\alpha}^{\mathrm{T}} & \boldsymbol{0}\end{bmatrix}\begin{bmatrix}\boldsymbol{x}\\ \boldsymbol{y}\end{bmatrix}=\boldsymbol{0}$ 必有非零解

【分析】 因为 $\boldsymbol{Ax}=\boldsymbol{0}$ 仅有零解与 $\boldsymbol{Ax}=\boldsymbol{0}$ 必有非零解这两个命题必然是一对一错，不可能两个命题同时正确，也不可能两个命题同时错误，所以本题从C或D入手.

由于 $\begin{bmatrix}\boldsymbol{A} & \boldsymbol{\alpha}\\ \boldsymbol{\alpha}^{\mathrm{T}} & \boldsymbol{0}\end{bmatrix}$ 是 $n+1$ 阶矩阵，$\boldsymbol{A}$ 是 n 矩阵，故必有 $r\begin{bmatrix}\boldsymbol{A} & \boldsymbol{\alpha}\\ \boldsymbol{\alpha}^{\mathrm{T}} & \boldsymbol{0}\end{bmatrix}=r(\boldsymbol{A})\leqslant n<n+1$，故选D.

题型3　求非齐次线性方程组的通解

例17 求方程组的通解

$$\begin{cases}x_1+x_2+x_3+x_4+x_5=7\\3x_1+x_2+2x_3+x_4-3x_5=-2.\\2x_2+x_3+2x_4+6x_5=23\end{cases}$$

【解】

$$(\boldsymbol{A},\boldsymbol{b})=\begin{bmatrix}1&1&1&1&1&7\\3&1&2&1&-3&-2\\0&2&1&2&6&23\end{bmatrix}\to\begin{bmatrix}1&0&\frac{1}{2}&0&-2&-\frac{9}{2}\\0&1&\frac{1}{2}&1&3&\frac{23}{2}\\0&0&0&0&0&0\end{bmatrix}.$$

由 $r(\boldsymbol{A})<r(\boldsymbol{A},\boldsymbol{b})=2<5$，知方程组有无穷多解，且原方程组等价于方程组

$$\begin{cases}x_1=-\dfrac{1}{2}x_3+2x_5-\dfrac{9}{2}\\x_2=-\dfrac{1}{2}x_3-x_4-3x_5+\dfrac{23}{2}\end{cases},$$

分别代入等价方程组对应的齐次方程组中求得基础解系

$$\boldsymbol{\xi}_1=\begin{pmatrix}-\frac{1}{2}\\-\frac{1}{2}\\1\\0\\0\end{pmatrix},\boldsymbol{\xi}_2=\begin{pmatrix}0\\-1\\0\\1\\0\end{pmatrix},\boldsymbol{\xi}_3=\begin{pmatrix}2\\-3\\0\\0\\1\end{pmatrix}.$$

求特解：

令 $x_3=x_4=x_5=0$，得 $x_1=-\dfrac{9}{2}$，$x_2=\dfrac{23}{2}$，则得特解 $\boldsymbol{\eta}=\begin{bmatrix}-\frac{9}{2}\\\frac{23}{2}\\0\\0\\0\end{bmatrix}$

故所求通解为 $\boldsymbol{x}=c_1\boldsymbol{\xi}_1+c_2\boldsymbol{\xi}_2+c_3\boldsymbol{\xi}_3+\boldsymbol{\eta}$，其中 c_1，c_2，c_3 为任意常数.

例 18 λ 取何值时，非齐次线性方程组 $\begin{cases}(1+\lambda)x_1+x_2+x_3=0\\x_1+(1+\lambda)x_2+x_3=3,\\x_1+x_2+(1+\lambda)x_3=\lambda\end{cases}$

① 有唯一解；② 无解；③ 有无穷多个解？并在有无限多解时求其通解.

【解】

$$\boldsymbol{B}=\begin{pmatrix}1+\lambda&1&1&0\\1&1+\lambda&1&3\\1&1&1+\lambda&\lambda\end{pmatrix}\overset{r}{\sim}\begin{pmatrix}1&1&1+\lambda&\lambda\\0&\lambda&-\lambda&3-\lambda\\0&0&-\lambda(3+\lambda)&(1-\lambda)(\lambda+3)\end{pmatrix}.$$

① 要使方程组有唯一解，必须 $r(\mathbf{A})=3$. 因此当 $\lambda\neq 0$ 且 $\lambda\neq -3$ 时，方程组有唯一解.

② 要使方程组无解，必须 $r(\mathbf{A})<r(\mathbf{B})$，故 $\lambda=0$ 时，方程组无解.

③ 要使方程组有无穷多个解，必须 $r(\mathbf{A})=r(\mathbf{B})<3$，故当 $\lambda=-3$ 时，方程组有无穷多个解. 这时，

$$\mathbf{B}\sim\begin{pmatrix}1 & 1 & -2 & -3\\ 1 & -3 & 3 & 6\\ 0 & 0 & 0 & 0\end{pmatrix}\sim\begin{pmatrix}1 & 0 & -1 & -1\\ 0 & 1 & -1 & -2\\ 0 & 0 & 0 & 0\end{pmatrix},$$

由此便得通解

$$\begin{cases}x_1=-1+x_3\\ x_2=-2+x_3\end{cases}(x_3\text{ 可任意取值}),$$

即

$$\begin{pmatrix}x_1\\ x_2\\ x_3\end{pmatrix}=\begin{pmatrix}-1\\ -2\\ 0\end{pmatrix}+c\begin{pmatrix}1\\ 1\\ 1\end{pmatrix}\ (c\text{ 为常数}).$$

例 19　已知非齐次线性方程组

$$\begin{cases}x_1+x_2+x_3+x_4=-1\\ 4x_1+3x_2+5x_3-x_4=-1\\ ax_1+x_2+3x_3+bx_4=1\end{cases}$$

有 3 个线性无关的解.

① 证明方程组系数矩阵 $\mathbf{A}$ 的秩 $r(\mathbf{A})=2$；

② 求 a，b 的值及方程组的通解.

【解】 ① 设 $\boldsymbol{\alpha}_1$，$\boldsymbol{\alpha}_2$，$\boldsymbol{\alpha}_3$ 是非齐次方程组 $\mathbf{A}\mathbf{x}=\mathbf{b}$ 的 3 个线性无关的解，那么 $\boldsymbol{\alpha}_1-\boldsymbol{\alpha}_2$，$\boldsymbol{\alpha}_2-\boldsymbol{\alpha}_3$ 是 $\mathbf{A}\mathbf{x}=\mathbf{0}$ 线性无关的解，所以 $n-r(\mathbf{A})\geqslant 2$，即 $r(\mathbf{A})\leqslant 2$，显然矩阵 $\mathbf{A}$ 中有 2 阶子式非 0，又 $r(\mathbf{A})\geqslant 2$，从而 $r(\mathbf{A})=2$；

② 增广矩阵

$$(\mathbf{A},\ \mathbf{b})=\begin{bmatrix}1 & 1 & 1 & 1 & -1\\ 4 & 3 & 5 & -1 & -1\\ a & 1 & 3 & b & 1\end{bmatrix}\to\begin{bmatrix}1 & 1 & 1 & 1 & -1\\ 0 & -1 & 1 & -5 & -1\\ 0 & 1-a & 3-a & b-a & a+1\end{bmatrix}$$

$$\to\begin{bmatrix}1 & 1 & 1 & 1 & -1\\ 0 & 1 & -1 & 5 & -3\\ 0 & 0 & 4-2a & b+4a-5 & 4-2a\end{bmatrix},$$

由 $r(\mathbf{A})=r(\mathbf{A},\ \mathbf{b})=2$ 知 $a=2$，$b=-3$.

取 x_3, x_4 为自由变量,得通解:

$$\begin{bmatrix} 2 \\ -3 \\ 0 \\ 0 \end{bmatrix} + k_1 \begin{bmatrix} -2 \\ 1 \\ 1 \\ 0 \end{bmatrix} + k_2 \begin{bmatrix} 4 \\ -5 \\ 0 \\ 1 \end{bmatrix}, \text{其中 } k_1, k_2 \text{ 为任意实数.}$$

例 20 设 $\boldsymbol{A} = \begin{bmatrix} 1 & -1 & -1 \\ -1 & 1 & 1 \\ 0 & -4 & -2 \end{bmatrix}$, $\boldsymbol{\xi}_1 = \begin{bmatrix} -1 \\ 1 \\ -2 \end{bmatrix}$,

① 求满足 $\boldsymbol{A}\boldsymbol{\xi}_2 = \boldsymbol{\xi}_1$, $\boldsymbol{A}^2\boldsymbol{\xi}_3 = \boldsymbol{\xi}_1$ 的所有向量 $\boldsymbol{\xi}_2$, $\boldsymbol{\xi}_3$;

② 对①中任意向量 $\boldsymbol{\xi}_2$, $\boldsymbol{\xi}_3$,证明 $\boldsymbol{\xi}_1$, $\boldsymbol{\xi}_2$, $\boldsymbol{\xi}_3$ 线性无关.

【解】 ① 对于方程组 $\boldsymbol{A}\boldsymbol{\xi}_2 = \boldsymbol{\xi}_1$,由增广矩阵做初等变换,有

$$\begin{bmatrix} 1 & -1 & -1 & -1 \\ -1 & 1 & 1 & 1 \\ 0 & -4 & -2 & -2 \end{bmatrix} \to \begin{bmatrix} 1 & 1 & 0 & 0 \\ 0 & 2 & 1 & 1 \\ 0 & 0 & 0 & 0 \end{bmatrix}$$

令 $x_2 = t$,解出 $x_1 = -t$, $x_3 = 1-2t$,即 $\boldsymbol{\xi}_2 = (-t, t, 1-2t)^{\mathrm{T}}$, t 为任意常数.

由于 $\boldsymbol{A}^2 = \begin{bmatrix} 2 & 2 & 0 \\ -2 & -2 & 0 \\ 4 & 4 & 0 \end{bmatrix}$,对于方程组 $\boldsymbol{A}^2\boldsymbol{x} = \boldsymbol{\xi}_1$,对增广矩阵做初等行变换有

$$\begin{bmatrix} 2 & 2 & 0 & 1 \\ -2 & -2 & 0 & 1 \\ 4 & 4 & 0 & -2 \end{bmatrix} \to \begin{bmatrix} 2 & 2 & 0 & -1 \\ 0 & 0 & 0 & 0 \\ 0 & 0 & 0 & 0 \end{bmatrix},$$

令 $x_2 = u$, $x_3 = v$,解出 $x_1 = -u - \frac{1}{2}$,即 $\boldsymbol{\xi}_3 = \left(-u-\frac{1}{2}, u, v\right)^{\mathrm{T}}$, u, v 为任意常数.

② 因为

$$\begin{vmatrix} -1 & -t & -u-\frac{1}{2} \\ 1 & t & u \\ -2 & 1-2t & v \end{vmatrix} = \begin{vmatrix} 0 & 0 & -\frac{1}{2} \\ 1 & t & u \\ -2 & 1-2t & v \end{vmatrix} = -\frac{1}{2} \neq 0,$$

所以对任意的 t, u, v 恒有 $|\boldsymbol{\xi}_1, \boldsymbol{\xi}_2, \boldsymbol{\xi}_3| \neq 0$,即 $\boldsymbol{\xi}_1$, $\boldsymbol{\xi}_2$, $\boldsymbol{\xi}_3$ 一定线性无关.

例 21 已知 4 阶矩阵 $\boldsymbol{A} = (\boldsymbol{\alpha}_1, \boldsymbol{\alpha}_2, \boldsymbol{\alpha}_3, \boldsymbol{\alpha}_4)$, $\boldsymbol{\alpha}_1$, $\boldsymbol{\alpha}_2$, $\boldsymbol{\alpha}_3$, $\boldsymbol{\alpha}_4$ 均为 4 维列向量,其中 $\boldsymbol{\alpha}_2$, $\boldsymbol{\alpha}_3$, $\boldsymbol{\alpha}_4$ 线性无关, $\boldsymbol{\alpha}_1 = 2\boldsymbol{\alpha}_2 - \boldsymbol{\alpha}_3$,如果 $\boldsymbol{\beta} = \boldsymbol{\alpha}_1 + \boldsymbol{\alpha}_2 + \boldsymbol{\alpha}_3 + \boldsymbol{\alpha}_4$,求线性方程组 $\boldsymbol{A}\boldsymbol{x} = \boldsymbol{\beta}$ 的通解.

【解】 因为 $\boldsymbol{\alpha}_2$, $\boldsymbol{\alpha}_3$, $\boldsymbol{\alpha}_4$ 线性无关, $\boldsymbol{\alpha}_1 = 2\boldsymbol{\alpha}_2 - \boldsymbol{\alpha}_3$,故 $\boldsymbol{\alpha}_1$, $\boldsymbol{\alpha}_2$, $\boldsymbol{\alpha}_3$, $\boldsymbol{\alpha}_4$ 线性相关,从而 $r(\boldsymbol{A}) = r(\boldsymbol{\alpha}_1, \boldsymbol{\alpha}_2, \boldsymbol{\alpha}_3, \boldsymbol{\alpha}_4) = 3$,那么 $n - r(\boldsymbol{A}) = 4 - 3 = 1$.

由于 $\boldsymbol{\alpha}_1-2\boldsymbol{\alpha}_2+\boldsymbol{\alpha}_3+0\,\boldsymbol{\alpha}_4=0$，即

$$(\boldsymbol{\alpha}_1,\boldsymbol{\alpha}_2,\boldsymbol{\alpha}_3,\boldsymbol{\alpha}_4)\begin{bmatrix}1\\-2\\1\\0\end{bmatrix}=\mathbf{0},$$

再由

$$\boldsymbol{\beta}=\boldsymbol{\alpha}_1+\boldsymbol{\alpha}_2+\boldsymbol{\alpha}_3+\boldsymbol{\alpha}_4=(\boldsymbol{\alpha}_1,\boldsymbol{\alpha}_2,\boldsymbol{\alpha}_3,\boldsymbol{\alpha}_4)\begin{bmatrix}1\\1\\1\\1\end{bmatrix}=\boldsymbol{A}\begin{bmatrix}1\\1\\1\\1\end{bmatrix},$$

知 $(1,1,1,1)^{\mathrm{T}}$ 是 $\boldsymbol{Ax}=\boldsymbol{\beta}$ 的解，故方程组 $\boldsymbol{Ax}=\boldsymbol{\beta}$ 的通解为 $(1,1,1,1)^{\mathrm{T}}+k(1,-2,1,0)^{\mathrm{T}}$.

例 22　设 $\boldsymbol{A}=\begin{bmatrix}1&a&0&0\\0&1&a&0\\0&0&1&a\\a&0&0&1\end{bmatrix}$，$\boldsymbol{\beta}=\begin{bmatrix}1\\-1\\0\\0\end{bmatrix}$，

① 计算行列式 $|\boldsymbol{A}|$；

② 当实数 a 为何值时，方程组 $\boldsymbol{Ax}=\boldsymbol{\beta}$ 有无穷多解，并求其通解.

【解】 ① 按第一列展开

$$|\boldsymbol{A}|=\begin{vmatrix}1&a&0&0\\0&1&a&0\\0&0&1&a\\a&0&0&1\end{vmatrix}=1\begin{vmatrix}1&a&0\\0&1&a\\0&0&1\end{vmatrix}+a(-1)^{4+1}\begin{vmatrix}a&0&0\\1&a&0\\0&1&a\end{vmatrix}=1-a^4,$$

方程组 $\boldsymbol{Ax}=\boldsymbol{\beta}$ 有无穷多解 $\Leftrightarrow r(\boldsymbol{A})=r(\overline{\boldsymbol{A}})<n$，由 $|\boldsymbol{A}|=0$ 知 $a=1$ 或 $a=-1$；

② 若 $a=1$，

$$\overline{\boldsymbol{A}}=\begin{bmatrix}1&1&0&0&1\\0&1&1&0&-1\\0&0&1&1&0\\1&0&0&1&0\end{bmatrix}\to\begin{bmatrix}1&1&0&0&1\\0&1&1&0&-1\\0&0&1&1&0\\0&0&1&1&-2\end{bmatrix},$$

方程组 $\boldsymbol{Ax}=\boldsymbol{\beta}$ 无解.

若 $a=-1$，

$$\overline{A}=\begin{bmatrix}1&-1&0&0&1\\0&1&-1&0&-1\\0&0&1&-1&0\\-1&0&0&1&0\end{bmatrix}\to\begin{bmatrix}1&0&0&-1&0\\0&1&0&-1&-1\\0&0&1&-1&0\\0&0&0&0&0\end{bmatrix},$$

此时 $r(\boldsymbol{A})=r(\overline{\boldsymbol{A}})=3<n$，方程组 $\boldsymbol{Ax}=\boldsymbol{\beta}$ 的通解为 $(0,-1,0,0)^{\mathrm{T}}+k(1,1,1,1)^{\mathrm{T}}$，$k$ 为任意的实数.

例 23 设 $\boldsymbol{A}=\begin{bmatrix}\lambda&1&1\\0&\lambda-1&0\\1&1&\lambda\end{bmatrix}$，$\boldsymbol{b}=\begin{bmatrix}a\\1\\1\end{bmatrix}$，已知线性方程组 $\boldsymbol{Ax}=\boldsymbol{b}$ 存在两个不同的解，

① 求 λ, a;

② 求方程组 $\boldsymbol{Ax}=\boldsymbol{b}$ 的通解.

【解】 ① 因为方程组 $\boldsymbol{Ax}=\boldsymbol{b}$ 存在两个不同的解，所以 $r(\boldsymbol{A})=r(\overline{\boldsymbol{A}})<n$. 由

$$|\boldsymbol{A}|=\begin{vmatrix}\lambda&1&1\\0&\lambda-1&0\\1&1&\lambda\end{vmatrix}=(\lambda-1)\begin{vmatrix}\lambda&1\\1&\lambda\end{vmatrix}=(\lambda+1)(\lambda-1)^2=0,$$

知 $\lambda=1$ 或 $\lambda=-1$.

当 $\lambda=1$ 时，必有 $r(\boldsymbol{A})=1$，$r(\overline{\boldsymbol{A}})=2$，此时线性方程组无解.

当 $\lambda=-1$ 时，

$$\overline{\boldsymbol{A}}=\begin{bmatrix}-1&1&1&a\\0&-2&0&1\\1&1&-1&1\end{bmatrix}\to\begin{bmatrix}1&1&-1&1\\0&-2&0&1\\0&0&0&a+2\end{bmatrix},$$

若 $a=-2$，则 $r(\boldsymbol{A})=r(\overline{\boldsymbol{A}})=2$，此时线性方程组有无穷多解.

故 $\lambda=1$, $a=-2$.

② 当 $\lambda=1$, $a=-2$ 时，

$$\overline{\boldsymbol{A}}=\begin{bmatrix}1&0&-1&\frac{3}{2}\\0&1&0&-\frac{1}{2}\\0&0&0&0\end{bmatrix},$$

所以方程组 $\boldsymbol{Ax}=\boldsymbol{b}$ 的通解为 $\left(\frac{3}{2},-\frac{1}{2},0\right)^{\mathrm{T}}+k(1,0,1)^{\mathrm{T}}$，$k$ 为任意的实数.

例 24 设线性方程组

$$\begin{cases} x_1+\lambda x_2+\lambda x_3+x_4=0 \\ 2x_1+x_2+x_3+2x_4=0 \\ 3x_1+(2+\lambda)x_2+(4+\lambda)x_3+4x_4=1 \end{cases},$$

已知 $(1, -1, 1, -1)^{\mathrm{T}}$ 是该方程组的一个解，试求

① 方程组的全部解，并用对应的齐次线性方程组的基础解系表示全部解；

② 该方程组满足 $x_2=x_3$ 的全部解.

【解】 ① 因为 $(1, -1, 1, -1)^{\mathrm{T}}$ 是该方程组的一个解，将其代入方程的两端，有 $\lambda=\mu$.

$$\overline{\boldsymbol{A}}=\begin{bmatrix} 1 & \lambda & \lambda & 1 & 0 \\ 2 & 1 & 1 & 2 & 0 \\ 3 & 2+\lambda & 4+\lambda & 4 & 1 \end{bmatrix} \to \begin{bmatrix} 1 & 0 & -2\lambda & 1-\lambda & -\lambda \\ 0 & 1 & 3 & 1 & 1 \\ 0 & 0 & 2(2\lambda-1) & 2\lambda-1 & 2\lambda-1 \end{bmatrix},$$

如果 $\lambda=\dfrac{1}{2}$，

$$\overline{\boldsymbol{A}}=\begin{bmatrix} 1 & 0 & -1 & \frac{1}{2} & -\frac{1}{2} \\ 0 & 1 & 3 & 1 & 1 \\ 0 & 0 & 0 & 0 & 0 \end{bmatrix},$$

由 $r(\boldsymbol{A})=r(\overline{\boldsymbol{A}})=2$，$n-r(\boldsymbol{A})=4-2=2$，方程组有无穷多解，其通解为：

$$\left(-\frac{1}{2}, 1, 0, 0\right)^{\mathrm{T}}+k_1(1, -3, 1, 0)^{\mathrm{T}}+k_2\left(-\frac{1}{2}, -1, 0, 1\right)^{\mathrm{T}},\ k_1, k_2 \text{ 为任意常数.}$$

如果 $\lambda\neq\dfrac{1}{2}$，

$$\overline{\boldsymbol{A}}=\to\begin{bmatrix} 1 & 0 & -2\lambda & 1-\lambda & -\lambda \\ 0 & 1 & 3 & 1 & 1 \\ 0 & 0 & 2(2\lambda-1) & 2\lambda-1 & 2\lambda-1 \end{bmatrix} \to \begin{bmatrix} 1 & 0 & 0 & 1 & 0 \\ 0 & 1 & 0 & -\frac{1}{2} & -\frac{1}{2} \\ 0 & 0 & 1 & \frac{1}{2} & \frac{1}{2} \end{bmatrix},$$

由 $r(\boldsymbol{A})=r(\overline{\boldsymbol{A}})=3$，$n-r(\boldsymbol{A})=4-3=1$，方程组有无穷多解，其通解为：

$$\left(0, -\frac{1}{2}, \frac{1}{2}, 0\right)^{\mathrm{T}}+k\left(-1, \frac{1}{2}, -\frac{1}{2}, 1\right)^{\mathrm{T}},\ k \text{ 为任意常数.}$$

② 由 $\lambda=\dfrac{1}{2}$，对于 $x_2=x_3$，由通解知

$$1+(-3k_1)+(-k_2)=0+k_1 \Rightarrow k_2=1-4k_1,$$

通解为 $(-1, 0, 0, 1)^{\mathrm{T}}+k_1(3, 1, 1, -4)^{\mathrm{T}}$, k_1 为任意常数.

如果 $\lambda \neq \frac{1}{2}$, 对于 $x_2=x_3$, 由通解知

$$-\frac{1}{2}+\frac{1}{2}k=\frac{1}{2}-\frac{1}{2}k \Rightarrow k=1,$$

故方程组的通解为

$$\left(0, -\frac{1}{2}, \frac{1}{2}, 0\right)^{\mathrm{T}}+\left(-1, \frac{1}{2}, -\frac{1}{2}, 1\right)^{\mathrm{T}}=(-1, 0, 0, 1)^{\mathrm{T}}.$$

例 25 四元方程组 $\boldsymbol{A}\boldsymbol{x}=\boldsymbol{b}$ 中,系数矩阵的秩 $r(\boldsymbol{A})=3$, $\boldsymbol{\alpha}_1$, $\boldsymbol{\alpha}_2$, $\boldsymbol{\alpha}_3$ 是方程组的三个解,若 $\boldsymbol{\alpha}_1=[1, 1, 1, 1]^{\mathrm{T}}$, $\boldsymbol{\alpha}_2+\boldsymbol{\alpha}_3=[2, 3, 4, 5]^{\mathrm{T}}$, 则方程组通解为(　　).

【分析】 由于 $n-r(\boldsymbol{A})=4-3=1$, 故方程组通解形式为 $\boldsymbol{\alpha}+k\boldsymbol{\eta}$.

因为 $\boldsymbol{\alpha}_1$ 是程组 $\boldsymbol{A}\boldsymbol{x}=\boldsymbol{b}$ 的解,故 $\boldsymbol{\alpha}$ 可取为 $\boldsymbol{\alpha}_1$.

又 $\boldsymbol{A}(\boldsymbol{\alpha}_2+\boldsymbol{\alpha}_3)=\boldsymbol{A}\boldsymbol{\alpha}_2+\boldsymbol{A}\boldsymbol{\alpha}_3=2\boldsymbol{b}$, $\boldsymbol{A}(2\boldsymbol{\alpha}_1)=2\boldsymbol{b}$, 而知 $\boldsymbol{A}(\boldsymbol{\alpha}_2+\boldsymbol{\alpha}_3-2\boldsymbol{\alpha}_1)=\boldsymbol{0}$, 即 $[0, 1, 2, 3]^{\mathrm{T}}$ 是 $\boldsymbol{A}\boldsymbol{x}=\boldsymbol{0}$ 的解,所以通解为:

$$[1, 1, 1, 1]^{\mathrm{T}}+k[0, 1, 2, 3]^{\mathrm{T}}, k \text{ 为任意常数}.$$

例 26 已知 $\boldsymbol{\alpha}_1=[-9, 1, 2, 11]^{\mathrm{T}}$, $\boldsymbol{\alpha}_2=[1, -5, 13, 0]^{\mathrm{T}}$, $\boldsymbol{\alpha}_3=[-7, -9, 24, 11]^{\mathrm{T}}$ 是方程组

$$\begin{cases} a_1x_1+7x_2+a_3x_3+x_4=d_1 \\ 3x_1+b_2x_2+2x_3+2x_4=d_2 \\ 9x_1+4x_2+x_3+7x_4=2 \end{cases}$$

的解,求方程组的通解.

【解】 因为

$$\boldsymbol{A}=\begin{bmatrix} a_1 & 7 & a_3 & 1 \\ 3 & b_2 & 2 & 2 \\ 9 & 4 & 1 & 7 \end{bmatrix}$$

中有 2 阶子式 $\begin{vmatrix} 2 & 2 \\ 1 & 7 \end{vmatrix} \neq 0$, 故 $r(\boldsymbol{A}) \geqslant 2$.

因为 $\boldsymbol{\alpha}_1-\boldsymbol{\alpha}_2=[-10, 6, -11, 11]^{\mathrm{T}}$, $\boldsymbol{\alpha}_1-\boldsymbol{\alpha}_3=[-2, 10, -22, 0]^{\mathrm{T}}$ 是齐次方程组 $\boldsymbol{A}\boldsymbol{x}=\boldsymbol{0}$ 的线性无关的解,从而有 $n-r(\boldsymbol{A}) \geqslant 2$, 即 $r(\boldsymbol{A}) \leqslant 2$, 所以 $r(\boldsymbol{A})=2$.

通解为: $[-9, 1, 2, 11]^{\mathrm{T}}+k_1[-10, 6, -11, 11]^{\mathrm{T}}+k_2[1, 5, 11, 0]^{\mathrm{T}}$, k_1k_2 为任意的实数.

例 27 设有 n 元线性方程组 $\boldsymbol{A}\boldsymbol{x}=\boldsymbol{b}$, 其中

$$A=\begin{bmatrix}2a&1&&&&\\a^2&2a&1&&&\\&a^2&2a&1&&\\&&\cdots&\cdots&\cdots&\\&&&a^2&2a&1\\&&&&a^2&2a\end{bmatrix},\ x=\begin{bmatrix}x_1\\x_2\\\vdots\\x_n\end{bmatrix},\ b=\begin{bmatrix}1\\0\\\vdots\\0\end{bmatrix}$$

① 当 a 为何值时,该方程组有唯一解,并求 x_1;

② 当 a 为何值时,该方程组有无穷多解,并求通解.

【解】 ① 由克莱姆法则,$|A|\neq 0$ 时方程组有唯一解,故 $a\neq 0$ 时方程组有唯一解,且用克莱姆法则,有(记行列式 $|A|$ 的值为 D_n)

$$x_1=\frac{\begin{vmatrix}1&1&&&&\\0&2a&1&&&\\0&a^2&2a&1&&\\&&\cdots&\cdots&\cdots&\\0&&&a^2&2a&1\end{vmatrix}}{D_n}=\frac{na^{n-1}}{(n+1)a^n}=\frac{n}{(n+1)a}.$$

② 当 $a=0$ 时,方程组

$$\begin{bmatrix}0&1&&&\\&0&1&&\\&&\cdots&\cdots&\\&&&0&1\\&&&&0\end{bmatrix}\begin{bmatrix}x_1\\x_2\\\vdots\\x_n\end{bmatrix}=\begin{bmatrix}1\\0\\\vdots\\0\end{bmatrix}$$

有无穷多解,其通解为 $(0,1,0,\cdots,0)^{\mathrm T}+k(1,0,0,\cdots,0)^{\mathrm T}$, k 为任意常数.

例 28 设

$$A=\begin{bmatrix}1&1&1&\cdots&1\\a_1&a_2&a_3&\cdots&a_n\\a_1^2&a_2^2&a_3^2&\cdots&a_n^2\\\cdots&\cdots&\cdots&&\cdots\\a_1^{n-1}&a_2^{n-1}&a_3^{n-1}&\cdots&a_n^{n-1}\end{bmatrix},\ x=\begin{bmatrix}x_1\\x_2\\x_3\\\vdots\\x_n\end{bmatrix},\ B=\begin{bmatrix}1\\1\\1\\\vdots\\1\end{bmatrix},$$

其中 $a_i\neq a_j(i\neq j;\ i,j=1,2,\cdots,n)$,则线性方程组 $A^{\mathrm T}x=B$ 的解是( ).

【分析】 因为 $|A|$ 是范德蒙行列式,由 $a_i\neq a_j$ 知

$$|A|=\prod(a_i-a_j)\neq 0,$$

所以方程组 $\boldsymbol{A}^{\mathrm{T}}\boldsymbol{x}=\boldsymbol{B}$ 有唯一解.

根据克莱姆法则,对于

$$\begin{bmatrix} 1 & 1 & 1 & \cdots & 1 \\ a_1 & a_2 & a_3 & \cdots & a_n \\ a_1^2 & a_2^2 & a_3^2 & \cdots & a_n^2 \\ \cdots & \cdots & \cdots & & \cdots \\ a_1^{n-1} & a_2^{n-1} & a_3^{n-1} & \cdots & a_n^{n-1} \end{bmatrix}\begin{bmatrix} x_1 \\ x_2 \\ x_3 \\ \vdots \\ x_n \end{bmatrix}=\begin{bmatrix} 1 \\ 1 \\ 1 \\ \vdots \\ 1 \end{bmatrix},$$

易见 $D_1=|\boldsymbol{A}|$, $D_2=D_3=\cdots=D_n=0$, 故线性方程组 $\boldsymbol{A}^{\mathrm{T}}\boldsymbol{x}=\boldsymbol{B}$ 的解是 $(1, 0, 0, \cdots, 0)^{\mathrm{T}}$.

4.4 公共解与同解

4.4.1 知识点梳理

1) 公共解

对于方程组(Ⅰ)和(Ⅱ),如果 $\boldsymbol{\alpha}$ 既是方程组(Ⅰ)的解, $\boldsymbol{\alpha}$ 也是方程组(Ⅱ)的解,则称 $\boldsymbol{\alpha}$ 是方程组(Ⅰ)和(Ⅱ)的公共解.

2) 同解

对于方程组(Ⅰ)和(Ⅱ),如果 $\boldsymbol{\alpha}$ 是方程组(Ⅰ)的解,则 $\boldsymbol{\alpha}$ 必是(Ⅱ)的解,反之,如果 $\boldsymbol{\alpha}$ 是方程组(Ⅱ)的解,则必有 $\boldsymbol{\alpha}$ 也是(Ⅰ)的解,则称(Ⅰ)和(Ⅱ)同解.

4.4.2 题型归类与分析

题型 4 关于公共解与同解

例 29 设有齐次方程组 $\boldsymbol{Ax}=\boldsymbol{0}$ 和 $\boldsymbol{Bx}=\boldsymbol{0}$, 其中 $\boldsymbol{A}$, $\boldsymbol{B}$ 均为 $m\times n$ 矩阵,现有 4 个命题:

① 若 $\boldsymbol{Ax}=\boldsymbol{0}$ 的解均是 $\boldsymbol{Bx}=\boldsymbol{0}$ 的解,则 $r(\boldsymbol{A})\geqslant r(\boldsymbol{B})$;

② 若 $r(\boldsymbol{A})\geqslant r(\boldsymbol{B})$, 则 $\boldsymbol{Ax}=\boldsymbol{0}$ 的解均是 $\boldsymbol{Bx}=\boldsymbol{0}$ 的解;

③ 若 $\boldsymbol{Ax}=\boldsymbol{0}$ 和 $\boldsymbol{Bx}=\boldsymbol{0}$ 同解,则 $r(\boldsymbol{A})=r(\boldsymbol{B})$;

④ 若 $r(\boldsymbol{A})=r(\boldsymbol{B})$, 则 $\boldsymbol{Ax}=\boldsymbol{0}$ 和 $\boldsymbol{Bx}=\boldsymbol{0}$ 同解.

以上命题正确的是(　　).

A. ①② B. ①③ C. ②④ D. ③④

【分析】 显然④是错误的,排除 C, D.

对于 A, B,其中必有一个是正确的,而 A, B 中都含有命题①,所以命题①必然正确,那么命题②③哪一个正确呢?

因为命题①正确，即若 $\boldsymbol{Ax}=\mathbf{0}$ 的解均是 $\boldsymbol{Bx}=\mathbf{0}$ 的解，则 $r(\boldsymbol{A})\geqslant r(\boldsymbol{B})$，可知若 $\boldsymbol{Bx}=\mathbf{0}$ 的解均是 $\boldsymbol{Ax}=\mathbf{0}$ 的解，则必有 $r(\boldsymbol{B})\geqslant r(\boldsymbol{A})$，那么当 $\boldsymbol{Ax}=\mathbf{0}$ 和 $\boldsymbol{Bx}=\mathbf{0}$ 同解时，必有 $r(\boldsymbol{A})=r(\boldsymbol{B})$，可见命题③正确，所以选 B.

例 30　设有两个 4 元齐次线性方程组

$$(\text{I})\begin{cases}x_1+x_2=0\\x_2-x_4=0\end{cases}\qquad(\text{II})\begin{cases}x_1-x_2+x_3=0\\x_2-x_3+x_4=0\end{cases}$$

① 求线性方程组（Ⅰ）的基础解系；

② 试问方程组（Ⅰ）和（Ⅱ）是否有非零公共解？若有，则求出所有非零公共解；若没有，则说明理由.

【解】 ① 因为方程组（Ⅰ）系数矩阵的秩 $r(\boldsymbol{A})=2$，$n-r(\boldsymbol{A})=4-2=2$，所以基础解系由两个解向量构成，给自由变量 x_3，x_4 赋值得基础解系：

$$\boldsymbol{\xi}_1=(0,0,1,0)^{\mathrm{T}},\boldsymbol{\xi}_2=(-1,1,0,1)^{\mathrm{T}}.$$

② 关于公共解，可以有几种处理方法：

● 把（Ⅰ）和（Ⅱ）联立起来直接求解，即

$$\boldsymbol{A}=\begin{bmatrix}1&1&0&0\\0&1&0&-1\\1&-1&1&0\\0&1&-1&1\end{bmatrix}\to\begin{bmatrix}1&1&0&0\\0&1&0&-1\\0&-2&1&0\\0&0&-1&2\end{bmatrix}\to\begin{bmatrix}1&1&0&0\\0&1&0&-1\\0&0&1&-2\\0&0&0&0\end{bmatrix},$$

由于 $n-r(\boldsymbol{A})=1$，其基础解系是 $(-1,1,2,1)^{\mathrm{T}}$，从而（Ⅰ）和（Ⅱ）的公共解是：$k(-1,1,2,1)^{\mathrm{T}}$.

● 通过（Ⅰ）和（Ⅱ）各自的通解，寻找公共解，为此，先求（Ⅱ）的基础解系：

$$\boldsymbol{\eta}_1=(0,1,1,0)^{\mathrm{T}},\ \boldsymbol{\eta}_2=(-1,-1,0,1)^{\mathrm{T}},$$

那么 $k_1\boldsymbol{\xi}_1+k_2\boldsymbol{\xi}_2$，$l_1\boldsymbol{\eta}_1+l_2\boldsymbol{\eta}_2$ 分别是（Ⅰ）和（Ⅱ）的通解，令其相等，即有

$$k_1(0,0,1,0)^{\mathrm{T}}+k_2(-1,1,0,1)^{\mathrm{T}}=l_1(0,1,1,0)^{\mathrm{T}}+l_2(-1,-1,0,1)^{\mathrm{T}},$$

由此得
$$(-k_2,k_2,k_1,k_2)^{\mathrm{T}}=(-l_2,l_1-l_2,l_1,l_2)^{\mathrm{T}},$$

比较两个向量的对应分量得

$$k_1=l_1=2k_2=2l_2,$$

所以公共解是

$$2k_2(0,0,1,0)^{\mathrm{T}}+k_2(-1,1,0,1)^{\mathrm{T}}=k_2(-1,1,2,1)^{\mathrm{T}}.$$

● 把（Ⅰ）的通解代入（Ⅱ）中，如仍是解，寻找 k_1，k_2 所应满足的关系式而求出公共解.
如果 $k_1\boldsymbol{\xi}_1+k_2\boldsymbol{\xi}_2=[-k_2,k_2,k_1,k_2]^{\mathrm{T}}$ 是（Ⅱ）的解，那么应满足（Ⅱ）的方程，故

$$\begin{cases}-k_2-k_2+k_1=0\\ k_2-k_1+k_2=0\end{cases},$$

解出 $k_1=2k_2$，下略.

例 31 设线性方程组

$$\begin{cases}x_1+x_2+x_3=0\\ x_1+2x_2+ax_3=0\\ x_1+4x_2+a^2x_3=0\end{cases} \quad ①$$

与方程

$$x_1+2x_2+x_3=a-1 \quad ②$$

有公共解，求 a 的值及所有公共解.

【解】 因为方程组①与②的公共解，即为联立方程组

$$\begin{cases}x_1+x_2+x_3=0\\ x_1+2x_2+ax_3=0\\ x_1+4x_2+a^2x_3=0\\ x_1+2x_2+x_3=a-1\end{cases}$$

的解，对增广矩阵实行初等变换：

$$\overline{\boldsymbol{A}}=\begin{bmatrix}1&1&1&0\\1&2&a&0\\1&4&a^2&0\\1&2&1&a-1\end{bmatrix}\rightarrow\begin{bmatrix}1&1&1&0\\0&1&a-1&0\\0&3&a^2&0\\0&1&0&a-1\end{bmatrix}$$

$$\rightarrow\begin{bmatrix}1&1&1&0\\0&1&a-1&0\\0&0&(a-1)(a-2)&0\\0&0&1-a&a-1\end{bmatrix}\rightarrow\begin{bmatrix}1&1&1&0\\0&1&a-1&0\\0&0&1-a&a-1\\0&0&0&(a-1)(a-2)\end{bmatrix},$$

当 $a\neq1$ 且 $a\neq2$ 时方程组无解，从而①与②没有公共解.

当 $a=1$ 时，

$$\overline{\boldsymbol{A}}=\begin{bmatrix}1&0&1&0\\0&1&0&0\\0&0&0&0\\0&0&0&0\end{bmatrix},$$

方程组的通解是 $k[1,0,-1]^{\mathrm{T}}$，即①与②的公共解是 $k[1,0,-1]^{\mathrm{T}}$，k 是任意常数；

当 $a=2$ 时,

$$\overline{\boldsymbol{A}}=\begin{bmatrix}1&0&0&0\\0&1&0&1\\0&0&1&-1\\0&0&0&0\end{bmatrix},$$

方程组有唯一解 $[0,1,-1]^{\mathrm{T}}$,即①与②的公共解是 $[0,1,-1]^{\mathrm{T}}$.

例 32　已知齐次方程组

$$(\text{Ⅰ})\begin{cases}x_1+2x_2+3x_3=0\\2x_1+3x_2+5x_3=0\\x_1+x_2+ax_3=0\end{cases}\text{和}(\text{Ⅱ})\begin{cases}x_1+bx_2+cx_3=0\\2x_1+b^2x_2+(c+1)x_3=0\end{cases}$$

同解,求 a,b,c 的值.

【解】　因为方程组(Ⅱ)中方程的个数小于未知量的个数,故方程组(Ⅱ)必有无穷多解,于是

$$|\boldsymbol{A}|=\begin{vmatrix}1&2&3\\2&3&5\\1&1&a\end{vmatrix}=2-a=0,$$

从而 $a=2$,此时方程组(Ⅰ)的系数矩阵可化为

$$\boldsymbol{A}=\begin{bmatrix}1&2&3\\2&3&5\\1&1&2\end{bmatrix}\to\begin{bmatrix}1&0&1\\0&1&1\\0&0&0\end{bmatrix},$$

故 $k[-1,-1,1]^{\mathrm{T}}$ 是(Ⅰ)的通解,把 $x_1=-k,x_2=-k,x_3=k$ 代入方程组(Ⅱ),有

$$\begin{cases}(-1-b+c)k=0\\(-2-b^2+c+1)k=0\end{cases},$$

那么当 $b^2-b=0$,可得 $b=1,c=2$ 或 $b=0,c=1$.

当 $b=1,c=2$ 时,$\boldsymbol{B}=\begin{bmatrix}1&1&2\\2&1&3\end{bmatrix}\to\begin{bmatrix}1&0&1\\0&1&1\end{bmatrix}$,方程组(Ⅰ)和(Ⅱ)同解;

当 $b=0,c=1$ 时,$\boldsymbol{B}=\begin{bmatrix}1&0&1\\2&0&2\end{bmatrix}\to\begin{bmatrix}1&0&1\\0&0&0\end{bmatrix}$,故方程组(Ⅰ)和(Ⅱ)不同解.

综上所述,当 $a=2,b=1,c=2$ 时,方程组(Ⅰ)和(Ⅱ)同解.

例 33　已知 4 元齐次方程组(Ⅰ)为

$$\begin{cases}2x_1+3x_2-x_3=0\\x_1+2x_2+x_3-x_4=0\end{cases},$$

而已知另一个4元齐次方程组(Ⅱ)的基础解系为

$$\boldsymbol{\alpha}_1=(2,-1,a+2,1)^{\mathrm{T}},\ \boldsymbol{\alpha}_2=(-1,2,4,a+8)^{\mathrm{T}},$$

① 求方程组(Ⅰ)的一个基础解系;

② 当 a 为何值时,方程组(Ⅰ)和(Ⅱ)有非零的公共解?在有非零的公共解时,求出全部非零公共解.

【解】 ① 对方程组(Ⅰ)的系数矩阵做初等行变换,有

$$\begin{bmatrix}2&3&-1&0\\1&2&1&-1\end{bmatrix}\rightarrow\begin{bmatrix}1&0&-5&3\\0&1&3&-2\end{bmatrix}.$$

由于 $n-r(\boldsymbol{A})=4-2=2$,基础解系由2个线性无关的解向量所构成,取 x_2, x_3 为自由变量,所以

$$\boldsymbol{\beta}_1=(5,-3,1,0)^{\mathrm{T}},\ \boldsymbol{\beta}_2=(-3,2,0,1)^{\mathrm{T}}$$

是方程组(Ⅰ)的一个基础解系.

② 设 $\boldsymbol{\eta}$ 方程组(Ⅰ)和(Ⅱ)的非零公共解,则 $\boldsymbol{\eta}=k_1\boldsymbol{\beta}_1+k_2\boldsymbol{\beta}_2=l_1\boldsymbol{\alpha}_1+l_2\boldsymbol{\alpha}_2$,其中 k_1, k_2 与 l_1, l_2 均为不全为零的常数.

由此得齐次方程组(Ⅲ)

$$\begin{cases}5k_1-3k_2-2l_1+l_2=0\\-3k_1+2k_2+l_1-2l_2=0\\k_1-(a+2)l_1-4l_2=0\\k_2-l_1+(a+8)l_2=0\end{cases}$$

有非零解,对系数矩阵作初等行变换,有

$$\begin{bmatrix}5&-3&-2&1\\-3&2&1&-2\\1&0&-a-2&-4\\0&1&-1&-a-8\end{bmatrix}\rightarrow\begin{bmatrix}1&0&-a-2&-4\\0&1&-1&-a-8\\0&0&-3a-3&2a+2\\0&0&5a+5&-3a-3\end{bmatrix}.$$

当且仅当 $a+1=0$ 时,$r(Ⅲ)<4$,方程组有非零解.

此时,方程组(Ⅲ)的同解方程组是 $\begin{cases}k_1-l_1-4l_2=0\\k_2-l_1-7l_2=0\end{cases}$.

于是

$$\boldsymbol{\eta}=(l_1+4l_2)\boldsymbol{\beta}_1+(l_1+7l_2)\boldsymbol{\beta}_2=l_1(\boldsymbol{\beta}_1+\boldsymbol{\beta}_2)+l_2(4\boldsymbol{\beta}_1+7\boldsymbol{\beta}_2)=l_1\begin{bmatrix}2\\-1\\1\\1\end{bmatrix}+l_2\begin{bmatrix}-1\\2\\4\\7\end{bmatrix}.$$

同步测试4

1) 填空题

(1) 已知方程组 $\begin{pmatrix} 1 & -1 & -3 \\ 0 & 1 & a-2 \\ 3 & a & 5 \end{pmatrix}\begin{pmatrix} x_1 \\ x_2 \\ x_3 \end{pmatrix} = \begin{pmatrix} 2 \\ a \\ 16 \end{pmatrix}$ 有无穷多解,则 $a=$________.

(2) 已知方程组 $\begin{cases} 2x_1+\lambda x_2-x_3=b_1 \\ \lambda x_1-x_2+x_3=b_2 \\ 4x_1+5x_2-5x_3=b_3 \end{cases}$ 总有解,则 λ 应满足________.

(3) 四元方程组 $\begin{cases} x_1+x_2=0 \\ x_2-x_4=0 \end{cases}$ 的基础解系是________.

(4) 四元方程组 $\boldsymbol{Ax}=\boldsymbol{b}$ 的三个解是 $\boldsymbol{\alpha}_1$, $\boldsymbol{\alpha}_2$, $\boldsymbol{\alpha}_3$, $\boldsymbol{\alpha}_1=(1,1,1,1)^{\mathrm{T}}$, $\boldsymbol{\alpha}_2+\boldsymbol{\alpha}_3=(2,3,4,5)^{\mathrm{T}}$, 已知 $r(\boldsymbol{A})=3$, 则方程组 $\boldsymbol{Ax}=\boldsymbol{b}$ 的通解是________.

(5) 设 $\boldsymbol{A}$ 为三阶非零矩阵, $\boldsymbol{B}=\begin{pmatrix} 1 & 2 & -2 \\ 4 & t & 3 \\ 3 & -1 & 1 \end{pmatrix}$, $\boldsymbol{AB}=\boldsymbol{0}$, 则 $\boldsymbol{Ax}=\boldsymbol{0}$ 的通解是________.

(6) 设 $\boldsymbol{A}=\begin{pmatrix} 1 & 2 & 3 \\ 4 & 5 & 6 \\ 7 & 8 & 9 \end{pmatrix}$, $\boldsymbol{A}^*$ 是 $\boldsymbol{A}$ 的伴随矩阵,则 $\boldsymbol{A}^*\boldsymbol{x}=\boldsymbol{0}$ 的通解是________.

(7) 已知 $\boldsymbol{\alpha}_1$, $\boldsymbol{\alpha}_2$, $\cdots$, $\boldsymbol{\alpha}_t$ 都是非齐次线性方程组 $\boldsymbol{Ax}=\boldsymbol{b}$ 的解,如果 $c_1\boldsymbol{\alpha}_1+c_2\boldsymbol{\alpha}_2+\cdots+c_t\boldsymbol{\alpha}_t$ 仍是非齐次线性方程组 $\boldsymbol{Ax}=\boldsymbol{b}$ 的解,则 $c_1+c_2+\cdots+c_t=$________.

(8) 已知方程组 $\begin{cases} ax_1+x_2+bx_3+2x_4=c \\ x_1+bx_2-x_3-2x_4=4 \\ -2x_1+x_2-x_3-5x_4=1 \end{cases}$ 的通解为 $(1,2,-1,0)^{\mathrm{T}}+k(-1,2,-1,1)^{\mathrm{T}}$, 则 $a=$________.

(9) 已知 $\boldsymbol{\xi}_1=(-3,2,0)^{\mathrm{T}}$, $\boldsymbol{\xi}_2=(-1,0,-2)^{\mathrm{T}}$ 是方程组 $\begin{cases} a_1x_1+a_2x_2+a_3x_3=a_4 \\ x_1+2x_2-x_3=1 \\ 2x_1+x_2+x_3=-4 \end{cases}$ 的两个解,则此方程组的通解是________.

2) 选择题

(1) 要使 $\boldsymbol{\xi}_1=(1,0,2)^{\mathrm{T}}$, $\boldsymbol{\xi}_2=(0,1,-1)^{\mathrm{T}}$ 都是线性方程组 $\boldsymbol{Ax}=\boldsymbol{0}$ 的解,则系数矩

阵 $\boldsymbol{A}$ 为(　　).

A. $\begin{pmatrix} -2 & 1 & 1 \\ 4 & -2 & -2 \end{pmatrix}$　　B. $\begin{pmatrix} 2 & 0 & -1 \\ 0 & 1 & 1 \end{pmatrix}$

C. $\begin{pmatrix} -1 & 0 & 2 \\ 1 & 0 & -2 \end{pmatrix}$　　D. $\begin{pmatrix} 0 & 1 & -1 \\ 4 & -2 & -2 \end{pmatrix}$

(2) 非齐次线性方程组 $\boldsymbol{Ax}=\boldsymbol{b}$ 的未知量的个数为 n，方程的个数为 m，系数矩阵 $\boldsymbol{A}$ 的秩为 r，则正确的命题是(　　).

A. 当 $r=m$ 时,方程组有解　　B. 当 $r=n$ 时,有唯一解

C. 当 $m=n$ 时,有唯一解　　D. 当 $r<n$ 时,有无穷多解

(3) 设 $\boldsymbol{A}$ 是 $m\times n$ 矩阵, $\boldsymbol{B}$ 是 $n\times m$ 矩阵,则线性方程组 $(\boldsymbol{AB})\boldsymbol{x}=\boldsymbol{0}$(　　).

A. 当 $m>n$ 时,仅有零解　　B. 当 $m>n$ 时,必有非零解

C. 当 $m<n$ 时,仅有零解　　D. 当 $m<n$ 时,必有非零解

(4) 已知 $\boldsymbol{\beta}_1$, $\boldsymbol{\beta}_2$ 是非齐次线性方程组 $\boldsymbol{Ax}=\boldsymbol{b}$ 的两个不同的解, $\boldsymbol{\alpha}_1$, $\boldsymbol{\alpha}_2$ 是对应的齐次线性方程组 $\boldsymbol{Ax}=\boldsymbol{0}$ 的基础解系, k_1, k_2 为任意常数,则方程组 $\boldsymbol{Ax}=\boldsymbol{b}$ 的通解必是(　　).

A. $k_1\boldsymbol{\alpha}_1+k_2(\boldsymbol{\alpha}_1+\boldsymbol{\alpha}_2)+\dfrac{\boldsymbol{\beta}_1-\boldsymbol{\beta}_2}{2}$

B. $k_1\boldsymbol{\alpha}_1+k_2(\boldsymbol{\alpha}_1-\boldsymbol{\alpha}_2)+\dfrac{\boldsymbol{\beta}_1+\boldsymbol{\beta}_2}{2}$

C. $k_1\boldsymbol{\alpha}_1+k_2(\boldsymbol{\beta}_1+\boldsymbol{\beta}_2)+\dfrac{\boldsymbol{\beta}_1-\boldsymbol{\beta}_2}{2}$

D. $k_1\boldsymbol{\alpha}_1+k_2(\boldsymbol{\beta}_1-\boldsymbol{\beta}_2)+\dfrac{\boldsymbol{\beta}_1+\boldsymbol{\beta}_2}{2}$

(5) 非齐次线性方程组 $\boldsymbol{Ax}=\boldsymbol{b}$ 中未知量的个数为 n，方程的个数为 m，系数矩阵 $\boldsymbol{A}$ 的秩为 r，则(　　).

A. 当 $r=m$ 时,方程组 $\boldsymbol{Ax}=\boldsymbol{b}$ 有解

B. 当 $r=n$ 时,方程组 $\boldsymbol{Ax}=\boldsymbol{b}$ 有唯一解

C. 当 $m=n$ 时,方程组 $\boldsymbol{Ax}=\boldsymbol{b}$ 有唯一解

D. 当 $r<n$ 时,方程组 $\boldsymbol{Ax}=\boldsymbol{b}$ 有无穷多解

(6) 设 $\boldsymbol{A}$ 为 n 阶实矩阵,则对于线性方程组(1): $\boldsymbol{Ax}=\boldsymbol{0}$ 和(2): $\boldsymbol{A}^{\mathrm{T}}\boldsymbol{Ax}=\boldsymbol{0}$，必有(　　).

A. (2)的解是(1)的解,(1)的解也是(2)的解

B. (2)的解是(1)的解,(1)的解不是(2)的解

C. (2)的解不是(1)的解,(1)的解也不是(2)的解

D. (2)的解不是(1)的解,(1)的解是(2)的解

3) 解答题

(1) 设 $\boldsymbol{\alpha}_1$, $\boldsymbol{\alpha}_2$, $\cdots$, $\boldsymbol{\alpha}_s$ 为线性方程组 $\boldsymbol{Ax}=\boldsymbol{0}$ 的一个基础解系; $\boldsymbol{\beta}_1=t_1\boldsymbol{\alpha}_1+t_2\boldsymbol{\alpha}_2$, $\boldsymbol{\beta}_2=t_1\boldsymbol{\alpha}_2+t_2\boldsymbol{\alpha}_3$, $\cdots$, $\boldsymbol{\beta}_s=t_1\boldsymbol{\alpha}_s+t_2\boldsymbol{\alpha}_1$，其中 t_1, t_2 为实常数. 问 t_1, t_2 满足什么关系时, $\boldsymbol{\beta}_1$, $\boldsymbol{\beta}_2$, $\cdots$,

$\boldsymbol{\beta}_s$ 也为 $\boldsymbol{Ax}=\boldsymbol{0}$ 的一个基础解系?

(2) 设线性方程组

$$\begin{cases} x_1+a_1x_2+a_1^2x_3=a_1^3 \\ x_1+a_2x_2+a_2^2x_3=a_2^3 \\ x_1+a_3x_2+a_3^2x_3=a_3^3 \\ x_1+a_4x_2+a_4^2x_3=a_4^3 \end{cases}.$$

① 证明：若 a_1, a_2, a_3, a_4 两两不相等，则此线性方程组无解.

② 设 $a_1=a_3=k$, $a_2=a_4=-k\ (k\neq 0)$，且已知 $\boldsymbol{\beta}_1=\begin{pmatrix}-1\\1\\1\end{pmatrix}$，$\boldsymbol{\beta}_2=\begin{pmatrix}1\\1\\-1\end{pmatrix}$ 是该方程组的两个解，写出此方程组的通解.

第 5 章　特征值和特征向量

特征值和特征向量是线性代数中的重要内容. 与一个方阵相似的矩阵很多,最有价值的就是与对角矩阵相似. 实对称矩阵一定可以相似对角化.

本章重点:

(1) 矩阵特征值和特征向量的求法与性质.

(2) 相似矩阵的定义及性质.

(3) 矩阵相似对角化的条件及方法.

(4) 用正交矩阵化实对称矩阵为对角矩阵的方法.

5.1　特征值和特征向量

5.1.1　知识点梳理

1) 定义

设 $\boldsymbol{A}$ 为 n 阶矩阵,若存在常数 λ 和非零向量 $\boldsymbol{x}$, 使 $\boldsymbol{A}\boldsymbol{x}=\lambda\boldsymbol{x}$, 则称 λ 为 $\boldsymbol{A}$ 的一个特征值, $\boldsymbol{x}$ 称为 $\boldsymbol{A}$ 的与特征值 λ 对应的特征向量.

设 $\boldsymbol{A}=(a_{ij})$ 是一个 n 阶矩阵,则 $f(\lambda)=|\lambda\boldsymbol{E}-\boldsymbol{A}|$ 称为方阵 $\boldsymbol{A}$ 的特征多项式,而方程 $f(\lambda)=|\lambda\boldsymbol{E}-\boldsymbol{A}|=0$ 称为方阵 $\boldsymbol{A}$ 的特征方程.

2) 求法

(1) 特征值的求法: 定义法或特征方程法.

特征方程法: 求解特征方程 $|\lambda\boldsymbol{E}-\boldsymbol{A}|=0$, 得到 $\boldsymbol{A}$ 的全部特征值 $\lambda_1, \lambda_2, \cdots \lambda_n$.

(2) 特征向量的求法: 定义法或求齐次线性方程组 $(\lambda\boldsymbol{E}-\boldsymbol{A})\boldsymbol{x}=\boldsymbol{0}$.

对于每个不同的特征值 λ_i, 求解齐次线性方程组 $(\lambda_i\boldsymbol{E}-\boldsymbol{A})\boldsymbol{x}=\boldsymbol{0}$, 求出它的基础解系 $\boldsymbol{\alpha}_1, \boldsymbol{\alpha}_2, \cdots, \boldsymbol{\alpha}_s$, 则 $k_1\boldsymbol{\alpha}_1+k_2\boldsymbol{\alpha}_2+\cdots+k_s\boldsymbol{\alpha}_s$($k_1, k_2, \cdots, k_s$ 不全为0) 为矩阵 $\boldsymbol{A}$ 的属于特征值 λ_i 的特征向量.

3) 性质

性质 1　设 n 阶矩阵 $\boldsymbol{A}=(a_{ij})_{n\times n}$ 的特征值为 $\lambda_1, \lambda_2, \cdots, \lambda_n$, 则

(1) $\lambda_1+\lambda_2+\cdots+\lambda_n=a_{11}+a_{22}+\cdots+a_{nn}$, 其中 $a_{11}+a_{22}+\cdots+a_{nn}$ 称为矩阵 $\boldsymbol{A}$ 的迹,

记作 tr($\boldsymbol{A}$).

(2) $\lambda_1 \cdot \lambda_2 \cdot \cdots \cdot \lambda_n = |\boldsymbol{A}|$.

性质 2 若 $\boldsymbol{\alpha}_1$ 和 $\boldsymbol{\alpha}_2$ 都是 $\boldsymbol{A}$ 的属于特征值 λ_0 的特征向量,则 $k_1\boldsymbol{\alpha}_1 + k_2\boldsymbol{\alpha}_2$ 也是属于 λ_0 的特征向量(其中 k_1, k_2 是任意常数,但 $k_1\boldsymbol{\alpha}_1 + k_2\boldsymbol{\alpha}_2 \neq \boldsymbol{0}$).

性质 3 不同特征值对应的特征向量是线性无关的.

性质 4 如果 $\boldsymbol{A}$ 是 n 阶矩阵,λ_i 是 $\boldsymbol{A}$ 的 m 重特征值,则属于特征值 λ_i 的线性无关的特征向量的个数不超过 m.

性质 5 若 λ 是矩阵 $\boldsymbol{A}$ 的特征值,$\boldsymbol{\alpha}$ 是属于 λ 的特征向量,则

(1) $\boldsymbol{A}$ 的多项式 $f(\boldsymbol{A})$ 的特征值为 $f(\lambda)$, $\boldsymbol{\alpha}$ 是 $f(\boldsymbol{A})$ 的属于特征值 $f(\lambda)$ 的特征向量.

(2) 当 $\boldsymbol{A}$ 可逆时,λ^{-1} 是 $\boldsymbol{A}^{-1}$ 的特征值,$\boldsymbol{\alpha}$ 是 $\boldsymbol{A}^{-1}$ 的属于特征值 λ^{-1} 的特征向量.

(3) 当 $\boldsymbol{A}$ 可逆时,$\dfrac{|\boldsymbol{A}|}{\lambda}$ 是 $\boldsymbol{A}^*$ 的特征值,$\boldsymbol{\alpha}$ 是属于 $\boldsymbol{A}^*$ 的特征值 $\dfrac{|\boldsymbol{A}|}{\lambda}$ 的特征向量.

(4) λ 是矩阵 $\boldsymbol{A}^{\mathrm{T}}$ 的特征值,但 $\boldsymbol{\alpha}$ 不一定是 $\boldsymbol{A}^{\mathrm{T}}$ 的属于 λ 的特征向量.

(5) $\boldsymbol{B} = \boldsymbol{P}^{-1}\boldsymbol{A}\boldsymbol{P}$ 的特征值为 λ, $\boldsymbol{P}^{-1}\boldsymbol{\alpha}$ 是 $\boldsymbol{B}$ 的属于 λ 的特征向量.

注意: ① 特征值问题是针对方阵而言的;

② 特征向量 $\boldsymbol{\alpha} \neq \boldsymbol{0}$, 且一个特征向量不能属于不同的特征值;

③ 若向量 $\boldsymbol{\alpha}$ 是 $\boldsymbol{A}$ 的特征向量,则 $\boldsymbol{A\alpha}$ 与 $\boldsymbol{\alpha}$ 线性相关;

④ 特征值与其对应的特征向量是一对多的:若 $\boldsymbol{A\alpha} = \lambda\boldsymbol{\alpha}$, $\boldsymbol{\alpha} \neq \boldsymbol{0}$, 则 $k\boldsymbol{\alpha}$ $(k \neq 0)$ 也是 $\boldsymbol{A}$ 的属于 λ 的特征向量;

如果要求特征值 λ 的全部特征向量,不能写成一个向量 $\boldsymbol{\alpha}$, 这只是其中一个,对于任意常数 $k \neq 0$, $k\boldsymbol{\alpha}$ 才是 $\boldsymbol{A}$ 的属于 λ 的全部特征向量.

5.1.2 题型归类与方法分析

题型 1 特征值与特征向量的计算

例 1 求矩阵 $\boldsymbol{A} = \begin{bmatrix} 1 & 2 & 3 \\ 0 & 4 & 5 \\ 0 & 0 & 6 \end{bmatrix}$ 的特征值与特征向量.

【解】 由矩阵 $\boldsymbol{A}$ 的特征多项式

$$|\lambda\boldsymbol{E} - \boldsymbol{A}| = \begin{vmatrix} \lambda-1 & -2 & -3 \\ 0 & \lambda-4 & -5 \\ 0 & 0 & \lambda-6 \end{vmatrix} = (\lambda-1)(\lambda-4)(\lambda-6)$$

得矩阵的特征值是:$\lambda_1 = 1$, $\lambda_2 = 4$, $\lambda_3 = 6$.

对于 $\lambda_1 = 1$, 由 $(\boldsymbol{E}-\boldsymbol{A})\boldsymbol{x} = \boldsymbol{0}$ 得基础解系 $\boldsymbol{\alpha}_1 = (1, 0, 0)^{\mathrm{T}}$, 因此属于 $\lambda_1 = 1$ 的特征向量是 $k_1\boldsymbol{\alpha}_1 (k_1 \neq 0)$.

对于 $\lambda_2=4$，由 $(4\boldsymbol{E}-\boldsymbol{A})\boldsymbol{x}=\boldsymbol{0}$ 得基础解系 $\boldsymbol{\alpha}_2=(2,3,0)^{\mathrm{T}}$，因此属于 $\lambda_2=4$ 的特征向量是 $k_2\boldsymbol{\alpha}_2(k_2\neq 0)$.

对于 $\lambda_3=6$，由 $(6\boldsymbol{E}-\boldsymbol{A})\boldsymbol{x}=\boldsymbol{0}$ 得基础解系 $\boldsymbol{\alpha}_3=\left(\frac{8}{5},\frac{5}{2},1\right)^{\mathrm{T}}$，因此属于 $\lambda_3=6$ 的特征向量是 $k_3\boldsymbol{\alpha}_3(k_3\neq 0)$.

注：上三角矩阵、下三角矩阵、对角矩阵的特征值就是主对角线上的元素.

例 2 求矩阵 $\boldsymbol{A}=\begin{bmatrix}2&1&3\\4&2&6\\6&3&9\end{bmatrix}$ 的特征值与特征向量.

【解】 由矩阵 $\boldsymbol{A}$ 的特征多项式

$$|\lambda\boldsymbol{E}-\boldsymbol{A}|=\begin{vmatrix}\lambda-2&-1&-3\\-4&\lambda-2&-6\\-6&-3&\lambda-9\end{vmatrix}=\begin{vmatrix}\lambda-2&-1&0\\-4&\lambda-2&-3\lambda\\-6&-3&\lambda\end{vmatrix}$$

$$=\begin{vmatrix}\lambda-2&-1&0\\-22&\lambda-11&0\\-6&-3&\lambda\end{vmatrix}=\lambda^2(\lambda-13)$$

得矩阵 $\boldsymbol{A}$ 的特征值是 $\lambda_1=\lambda_2=0$，$\lambda_3=13$.

对于 $\lambda_1=\lambda_2=0$，由 $(0\boldsymbol{E}-\boldsymbol{A})\boldsymbol{x}=\boldsymbol{0}$，

即

$$(0\boldsymbol{E}-\boldsymbol{A})=\begin{bmatrix}-2&-1&-3\\-4&-2&-6\\-6&-3&4\end{bmatrix}\to\begin{bmatrix}2&1&3\\0&0&0\\0&0&0\end{bmatrix}$$

得基础解系 $\boldsymbol{\alpha}_1=(-1,2,0)^{\mathrm{T}}$，$\boldsymbol{\alpha}_2=(-3,0,2)^{\mathrm{T}}$，因此属于特征值 $\lambda_1=\lambda_2=0$ 的特征向量是 $k_1\boldsymbol{\alpha}_1+k_2\boldsymbol{\alpha}_2$ $(k_1\boldsymbol{\alpha}_1+k_2\boldsymbol{\alpha}_2\neq 0)$.

对于 $\lambda_3=13$，由 $(13\boldsymbol{E}-\boldsymbol{A})\boldsymbol{x}=\boldsymbol{0}$，

即

$$(13\boldsymbol{E}-\boldsymbol{A})=\begin{bmatrix}11&-1&-3\\-4&11&-6\\-6&-3&4\end{bmatrix}\to\begin{bmatrix}11&-1&-3\\-26&13&0\\0&0&0\end{bmatrix}\to\begin{bmatrix}3&0&-1\\-2&1&0\\0&0&0\end{bmatrix}$$

得基础解系 $\boldsymbol{\alpha}_3=(1,2,3)^{\mathrm{T}}$，因此属于 $\lambda_3=13$ 的特征向量是 $k_3\boldsymbol{\alpha}_3(k_3\neq 0)$.

注：① 设 $\boldsymbol{A}=(a_{ij})_{3\times 3}$，则

$$|\lambda\boldsymbol{E}-\boldsymbol{A}|=\begin{vmatrix}\lambda-a_{11}&-a_{12}&-a_{13}\\-a_{21}&\lambda-a_{22}&-a_{23}\\-a_{31}&-a_{32}&\lambda-a_{33}\end{vmatrix}=\lambda^3-\sum_{i=1}^{3}a_{ii}\lambda^2+S_2\lambda-|\boldsymbol{A}|,$$

其中,

$$S_2=\begin{vmatrix}a_{11}&a_{12}\\a_{21}&a_{22}\end{vmatrix}+\begin{vmatrix}a_{11}&a_{13}\\a_{31}&a_{33}\end{vmatrix}+\begin{vmatrix}a_{22}&a_{23}\\a_{32}&a_{33}\end{vmatrix}.$$

② 如果 $r(\boldsymbol{A})=1$,则

$$|\lambda\boldsymbol{E}-\boldsymbol{A}|=\lambda^3-\sum_{i=1}^{3}a_{ii}\lambda^2=\lambda^2\left(\lambda-\sum_{i=1}^{3}a_{ii}\right),$$

从而矩阵 A 的特征值为 $\lambda_1=\lambda_2=0$, $\lambda_3=\sum\limits_{i=1}^{3}a_{ii}$.

例3 设矩阵 $\boldsymbol{A}$ 是三阶矩阵,且矩阵的各行元素之和均为7,则矩阵 $\boldsymbol{A}$ 必有特征值.

【解】 设 $\boldsymbol{A}=(a_{ij})_{3\times3}$,由题意可得:

$$\begin{aligned}a_{11}+a_{12}+a_{13}&=7\\a_{21}+a_{22}+a_{23}&=7,\\a_{31}+a_{32}+a_{33}&=7\end{aligned}$$

则

$$\begin{bmatrix}a_{11}&a_{12}&a_{13}\\a_{21}&a_{22}&a_{23}\\a_{31}&a_{32}&a_{33}\end{bmatrix}\begin{bmatrix}1\\1\\1\end{bmatrix}=7\begin{bmatrix}1\\1\\1\end{bmatrix},$$

所以矩阵 $\boldsymbol{A}$ 必有特征值7,对应的特征向量为 $(1,1,1)^{\mathrm{T}}$.

例4 $\boldsymbol{A}$ 是 n 阶矩阵,$|\boldsymbol{A}|\neq0$,$\boldsymbol{A}^*$ 是 $\boldsymbol{A}$ 的伴随矩阵,$\boldsymbol{E}$ 是 n 阶单位矩阵,若 $\boldsymbol{A}$ 有特征值 λ,则 $(\boldsymbol{A}^*)^2+\boldsymbol{E}$ 必有特征值________.

【解】 由 $|\boldsymbol{A}|\neq0$,$\boldsymbol{A}$ 的特征值 $\lambda\neq0$,则 λ^{-1} 是 $\boldsymbol{A}^{-1}$ 的特征值,$\dfrac{|\boldsymbol{A}|}{\lambda}$ 是 $\boldsymbol{A}^*$ 的特征值,所以 $(\boldsymbol{A}^*)^2+\boldsymbol{E}$ 必有特征值 $\left(\dfrac{|\boldsymbol{A}|}{\lambda}\right)^2+1$.

注: 对于抽象矩阵,可以根据特征值和特征向量的定义及其性质推导出特征值和特征向量.

例5 设矩阵 $\boldsymbol{A}=\begin{bmatrix}3&2&2\\2&3&2\\2&2&3\end{bmatrix}$,$\boldsymbol{P}=\begin{bmatrix}0&1&0\\1&0&1\\0&0&1\end{bmatrix}$,$\boldsymbol{B}=\boldsymbol{P}^{-1}\boldsymbol{A}^*\boldsymbol{P}$,求 $\boldsymbol{B}+2\boldsymbol{E}$ 的特征值与特征向量,$\boldsymbol{E}$ 是3阶单位矩阵.

【解法一】 先分别求出 $\boldsymbol{A}^*$ 与 $\boldsymbol{P}^{-1}$,有

$$\boldsymbol{A}^*=\begin{bmatrix}5&-2&-2\\-2&5&-2\\-2&-2&5\end{bmatrix},\ \boldsymbol{P}^{-1}=\begin{bmatrix}0&1&-1\\1&0&0\\0&0&1\end{bmatrix},$$

故

$$B = P^{-1}AP = \begin{bmatrix} 7 & 0 & 0 \\ -2 & 5 & -4 \\ -2 & -2 & 3 \end{bmatrix}, B + 2E = \begin{bmatrix} 9 & 0 & 0 \\ -2 & 7 & -4 \\ -2 & -2 & 5 \end{bmatrix},$$

从而

$$|\lambda E - (B + 2E)| = \begin{vmatrix} \lambda - 9 & 0 & 0 \\ 2 & \lambda - 7 & 4 \\ 2 & 2 & \lambda - 5 \end{vmatrix} = (\lambda - 9)^2(\lambda - 3),$$

得到 $B + 2E$ 的特征值为 $\lambda_1 = \lambda_2 = 9$, $\lambda_3 = 3$,

当 $\lambda_1 = \lambda_2 = 9$ 时,由 $[9E - (B + 2E)]x = 0$,

即

$$[9E - (B + 2E)] = \begin{bmatrix} 0 & 0 & 0 \\ 2 & 2 & 4 \\ 2 & 2 & 4 \end{bmatrix} \to \begin{bmatrix} 1 & 1 & 2 \\ 0 & 0 & 0 \\ 0 & 0 & 0 \end{bmatrix}$$

得基础解系 $\alpha_1 = (-1, 1, 0)^T$, $\alpha_2 = (-2, 0, 1)^T$, 因此属于 $\lambda_1 = \lambda_2 = 9$ 的特征向量是 $k_1\alpha_1 + k_2\alpha_2$ $(k_1\alpha_1 + k_2\alpha_2 \neq 0)$.

对于 $\lambda_3 = 3$, 由 $[3E - (B + 2E)]x = 0$,

即

$$[3E - (B + 2E)] = \begin{bmatrix} -6 & 0 & 0 \\ 2 & -4 & 4 \\ 2 & 2 & -2 \end{bmatrix} \to \begin{bmatrix} 1 & 0 & 0 \\ 0 & 1 & -1 \\ 0 & 0 & 0 \end{bmatrix}$$

得基础解系 $\alpha_3 = (0, 1, 1)^T$, 因此属于 $\lambda_3 = 3$ 的特征向量是 $k_3\alpha_3 (k_3 \neq 0)$.

【解法二】 由于

$$A = \begin{bmatrix} 3 & 2 & 2 \\ 2 & 3 & 2 \\ 2 & 2 & 3 \end{bmatrix} = \begin{bmatrix} 1 & 0 & 0 \\ 0 & 1 & 0 \\ 0 & 0 & 1 \end{bmatrix} + \begin{bmatrix} 2 & 2 & 2 \\ 2 & 2 & 2 \\ 2 & 2 & 2 \end{bmatrix} = E + C,$$

所以 $r(C) = 1$, 有 $|\lambda E - C| = \lambda^3 - \sum_{i=1}^{3} a_{ii}\lambda^2 = \lambda^2(\lambda - 6)$, 因此矩阵 C 的特征值是 6, 0, 0, 则矩阵 C 的特征值是 7, 1, 1.

又 $|A| = \prod_{i=1}^{3} \lambda_i = 7$, 若 $Ax = \lambda x$, 则 $A^* x = \frac{|A|}{\lambda} x$, 而知 A^* 的特征值是 1, 7, 7,于是 $B = P^{-1}AP$ 的特征值是 1, 7, 7,那么 $B + 2E$ 的特征值是 $\lambda_1 = 3$, $\lambda_2 = \lambda_3 = 9$.

由 $\boldsymbol{A}\boldsymbol{x}=\lambda\boldsymbol{x}$ 有 $\boldsymbol{A}^*\boldsymbol{x}=\dfrac{|\boldsymbol{A}|}{\lambda}\boldsymbol{x}$，则 $\boldsymbol{B}(\boldsymbol{P}^{-1}\boldsymbol{x})=(\boldsymbol{P}^{-1}\boldsymbol{A}^*\boldsymbol{P})(\boldsymbol{P}^{-1}\boldsymbol{x})=\boldsymbol{P}^{-1}\boldsymbol{A}^*\boldsymbol{x}=$ $\dfrac{|\boldsymbol{A}|}{\lambda}(\boldsymbol{P}^{-1}\boldsymbol{x})$，从而 $(\boldsymbol{B}+2\boldsymbol{E})(\boldsymbol{P}^{-1}\boldsymbol{x})=\left(\dfrac{|\boldsymbol{A}|}{\lambda}+2\right)(\boldsymbol{P}^{-1}\boldsymbol{x})$.

对于矩阵 $\boldsymbol{C}$，属于特征值 $\lambda_1=6$ 的特征向量为 $\boldsymbol{\alpha}_1=(1,1,1)^{\mathrm{T}}$，特征值 $\lambda_1=\lambda_2=0$ 的特征向量为 $\boldsymbol{\alpha}_2=(-1,1,0)^{\mathrm{T}}$，$\boldsymbol{\alpha}_3=(-1,0,1)^{\mathrm{T}}$，它们就是矩阵 $\boldsymbol{A}$ 分别属于特征值 7，1，1 对应的特征向量.

由于 $\boldsymbol{P}^{-1}=\begin{bmatrix}0&1&-1\\1&0&0\\0&0&1\end{bmatrix}$，得 $\boldsymbol{\beta}_1=\boldsymbol{P}^{-1}\boldsymbol{\alpha}_1=\begin{bmatrix}0&1&-1\\1&0&0\\0&0&1\end{bmatrix}\begin{bmatrix}1\\1\\1\end{bmatrix}=\begin{bmatrix}0\\1\\1\end{bmatrix}$，因此 $\boldsymbol{B}+2\boldsymbol{E}$ 属于 $\lambda_1=3$ 的特征向量是 $k_1\boldsymbol{\beta}_1(k_1\neq 0)$.

类似地，$\boldsymbol{\beta}_2=\boldsymbol{P}^{-1}\boldsymbol{\alpha}_2=\begin{bmatrix}1\\-1\\0\end{bmatrix}$，$\boldsymbol{\beta}_3=\boldsymbol{P}^{-1}\boldsymbol{\alpha}_3=\begin{bmatrix}-1\\-1\\1\end{bmatrix}$，因此 $\boldsymbol{B}+2\boldsymbol{E}$ 属于 $\lambda_2=\lambda_3=9$ 的特征向量是 $k_2\boldsymbol{\beta}_2+k_3\boldsymbol{\beta}_3(k_2\boldsymbol{\beta}_2+k_3\boldsymbol{\beta}_3\neq\boldsymbol{0})$.

题型2　由特征值和特征向量反求矩阵中的参数

例6　设矩阵 $\boldsymbol{A}=\begin{bmatrix}1&-3&3\\3&a&3\\6&-6&b\end{bmatrix}$ 有特征值 $\lambda_1=-2$，$\lambda_2=4$，试求参数 a，b 的值.

【解】　因为 $\lambda_1=-2$，$\lambda_2=4$ 均为 $\boldsymbol{A}$ 的特征值，所以

$$|\lambda_1\boldsymbol{E}-\boldsymbol{A}|=|-2\boldsymbol{E}-\boldsymbol{A}|=\begin{vmatrix}-3&3&-3\\-3&-2-a&-3\\-6&6&-2-b\end{vmatrix}=3(5+a)(4-b)=0,$$

$$|\lambda_2\boldsymbol{E}-\boldsymbol{A}|=|4\boldsymbol{E}-\boldsymbol{A}|=\begin{vmatrix}3&3&-3\\-3&4-a&-3\\-6&6&4-b\end{vmatrix}=3[-(7-a)(2+b)+72]=0,$$

联立上述两式，解得 $a=-5$，$b=4$.

注： 若已知特征值 λ_0，一般用 $|\lambda_0\boldsymbol{E}-\boldsymbol{A}|=0$ 进行讨论，确定矩阵中的参数.

例7　若 $\boldsymbol{\alpha}=(3,-1,a)^{\mathrm{T}}$ 是矩阵 $\boldsymbol{A}=\begin{bmatrix}-1&0&2\\1&2&-1\\1&3&a\end{bmatrix}$ 的特征向量，则 $a=$________.

【解】　按定义，$\boldsymbol{A}\boldsymbol{\alpha}=\lambda\boldsymbol{\alpha}$，于是有

$$\begin{bmatrix} -1 & 0 & 2 \\ 1 & 2 & -1 \\ 1 & 3 & a \end{bmatrix}\begin{bmatrix} 3 \\ -1 \\ a \end{bmatrix} = \lambda\begin{bmatrix} 3 \\ -1 \\ a \end{bmatrix},$$

即

$$\begin{cases} -3+0+2a=3\lambda \\ 3-2-a=-\lambda \\ 3-3+a^2=a\lambda \end{cases},$$

解出 $a=0$.

注: 若已知特征向量 $\boldsymbol{\xi}$, 一般用 $\boldsymbol{A\xi}=\lambda\boldsymbol{\xi}$ 进行分析,建立方程,依次确定矩阵中的参数和特征值 λ.

例 8 已知 $\boldsymbol{\xi}=\begin{bmatrix} 1 \\ 1 \\ -1 \end{bmatrix}$ 是 $\boldsymbol{A}=\begin{bmatrix} a & -1 & 2 \\ 5 & b & 3 \\ -1 & 0 & -2 \end{bmatrix}$ 的特征向量,求 a, b 的值,并证明 $\boldsymbol{A}$ 的任一特征向量均能由 $\boldsymbol{\xi}$ 线性表出.

【解】 按定义, $\boldsymbol{A\xi}=\lambda\boldsymbol{\xi}$, 于是有

$$\begin{bmatrix} a & -1 & 2 \\ 5 & b & 3 \\ 1 & 0 & 2 \end{bmatrix}\begin{bmatrix} 1 \\ 1 \\ 1 \end{bmatrix} = \lambda\begin{bmatrix} 1 \\ 1 \\ -1 \end{bmatrix},$$

即

$$\begin{cases} a-1-2=\lambda \\ 5+b-3=\lambda \\ -1+0+2=\lambda \end{cases},$$

解得 $\lambda=-1$, $a=2$, $b=-3$.

故
$$\boldsymbol{A}=\begin{bmatrix} 2 & -1 & 2 \\ 5 & -3 & 3 \\ -1 & 0 & -2 \end{bmatrix}.$$

由 $|\lambda\boldsymbol{E}-\boldsymbol{A}|=\lambda^3-(2-3-2)\lambda^2+(-1+6-2)\lambda-(-1)=(\lambda+1)^3$, 知 $\lambda=-1$ 是 $\boldsymbol{A}$ 的三重特征值,又因 $r(-\boldsymbol{E}-\boldsymbol{A})=2$, 从而 $\lambda=-1$ 对应的线性无关的特征向量只有一个,所以 $\boldsymbol{A}$ 的特征向量均可由 ξ 线性表出.

例 9 已知 $\boldsymbol{A}=\begin{bmatrix} 0 & 0 & 1 \\ x & 1 & 0 \\ 1 & 0 & 0 \end{bmatrix}$ 有三个线性无关的特征向量,求 x.

【解】 由 $\boldsymbol{A}$ 的特征方程

$$|\lambda \boldsymbol{E}-\boldsymbol{A}|=\begin{vmatrix}\lambda & 0 & -1\\ -x & \lambda-1 & 0\\ -1 & 0 & \lambda\end{vmatrix}=(\lambda-1)(\lambda^2-1)=0,$$

得到特征值 $\lambda=1$（二重特征值），$\lambda=-1$.

因为 $\boldsymbol{A}$ 有三个线性无关的特征向量，故对应于 $\lambda=1$ 必须有两个线性无关的特征向量，那么，必有 $r(\boldsymbol{E}-\boldsymbol{A})=3-2=1$，于是

$$\boldsymbol{E}-\boldsymbol{A}=\begin{bmatrix}1 & 0 & -1\\ -x & 0 & 0\\ -1 & 0 & 1\end{bmatrix}\to\begin{bmatrix}1 & 0 & -1\\ -x & 0 & 0\\ 0 & 0 & 0\end{bmatrix},$$

得 $x=0$.

5.2　矩阵的相似对角化

5.2.1　知识点梳理

1）相似矩阵的定义

设 $\boldsymbol{A}$, $\boldsymbol{B}$ 都是 n 阶矩阵，若存在可逆矩阵 $\boldsymbol{P}$，使 $\boldsymbol{P}^{-1}\boldsymbol{A}\boldsymbol{P}=\boldsymbol{B}$，则称 $\boldsymbol{B}$ 是 $\boldsymbol{A}$ 的相似矩阵，或说矩阵 $\boldsymbol{A}$ 与 $\boldsymbol{B}$ 相似，记作 $\boldsymbol{A}\sim\boldsymbol{B}$，称 $\boldsymbol{P}^{-1}\boldsymbol{A}\boldsymbol{P}$ 是对 $\boldsymbol{A}$ 作相似变换.

2）相似矩阵的性质

(1) 如果 $\boldsymbol{A}\sim\boldsymbol{B}$，则

① $r(\boldsymbol{A})=r(\boldsymbol{B})$.

② $|\boldsymbol{A}|=|\boldsymbol{B}|$.

③ $|\lambda\boldsymbol{E}-\boldsymbol{A}|=|\lambda\boldsymbol{E}-\boldsymbol{B}|$.

④ $\operatorname{tr}(\boldsymbol{A})=\sum_{i=1}^{n}a_{ii}=\sum_{i=1}^{n}b_{ii}=\operatorname{tr}(\boldsymbol{B})$.

(2) 如果 $\boldsymbol{A}\sim\boldsymbol{B}$，则 $\boldsymbol{A}^{\mathrm{T}}\sim\boldsymbol{B}^{\mathrm{T}}$, $\boldsymbol{A}^{-1}\sim\boldsymbol{B}^{-1}$, $\boldsymbol{A}^{n}\sim\boldsymbol{B}^{n}$, $\boldsymbol{A}^{*}\sim\boldsymbol{B}^{*}$（$\boldsymbol{A}$, $\boldsymbol{B}$ 可逆），$f(\boldsymbol{A})\sim f(\boldsymbol{B})$.

3）相似对角化

若矩阵 $\boldsymbol{A}$ 能与对角矩阵 $\boldsymbol{\Lambda}$ 相似，则称矩阵 $\boldsymbol{A}$ 可相似对角化，记为 $\boldsymbol{A}\sim\boldsymbol{\Lambda}$.

4）相似对角化的条件

(1) 矩阵 $\boldsymbol{A}$ 可相似对角化.

$\Leftrightarrow$ $\boldsymbol{A}$ 有 n 个线性无关的特征向量；

$\Leftrightarrow$ 对 $\boldsymbol{A}$ 的每个不同的特征值 λ_i，线性无关的特征向量的个数等于该特征值 λ_i 的重数 k_i；

$\Leftrightarrow$ $r(\lambda_i\boldsymbol{E}-\boldsymbol{A})=n-k_i$.

(2) 当 $\boldsymbol{A}$ 有 n 个不同的特征值时,矩阵 $\boldsymbol{A}$ 可相似对角化.

(3) 实对称矩阵必能相似对角化.

5) 方阵相似对角化的计算步骤:

若 n 阶矩阵 $\boldsymbol{A}$ 不是对称矩阵,则

(1) 求解特征方程 $|\lambda\boldsymbol{E}-\boldsymbol{A}|=0$,得到 $\boldsymbol{A}$ 的全部特征值 $\lambda_1, \lambda_2, \cdots, \lambda_n$.

(2) 若特征值 $\lambda_1, \lambda_2, \cdots, \lambda_n$ 互异,则矩阵 $\boldsymbol{A}$ 可相似对角化.

(3) 若有重特征值 λ_i,特征值中有重根 λ_i,其重数为 k_i,则判断重根 λ_i 是否有 k_i 个线性无关的特征向量,即判断 $n-r(\lambda_i\boldsymbol{E}-\boldsymbol{A})=k_i$ 是否成立,若成立,则 A 可以相似对角化;否则 A 不可相似对角化.

(4) 若可相似对角化,求矩阵 $\boldsymbol{A}$ 的特征值 $\lambda_1, \lambda_2, \cdots, \lambda_n$ 所对应的线性无关的特征向量 $\boldsymbol{\alpha}_1, \boldsymbol{\alpha}_2, \cdots, \boldsymbol{\alpha}_n$.

(5) 以 λ_i 的特征向量为列,按特征值的顺序从左向右构造可逆矩阵 $\boldsymbol{P}=(\boldsymbol{\alpha}_1, \boldsymbol{\alpha}_2, \cdots, \boldsymbol{\alpha}_n)$,与特征向量相对应,从上到下将特征值 λ_i 写在矩阵的主对角线上构成对角矩阵 $\boldsymbol{\Lambda}$,则 $\boldsymbol{P}^{-1}\boldsymbol{A}\boldsymbol{P}=\boldsymbol{\Lambda}$.

5.2.2 题型归类与方法分析

题型 3 矩阵可相似对角化的充分必要条件

(1) n 阶矩阵 $\boldsymbol{A}$ 可相似对角化 $\Leftrightarrow \boldsymbol{A}$ 有 n 个线性无关的特征向量.

(2) 判定 n 阶矩阵 $\boldsymbol{A}$ 是否可相似对角化的具体步骤为:

① 判断 $\boldsymbol{A}$ 是否是实对称矩阵,若是,则可以相似对角化;

② 若 $\boldsymbol{A}$ 不是实对称矩阵,求 $\boldsymbol{A}$ 的所有特征值. 如果 $\boldsymbol{A}$ 有 n 个不同的特征值,则可相似对角化;

③ 若非实对称矩阵 $\boldsymbol{A}$ 的特征值中有重根 λ_i,其重数为 k_i,则判断重根 λ_i 是否有 k_i 个线性无关的特征向量,即判断 $n-r(\lambda_i\boldsymbol{E}-\boldsymbol{A})=k_i$ 是否成立,若成立,则 $\boldsymbol{A}$ 可以相似对角化;否则 $\boldsymbol{A}$ 不可相似对角化.

例 10 n 阶矩阵 $\boldsymbol{A}$ 与 $\boldsymbol{B}$ 相似的充分条件是(　　).

A. $\boldsymbol{A}^2$ 与 $\boldsymbol{B}^2$ 相似　　B. $\boldsymbol{A}$ 与 $\boldsymbol{B}$ 有相同的特征值

C. $\boldsymbol{A}$ 与 $\boldsymbol{B}$ 有相同的特征向量　　D. $\boldsymbol{A}$ 与 $\boldsymbol{B}$ 均和对角矩阵 $\boldsymbol{\Lambda}$ 相似

【分析】

(1) 如果 $\boldsymbol{A}$ 与 $\boldsymbol{B}$ 相似,则有 $\boldsymbol{P}^{-1}\boldsymbol{A}\boldsymbol{P}=\boldsymbol{B}$,那么 $\boldsymbol{P}^{-1}\boldsymbol{A}^2\boldsymbol{P}=(\boldsymbol{P}^{-1}\boldsymbol{A}\boldsymbol{P})(\boldsymbol{P}^{-1}\boldsymbol{A}\boldsymbol{P})=\boldsymbol{B}^2$,知 $\boldsymbol{A}^2$ 与 $\boldsymbol{B}^2$ 相似,但 $\boldsymbol{A}^2$ 与 $\boldsymbol{B}^2$ 相似,推不出 $\boldsymbol{A}$ 与 $\boldsymbol{B}$ 相似. 例如 $\boldsymbol{A}=\begin{bmatrix}0&1\\0&0\end{bmatrix}$, $\boldsymbol{B}=\begin{bmatrix}0&0\\0&0\end{bmatrix}$, $\boldsymbol{A}^2=\boldsymbol{B}^2$, $\boldsymbol{A}^2$ 与 $\boldsymbol{B}^2$ 相似,但由于 $r(\boldsymbol{A})\neq r(\boldsymbol{B})$,显然 $\boldsymbol{A}$ 与 $\boldsymbol{B}$ 不相似,所以 A 是必要条件而不是充分条件.

(2) 是必要条件不是充分条件. 由 $\boldsymbol{P}^{-1}\boldsymbol{A}\boldsymbol{P}=\boldsymbol{B}$,有 $|\lambda\boldsymbol{E}-\boldsymbol{A}|=|\lambda\boldsymbol{E}-\boldsymbol{B}|$,即 $\boldsymbol{A}, \boldsymbol{B}$ 有相

同的特征值，但条件(1)中例子说明虽然 $\boldsymbol{A}$，$\boldsymbol{B}$ 有相同的特征值 $\lambda_1=\lambda_2=0$，但 $\boldsymbol{A}$ 与 $\boldsymbol{B}$ 不相似.

(3) 不是充分条件. 如果 $\boldsymbol{\alpha}$ 是矩阵 $\boldsymbol{A}$ 属于特征值 λ 的特征向量，$\boldsymbol{\alpha}$ 是矩阵 $\boldsymbol{B}$ 属于特征值 μ 的特征向量，虽然矩阵 $\boldsymbol{A}$ 与 $\boldsymbol{B}$ 有相同的特征向量，但由于特征值不同，所以 $\boldsymbol{A}$ 与 $\boldsymbol{B}$ 不相似.

(4) 是充分条件. 事实上，若 $\boldsymbol{A}$，$\boldsymbol{B}$ 均与对角矩阵相似，则有 $\boldsymbol{P}_1^{-1}\boldsymbol{A}\boldsymbol{P}_1=\boldsymbol{\Lambda}=\boldsymbol{P}_2^{-1}\boldsymbol{B}\boldsymbol{P}_2$，那么 $\boldsymbol{P}_2\boldsymbol{P}_1^{-1}\boldsymbol{A}\boldsymbol{P}_1\boldsymbol{P}_2^{-1}=\boldsymbol{B}$，令 $\boldsymbol{P}=\boldsymbol{P}_1\boldsymbol{P}_2^{-1}$，则有 $\boldsymbol{P}^{-1}\boldsymbol{A}\boldsymbol{P}=\boldsymbol{B}$，即 $\boldsymbol{A}$ 与 $\boldsymbol{B}$ 相似.

注： 条件D不是必要的，因为当 $\boldsymbol{A}$，$\boldsymbol{B}$ 不能相似对角化时，矩阵 $\boldsymbol{A}$ 与 $\boldsymbol{B}$ 仍可能相似，只要它们与同一个矩阵 $\boldsymbol{C}$ 相似即可.

例 11 不能相似对角化的矩阵是(　　).

A. $\begin{bmatrix}1&2&1\\0&3&0\\0&0&0\end{bmatrix}$　B. $\begin{bmatrix}1&2&1\\0&1&0\\0&0&3\end{bmatrix}$　C. $\begin{bmatrix}1&1&1\\2&2&2\\3&3&3\end{bmatrix}$　D. $\begin{bmatrix}1&2&3\\2&4&5\\3&5&6\end{bmatrix}$

【分析】

(1) A 中的矩阵有三个不同的特征值 1，3，0，故可相似对角化.

(2) B 矩阵的特征值为 1，1，3.

因为 $r(\boldsymbol{E}-\boldsymbol{A})=r\begin{bmatrix}0&-2&-1\\0&0&0\\0&0&2\end{bmatrix}=2$，故 $(\boldsymbol{E}-\boldsymbol{A})\boldsymbol{x}=\boldsymbol{0}$ 的基础解系中仅含有一个向量，即对应于 $\lambda=1$ 只有一个线性无关的特征向量，所以 B 不能对角化.

(3) C 由于 $r(\boldsymbol{A})=1$，有 $|\lambda\boldsymbol{E}-\boldsymbol{A}|=\lambda^3-\sum a_{ii}\lambda^2=\lambda^3-6\lambda^2$，矩阵的特征值为 6，0，0.

因为 $r(0\boldsymbol{E}-\boldsymbol{A})=r(\boldsymbol{A})=1$，说明对应于 $\lambda=0$ 只有两个线性无关的特征向量，从而 $\boldsymbol{A}$ 可以相似对角化.

(4) D 矩阵是实对称矩阵，一定可以相似对角化.

【解】 所选答案为 B.

例 12 已知 $\boldsymbol{A}=\begin{bmatrix}2&1&-1\\1&2&1\\-1&1&2\end{bmatrix}$，$\boldsymbol{B}=\begin{bmatrix}2&0&1\\-1&3&1\\2&0&1\end{bmatrix}$，判断 $\boldsymbol{A}$ 与 $\boldsymbol{B}$ 是否相似，并说明理由.

【解】 由于 $\boldsymbol{A}$ 是实对称矩阵，一定可以相似对角化，且

$$|\lambda\boldsymbol{E}-\boldsymbol{A}|=\begin{vmatrix}\lambda-2&-1&1\\-1&\lambda-2&-1\\1&-1&\lambda-2\end{vmatrix}=\lambda(\lambda-3)^2,$$

所以其特征值为 0，3，3，

对于 $\boldsymbol{B}$，

$$|\lambda \boldsymbol{E}-\boldsymbol{B}|=\begin{vmatrix}\lambda-2 & 0 & -1\\ 1 & \lambda-3 & -1\\ -2 & 0 & \lambda-1\end{vmatrix}=\lambda(\lambda-3)^2=0,$$

可见 $\boldsymbol{B}$ 的特征值为 3, 3, 0.

当 $\lambda=3$ 时, $r(3\boldsymbol{E}-\boldsymbol{B})=r\begin{bmatrix}1 & 0 & -1\\ 1 & 0 & -1\\ -2 & 0 & 2\end{bmatrix}=1$, 所以 $\boldsymbol{B}$ 可以对角化. 由于 $\boldsymbol{A}$, $\boldsymbol{B}$ 均可以对角化,且都与 $\begin{bmatrix}3 & & \\ & 3 & \\ & & 0\end{bmatrix}$ 相似,从而 $\boldsymbol{A}$ 与 $\boldsymbol{B}$ 相似.

注: ① 如果两个矩阵相似,则特征值一定相同,即特征值相同是矩阵相似的必要条件,特征值不同的矩阵一定不相似.

② 特征值相同的矩阵不一定相似. 例如 $\boldsymbol{C}=\begin{bmatrix}3 & 1 & -1\\ 0 & 3 & 2\\ 0 & 0 & 0\end{bmatrix}$ 的特征值也是 3, 3, 0,但 $r(3\boldsymbol{E}-\boldsymbol{C})=2$, 所以 $\boldsymbol{C}$ 不能对角化,那么 $\boldsymbol{C}$ 与 $\boldsymbol{A}$, $\boldsymbol{B}$ 均不相似.

③ 若 $\boldsymbol{A}$, $\boldsymbol{B}$ 均为实对称矩阵, $\boldsymbol{A}$ 与 $\boldsymbol{B}$ 有相同的特征值是 $\boldsymbol{A}$ 与 $\boldsymbol{B}$ 相似的充分必要条件.

例 13 设矩阵 $\boldsymbol{A}=\begin{bmatrix}1 & 2 & -3\\ -1 & 4 & -3\\ 1 & a & 5\end{bmatrix}$ 的特征方程有一个二重根,求 a 的值,并讨论 $\boldsymbol{A}$ 是否可以相似对角化.

【解】 $\boldsymbol{A}$ 的特征方程为

$$|\lambda \boldsymbol{E}-\boldsymbol{A}|=\begin{vmatrix}\lambda-1 & -2 & 3\\ 1 & \lambda-4 & 3\\ -1 & -a & \lambda-5\end{vmatrix}=(\lambda-2)[(\lambda-3)(\lambda-5)+3(a+1)]$$

$$=(\lambda-2)(\lambda^2-8\lambda+18+3a),$$

已知 $\boldsymbol{A}$ 有一个二重特征值,所以有以下两种情况:

若 $\lambda=2$ 是特征方程的二重特征值,则有 $2^2-16+18-3a=0$, $a=-2$, 此时 $|\lambda \boldsymbol{E}-\boldsymbol{A}|=(\lambda-2)^2(\lambda-6)$, 得 $\boldsymbol{A}$ 的特征值为 2, 2, 6.

又

$$(2\boldsymbol{E}-\boldsymbol{A})=\begin{bmatrix}1 & -2 & 3\\ 1 & -2 & 3\\ -1 & 2 & 3\end{bmatrix}\to\begin{bmatrix}1 & -2 & 3\\ 0 & 0 & 0\\ 0 & 0 & 0\end{bmatrix},$$

显然 $r(2E-A)=1$，故对应于 $\lambda=2$ 的线性无关的特征向量的个数为2，恰好等于 $\lambda=2$ 的重数，从而可知 A 可以相似对角化.

若 $\lambda=2$ 不是特征方程的二重特征值，则 $\lambda^2-8\lambda+18-3a$ 为完全平方，从而 $18-3a=16$，$a=-\frac{2}{3}$. 此时，$|\lambda E-A|=(\lambda-4)^2(\lambda-2)$，求得 A 的特征值为4，4，2，由

$$(4E-A)=\begin{bmatrix}3 & -2 & 3\\ 1 & 0 & 3\\ -1 & \frac{2}{3} & -1\end{bmatrix}\to\begin{bmatrix}3 & -2 & 3\\ 1 & 0 & 3\\ 0 & 0 & 0\end{bmatrix},$$

显然 $r(4E-A)=2$，故对应于 $\lambda=4$ 的线性无关的特征向量的个数为1，不等于 $\lambda=4$ 的重数，从而可知 A 不可以相似对角化.

综上所述，当 $a=-2$ 时，A 可以相似对角化.

题型4　关于相似矩阵的计算

例14　已知 $A=\begin{bmatrix}1 & 4 & -2\\ 0 & -1 & 0\\ 1 & 2 & -2\end{bmatrix}$，求可逆矩阵 P，化 A 为相似标准形 Λ，并写出对角矩阵.

【解】　由特征多项式

$$|\lambda E-A|=\begin{vmatrix}\lambda-1 & -4 & 2\\ 0 & \lambda+1 & 0\\ -1 & -2 & \lambda+2\end{vmatrix}=(\lambda+1)(\lambda^2+\lambda),$$

得 A 的特征值为 -1，-1，0.

对应于 $\lambda=-1$，解齐次线性方程组 $(-E-A)x=0$，得到特征向量 $\alpha_1=(-2,1,0)^T$，$\alpha_2=(1,0,1)^T$.

对应于 $\lambda=0$，解齐次方程组 $Ax=0$，得到特征向量 $\alpha_3=(2,0,1)^T$，

令 $P=(\alpha_1,\alpha_2,\alpha_3)=\begin{bmatrix}-2 & 1 & 2\\ 1 & 0 & 0\\ 0 & 1 & 1\end{bmatrix}$，有 $P^{-1}AP=\Lambda=\begin{bmatrix}-1 & & \\ & -1 & \\ & & 0\end{bmatrix}$.

例15　设矩阵 A 与 B 相似，其中

$$A=\begin{bmatrix}-2 & 0 & 0\\ 2 & x & 2\\ 3 & 1 & 1\end{bmatrix},B=\begin{bmatrix}-1 & 0 & 0\\ 0 & 2 & 0\\ 0 & 0 & y\end{bmatrix}.$$

① 求 x 和 y 的值；

② 求可逆矩阵 $\boldsymbol{P}$，使得 $\boldsymbol{P}^{-1}\boldsymbol{A}\boldsymbol{P}=\boldsymbol{B}$.

【解】 ① 因为矩阵 $\boldsymbol{A}$ 与 $\boldsymbol{B}$ 相似，所以 $\boldsymbol{A}$ 与 $\boldsymbol{B}$ 有相同的特征值. 而 $\boldsymbol{B}$ 的特征值为 $-1, 2, y$，从而 $\boldsymbol{A}$ 的特征值也是 $-1, 2, y$.

由 $|\lambda\boldsymbol{E}-\boldsymbol{A}|=0$，得 $(\lambda+2)[\lambda^2-(x+1)\lambda+(x-2)]=0$.

因为 $\lambda=-1$ 是 $\boldsymbol{A}$ 的特征值，所以 $(-1+2)(1+x+1+x-2)=0$，得 $x=0$. 将 $x=0$ 代入上式，得 $\boldsymbol{A}$ 的特征值为 $-1, 2, -2$，所以 $y=-2$.

② 由①知 $\boldsymbol{A}=\begin{bmatrix}-2&0&0\\2&0&2\\3&1&1\end{bmatrix}$，由于矩阵 $\boldsymbol{A}$ 与 $\boldsymbol{B}$ 相似且 $\boldsymbol{B}$ 为对角矩阵，所以，$-1, 2, -2$为 $\boldsymbol{A}$ 的全部特征值.

当 $\lambda_1=-1$ 时，由 $(-\boldsymbol{E}-\boldsymbol{A})\boldsymbol{x}=\boldsymbol{0}$ 解得属于特征值 $\lambda_1=-1$ 的特征向量 $\boldsymbol{\alpha}_1=(0, -2, 1)^{\mathrm{T}}$；

当 $\lambda_2=2$ 时，由 $(2\boldsymbol{E}-\boldsymbol{A})\boldsymbol{x}=\boldsymbol{0}$ 解得属于特征值 $\lambda_2=2$ 的特征向量 $\boldsymbol{\alpha}_2=(0, 1, 1)^{\mathrm{T}}$；

当 $\lambda_3=-2$ 时，由 $(-2\boldsymbol{E}-\boldsymbol{A})\boldsymbol{x}=\boldsymbol{0}$ 解得属于特征值 $\lambda_3=-2$ 的特征向量 $\boldsymbol{\alpha}_3=(1, 0, -1)^{\mathrm{T}}$，

令 $\boldsymbol{P}=(\boldsymbol{\alpha}_1, \boldsymbol{\alpha}_2, \boldsymbol{\alpha}_3)=\begin{bmatrix}0&0&1\\-2&1&0\\1&1&-1\end{bmatrix}$，有 $\boldsymbol{P}^{-1}\boldsymbol{A}\boldsymbol{P}=\boldsymbol{B}$.

例 16 已知矩阵 $\boldsymbol{A}$ 与 $\boldsymbol{B}$ 相似，其中 $\boldsymbol{A}=\begin{bmatrix}1&4\\2&3\end{bmatrix}$，$\boldsymbol{B}=\begin{bmatrix}6&a\\-1&b\end{bmatrix}$，求 a, b 的值及矩阵 $\boldsymbol{P}$，使得 $\boldsymbol{P}^{-1}\boldsymbol{A}\boldsymbol{P}=\boldsymbol{B}$.

【解】 由于 $\boldsymbol{A}$ 与 $\boldsymbol{B}$ 相似，所以

$$\begin{cases}1+3=6+b\\-5=a+6b\end{cases},$$

解得 $a=7, b=-2$,

由 $\boldsymbol{A}$ 的特征多项式 $|\lambda\boldsymbol{E}-\boldsymbol{A}|=\begin{vmatrix}\lambda-1&-4\\-2&\lambda-3\end{vmatrix}=(\lambda-5)(\lambda+1)$，得到 $\boldsymbol{A}$ 的特征值是 $5, -1$. 由于 $\boldsymbol{A}$ 与 $\boldsymbol{B}$ 相似，它亦是 $\boldsymbol{B}$ 的特征值.

求解齐次方程组 $(5\boldsymbol{E}-\boldsymbol{A})\boldsymbol{x}=\boldsymbol{0}$，$(-\boldsymbol{E}-\boldsymbol{A})\boldsymbol{x}=\boldsymbol{0}$ 分别得到 $\boldsymbol{A}$ 的属于特征值 $5, -1$ 的特征向量 $\boldsymbol{\alpha}_1=(1, 1)^{\mathrm{T}}$，$\boldsymbol{\alpha}_2=(-2, 1)^{\mathrm{T}}$.

同时，求解齐次方程组 $(5\boldsymbol{E}-\boldsymbol{B})\boldsymbol{x}=\boldsymbol{0}$，$(-\boldsymbol{E}-\boldsymbol{B})\boldsymbol{x}=\boldsymbol{0}$ 可得到 $\boldsymbol{B}$ 的特征向量 $\boldsymbol{\beta}_1=(-7, 1)^{\mathrm{T}}$，$\boldsymbol{\beta}_2=(-1, 1)^{\mathrm{T}}$.

那么，令

$$P_1=\begin{bmatrix}1 & -2\\ 1 & 1\end{bmatrix},P_2=\begin{bmatrix}-7 & -1\\ 1 & 1\end{bmatrix},$$

有 $P_1^{-1}AP_1=\begin{bmatrix}5 & \\ & -1\end{bmatrix}=P_2^{-1}BP_2$，即 $P_2P_1^{-1}AP_1P_2^{-1}=B$，可见，取 $P=P_1P_2^{-1}=\begin{bmatrix}-\frac{1}{2} & -\frac{5}{2}\\ 0 & 1\end{bmatrix}$，有 $P^{-1}AP=B$.

5.3　实对称矩阵的相似对角化

5.3.1　知识点梳理

1）实对称矩阵的特征值和特征向量的性质

性质1　实对称矩阵的特征值为实数.

性质2　实对称矩阵的属于不同特征值的特征向量是相互正交的.

性质3　n阶实对称矩阵A必可正交相似对角化，且总存在正交矩阵Q，使得$Q^TAQ=Q^{-1}AQ=\mathrm{diag}(\lambda_1,\lambda_2,\cdots,\lambda_n)$，其中$\lambda_1,\lambda_2,\cdots,\lambda_n$为$A$特征值.

注意：① 实对称矩阵一定可以相似对角化，故A有n个线性无关的特征向量. 对于A的每个不同的特征值λ_i，线性无关的特征向量的个数一定等于该特征值的重数k_i，也就是$r(\lambda_iE-A)=n-k_i$；

② 用正交矩阵将实对称矩阵A相似对角化，要将特征向量标准正交化. 不同特征值对应的特征向量已经相互正交，只需将A的r重特征值对应的r个线性无关的特征向量，利用施密特正交化方法将正交化；

③ 可以利用不同特征值对应的特征向量相互正交的性质求特征向量.

2）实对称矩阵正交相似对角化的方法步骤

（1）特征值：由特征方程$|\lambda E-A|=0$求出A的全部特征值$\lambda_1,\lambda_2,\cdots,\lambda_n$.

（2）特征向量：对于每个特征值λ_i，解齐次线性方程组$(\lambda_iE-A)x=0$，求出它的基础解系$\alpha_1,\alpha_2,\cdots,\alpha_s$.

（3）正交化：利用施密特正交化方法将属于同一特征值的特征向量正交化，得到$\beta_1,\beta_2,\cdots,\beta_s$.

（4）单位化：所有的特征向量都单位化.

（5）构造正交矩阵Q：将得到的向量按列排成n阶矩阵，即为所求的正交矩阵Q.

（6）写出关系式：$Q^TAQ=\Lambda$，其中Λ的对角线元素λ_i与Q中的列向量是相应的.

5.3.2 题型归类与方法分析

题型 5 实对称矩阵的特征值与特征向量

例 17 设 $\boldsymbol{A}$ 是 3 阶实对称矩阵,秩 $r(\boldsymbol{A})=2$,若 $\boldsymbol{A}^2=\boldsymbol{A}$,则 $\boldsymbol{A}$ 的特征值是______.

【解】 设 λ 是 $\boldsymbol{A}$ 的任一特征值,$\boldsymbol{\alpha}$ 是属于 λ 的特征向量,即 $\boldsymbol{A\alpha}=\lambda\boldsymbol{\alpha}$,$\boldsymbol{\alpha}\neq\boldsymbol{0}$,那么

$$\boldsymbol{A}^2\boldsymbol{\alpha}=\boldsymbol{A}(\lambda\boldsymbol{\alpha})=\lambda\boldsymbol{A\alpha}=\lambda^2\boldsymbol{\alpha},$$

由 $\boldsymbol{A}^2=\boldsymbol{A}$,有 $\lambda^2\boldsymbol{\alpha}=\lambda\boldsymbol{\alpha}$,即 $(\lambda^2-\lambda)\boldsymbol{\alpha}=\boldsymbol{0}$ 且 $\boldsymbol{\alpha}\neq\boldsymbol{0}$,故矩阵 $\boldsymbol{A}$ 的特征值是 1 和 0.

因为 $\boldsymbol{A}$ 是实对称矩阵,知 $\boldsymbol{A}$ 与对角矩阵相似且对角矩阵主对角线上的元素由 $\boldsymbol{A}$ 的特征值构成,又 $r(\boldsymbol{A})=2$,得 $\boldsymbol{A}$ 的特征值为 1, 1, 0.

例 18 设实对称矩阵 $\boldsymbol{A}=\begin{bmatrix}a&1&1\\1&a&-1\\1&-1&a\end{bmatrix}$,求正交矩阵 $\boldsymbol{Q}$,使得 $\boldsymbol{Q}^{\mathrm{T}}\boldsymbol{AQ}$ 为对角矩阵,并计算 $|\boldsymbol{A}-\boldsymbol{E}|$ 的值.

【解】 矩阵 $\boldsymbol{A}$ 的特征多项式

$$|\lambda\boldsymbol{E}-\boldsymbol{A}|=\begin{vmatrix}\lambda-a&-1&-1\\-1&\lambda-a&1\\-1&1&\lambda-a\end{vmatrix}=\begin{vmatrix}\lambda-a-1&0&\lambda-a-1\\-1&\lambda-a&1\\-1&1&\lambda-a\end{vmatrix}$$

$$=(\lambda-a-1)\begin{vmatrix}1&0&1\\-1&\lambda-a&1\\-1&1&\lambda-a\end{vmatrix}=(\lambda-a-1)^2(\lambda-a+2),$$

故矩阵 A 的特征值为 $\lambda_1=\lambda_2=a+1$, $\lambda_3=a-2$.

对于 $\lambda_1=\lambda_2=a+1$,解齐次线性方程组 $[(a+1)\boldsymbol{E}-\boldsymbol{A}]\boldsymbol{x}=\boldsymbol{0}$,因为

$$[(a+1)\boldsymbol{E}-\boldsymbol{A}]=\begin{bmatrix}1&-1&-1\\-1&1&1\\-1&1&1\end{bmatrix}\to\begin{bmatrix}1&-1&-1\\0&0&0\\0&0&0\end{bmatrix},$$

所以对应的特征向量为 $\boldsymbol{\alpha}_1=(1,1,0)^{\mathrm{T}}$, $\boldsymbol{\alpha}_2=(1,0,1)^{\mathrm{T}}$.

对于 $\lambda_3=a-2$,解齐次线性方程组 $[(a-2)\boldsymbol{E}-\boldsymbol{A}]\boldsymbol{x}=\boldsymbol{0}$,因为

$$[(a-2)\boldsymbol{E}-\boldsymbol{A}]=\begin{bmatrix}-2&-1&-1\\-1&-2&1\\-1&1&-2\end{bmatrix}\to\begin{bmatrix}1&2&-1\\0&1&-1\\0&0&0\end{bmatrix}\to\begin{bmatrix}1&0&1\\0&1&-1\\0&0&0\end{bmatrix},$$

所以对应的特征向量为 $\boldsymbol{\alpha}_3=(-1,1,1)^{\mathrm{T}}$.

将 $\boldsymbol{\alpha}_1, \boldsymbol{\alpha}_2$ 正交化,得

$$\boldsymbol{\eta}_1 = \boldsymbol{\alpha}_1 = (1, 1, 0)^{\mathrm{T}};$$

$$\boldsymbol{\eta}_2 = \boldsymbol{\alpha}_2 - \frac{(\boldsymbol{\alpha}_2, \boldsymbol{\eta}_1)}{(\boldsymbol{\eta}_1, \boldsymbol{\eta}_1)}\boldsymbol{\eta}_1 = (1, 0, 1)^{\mathrm{T}} - \frac{1}{2}(1, 1, 0)^{\mathrm{T}}$$

$$= \left(\frac{1}{2}, -\frac{1}{2}, 1\right)^{\mathrm{T}} = \frac{1}{2}(1, -1, 2)^{\mathrm{T}}.$$

再将 $\boldsymbol{\eta}_1, \boldsymbol{\eta}_2, \boldsymbol{\alpha}_3$ 单位化,得

$$\boldsymbol{\gamma}_1 = \frac{\boldsymbol{\eta}_1}{\|\boldsymbol{\eta}_1\|} = \frac{1}{\sqrt{2}}(1, 1, 0)^{\mathrm{T}},$$

$$\boldsymbol{\gamma}_2 = \frac{\boldsymbol{\eta}_2}{\|\boldsymbol{\eta}_2\|} = \frac{1}{\sqrt{6}}(1, -1, 2)^{\mathrm{T}},$$

$$\boldsymbol{\gamma}_3 = \frac{\boldsymbol{\alpha}_3}{\|\boldsymbol{\alpha}_3\|} = \frac{1}{\sqrt{3}}(-1, 1, 1)^{\mathrm{T}}.$$

令

$$\boldsymbol{Q} = (\boldsymbol{\gamma}_1, \boldsymbol{\gamma}_2, \boldsymbol{\gamma}_3) = \begin{bmatrix} \frac{1}{\sqrt{2}} & \frac{1}{\sqrt{6}} & -\frac{1}{\sqrt{3}} \\ \frac{1}{\sqrt{2}} & -\frac{1}{\sqrt{6}} & \frac{1}{\sqrt{3}} \\ 0 & \frac{2}{\sqrt{6}} & \frac{1}{\sqrt{3}} \end{bmatrix},$$

则

$$\boldsymbol{Q}^{\mathrm{T}}\boldsymbol{A}\boldsymbol{Q} = \boldsymbol{Q}^{-1}\boldsymbol{A}\boldsymbol{Q} = \boldsymbol{\Lambda} = \begin{bmatrix} a+1 & & \\ & a+1 & \\ & & a-2 \end{bmatrix}.$$

因为 $\boldsymbol{A}$ 的特征值为 $a+1, a+1, a-2$,所以 $\boldsymbol{A}-\boldsymbol{E}$ 的特征值为 $a, a, a-3$,则有

$$|\boldsymbol{A}-\boldsymbol{E}| = a^2(a-3).$$

例 19 已知 $\boldsymbol{A}$ 是 3 阶实对称矩阵,其特征值分别为 $-1, 0, 2$, $\boldsymbol{\alpha}_1 = (4, a, -1)^{\mathrm{T}}$, $\boldsymbol{\alpha}_2 = (a+2, a, 4)^{\mathrm{T}}$ 为 $\boldsymbol{A}$ 的分别属于特征值 $-1, 2$ 的特征向量,求矩阵 $\boldsymbol{A}$.

【解】 因为 $\boldsymbol{A}$ 是实对称矩阵,不同特征值对应的特征向量相互正交,故

$$\boldsymbol{\alpha}_1^{\mathrm{T}}\boldsymbol{\alpha}_2 = 4(a+2) + a^2 - 4 = 0,$$

解得 $a = -2$,故 $\boldsymbol{\alpha}_1 = (4, -2, -1)^{\mathrm{T}}$, $\boldsymbol{\alpha}_2 = (0, -2, 4)^{\mathrm{T}}$.

设 $\lambda = 0$ 所对应的特征向量为 $\boldsymbol{\alpha}_3 = (x_1, x_2, x_3)^{\mathrm{T}}$,则

$$\begin{cases}\boldsymbol{\alpha}_3^{\mathrm{T}}\boldsymbol{\alpha}_1=4x_1-2x_2-x_3=0\\ \boldsymbol{\alpha}_3^{\mathrm{T}}\boldsymbol{\alpha}_2=0x_1-2x_2+4x_3=0\end{cases},$$

解得 $\boldsymbol{\alpha}_3=(5,8,4)^{\mathrm{T}}$,

由

$$\boldsymbol{A}(\boldsymbol{\alpha}_1,\boldsymbol{\alpha}_2,\boldsymbol{\alpha}_3)=(\boldsymbol{A}\boldsymbol{\alpha}_1,\boldsymbol{A}\boldsymbol{\alpha}_2,\boldsymbol{A}\boldsymbol{\alpha}_3)=(-\boldsymbol{\alpha}_1,2\boldsymbol{\alpha}_2,\boldsymbol{0}),$$

得

$$\begin{aligned}\boldsymbol{A}&=(-\boldsymbol{\alpha}_1,2\boldsymbol{\alpha}_2,\boldsymbol{0})(\boldsymbol{\alpha}_1,\boldsymbol{\alpha}_2,\boldsymbol{\alpha}_3)^{-1}\\ &=\begin{bmatrix}-4&0&0\\2&-4&0\\1&8&0\end{bmatrix}\begin{bmatrix}4&0&5\\-2&-2&8\\-1&4&4\end{bmatrix}^{-1}\\ &=\begin{bmatrix}4&0&0\\2&-4&0\\1&8&0\end{bmatrix}\begin{bmatrix}\frac{4}{21}&-\frac{2}{21}&-\frac{1}{21}\\0&-\frac{1}{10}&\frac{1}{5}\\\frac{1}{21}&\frac{8}{105}&\frac{4}{105}\end{bmatrix}\\ &=\begin{bmatrix}-\frac{16}{21}&\frac{8}{21}&\frac{4}{21}\\\frac{8}{21}&\frac{22}{105}&-\frac{94}{105}\\\frac{4}{21}&-\frac{94}{10}&\frac{163}{105}\end{bmatrix}\\ &=\frac{1}{105}\begin{bmatrix}-80&40&20\\40&22&-94\\20&-94&163\end{bmatrix}.\end{aligned}$$

例 20 设 $\boldsymbol{A}$ 是实对称矩阵,λ_1 与 λ_2 是 $\boldsymbol{A}$ 不同的特征值,$\boldsymbol{\alpha}_1$,$\boldsymbol{\alpha}_2$ 分别是属于 λ_1 与 λ_2 的特征向量,证明 $\boldsymbol{\alpha}_1$ 与 $\boldsymbol{\alpha}_2$ 正交.

【证】 根据已知有

$$\boldsymbol{A}^{\mathrm{T}}=\boldsymbol{A},\ \boldsymbol{A}\boldsymbol{\alpha}_1=\lambda_1\boldsymbol{\alpha}_1,\ \boldsymbol{A}\boldsymbol{\alpha}_2=\lambda_2\boldsymbol{\alpha}_2,\ \lambda_1\neq\lambda_2$$

那么

$$\lambda_2\boldsymbol{\alpha}_1^{\mathrm{T}}\boldsymbol{\alpha}_2=\boldsymbol{\alpha}_1^{\mathrm{T}}(\boldsymbol{A}\boldsymbol{\alpha}_2)=(\boldsymbol{A}\boldsymbol{\alpha}_1)^{\mathrm{T}}\boldsymbol{\alpha}_2=(\lambda_1\boldsymbol{\alpha}_1)^{\mathrm{T}}\boldsymbol{\alpha}_2=\lambda_1\boldsymbol{\alpha}_1^{\mathrm{T}}\boldsymbol{\alpha}_2,$$

所以

$$(\lambda_2-\lambda_1)\boldsymbol{\alpha}_1^{\mathrm{T}}\boldsymbol{\alpha}_2=0,$$

又 $\lambda_1 \neq \lambda_2$，故 $\boldsymbol{\alpha}_1^{\mathrm{T}} \boldsymbol{\alpha}_2 = 0$，即 $\boldsymbol{\alpha}_1$ 与$\boldsymbol{\alpha}_2$ 正交.

例 21　设 $\boldsymbol{A}$ 是实对称矩阵，证明 $\boldsymbol{A}$ 的特征值必是实数.

【证】　设 λ 是 $\boldsymbol{A}$ 的特征值，$\boldsymbol{\alpha}$ 是属于特征值 λ 的特征向量，即 $\boldsymbol{A\alpha} = \lambda\boldsymbol{\alpha}$，$\boldsymbol{\alpha} \neq \boldsymbol{0}$
两边取共轭，有

$$\overline{\boldsymbol{A\alpha}} = \overline{\lambda\boldsymbol{\alpha}},$$

从而

$$\overline{\boldsymbol{A}}\,\overline{\boldsymbol{\alpha}} = \overline{\lambda}\,\overline{\boldsymbol{\alpha}},$$

由于 $\boldsymbol{A}$ 是实对称矩阵，$\overline{\boldsymbol{A}} = \boldsymbol{A}$，故有 $\boldsymbol{A}\,\overline{\boldsymbol{\alpha}} = \overline{\lambda}\,\overline{\boldsymbol{\alpha}}$.
用 $\boldsymbol{\alpha}^{\mathrm{T}}$ 左乘上式的两端，得

$$\boldsymbol{\alpha}^{\mathrm{T}}\boldsymbol{A}\,\overline{\boldsymbol{\alpha}} = \overline{\lambda}\,\boldsymbol{\alpha}^{\mathrm{T}}\,\overline{\boldsymbol{\alpha}},$$

因为 $\boldsymbol{A}$ 是实对称 $\boldsymbol{A}^{\mathrm{T}} = \boldsymbol{A}$，有

$$\boldsymbol{\alpha}^{\mathrm{T}}\boldsymbol{A}\,\overline{\boldsymbol{\alpha}} = \boldsymbol{\alpha}^{\mathrm{T}}\,\boldsymbol{A}^{\mathrm{T}}\,\overline{\boldsymbol{\alpha}} = (\boldsymbol{A\alpha})^{\mathrm{T}}\,\overline{\boldsymbol{\alpha}} = (\lambda\boldsymbol{\alpha})^{\mathrm{T}}\,\overline{\boldsymbol{\alpha}} = \lambda\,\boldsymbol{\alpha}^{\mathrm{T}}\,\overline{\boldsymbol{\alpha}},$$

于是

$$(\overline{\lambda} - \lambda)\,\boldsymbol{\alpha}^{\mathrm{T}}\,\overline{\boldsymbol{\alpha}} = 0,$$

因为 $\boldsymbol{\alpha} \neq \boldsymbol{0}$，故 $\boldsymbol{\alpha}^{\mathrm{T}}\,\overline{\boldsymbol{\alpha}} > 0$，所以 $\lambda = \overline{\lambda}$，即 λ 是实数.

注意：设 $\boldsymbol{\alpha} = (a_1 + b_1 i,\ a_2 + b_2 i,\ \cdots,\ a_n + b_n i)^{\mathrm{T}} \neq \boldsymbol{0}$，则 $\boldsymbol{\alpha}^{\mathrm{T}}\boldsymbol{\alpha} = a_1^2 + b_1^2 + a_2^2 + b_2^2 + \cdots + a_n^2 + b_n^2 > 0$.

同步测试5

1) 填空题

(1) 若1是矩阵$A=\begin{bmatrix}2&-1&2\\5&a&3\\-1&1&-2\end{bmatrix}$的特征值,则$a=$________.

(2) 已知矩阵$A=\begin{bmatrix}3&a\\1&5\end{bmatrix}$只有一个线性无关的特征向量,则$a=$________.

(3) 已知$A=\begin{bmatrix}3&2&2\\2&3&2\\2&2&3\end{bmatrix}$,$A^*$是$A$的伴随矩阵,那么$A^*$的特征值是________.

(4) A是4阶矩阵,伴随矩阵A^*的特征值是1,-2,-4,8,则矩阵A的特征值是________.

(5) 设A是主对角线元素之和为-5的三阶矩阵,且满足$A^2+2A-3E=0$,那么矩阵A的三个特征值是________.

(6) 设A是3阶矩阵,α_1, α_2, α_3是3维线性无关的列向量,且

$$A\alpha_1=\alpha_1,\ A\alpha_2=-\alpha_3,\ A\alpha_3=\alpha_2+2\alpha_3,$$

则矩阵A的三个特征值是________.

(7) 已知α是三维列向量,α^T是α的转置,若矩阵$\alpha\alpha^T$相似于$\begin{bmatrix}2&2&2\\2&2&2\\2&2&2\end{bmatrix}$,则$\alpha^T\alpha=$________.

(8) 已知A是4阶实对称矩阵,秩$r(A)=3$,矩阵A满足$A^4-A^3-A^2-2A=0$,则与A相似的对角矩阵是________.

(9) 已知矩阵$A=\begin{bmatrix}1&-1&a\\1&3&5\\0&0&2\end{bmatrix}$只有一个线性无关的特征向量,那么$A$的三个特征值是________.

(10) 已知A是3阶实对称矩阵,特征值是1,3,-2,其中$\alpha_1=(1,2,-2)^T$,$\alpha_2=(4,-1,a)^T$分别是属于特征值$\lambda=1$与$\lambda=3$的特征向量,那么矩阵A的属于特征值$\lambda=-2$的特征向量是________.

2）选择题

(1) 设矩阵 $\boldsymbol{A}=\begin{bmatrix}1 & 2 & -2\\ 4 & -3 & 3\\ 2 & -1 & 1\end{bmatrix}$，那么矩阵 $\boldsymbol{A}$ 的三个特征值是(　　).

A. 1，0，−2　　　　B. 1，1，−3

C. 3，0，−2　　　　D. 2，0，−3

(2) 已知 $\boldsymbol{A}$ 是4阶矩阵，$\boldsymbol{A}^*$ 是 $\boldsymbol{A}$ 的伴随矩阵，若 $\boldsymbol{A}^*$ 的特征值是 1，−1，2，4，那么不可逆矩阵是(　　).

A. $\boldsymbol{A}-\boldsymbol{E}$　　　　B. $2\boldsymbol{A}-\boldsymbol{E}$

C. $\boldsymbol{A}+2\boldsymbol{E}$　　　　D. $\boldsymbol{A}-4\boldsymbol{E}$

(3) 已知 $\boldsymbol{A}$ 是 n 阶可逆矩阵，那么与 $\boldsymbol{A}$ 有相同特征值的矩阵是(　　).

A. $\boldsymbol{A}^{\mathrm{T}}$　　B. $\boldsymbol{A}^2$　　C. $\boldsymbol{A}^{-1}$　　D. $\boldsymbol{A}-\boldsymbol{E}$

(4) 已知 $\boldsymbol{\alpha}=(1,-2,3)^{\mathrm{T}}$ 是矩阵 $\boldsymbol{A}=\begin{bmatrix}3 & 2 & -1\\ a & -2 & 2\\ 3 & b & -1\end{bmatrix}$ 的特征向量，则(　　).

A. $a=-2$，$b=6$　　　　B. $a=2$，$b=-6$

C. $a=2$，$b=6$　　　　D. $a=-2$，$b=-6$

(5) 设 $\boldsymbol{A}$ 是 n 阶矩阵，$\boldsymbol{P}$ 是 n 阶可逆矩阵，n 维列向量 $\boldsymbol{\alpha}$ 是矩阵 $\boldsymbol{A}$ 的属于特征值 λ 的特征向量，那么下列矩阵中

① $\boldsymbol{A}^2$　　② $\boldsymbol{P}^{-1}\boldsymbol{A}\boldsymbol{P}$　　③ $\boldsymbol{A}^{\mathrm{T}}$　　④ $\boldsymbol{E}-\frac{1}{2}\boldsymbol{A}$

$\boldsymbol{\alpha}$ 肯定是其特征向量的矩阵共有(　　).

A. 1个　　B. 2个　　C. 3个　　D. 4个

(6) 设 $\boldsymbol{A}$ 是三阶矩阵，其特征值是 1，3，−2，相应的特征向量依次为 $\boldsymbol{\alpha}_1$，$\boldsymbol{\alpha}_2$，$\boldsymbol{\alpha}_3$，若 $\boldsymbol{P}=(\boldsymbol{\alpha}_1, 2\boldsymbol{\alpha}_3, -\boldsymbol{\alpha}_2)$，则 $\boldsymbol{P}^{-1}\boldsymbol{A}\boldsymbol{P}=$(　　).

A. $\begin{bmatrix}1 & & \\ & -2 & \\ & & 3\end{bmatrix}$　　　　B. $\begin{bmatrix}1 & & \\ & -4 & \\ & & -3\end{bmatrix}$

C. $\begin{bmatrix}1 & & \\ & -2 & \\ & & -3\end{bmatrix}$　　　　D. $\begin{bmatrix}1 & & \\ & 3 & \\ & & -2\end{bmatrix}$

(7) 已知矩阵 $\boldsymbol{A}=\begin{bmatrix}1 & 2\\ 0 & 3\end{bmatrix}$，那么下列矩阵中

① $\begin{bmatrix}1 & 5\\ 0 & 3\end{bmatrix}$　　② $\begin{bmatrix}3 & 0\\ -6 & 1\end{bmatrix}$　　③ $\begin{bmatrix}1 & 2\\ 4 & 3\end{bmatrix}$　　④ $\begin{bmatrix}2 & -1\\ -1 & 2\end{bmatrix}$

与矩阵 A 相似的矩阵个数为(　　).

A. 1　　B. 2　　C. 3　　D. 4

(8) 三阶矩阵 $\boldsymbol{A}$ 的特征值全为零,则必有(　　).

A. 秩 $r(\boldsymbol{A})=0$　　B. 秩 $r(\boldsymbol{A})=1$

C. 秩 $r(\boldsymbol{A})=2$　　D. 条件不足,不能确定

(9) n 阶矩阵 $\boldsymbol{A}$ 和 $\boldsymbol{B}$ 具有相同特征值是 $\boldsymbol{A}$ 与 $\boldsymbol{B}$ 相似的(　　).

A. 充分必要条件　　B. 必要而非充分条件

C. 充分而非必要条件　　D. 既非充分也非必要条件

(10) n 阶矩阵 $\boldsymbol{A}$ 具有 n 个线性无关的特征向量是 $\boldsymbol{A}$ 与对角矩阵相似的(　　).

A. 充分必要条件　　B. 必要而非充分条件

C. 充分而非必要条件　　D. 既非充分也非必要条件

3) 解答题

(1) 已知 $\boldsymbol{A}$ 是 3 阶实对称矩阵,特征值是 1, 1, -2,其中属于 $\lambda=-2$ 的特征向量是 $\boldsymbol{\alpha}=(1,0,1)^{\mathrm{T}}$,求 $\boldsymbol{A}^3$.

(2) 已知 $\lambda=2$ 是矩阵 $\boldsymbol{A}=\begin{bmatrix}4 & 2 & 2\\ 2 & 4 & a\\ 2 & a & a+2\end{bmatrix}$ 的二重特征值,求 a 的值并求正交矩阵 $\boldsymbol{Q}$ 使 $\boldsymbol{Q}^{-1}\boldsymbol{AQ}=\boldsymbol{\Lambda}$.

(3) 设矩阵 $\boldsymbol{A}=\begin{bmatrix}3 & -2 & 1\\ a & 2 & a\\ 1 & 3 & 3\end{bmatrix}$ 的特征值有重根,

① 求 a 的值;

② 求 $\boldsymbol{A}$ 的特征值和特征向量;

③ 判断 $\boldsymbol{A}$ 是否可以相似对角化,并说明理由.

(4) 设矩阵 $\boldsymbol{A}=\begin{bmatrix}4 & -2 & 2\\ a & 2 & a\\ -1 & 1 & 1\end{bmatrix}$ 可逆,向量 $\boldsymbol{\alpha}=\begin{bmatrix}1\\ b\\ 1\end{bmatrix}$ 是矩阵 $\boldsymbol{A}^*$ 的一个特征向量,其中 $\boldsymbol{A}^*$ 是矩阵 $\boldsymbol{A}$ 的伴随矩阵,

① 求 a, b 的值;

② 求可逆矩阵 $\boldsymbol{P}$,使 $\boldsymbol{P}^{-1}\boldsymbol{AP}=\boldsymbol{\Lambda}$.

(5) 设 $\boldsymbol{A}=\begin{bmatrix}1 & 1 & -2\\ 0 & 2 & 3\\ 0 & 0 & a\end{bmatrix}$ 与 $\boldsymbol{B}=\begin{bmatrix}2 & 0 & 0\\ 2 & b & 0\\ -1 & 2 & -1\end{bmatrix}$ 相似,求 a, b 的值,并求可逆矩阵 $\boldsymbol{P}$,使得 $\boldsymbol{P}^{-1}\boldsymbol{AP}=\boldsymbol{B}$.

(6) 已知 $\boldsymbol{A}$ 是 3 阶矩阵,有三个线性无关的特征向量,若 $\boldsymbol{\alpha}_1$, $\boldsymbol{\alpha}_2$, $\boldsymbol{\alpha}_3$ 是三维线性无关的列向量,且有

$$A\boldsymbol{\alpha}_1 = \boldsymbol{\alpha}_1 + 4\boldsymbol{\alpha}_2,\ A\boldsymbol{\alpha}_2 = \boldsymbol{\alpha}_1 + \boldsymbol{\alpha}_2,\ A\boldsymbol{\alpha}_3 = 3\boldsymbol{\alpha}_1 + a\boldsymbol{\alpha}_2 + 3\boldsymbol{\alpha}_3.$$

① 求 a 的值；

② 求 $\boldsymbol{A}$ 的特征值和所有的特征向量.

(7) 设 3 阶实对称矩阵 $\boldsymbol{A}$ 的特征值 $\lambda_1 = 1$，$\lambda_2 = 2$，$\lambda_3 = -2$，$\boldsymbol{\alpha}_1 = (1, -1, 1)^{\mathrm{T}}$ 是 $\boldsymbol{A}$ 的属于 λ_1 的一个特征向量，记 $\boldsymbol{B} = \boldsymbol{A}^5 - 4\boldsymbol{A}^3 + \boldsymbol{E}$，其中 $\boldsymbol{E}$ 是 3 阶单位矩阵，

① 验证 $\boldsymbol{\alpha}_1$ 是矩阵 $\boldsymbol{B}$ 的特征向量，并求 $\boldsymbol{B}$ 的全部特征值与特征向量；

② 求矩阵 $\boldsymbol{B}$.

(8) 已知 $\boldsymbol{A}$，$\boldsymbol{B}$ 均为 n 阶矩阵，且 $\boldsymbol{A}$ 可逆，证明 $\boldsymbol{AB}$ 与 $\boldsymbol{BA}$ 有相同的特征值.

(9) 设 $\boldsymbol{A}$ 是 n 阶矩阵，$\boldsymbol{A} \neq \boldsymbol{0}$，但 $\boldsymbol{A}^3 = \boldsymbol{0}$，证明 $\boldsymbol{A}$ 不能相似对角化.

第 6 章　二次型

二次型与实对称矩阵之间建立了一一对应的关系,二次型化标准形是实对称矩阵合同对角化的直接应用,通过二次型的正定性给出了矩阵的正定性.

本章重点:

(1) 二次型及其矩阵表示.

(2) 用正交变换化二次型为标准形的方法.

(3) 正定矩阵的性质及其判定.

6.1　二次型的概念

0.1.1　知识点梳理

1) 定义

含有 n 个变量 $x_1, x_2, \cdots, x_n$ 的二次齐次函数

$f(x_1, x_2, \cdots, x_n) = a_{11}x_1^2 + a_{22}x_2^2 + \cdots + a_{nn}x_n^2 + 2a_{12}x_1x_2 + 2a_{13}x_1x_3 + \cdots + 2a_{(n-1)n}x_{n-1}x_n$ 称为二次型.

2) 二次型的矩阵形式.

令 $a_{ij} = a_{ji}$,则

$$f = (x_1, x_2, \cdots, x_n)\begin{pmatrix} a_{11} & a_{12} & \cdots & a_{1n} \\ a_{21} & a_{22} & \cdots & a_{2n} \\ & \cdots & & \\ a_{n1} & a_{n2} & \cdots & a_{nn} \end{pmatrix}\begin{pmatrix} x_1 \\ x_2 \\ \cdots \\ x_n \end{pmatrix} = \boldsymbol{x}^{\mathrm{T}}\boldsymbol{A}\boldsymbol{x},$$

其中 $\boldsymbol{A} = \begin{pmatrix} a_{11} & a_{12} & \cdots & a_{1n} \\ a_{21} & a_{22} & \cdots & a_{2n} \\ & \cdots & & \\ a_{n1} & a_{n2} & \cdots & a_{nn} \end{pmatrix}$ 是一个对称阵,$\boldsymbol{x} = \begin{pmatrix} x_1 \\ x_2 \\ \cdots \\ x_n \end{pmatrix}$.

则对称阵 $\boldsymbol{A}$ 叫做二次型 f 的矩阵，也把 f 叫做对称阵 $\boldsymbol{A}$ 的二次型，对称阵的秩就叫做二次型 f 的秩.

6.2　化二次型为标准形

6.2.1　知识点梳理

1）矩阵的合同关系

二次型 $f=\boldsymbol{x}^{\mathrm{T}}\boldsymbol{A}\boldsymbol{x}$ 在线性变换 $\boldsymbol{x}=\boldsymbol{C}\boldsymbol{y}$ 下，有

$$f=\boldsymbol{x}^{\mathrm{T}}\boldsymbol{A}\boldsymbol{x}=(\boldsymbol{C}\boldsymbol{y})^{\mathrm{T}}\boldsymbol{A}(\boldsymbol{C}\boldsymbol{y})=\boldsymbol{y}^{\mathrm{T}}(\boldsymbol{C}^{\mathrm{T}}\boldsymbol{A}\boldsymbol{C})\boldsymbol{y},$$

设 $\boldsymbol{A}$ 和 $\boldsymbol{B}$ 是 n 阶矩阵，若有可逆矩阵 $\boldsymbol{C}$，使 $\boldsymbol{B}=\boldsymbol{C}^{\mathrm{T}}\boldsymbol{A}\boldsymbol{C}$，则称矩阵 $\boldsymbol{A}$ 与 $\boldsymbol{B}$ 合同.

2）二次型的标准形

对于二次型，如果存在可逆的线性变换 $\boldsymbol{x}=\boldsymbol{C}\boldsymbol{y}$，使二次型只含平方项

$$f=k_1y_1^2+k_2y_2^2+\cdots+k_ny_n^2,\text{其中 } k_i(i=1,\ 2,\ \cdots,\ n)\text{ 为实数},$$

这种只含平方项的二次型，称为二次型的标准形（或法式）.

3）二次型的规范性

如果标准形的系数 $k_1,\ k_2,\ \cdots\ k_n$ 只在 $1,\ -1,\ 0$ 三个数中取值，也就是

$$f=y_1^2+y_2^2+\cdots+y_p^2-y_{p+1}^2-\cdots-y_r^2,$$

则该二次型称为规范形.

4）惯性定理

设有二次型 $f=\boldsymbol{x}^{\mathrm{T}}\boldsymbol{A}\boldsymbol{x}$，它的秩为 r，有两个可逆变换

$$\boldsymbol{x}=\boldsymbol{C}\boldsymbol{y}\text{ 及 }\boldsymbol{x}=\boldsymbol{P}\boldsymbol{z},$$

使

$$f=k_1y_1^2+k_2y_2^2+\cdots+k_ry_r^2(k_i\neq 0),$$

及

$$f=\lambda_1y_1^2+\lambda_2y_2^2+\cdots+\lambda_ry_r^2(\lambda_i\neq 0),$$

则 $k_1,\ k_2,\ \cdots\ k_r$ 中正数的个数与 $\lambda_1,\ \lambda_2,\ \cdots\ \lambda_r$ 中正数的个数相等.

二次型的标准形中正系数的个数称为二次型的正惯性指数，负系数的个数称为负惯性指数. 若二次型 f 的正惯性指数为 p，秩为 r，则 f 的规范形便可确定为

$$f=y_1^2+y_2^2+\cdots+y_p^2-y_{p+1}^2-\cdots-y_r^2.$$

注意：① 在二次型的标准形中，正惯性指数和负惯性指数是唯一确定的.

② 经可逆线性变换,原二次型的矩阵与新二次型的矩阵合同.

5) 用正交变换和配方法化二次型为标准形

定理:任给二次型 $f=\boldsymbol{x}^{\mathrm{T}}\boldsymbol{A}\boldsymbol{x}$,总有正交变换 $x=\boldsymbol{P}\boldsymbol{y}$,使 f 化为标准形

$$f=\lambda_1 y_1^2+\lambda_2 y_2^2+\cdots+\lambda_n y_n^2,$$

其中 $\lambda_1,\lambda_2,\cdots,\lambda_n$ 是 f 的矩阵 $\boldsymbol{A}$ 的特征值.

推论:任给 n 元二次型 $f=\boldsymbol{x}^{\mathrm{T}}\boldsymbol{A}\boldsymbol{x}$,总有可逆变换 $\boldsymbol{x}=\boldsymbol{C}\boldsymbol{y}$,使 $f(\boldsymbol{C}\boldsymbol{y})$ 为规范形.

用正交变换化二次型为标准形的步骤如下:

(1) 将二次型表示为矩阵形式 $f=\boldsymbol{x}^{\mathrm{T}}\boldsymbol{A}\boldsymbol{x}$,写出其矩阵 $\boldsymbol{A}$.

(2) 求出 $\boldsymbol{A}$ 的全部特征值 λ_i,设 λ_i 是 k_i 重根.

(3) 对每个特征值 λ_i,解方程组 $(\lambda_i\boldsymbol{E}-\boldsymbol{A})\boldsymbol{x}=\boldsymbol{0}$,求得基础解系,即属于特征值 λ_i 的线性无关的特征向量.

(4) 将 $\boldsymbol{A}$ 的属于同一特征值的特征向量正交化.

(5) 将全部特征向量单位化.

(6) 以正交单位化后向量为列,且按 λ_i 在对角线的主对角线上的位置构成正交矩阵 $\boldsymbol{Q}$.

(7) 令 $x=\boldsymbol{Q}\boldsymbol{y}$,则 $f=\lambda_1 y_1^2+\lambda_2 y_2^2+\cdots+\lambda_n y_n^2$.

用配方法化二次型为标准形的步骤:

(1) 若二次型中至少有一个平方项,不妨设 $a_{11}\neq 0$,则对所有含 x_1 的项配方(经配方后所余各项不再含 x_1),如此继续配方,直至每一项都包含在各完全平方项中,引入新变量 y_1, y_2, $\cdots$, y_n,由 $\boldsymbol{y}=\boldsymbol{C}^{-1}\boldsymbol{x}$,得 $f=\lambda_1 y_1^2+\lambda_2 y_2^2+\cdots+\lambda_n y_n^2$.

(2) 若二次型中不含平方项,只有混合项,不妨设 $a_{12}\neq 0$,则可令 $x_1=y_1+y_2$, $x_2=y_1-y_2$, $x_3=y_3$, $\cdots$, $x_n=y_n$,经此坐标变换,二次型中出现 $a_{12}y_1^2-a_{12}y_2^2$ 后,再按(1)进行配方.

6.2.2 题型归类与方法分析

题型 1 二次型的标准形和规范形

例 1 已知 $f(x_1,x_2,x_3)=5x_1^2+5x_2^2+cx_3^2-2x_1x_2+6x_1x_3-6x_2x_3$ 的秩为 2,则参数 $c=$ ________.

【解】 二次型所对应的矩阵为 $\boldsymbol{A}=\begin{bmatrix}5&-1&3\\-1&5&-3\\3&-3&c\end{bmatrix}$,

对矩阵 $\boldsymbol{A}$ 作初等变换:

$$\boldsymbol{A}=\begin{bmatrix}5&-1&3\\-1&5&-3\\3&-3&c\end{bmatrix}\to\begin{bmatrix}-1&5&-3\\5&-1&3\\3&-3&c\end{bmatrix}\to\begin{bmatrix}-1&5&-3\\0&24&-12\\0&12&c-9\end{bmatrix}\to\begin{bmatrix}-1&5&-3\\0&2&-1\\0&0&c-3\end{bmatrix}$$

因为二次型的秩为 2,故有

$$r(\mathbf{A}) = 2 \Leftrightarrow c = 3.$$

注: 由于 $r(\mathbf{A}) = 2$, 故 $|\mathbf{A}| = 0$, 由此也可得出 $c = 3$.

例 2 二次型 $f(x_1, x_2, x_3) = (x_1 - x_2)^2 + (x_2 - x_3)^2 + (x_3 - x_1)^2$ 的规范形为( ).

A. $y_1^2 + y_2^2 + y_3^2$　　B. $y_1^2 + y_2^2 - 3y_3^2$

C. $y_1^2 + y_2^2$　　D. $y_1^2 - y_2^2$

【解法一】

$$\begin{aligned} f(x_1, x_2, x_3) &= (x_1 - x_2)^2 + (x_2 - x_3)^2 + (x_3 - x_1)^2 \\ &= 2x_1^2 + 2x_2^2 + 2x_3^2 - 2x_1x_2 - 2x_1x_3 - 2x_2x_3 \\ &= 2\left(x_1 - \frac{x_2}{2} - \frac{x_3}{2}\right)^2 + \frac{3}{2}x_2^2 + \frac{3}{2}x_3^2 - 3x_2x_3 \\ &= 2\left(x_1 - \frac{x_2}{2} - \frac{x_3}{2}\right)^2 + \frac{3}{2}(x_2 - x_3)^2, \end{aligned}$$

从而可知二次型 f 的正惯性指数 $p = 2$, 负惯性指数 $q = 0$, 对比选项,选 C.

【解法二】

从二次型所对应的矩阵为 $\mathbf{A} = \begin{bmatrix} 2 & -1 & -1 \\ -1 & 2 & -1 \\ -1 & -1 & 2 \end{bmatrix}$,

求其特征值

$$|\lambda\mathbf{E} - \mathbf{A}| = \begin{vmatrix} \lambda-2 & 1 & 1 \\ 1 & \lambda-2 & 1 \\ 1 & 1 & \lambda-2 \end{vmatrix} = \begin{vmatrix} \lambda & 1 & 1 \\ \lambda & \lambda-2 & 1 \\ \lambda & 1 & \lambda-2 \end{vmatrix} = \lambda \begin{vmatrix} 1 & 1 & 1 \\ 1 & \lambda-2 & 1 \\ 1 & 1 & \lambda-2 \end{vmatrix}$$

$$= \lambda \begin{vmatrix} 1 & 1 & 1 \\ 0 & \lambda-3 & 0 \\ 0 & 0 & \lambda-3 \end{vmatrix} = \lambda(\lambda-3)^2,$$

得 $\lambda_1 = 0$, $\lambda_2 = \lambda_3 = 3$, 从而可知 $p = 2$, $q = 0$, 故选 C.

注: 如果因为 $f(x_1, x_2, x_3) = (x_1 - x_2)^2 + (x_2 - x_3)^2 + (x_3 - x_1)^2$ 已经是完全平方和,若令

$$\begin{cases} x_1 - x_2 = y_1 \\ x_2 - x_3 = y_2, \\ x_3 - x_1 = y_3 \end{cases}$$

则原二次型可化为 $f = y_1^2 + y_2^2 + y_3^2$ 认为应该选 A,这实际上是错误的,因为上述变换可化为

$$\begin{bmatrix} y_1 \\ y_2 \\ y_3 \end{bmatrix} = \begin{bmatrix} 1 & -1 & 0 \\ 0 & 1 & -1 \\ -1 & 0 & 1 \end{bmatrix} \begin{bmatrix} x_1 \\ x_2 \\ x_3 \end{bmatrix} = \boldsymbol{C} \begin{bmatrix} x_1 \\ x_2 \\ x_3 \end{bmatrix},$$

其中 $\boldsymbol{C} = \begin{bmatrix} 1 & -1 & 0 \\ 0 & 1 & -1 \\ -1 & 0 & 1 \end{bmatrix}$,由于矩阵 $\boldsymbol{C}$ 每行元素之和为 0,则其行列式为 0,所用变换不可逆,所以上述做法不正确.

题型 2　用正交变换和配方法化二次型为标准形

例 3　设二次型 $f(x_1, x_2, x_3) = 2x_1^2 + 3x_2^2 + ax_3^2 - 2x_1x_2 - 2x_2x_3$,通过正交变换 $x = Qy$,可化为标准形 $y_1^2 + 4y_2^2 + 2y_3^2$,则参数 $a =$ (　　).

【解】　由题设可知,二次型所对应的矩阵为 $\boldsymbol{A} = \begin{bmatrix} 2 & -1 & 0 \\ -1 & 3 & -1 \\ 0 & -1 & a \end{bmatrix}$,由于二次型通过正交变换 $\boldsymbol{x} = \boldsymbol{Q}y$,可化为标准形 $y_1^2 + 4y_2^2 + 2y_3^2$,故 $\boldsymbol{A}$ 的特征值为 $\lambda_1 = 1$, $\lambda_2 = 4$, $\lambda_3 = 2$,由特征值的性质可知

$$\sum_{i=1}^{3} \lambda_i = \sum_{i=1}^{3} a_{ii},\text{即 } 1 + 4 + 2 = 2 + 3 + a,$$

得 $a = 2$.

注: ① 正交变换下求二次型的标准形,即是求对应矩阵的特征值;反之,若已知正交变换下二次型的标准形,即得知二次型对应矩阵的特征值;

② 也可以通过 $|\lambda \boldsymbol{E} - \boldsymbol{A}| = 0$,代入 $\lambda = 1$ 或 $\lambda = 4$ 或 $\lambda = 2$ 来确定参数 a.

例 4　设二次型中 $f(x_1, x_2, x_3) = \boldsymbol{x}^{\mathrm{T}} \boldsymbol{A} \boldsymbol{x} = 3x_1^2 - x_2^2 - ax_3^2 - 2x_1x_2 + 2bx_2x_3 (b > 0)$ 矩阵 $\boldsymbol{A}$ 的特征值之和为 1,特征值之积为 8.

① 求 a, b 的值;

② 利用正交变换将二次型 f 化为标准形,并写出所用的正交变换和对应的正交矩阵;

③ 用配方法将二次型 f 化为标准形,并写出所用的坐标变换.

【解】　① 二次型所对应的矩阵为

$$\boldsymbol{A} = \begin{bmatrix} 3 & -1 & b \\ -1 & -1 & 0 \\ b & 0 & -a \end{bmatrix},$$

由 $\sum\limits_{i=1}^{3} \lambda_i = \sum\limits_{i=1}^{3} a_{ii}$,知 $3 - 1 - a = 1$,解得 $a = 1$;

由 $|\boldsymbol{A}|=\prod_{i=1}^{3}\lambda_i$，知

$$\begin{vmatrix} 3 & -1 & b \\ -1 & -1 & 0 \\ b & 0 & -1 \end{vmatrix}=3+b^2+1=8,$$

解得 $b=\pm 2$，由于 $b>0$，故 $b=2$.

由于 $a=1$，$b=2$，故二次型为

$$f(x_1, x_2, x_3)=3x_1^2-x_2^2-x_3^2-2x_1x_2+4x_2x_3,\cdot$$

二次型所对应的矩阵

$$\boldsymbol{A}=\begin{bmatrix} 3 & -1 & 2 \\ -1 & -1 & 0 \\ 2 & 0 & -1 \end{bmatrix}.$$

②

$$|\lambda\boldsymbol{E}-\boldsymbol{A}|=\begin{vmatrix} \lambda-3 & 1 & -2 \\ 1 & \lambda+1 & 0 \\ -2 & 0 & \lambda+1 \end{vmatrix}=\begin{vmatrix} \lambda-3 & 1 & -2 \\ 1 & \lambda+1 & 0 \\ 0 & 2(\lambda+1) & \lambda+1 \end{vmatrix}=\begin{vmatrix} \lambda-3 & 5 & -2 \\ 1 & \lambda+1 & 0 \\ 0 & 0 & \lambda+1 \end{vmatrix}$$

$$=(\lambda+1)\begin{vmatrix} \lambda-3 & 5 \\ 1 & \lambda+1 \end{vmatrix}=(\lambda+1)(\lambda^2-2\lambda-8)=(\lambda+1)(\lambda+2)(\lambda-4),$$

故　　$\lambda_1=-1$，$\lambda_2=-2$，$\lambda_3=4$.

由 $(\lambda_1\boldsymbol{E}-\boldsymbol{A})\boldsymbol{x}=\boldsymbol{0}$，即

$$\begin{bmatrix} -4 & 1 & -2 \\ 1 & 0 & 0 \\ -2 & 0 & 0 \end{bmatrix}\begin{bmatrix} x_1 \\ x_2 \\ x_3 \end{bmatrix}=\begin{bmatrix} 0 \\ 0 \\ 0 \end{bmatrix},$$

得 $\lambda_1=-1$ 所对应的特征向量 $\boldsymbol{\xi}_1=(0, 2, 1)^{\mathrm{T}}$；

由 $(\lambda_2\boldsymbol{E}-\boldsymbol{A})\boldsymbol{x}=\boldsymbol{0}$，即

$$\begin{bmatrix} -5 & 1 & -2 \\ 1 & -1 & 0 \\ -2 & 0 & -1 \end{bmatrix}\begin{bmatrix} x_1 \\ x_2 \\ x_3 \end{bmatrix}=\begin{bmatrix} 0 \\ 0 \\ 0 \end{bmatrix},$$

得 $\lambda_2=-2$ 所对应的特征向量 $\boldsymbol{\xi}_2=(1, 1, -2)^{\mathrm{T}}$；

由 $(\lambda_3\boldsymbol{E}-\boldsymbol{A})\boldsymbol{x}=\boldsymbol{0}$，即

$$\begin{bmatrix} 1 & 1 & -2 \\ 1 & 5 & 0 \\ -2 & 0 & 5 \end{bmatrix}\begin{bmatrix} x_1 \\ x_2 \\ x_3 \end{bmatrix}=\begin{bmatrix} 0 \\ 0 \\ 0 \end{bmatrix},$$

得 $\lambda_3=4$ 所对应的特征向量 $\boldsymbol{\xi}_3=(-5,1,-2)^{\mathrm{T}}$;

由于实对称矩阵对应于不同特征值的特征向量是正交的,故只需将 $\boldsymbol{\xi}_1,\boldsymbol{\xi}_2,\boldsymbol{\xi}_3$ 单位化

$$\boldsymbol{\gamma}_1=\frac{\boldsymbol{\xi}_1}{\|\boldsymbol{\xi}_1\|}=\frac{1}{\sqrt{5}}(0,2,1)^{\mathrm{T}}=\left(0,\frac{2}{\sqrt{5}},\frac{1}{\sqrt{5}}\right)^{\mathrm{T}},$$

$$\boldsymbol{\gamma}_2=\frac{\boldsymbol{\xi}_2}{\|\boldsymbol{\xi}_2\|}=\frac{1}{\sqrt{6}}(1,1,-2)^{\mathrm{T}}=\left(\frac{1}{\sqrt{6}},\frac{1}{\sqrt{6}},\frac{-2}{\sqrt{6}}\right)^{\mathrm{T}},$$

$$\boldsymbol{\gamma}_3=\frac{\boldsymbol{\xi}_3}{\|\boldsymbol{\xi}_3\|}=\frac{1}{\sqrt{30}}(-5,1,-2)^{\mathrm{T}}=\left(-\frac{5}{\sqrt{30}},\frac{1}{\sqrt{30}},-\frac{2}{\sqrt{30}}\right)^{\mathrm{T}},$$

令

$$\boldsymbol{Q}=[\boldsymbol{\gamma}_1,\boldsymbol{\gamma}_2,\boldsymbol{\gamma}_3]=\begin{bmatrix} 0 & \frac{1}{\sqrt{6}} & -\frac{5}{\sqrt{30}} \\ \frac{2}{\sqrt{5}} & \frac{1}{\sqrt{6}} & \frac{1}{\sqrt{30}} \\ \frac{1}{\sqrt{5}} & -\frac{2}{\sqrt{6}} & -\frac{2}{\sqrt{30}} \end{bmatrix},$$

则经过正交变换 $\boldsymbol{x}=\boldsymbol{Q}\boldsymbol{y}$,二次型化为标准形

$$f(y_1,y_2,y_3)=-y_1^2-2y_2^2+4y_3^2.$$

③
$$\begin{aligned} f(x_1,x_2,x_3)&=3x_1^2-x_2^2-x_3^2-2x_1x_2+4x_1x_3\\ &=3\left(x_1^2-\frac{2}{3}x_1x_2+\frac{4}{3}x_1x_3\right)-x_2^2-x_3^2\\ &=3\left(x_1-\frac{1}{3}x_2+\frac{2}{3}x_3\right)^2-3\left(\frac{1}{3}x_2-\frac{2}{3}x_3\right)^2-x_2^2-x_3^2\\ &=3\left(x_1-\frac{1}{3}x_2+\frac{2}{3}x_3\right)^2-\frac{1}{3}x_2^2+\frac{4}{3}x_2x_3-\frac{4}{3}x_3^2-x_2^2-x_3^2\\ &=3\left(x_1-\frac{1}{3}x_2+\frac{2}{3}x_3\right)^2-\frac{4}{3}x_2^2+\frac{4}{3}x_2x_3-\frac{7}{3}x_3^2\\ &=3\left(x_1-\frac{1}{3}x_2+\frac{2}{3}x_3\right)^2-\frac{4}{3}(x_2^2-x_2x_3)-\frac{7}{3}x_3^2\\ &=3\left(x_1-\frac{1}{3}x_2+\frac{2}{3}x_3\right)^2-\frac{4}{3}\left(x_2-\frac{1}{2}x_3\right)^2+\frac{1}{3}x_3^2-\frac{7}{3}x_3^2\\ &=3\left(x_1-\frac{1}{3}x_2+\frac{2}{3}x_3\right)^2-\frac{4}{3}\left(x_2-\frac{1}{2}x_3\right)^2-2x_3^2, \end{aligned}$$

令

$$\begin{cases} y_1 = x_1 - \frac{1}{3}x_2 + \frac{2}{3}x_3 \\ y_2 = x_2 - \frac{1}{2}x_3 \\ y_3 = x_3 \end{cases},$$

则

$$\begin{cases} x_1 = y_1 + \frac{1}{3}y_2 - \frac{1}{2}y_3 \\ x_2 = y_2 + \frac{1}{2}y_3 \\ x_3 = y_3 \end{cases},$$

即

$$\begin{bmatrix} x_1 \\ x_2 \\ x_3 \end{bmatrix} = \begin{bmatrix} 1 & \frac{1}{3} & -\frac{1}{2} \\ 0 & 1 & \frac{1}{2} \\ 0 & 0 & 1 \end{bmatrix} \begin{bmatrix} y_1 \\ y_2 \\ y_3 \end{bmatrix},$$

故经过坐标变换 $\boldsymbol{x} = \boldsymbol{C}\boldsymbol{y}$，其中

$$\boldsymbol{C} = \begin{bmatrix} 1 & \frac{1}{3} & -\frac{1}{2} \\ 0 & 1 & \frac{1}{2} \\ 0 & 0 & 1 \end{bmatrix},$$

二次型化为标准形

$$f(y_1, y_2, y_3) = 3y_1^2 - \frac{4}{3}y_2^2 - 2y_3^2.$$

注: ① 正交变换中的变换矩阵 $\boldsymbol{Q}$ 是一个正交矩阵，通过正交变换得到的标准形中平方项的系数是矩阵的特征值，而配方法中的坐标变换矩阵 $\boldsymbol{C}$ 是一个可逆矩阵，其平方项的系数不是矩阵的特征值；

② 虽然两种方法得到的标准形不一样，但是正、负惯性指数是唯一确定的.

6.3 正定二次型和正定矩阵

6.3.1 知识点梳理

1) 定义

设实二次型 $f=\boldsymbol{x}^{\mathrm{T}}\boldsymbol{A}\boldsymbol{x}$，如果对任何 $\boldsymbol{x}\neq\boldsymbol{0}$，都有 $f(\boldsymbol{x})>0$（显然 $f(\boldsymbol{0})=\boldsymbol{0}$），则称 f 为正定二次型并称对称阵 $\boldsymbol{A}$ 是正定的；如果对任何 $\boldsymbol{x}\neq\boldsymbol{0}$，都有 $f(\boldsymbol{x})<0$，则称 f 为负定二次型，并称对称阵 $\boldsymbol{A}$ 是负定的.

2) 判定条件

二次型 $f=\boldsymbol{x}^{\mathrm{T}}\boldsymbol{A}\boldsymbol{x}$ 为正定二次型(或 $\boldsymbol{A}$ 为正定矩阵)

$\Leftrightarrow$ 对任意的 $\boldsymbol{x}\neq\boldsymbol{0}$，均有 $f(\boldsymbol{x})>0$；

$\Leftrightarrow$ 矩阵 $\boldsymbol{A}$ 的特征值全大于 0；

$\Leftrightarrow$ 矩阵 $\boldsymbol{A}$ 的正惯性指数为 n；

$\Leftrightarrow$ 存在可逆矩阵 $\boldsymbol{P}$，使得 $\boldsymbol{A}=\boldsymbol{P}^{\mathrm{T}}\boldsymbol{P}$；

$\Leftrightarrow$ 矩阵 $\boldsymbol{A}$ 的顺序主子式全大于零.

6.3.2 题型归类与方法分析

题型 3 二次型或者矩阵的正定性的判别

例 5 证明：若 $\boldsymbol{A}$ 是正定矩阵，则 $\boldsymbol{A}^{-1}$ 也是正定矩阵.

【证法一】 用定义证.

$$x^{\mathrm{T}}\boldsymbol{A}^{-1}\boldsymbol{x}=(\boldsymbol{x},\ \boldsymbol{A}^{-1}\boldsymbol{x})$$

令 $\boldsymbol{x}=\boldsymbol{A}\boldsymbol{y}$，则上式变为 $(\boldsymbol{A}\boldsymbol{y},\ \boldsymbol{A}^{-1}\boldsymbol{A}\boldsymbol{y})=(\boldsymbol{A}\boldsymbol{y},\ \boldsymbol{y})=\boldsymbol{y}^{\mathrm{T}}\boldsymbol{A}\boldsymbol{y}$.

于是，当 $\boldsymbol{x}=\boldsymbol{A}\boldsymbol{y}$($A$ 可逆) 时，$\boldsymbol{x}\neq\boldsymbol{0}\Leftrightarrow\boldsymbol{y}\neq\boldsymbol{0}$；

又因为 $\boldsymbol{A}$ 是正定矩阵，即对任意的 $\boldsymbol{y}\neq\boldsymbol{0}$，恒有 $\boldsymbol{y}^{\mathrm{T}}\boldsymbol{A}\boldsymbol{y}>0$，故对任意 $\boldsymbol{x}\neq\boldsymbol{0}$，恒有 $\boldsymbol{x}^{\mathrm{T}}\boldsymbol{A}^{-1}\boldsymbol{x}>0$，因此 $\boldsymbol{A}^{-1}$ 正定.

【证法二】 用特征值证.

由于 $\boldsymbol{A}\boldsymbol{x}=\lambda\boldsymbol{x}$，则 $\boldsymbol{A}^{-1}\boldsymbol{x}=\dfrac{1}{\lambda}\boldsymbol{x}(\boldsymbol{x}\neq\boldsymbol{0})$，已知 $\boldsymbol{A}$ 的特征值全部大于零，所以 $\boldsymbol{A}^{-1}$ 的特征值也全大于零，故 $\boldsymbol{A}^{-1}$ 正定.

例 6 下列二次型为正定的是(　　).

A. $x_1^2+5x_2^2-3x_3^2+4x_1x_2+2x_1x_3$

B. $x_1^2+9x_2^2+6x_3^2+6x_1x_2+8x_1x_3+4x_2x_3$

C. $x_1^2+5x_2^2+10x_3^2+4x_1x_2+6x_1x_3+14x_2x_3$

D. $2x_1^2+5x_2^2+2x_3^2-4x_1x_2-2x_2x_3$

【解】 选项 A 中的二次型所对应的矩阵为

$$\boldsymbol{A}=\begin{bmatrix}1&2&1\\2&5&0\\1&0&-3\end{bmatrix},$$

由于其一阶、二阶、三阶主子式分别为

$$\boldsymbol{A}_1=|1|=1>0,\ \boldsymbol{A}_2=\begin{vmatrix}1&2\\2&5\end{vmatrix}=1>0,\ \boldsymbol{A}_3=\begin{vmatrix}1&2&1\\2&5&0\\1&0&-3\end{vmatrix}=-8<0,$$

故选项 A 中的二次型不是正定的.

选项 B 中的二次型所对应的矩阵为

$$\boldsymbol{B}=\begin{bmatrix}1&3&4\\3&9&2\\4&2&6\end{bmatrix},$$

由于其一阶、二阶主子式分别为

$$\boldsymbol{B}_1=|1|>0,\ \boldsymbol{B}_2=\begin{vmatrix}1&3\\3&9\end{vmatrix}=0,$$

故选项 B 中的二次型不是正定的.

选项 C 中的二次型所对应的矩阵为

$$\boldsymbol{C}=\begin{bmatrix}1&2&3\\2&5&7\\3&7&10\end{bmatrix},$$

由于其一阶、二阶、三阶主子式分别为

$$\boldsymbol{C}_1=|1|=1>0,\ \boldsymbol{C}_2=\begin{vmatrix}1&2\\2&5\end{vmatrix}=1>0,\ \boldsymbol{C}_3=\begin{vmatrix}1&2&3\\2&5&7\\3&7&10\end{vmatrix}=0,$$

故选项 C 中的二次型不是正定的. 所以选 D.

事实上,选项 D 中的二次型所对应的矩阵为

$$\boldsymbol{D}=\begin{bmatrix}2&-2&0\\-2&5&-1\\0&-1&2\end{bmatrix},$$

由于其一阶、二阶、三阶主子式分别为

$$D_1=|2|=2>0,\ D_2=\begin{vmatrix}2&-2\\-2&5\end{vmatrix}=6>0,\ D_3=\begin{vmatrix}2&-2&0\\-2&5&-1\\0&-1&2\end{vmatrix}=10>0,$$

故选项D中的二次型是正定的.

注: 若二次型 $f=\boldsymbol{x}^{\mathrm{T}}\boldsymbol{A}\boldsymbol{x}$ 正定,则

① A 的主对角线元素 $a_{ii}>0(i=1,2,\cdots,n)$;

② $|\boldsymbol{A}|>0$.

这是必要非充分条件,此命题的逆否命题也是成立的,即若 $\boldsymbol{A}$ 的某主对角线元素 $a_{ii}<0$,则二次型不是正定二次型,由此立即可以排除A.

题型4 关于矩阵的等价、相似、合同

$\boldsymbol{A}$ 与 $\boldsymbol{B}$ 等价 $\Leftrightarrow$ $\boldsymbol{A}$ 经过初等变换得到 $\boldsymbol{B}$

$\Leftrightarrow$ 存在可逆矩阵 $\boldsymbol{P},\boldsymbol{Q}$,使得 $\boldsymbol{PAQ}=\boldsymbol{B}$

$\Leftrightarrow$ $\boldsymbol{A}$ 与 $\boldsymbol{B}$ 是同型矩阵,且 $r(\boldsymbol{A})=r(\boldsymbol{B})$;

$\boldsymbol{A}$ 与 $\boldsymbol{B}$ 相似 $\Leftrightarrow$ 存在可逆矩阵 $\boldsymbol{P}$,使得 $\boldsymbol{P}^{-1}\boldsymbol{AP}=\boldsymbol{B}$;

$\boldsymbol{A}$ 与 $\boldsymbol{B}$ 合同 $\Leftrightarrow$ 存在可逆矩阵 $\boldsymbol{C}$,使得 $\boldsymbol{C}^{\mathrm{T}}\boldsymbol{AC}=\boldsymbol{B}$

$\Leftrightarrow$ $\boldsymbol{x}^{\mathrm{T}}\boldsymbol{Ax}$ 与 $\boldsymbol{x}^{\mathrm{T}}\boldsymbol{Bx}$ 有相同的正、负惯性指数;

若实对称矩阵 $\boldsymbol{A}$ 与 $\boldsymbol{B}$ 相似,则 $\boldsymbol{A}$ 与 $\boldsymbol{B}$ 合同.

例7 矩阵 $\boldsymbol{A}=\begin{bmatrix}1&0\\0&3\end{bmatrix}$ 与 $\boldsymbol{B}=\begin{bmatrix}1&0\\0&4\end{bmatrix}$ 有相同的秩,从而等价;而特征值不同,所以 $\boldsymbol{A}$ 与 $\boldsymbol{B}$ 不相似;同时 $\boldsymbol{x}^{\mathrm{T}}\boldsymbol{Ax}=x_1^2+3x_2^2$ 与 $\boldsymbol{x}^{\mathrm{T}}\boldsymbol{Bx}=x_1^2+4x_2^2$ 有相同的正、负惯性指数,所以 $\boldsymbol{A}$ 与 $\boldsymbol{B}$ 合同.

例8 设 $\boldsymbol{A},\boldsymbol{B},\boldsymbol{C},\boldsymbol{D}$ 均为 n 阶矩阵,且 $\boldsymbol{A}$ 相似于 $\boldsymbol{C}$,$\boldsymbol{B}$ 相似于 $\boldsymbol{D}$,则必有(　　).

A. $\boldsymbol{A}+\boldsymbol{B}$ 相似于 $\boldsymbol{C}+\boldsymbol{D}$　　B. $\begin{bmatrix}\boldsymbol{A}&\boldsymbol{0}\\\boldsymbol{0}&\boldsymbol{B}\end{bmatrix}$ 相似于 $\begin{bmatrix}\boldsymbol{C}&\boldsymbol{0}\\\boldsymbol{0}&\boldsymbol{D}\end{bmatrix}$

C. $\boldsymbol{AB}$ 相似于 $\boldsymbol{CD}$　　D. $\begin{bmatrix}\boldsymbol{0}&\boldsymbol{A}\\\boldsymbol{B}&\boldsymbol{0}\end{bmatrix}$ 相似于 $\begin{bmatrix}\boldsymbol{0}&\boldsymbol{C}\\\boldsymbol{D}&\boldsymbol{0}\end{bmatrix}$

【解】 因为 $\boldsymbol{A}$ 相似于 $\boldsymbol{C}$,则存在可逆矩阵 $\boldsymbol{P}$,使得 $\boldsymbol{P}^{-1}\boldsymbol{AP}=\boldsymbol{C}$;$\boldsymbol{B}$ 相似于 $\boldsymbol{D}$,则存在可逆矩阵 $\boldsymbol{Q}$,使得 $\boldsymbol{Q}^{-1}\boldsymbol{BQ}=\boldsymbol{D}$,由上知,存在可逆矩阵 $\begin{bmatrix}\boldsymbol{P}&\boldsymbol{0}\\\boldsymbol{0}&\boldsymbol{Q}\end{bmatrix}$,使得

$$\begin{bmatrix}\boldsymbol{P}&\boldsymbol{0}\\\boldsymbol{0}&\boldsymbol{Q}\end{bmatrix}^{-1}\begin{bmatrix}\boldsymbol{A}&\boldsymbol{0}\\\boldsymbol{0}&\boldsymbol{B}\end{bmatrix}\begin{bmatrix}\boldsymbol{P}&\boldsymbol{0}\\\boldsymbol{0}&\boldsymbol{Q}\end{bmatrix}=\begin{bmatrix}\boldsymbol{P}^{-1}&\boldsymbol{0}\\\boldsymbol{0}&\boldsymbol{Q}^{-1}\end{bmatrix}\begin{bmatrix}\boldsymbol{A}&\boldsymbol{0}\\\boldsymbol{0}&\boldsymbol{B}\end{bmatrix}\begin{bmatrix}\boldsymbol{P}&\boldsymbol{0}\\\boldsymbol{0}&\boldsymbol{Q}\end{bmatrix}$$

$$=\begin{bmatrix}\boldsymbol{P}^{-1}\boldsymbol{AP}&\boldsymbol{0}\\\boldsymbol{0}&\boldsymbol{Q}^{-1}\boldsymbol{BQ}\end{bmatrix}=\begin{bmatrix}\boldsymbol{C}&\boldsymbol{0}\\\boldsymbol{0}&\boldsymbol{D}\end{bmatrix},$$

故选项B正确.

例9　已知$\boldsymbol{A}=\begin{bmatrix}2&1&0\\1&2&0\\0&0&t\end{bmatrix}$，$\boldsymbol{B}=\begin{bmatrix}1&2&3\\4&5&6\\3&3&3\end{bmatrix}$，$\boldsymbol{C}=\begin{bmatrix}1&2&3\\0&3&5\\0&0&5\end{bmatrix}$，$\boldsymbol{D}=\begin{bmatrix}2&0&0\\0&2&1\\0&1&0\end{bmatrix}$，

① t取何值时，A为正定矩阵？为什么？

② t取何值时，A与B等价？为什么？

③ t取何值时，A与C相似？为什么？

④ t取何值时，A与D合同？为什么？

【解】

① 因为$\boldsymbol{A}$正定，所以$\boldsymbol{A}$的各阶顺序主子式均大于零.

由于

$$\boldsymbol{A}_1=|2|=2>0，\boldsymbol{A}_2=\begin{vmatrix}2&1\\1&2\end{vmatrix}=3>0，\boldsymbol{A}_3=\begin{vmatrix}2&1&0\\1&2&0\\0&0&t\end{vmatrix}=3t>0，$$

故当$t>0$时，$\boldsymbol{A}$为正定矩阵.

② $\boldsymbol{A}$与$\boldsymbol{B}$是同型矩阵，$\boldsymbol{A}$与$\boldsymbol{B}$等价$\Leftrightarrow r(\boldsymbol{A})=r(\boldsymbol{B})$，

$$\boldsymbol{B}=\begin{bmatrix}1&2&3\\4&5&6\\3&3&3\end{bmatrix}\to\begin{bmatrix}1&2&3\\3&3&3\\3&3&3\end{bmatrix}\to\begin{bmatrix}1&2&3\\0&-3&-6\\0&0&0\end{bmatrix}\to\begin{bmatrix}1&2&3\\0&1&2\\0&0&0\end{bmatrix}，$$

可知$r(\boldsymbol{B})=2$.

$$\boldsymbol{A}=\begin{bmatrix}2&1&0\\1&2&0\\0&0&t\end{bmatrix}\to\begin{bmatrix}1&2&0\\0&-3&0\\0&0&t\end{bmatrix}\to\begin{bmatrix}1&2&0\\0&1&0\\0&0&t\end{bmatrix}，$$

则$r(\boldsymbol{A})=2\Leftrightarrow t=0$，即$t=0$时，$\boldsymbol{A}$与$\boldsymbol{B}$等价.

③ $\boldsymbol{A}$为实对称矩阵，一定可以相似对角化，同时$\boldsymbol{C}$为上三角矩阵，1，3，5为其特征值，特征值互不相同，故$\boldsymbol{C}$一定可以相似对角化，且$\boldsymbol{C}$相似于对角阵$\boldsymbol{\Lambda}=\begin{bmatrix}1&&\\&3&\\&&5\end{bmatrix}$，若$\boldsymbol{A}$与$\boldsymbol{C}$均可相似对角化，则$\boldsymbol{A}$与$\boldsymbol{C}$相似$\Leftrightarrow\boldsymbol{A}$与$\boldsymbol{C}$有相同的特征值，所以1，3，5也是矩阵$\boldsymbol{A}$的特征值. 由于

$$|\lambda\boldsymbol{E}-\boldsymbol{A}|=(\lambda-t)(\lambda-1)(\lambda-3)，$$

故$t=5$时，$\boldsymbol{A}$与$\boldsymbol{C}$相似.

④ $\boldsymbol{A}$与$\boldsymbol{D}$合同$\Leftrightarrow\boldsymbol{x}^{\mathrm{T}}\boldsymbol{A}\boldsymbol{x}$与$\boldsymbol{x}^{\mathrm{T}}\boldsymbol{D}\boldsymbol{x}$有相同的正、负惯性指数，

因为

$$|\lambda \boldsymbol{E}-\boldsymbol{D}|=(\lambda-2)(\lambda^2-2\lambda-1),$$

所以其正惯性指数 $p=2$，负惯性指数 $q=1$，同时

$$|\lambda \boldsymbol{E}-\boldsymbol{A}|=(\lambda-t)(\lambda-1)(\lambda-3),$$

所以，t，1，3 为 $f=\boldsymbol{x}^{\mathrm{T}}\boldsymbol{A}\boldsymbol{x}$ 的特征值，要使 $\boldsymbol{A}$ 的正惯性指数 $p=2$，负惯性指数 $q=1$，则当 $t<0$ 时，$\boldsymbol{A}$ 与 $\boldsymbol{D}$ 合同.

同步测试6

1）填空题

(1) 三元二次型 $f(x_1, x_2, x_3)=x_1^2+3x_2^2+6x_3^2+2x_1x_2+4x_1x_3$ 的正惯性指数为________.

(2) 二次型 $f(x_1, x_2, x_3, x_4)=x_3^2+4x_4^2+2x_1x_2+4x_3x_4$ 的规范形是________.

(3) 已知二次型 $f(x_1, x_2, x_3)=\boldsymbol{x}^{\mathrm{T}}\boldsymbol{A}\boldsymbol{x}=2x_1^2+2x_2^2+ax_3^2+4x_1x_3+2tx_2x_3$ 经正交变换，$\boldsymbol{x}=\boldsymbol{P}\boldsymbol{y}$ 可化成标准形 $f=y_1^2+2y_2^2+7y_3^2$，则 $t=$ ________.

(4) 若二次型 $f(x_1, x_2, x_3)=ax_1^2+4x_2^2+ax_3^2+6x_1x_2+2x_2x_3$ 是正定的，则 a 的取值范围是________.

(5) 设 $\boldsymbol{\alpha}=(1, 0, 1)^{\mathrm{T}}$，$\boldsymbol{A}=\boldsymbol{\alpha}^{\mathrm{T}}\boldsymbol{\alpha}$，若 $\boldsymbol{B}=(k\boldsymbol{E}+\boldsymbol{A})^{*}$ 是正定矩阵，则 k 的取值范围是________.

(6) 已知矩阵 $\boldsymbol{A}=\begin{bmatrix}1 & 1 & -2\\ 1 & -2 & 1\\ -2 & 1 & 1\end{bmatrix}$ 与二次型 $\boldsymbol{x}^{\mathrm{T}}\boldsymbol{B}\boldsymbol{x}=3x_1^2+ax_3^2$ 的矩阵 $\boldsymbol{B}$ 合同，则 a 的取值为________.

(7) 已知 $\boldsymbol{A}=\begin{bmatrix} & & 1\\ & 1 & \\ 1 & & \end{bmatrix}$ 和 $\boldsymbol{B}=\begin{bmatrix}2 & & \\ & 1 & \\ & & -2\end{bmatrix}$ 合同，那么使 $\boldsymbol{C}^{\mathrm{T}}\boldsymbol{A}\boldsymbol{C}=\boldsymbol{B}$ 的可逆矩阵 $\boldsymbol{C}=$ ____________.

2）选择题

(1) 二次型 $f(x_1, x_2, x_3)=x_1^2+5x_2^2+x_3^2-4x_1x_2+2x_2x_3$ 的标准形可以是(　　).

A. $y_1^2+4y_2^2$　　B. $y_1^2-6y_2^2+2y_3^2$

C. $y_1^2-y_2^2$　　D. $y_1^2+4y_2^2+y_3^2$

(2) 二次型 $f(x_1, x_2, x_3)=(x_1+x_2)^2+(2x_1+3x_2+x_3)^2-5(x_2+x_3)^2$ 的规范形是(　　).

A. $y_1^2+y_2^2-5y_3^2$　　B. $y_2^2-y_3^2$

C. $y_1^2+y_2^2-y_3^2$　　D. $y_1^2+y_2^2$

(3) 下列矩阵中，正定矩阵是(　　).

A. $\begin{bmatrix}1 & 2 & 3\\ 2 & 4 & 5\\ 3 & 5 & 6\end{bmatrix}$　　B. $\begin{bmatrix}1 & 2 & 0\\ 2 & 5 & 3\\ 0 & 3 & 8\end{bmatrix}$

C. $\begin{bmatrix} 2 & 2 & -2 \\ 2 & 5 & -4 \\ -2 & -4 & 5 \end{bmatrix}$　　D. $\begin{bmatrix} 5 & 2 & 1 \\ 2 & 1 & 3 \\ 1 & 3 & 0 \end{bmatrix}$

(4) n 阶实对称矩阵 $\boldsymbol{A}$ 正定的充分必要条件是(　　).

A. 二次型 $\boldsymbol{x}^{\mathrm{T}}\boldsymbol{A}\boldsymbol{x}$ 的负惯性指数为零　　B. 存在可逆矩阵 $\boldsymbol{P}$，使得 $\boldsymbol{P}^{-1}\boldsymbol{A}\boldsymbol{P}=\boldsymbol{E}$

C. 存在 n 阶矩阵 $\boldsymbol{C}$，使 $\boldsymbol{A}=\boldsymbol{C}^{\mathrm{T}}\boldsymbol{C}$　　D. A 的伴随矩阵 $\boldsymbol{A}^*$ 与 $\boldsymbol{E}$ 合同

(5) 下列矩阵中 $\boldsymbol{A}$ 与 $\boldsymbol{B}$ 合同的是(　　).

A. $\boldsymbol{A}=\begin{bmatrix} 1 & 1 \\ 1 & 1 \end{bmatrix}$，$\boldsymbol{B}=\begin{bmatrix} 0 & 1 \\ 1 & 2 \end{bmatrix}$　　B. $\boldsymbol{A}=\begin{bmatrix} 1 & 2 \\ 2 & 1 \end{bmatrix}$，$\boldsymbol{B}=\begin{bmatrix} 2 & 1 \\ 1 & 2 \end{bmatrix}$

C. $\boldsymbol{A}=\begin{bmatrix} 1 & 0 & 1 \\ 0 & 1 & 0 \\ 1 & 0 & 1 \end{bmatrix}$，$\boldsymbol{B}=\begin{bmatrix} 1 & & \\ & 3 & \\ & & 0 \end{bmatrix}$　D. $\boldsymbol{A}=\begin{bmatrix} 0 & 2 & 0 \\ 2 & 0 & 0 \\ 0 & 0 & 1 \end{bmatrix}$，$\boldsymbol{B}=\begin{bmatrix} -1 & & \\ & -2 & \\ & & -2 \end{bmatrix}$

(6) 与二次型 $f=x_1^2+x_2^2+2x_3^2+6x_1x_2$ 的矩阵 $\boldsymbol{A}$ 既合同又相似的矩阵是(　　).

A. $\begin{bmatrix} 1 & & \\ & 2 & \\ & & -8 \end{bmatrix}$　　B. $\begin{bmatrix} 4 & & \\ & 2 & \\ & & -2 \end{bmatrix}$

C. $\begin{bmatrix} 1 & & \\ & 3 & \\ & & 0 \end{bmatrix}$　　D. $\begin{bmatrix} 1 & & \\ & 1 & \\ & & -1 \end{bmatrix}$

(7) 设 $\boldsymbol{A}$, $\boldsymbol{B}$ 均是 n 阶实对称矩阵，若 $\boldsymbol{A}$ 与 $\boldsymbol{B}$ 合同，则(　　).

A. $\boldsymbol{A}$ 与 $\boldsymbol{B}$ 有相同的特征值　　B. $\boldsymbol{A}$ 与 $\boldsymbol{B}$ 有相同的秩

C. $\boldsymbol{A}$ 与 $\boldsymbol{B}$ 有相同的特征向量　　D. $\boldsymbol{A}$ 与 $\boldsymbol{B}$ 有相同的行列式

3) 解答题

(1) 设 $\boldsymbol{A}$ 是 n 阶实对称矩阵，$r(\boldsymbol{A})=n$，$\boldsymbol{A}_{ij}$ 是矩阵 $\boldsymbol{A}=(a_{ij})_{n\times n}$ 元素 $a_{ij}(i, j=1, 2, \cdots, n)$ 的代数余子式，二次型 $f(x_1, x_2, \cdots, x_n)=\sum\limits_{i=1}^{n}\sum\limits_{j=1}^{n}\dfrac{A_{ij}}{|\boldsymbol{A}|}x_i x_j$，

① 记 $\boldsymbol{x}=(x_1, x_2, \cdots, x_n)^{\mathrm{T}}$，把 $f(x_1, x_2, \cdots, x_n)$ 写成矩阵形式，并证明二次型 $f(\boldsymbol{x})$ 的矩阵为 $\boldsymbol{A}^{-1}$；

② 二次型 $g(\boldsymbol{x})=\boldsymbol{x}^{\mathrm{T}}\boldsymbol{A}\boldsymbol{x}$ 与 $f(\boldsymbol{x})$ 的规范形是否相同？说明理由.

(2) 设二次型 $f(x_1, x_2, x_3)=\boldsymbol{x}^{\mathrm{T}}\boldsymbol{A}\boldsymbol{x}=ax_1^2+2x_2^2-2x_3^2+2bx_1x_3(b>0)$ 中矩阵 $\boldsymbol{A}$ 的特征值之和为 1，特征值之积为 -12.

① 求 a, b 的值；

② 利用正交变换将二次型 f 化为标准形，并写出所用的正交变换和对应的正交矩阵.

(3) 已知二次型 $f(\boldsymbol{x})=\boldsymbol{x}^{\mathrm{T}}\boldsymbol{A}\boldsymbol{x}$ 在正交变换 $\boldsymbol{x}=\boldsymbol{Q}\boldsymbol{y}$ 下的标准形为 $y_1^2+y_2^2$，且 $\boldsymbol{Q}$ 的第三

列为 $\left(\frac{\sqrt{2}}{2}, 0, \frac{\sqrt{2}}{2}\right)^{\mathrm{T}}$，

① 求矩阵 $\boldsymbol{A}$；

② 证明 $\boldsymbol{A}+\boldsymbol{E}$ 为正定矩阵，其中 $\boldsymbol{E}$ 为 3 阶单位矩阵.

(4) 设 $\boldsymbol{A}$ 为三阶实对称矩阵，且满足条件 $\boldsymbol{A}^2+2\boldsymbol{A}=\boldsymbol{0}$，已知 $\boldsymbol{A}$ 的秩 $r(\boldsymbol{A})=2$，

① 求 $\boldsymbol{A}$ 的全部特征值；

② 当 k 为何值时，矩阵 $\boldsymbol{A}+k\boldsymbol{E}$ 为正定矩阵，其中 $\boldsymbol{E}$ 为三阶单位矩阵.

(5) 已知 $\boldsymbol{A}$ 是 n 阶正定矩阵，证明 $\boldsymbol{A}$ 的伴随矩阵 $\boldsymbol{A}^*$ 是正定矩阵.

(6) 设 $\boldsymbol{A}$ 是 n 阶实对称矩阵，且 $|\boldsymbol{A}|<0$，证明存在 n 维列向量 $\boldsymbol{x}_0$，使得 $\boldsymbol{x}_0^{\mathrm{T}}\boldsymbol{A}\boldsymbol{x}_0<0$.

第 2 篇

概率论与数理统计

第 7 章　随机事件与概率

“随机事件”与“概率”是概率论中两个最基本的概念，“独立性”与“条件概率”是概率论中特有的两个概念，条件概率在不具有独立性的场合扮演一个重要角色，它也是一种概率，正确理解并会应用这几个概念是学好概率论的基础.

本章重点：

(1) 样本空间、随机事件的概念.

(2) 事件的关系和运算.

(3) 概率的概念、性质及计算.

(4) 古典概型及条件概率.

(5) 事件的独立性.

(6) 伯努利概型.

7.1　随机事件与概率

7.1.1　知识点梳理

1) 随机事件

(1) 随机试验、样本空间、随机事件、基本事件、复合事件、必然事件、不可能事件的定义.

(2) 事件之间的关系和运算：$\subset$，$=$，$\cup$，$\cap$，$-$，互斥(不相容)，对立；运算规律：交换律，结合律，分配律，德摩根律.

(3) 完全事件组(样本空间的划分)：若 $\bigcup_{i=1}^{n} B_i = S$ 且 $B_i B_j = \Phi (i \neq j)$，则 B_1，B_2，…，B_n 称为样本空间 S 的一个划分. 事件组 B_1，B_2，…，B_n 称为一个完全事件组.

2) 概率的定义及性质

(1) 定义：设 E 是随机试验，S 是它的样本空间. 对于 E 的每一个事件，赋予一个实数，记为 $P(A)$，称为事件 A 的概率，如果 $P(\cdot)$ 满足下列条件：

① 非负性：任意事件 A，有 $P(A) \geqslant 0$.

② 规范性：对必然事件 S，有 $P(S)=1$.

③ 可列可加性：对任意 $i\neq j$，$A_iA_j=\Phi$ 有 $P(\bigcup\limits_{i=1}^{\infty}A_i)=\sum\limits_{i=1}^{\infty}P(A_i)$.

(2) 基本性质

① $P(\Phi)=0$，$P(S)=1$，反之不成立.

② 有限可加性：若 $A_1, A_2, \cdots, A_n$ 互不相容，则有 $P(\bigcup\limits_{i=1}^{n}A_i)=\sum\limits_{i=1}^{n}P(A_i)$.

③ 若 $A\subset B$，则 $P(B-A)=P(B)-P(A)$ 且 $P(A)\leqslant P(B)$；

一般地，$P(B-A)=P(B)-P(AB)$.

④ 对任意事件 A，有 $0\leqslant P(A)\leqslant 1$.

⑤ $P(\bar{A})=1-P(A)$.

⑥ 加法公式：$P(A\cup B)=P(A)+P(B)-P(AB)$；

$P(A_1\cup A_2\cup A_3)=P(A_1)+P(A_2)+P(A_3)-P(A_1A_2)-P(A_1A_3)-P(A_2A_3)+P(A_1A_2A_3)$.

7.1.2 题型归类与方法分析

题型 1 事件的表示和运算

例 1 设 A, B 为两个任意事件，试化简：$(A+B)(A+\bar{B})(\bar{A}+B)(\bar{A}+\bar{B})$

【分析】 正确利用分配律，并注意当两个事件有包含关系，则求和取“大”，求积取“小”，即当两事件 C, D 满足 $C\supset D$ 时，$C+D=C$，$CD=D$.

【解】 $(A+B)(A+\bar{B})(\bar{A}+B)(\bar{A}+\bar{B})=A\bar{A}=\varnothing$.

例 2 对于任意两事件 A 和 B，与 $A\cap B=A$ 不等价的是(　　).

A. $A\subset B$　　B. $\bar{B}\subset\bar{A}$

C. $A\bar{B}=\varnothing$　　D. $\bar{A}B=\varnothing$

【解】 易知 $A\cap B=A\Leftrightarrow A\subset B\Leftrightarrow\bar{B}\subset\bar{A}\Leftrightarrow A\bar{B}=\varnothing$，故选 D.

例 3 对于事件 A 和 B 两个概率不为零的不相容事件，下面结论正确的是(　　).

A. $\bar{A}$ 与 $\bar{B}$ 互不相容　　B. $\bar{A}$ 与 $\bar{B}$ 相容

C. $P(AB)=P(A)P(B)$　　D. $P(A-B)=P(A)$

【分析】 对于 A，由 $AB=\varnothing$，显然推不出 $\bar{A}\bar{B}=\overline{A\cup B}=\varnothing$；对于 B，由 $AB\neq\varnothing$，而 $\bar{A}\bar{B}=\overline{A\cup B}$，易知当 $A\cup B=\Omega$ 时，有 $\bar{A}\bar{B}=\varnothing$，即此时 $\bar{A}$ 与 $\bar{B}$ 可以互不相容，故 B 也不正确；对于 C，由于 $AB=\varnothing$，故 $P(AB)=P(\varnothing)=0\neq P(A)P(B)$，故 C 也不正确；排除法可以选择 D.

例 4 设事件 A 和 B 满足条件 $AB=\bar{A}\bar{B}$，则(　　).

A. $A\cup B=\varnothing$　　B. $A\cup B=\Omega$

C. $A\cup B=A$　　D. $A\cup B=B$

【分析】 由"对称性"知 C、D 都不成立(否则,一个成立另一个必成立),而 A 成立 $\Leftrightarrow$ $A=B=\varnothing \Leftrightarrow \bar{A}=\bar{B}=\Omega \Rightarrow \bar{A}\bar{B}=\Omega$,由 $A=B=\varnothing \Rightarrow AB=\varnothing$,这与已知 $AB=\bar{A}\bar{B}$ 相矛盾,所以正确选项是 B.

题型 2 有关概率基本性质的命题

【分析】 利用概率的性质、事件间的关系和运算律进行求解.

例 5 设事件 A, B, C 满足 $P(A)=P(B)=P(C)=\dfrac{1}{4}$, $P(AB)=0$, $P(AC)=0$, $P(BC)=\dfrac{1}{6}$,则 A, B, C 全不发生的概率为________.

【分析】 由于 $P(AB)=0$,所以 $P(ABC)=0$.

A, B, C 全不发生的对立事件为 A, B, C 中至少有一个发生,故所求概率为

$$\begin{aligned}P(\overline{A\cup B\cup C}) &= 1-P(A\cup B\cup C)\\ &= 1-[P(A)+P(B)+P(C)-P(AB)-P(AC)-P(BC)+P(ABC)]\\ &= 1-\frac{3}{4}-\frac{2}{6}=\frac{7}{12},\text{故应填 }\frac{7}{12}.\end{aligned}$$

例 6 对于任意事件 A 和 B,若 $P(AB)=0$,则( ).

A. $\bar{A}\bar{B}=\varnothing$　　　　B. $AB=\varnothing$

C. $P(A)P(B)=0$　　　　D. $P(\bar{A}B)-P(A)=0$

【分析】 由 $P(A\bar{B})=P(A-B)=P(A)-P(AB)$, $P(AB)=0$,可知, $P(A\bar{B})-P(A)=0$,故 D 为正确答案.

说明: 本例也说明不可能事件的概率为 0,但概率为 0 的不一定是不可能事件.

例 7 设 X 与 Y 为两个随机变量,且 $P(X\geqslant 0, Y\geqslant 0)=\dfrac{3}{7}$, $P(X\geqslant 0)=P(Y\geqslant 0)=\dfrac{4}{7}$,则 $P(\max(X, Y)\geqslant 0)=$________.

【分析】
$$\begin{aligned}P(\max(X, Y)\geqslant 0) &= P[(X\geqslant 0)\cup(Y\geqslant 0)]\\ &= P(X\geqslant 0)+P(Y\geqslant 0)-P(X\geqslant 0, Y\geqslant 0)=\frac{5}{7}.\end{aligned}$$

例 8 已知 A, B 是任意两个随机事件,且 $AB\subset C$,则下列选项成立的是( ).

A. $P(C)\leqslant P(A)-P(B)$　　　　B. $P(C)\geqslant P(A)-P(B)$

C. $P(C)\leqslant P(A)-P(\bar{B})$　　　　D. $P(C)\geqslant P(A)-P(\bar{B})$

【分析】 $P(A)=P(AB)+P(A\bar{B})$,故应选 D.

7.2 古典概型与条件概率

7.2.1 知识点梳理

1) 古典概型

(1) 古典概型的概念：若试验满足：① 样本空间只包含有限个元素；② 每个基本事件发生的可能性相同. 这种试验称为等可能概型，也称古典概型.

(2) 古典概型的概率计算公式：$P(A)=\dfrac{k}{n}=\dfrac{A\text{所含的基本事件数}}{S\text{中基本事件总数}}$

用到的知识：① 加法、乘法原理；② 排列、组合.

2) 几何概型

若随机试验 E 的样本空间是某区域 G，G 的长度(或面积、体积)为 D，设随机点落入长度(或面积、体积)为 d 的任意子区域 $g\,(g\subseteq G)$ 内是等可能的. 定义事件 $A=\{$随机点落入 g 内$\}$ 的概率为 $P(A)=\dfrac{d}{D}$.

3) 条件概率

(1) 定义：若 $P(A)\geqslant 0$，则 $P(B|A)=\dfrac{P(AB)}{P(A)}$.

(2) 求法：两种方法求条件概率.

注： 条件概率 $P(B|A)$ 满足定义公理及性质.

4) 概率基本公式

(1) 加法公式：$P(A\cup B)=P(A)+P(B)-P(AB)$，

特别的，若 $AB=\Phi$，则 $P(A\cup B)=P(A)+P(B)$ (可推广为 n 个事件情况).

(2) 减法公式：若 $A\subset B$，则 $P(B-A)=P(B)-P(A)$.

(3) 乘法公式：$P(AB)=P(A)P(B|A)=P(B)P(A|B)$.

$P(A_1A_2\cdots A_n)=P(A_1)P(A_2|A_1)\cdots P(A_{n-1}|A_1A_2\cdots A_{n-2})P(A_n|A_1A_2\cdots A_{n-1})$.

(4) 全概率公式：若 $B_1, B_2, \cdots, B_n$ 为 S 的一个划分，且 $P(B_i)>0$，则

$$P(A)=\sum_{i=1}^{n}P(B_i)P(A|B_i).$$

(5) 贝叶斯公式：若 $B_1, B_2, \cdots, B_n$ 为 S 的一个划分，且 $P(A)>0$，$P(B_i)>0$，则

$$P(B_i\mid A)=\frac{P(AB_i)}{P(A)}=\frac{P(A\mid B_i)P(B_i)}{\sum_{j=1}^{n}P(A\mid B_j)P(B_j)}\ (i=1, 2, \cdots, n).$$

7.2.2　题型归类与方法分析

题型3　古典概型与几何概型的概率计算

例9　袋中有 a 个黑球，b 个白球，现在将球随机地从袋中一个个摸出来，试求第 k 次取到黑球的概率 $(1 \leqslant k \leqslant a+b)$.

【分析】　设各个球是有区别的，比如对每个球进行编号，把取出的球依次按照先后顺序排队，则样本空间中基本事件总数为 $a+b$ 个球在 $a+b$ 个位置上的全排列数：$(a+b)!$. 令 $A=\{$第 k 次取到黑球$\}$. 第 k 次取到红球相当于首先在第 k 个位置上排黑球，共有 a 种排法；其次在其余的 $a+b-1$ 个位置上排剩下的 $a+b-1$ 个球，共有 $(a+b-1)!$ 种不同的排法，由乘法原理得有利于事件 A 的事件数为 $a(a+b-1)!$，故

$$P(A)=\frac{a(a+b-1)!}{(a+b)!}=\frac{a}{a+b}$$

例10　从所有3位数(100～999)中随机取一个数，求它能被5或8整除的概率.

【分析】　设 $A=\{$所取的数能被5整除$\}$，$B=\{$所取的数能被8整除$\}$

在100～999共有900个数，其中能被5整除的有180个，能被8整除的有112个，能同时被5和8整除的也就是能被40整除的有22个，从而

$$P(A)=\frac{150}{900},\ P(B)=\frac{112}{900},\ P(AB)=\frac{22}{900}.$$

于是所求的概率为

$$P(A\cup B)=P(A)+P(B)-P(AB)=\frac{150}{900}+\frac{112}{900}-\frac{22}{900}=\frac{4}{15}.$$

例11　从5双不同的鞋中任取4只，求这4只鞋中至少有两只能配成一双的概率.

【分析】　设5双鞋(共10只)是有区别的(比如编号)，试验是从10个不同的数中无放回地取出4个，即随机取数. 由于取法的不同(一次取出还是逐一取出)，样本空间可以不同(无序样本还是有序样本)，因此有不同的解法，若记

$A=$“4只鞋中至少有两只鞋配成一双”，

$B=$“4只鞋中恰有两只配成一双”，

$C=$“4只鞋恰好配成两双”，

则 $A=B\cup C$，$\bar{A}=$“4只鞋全不配对”，如果从5双鞋中一次取4只，把任何一个可能出现的结果作为基本事件，则其总数 $n=C_{10}^4=210$，B 中的基本事件，可以设想为先从5双鞋中任取一双，再从余下的4双鞋中任取两双，从两双中各取一只，根据乘法原理，事件 B 所含的基本事件数 $n_B=C_5^1C_4^2C_2^1C_2^1$，同理 $n_C=C_5^2$，由加法原理 $n_A=n_B+n_C=130$，或 $n_A=n-n_{\bar{A}}=C_{10}^4-C_5^4C_2^1C_2^1C_2^1C_2^1$($\bar{A}$ 等价于从5双鞋中任取4双，然后在4双中各取一只)，或 $n_A=C_5^1C_8^2-C_5^2=130$(从5双鞋中任取一双，再从余下的8只鞋中任取2只，此时“4只鞋配成两

双”重复计算一次,因此要减去 C_5^2),所以

$$P(A)=\frac{n_A}{n}=\frac{130}{210}=\frac{13}{21}.$$

注: 在古典概型的计算中,排列组合放法起着重要的作用,而且也是一个难点,但它们不应占去读者过多的注意力,读者的重点应放在对概念的理解和性质的掌握上.

例 12 将 n 个球随意放入 $N(n\leqslant N)$ 个盒子中,每个盒子可以放任意多个球. 试求下列事件的概率:

A=“某指定的 n 个盒子各有一球”;

B=“恰有 n 个盒子各有一球”;

C=“指定 $k(k\leqslant n)$ 个盒子各有一球”.

【分析】 这是随机占位的问题,设想 n 个球, N 个盒子是可分辨的(比如编号),由于每个盒子可以放入任意多个球,因此每个球都有 N 种不同的放置方法,将 n 个球随意放入 N 个盒子的一种放法作为基本事件,则基本事件总数为 N^n,事件 A 所含的基本事件是 n 个不同球的一种排列,故 $n_A=n!$, $P(A)=\dfrac{n!}{N^n}$.

事件 B 中的基本事件可设想为先从 N 个盒子中选出 n 个(共 C_N^n 种不同方法),然后 n 个球随意放入这 n 个盒子中,每盒一球(共 $n!$ 种不同放法),因此 B 中基本事件数

$$n_B=C_N^n n!,\ P(B)=\frac{C_N^n n!}{N^n}.$$

事件 C 的基本事件可以设想为先从 n 个球中选出 k 个球(有 C_n^k 种不同选法),再将这 k 个球随意放入指定的 k 个盒子中,每盒一球(共 $n!$ 种不同放法),最后将余下的 $n-k$ 个球随意放入其余的 $N-k$ 个盒子中,每个球都有 $N-k$ 种放置方法,因此共有 $(N-k)^{n-k}$,则

$$P(C)=\frac{C_n^k k!(N-k)^{n-k}}{N^n}=\frac{n!(N-k)^{n-k}}{(n-k)!N^n}.$$

说明: 许多问题的结构形式与分球入盒问题相同,都属于随机占位问题,例如生日问题(n 个人生日的可能情况,相当于 n 个球随意放入 365 个盒子,每盒可以放多个球的可能情况);住房分配问题(n 个人被分配到 N 个房间中去);乘客下车问题(n 个乘客在 N 个车站下车的各种可能情况)等,这些问题都可以归结为“n 个球等可能地放入 N 个盒子中”考虑.

题型 4 事件独立性的命题

例 13 甲、乙两人轮流投篮,规定先投者投一次,后投者连投二次,先投中者为胜. 已知乙每次投篮命中率为 0.5,甲先投. 问甲命中率 P 等于多少时,甲、乙胜负概率相同.

【解】 设 A_i, B_i 分别表示甲、乙两人在第 i 次投篮中投中, i 为甲、乙两人投篮总次数,

$i=1, 2, 3, \cdots$,事件 A、B 分别表示甲、乙取胜.

因为 $A=A_1\cup\overline{A_1}\,\overline{B_2}\,\overline{B_3}A_4\cup\overline{A_1}\,\overline{B_2}\,\overline{B_3}\,\bar{A}_4\,\overline{B_5}\,\overline{B_6}A_7\cup\cdots$,且和事件之间是两两互不相容的,故由概率的可列可加性与事件的独立性得

$$P(A)=P(A_1)+P(\overline{A_1}\,\overline{B_2}\,\overline{B_3}A_4)+P(\overline{A_1}\,\overline{B_2}\,\overline{B_3}\,\bar{A}_4\,\overline{B_5}\,\overline{B_6}A_7)+\cdots$$
$$=P+\left(\frac{1}{2}\right)^2(1-P)P+\left(\frac{1}{2}\right)^4(1-P)^2P+\cdots$$
$$=\frac{P}{1-\left(\frac{1}{2}\right)^2(1-P)}=\frac{4P}{3+P}.$$

甲、乙胜负概率相同,即 $P(A)=P(B)=\frac{1}{2}$,即 $\frac{4P}{3+P}=\frac{1}{2}$,因此,当 $P=\frac{3}{7}$ 时,甲、乙胜负概率相同.

题型 5　条件概率与积事件概率的计算

例 14　设 A、B 是两个随机事件,且 $P(A)=\frac{1}{4}$, $P(B|A)=\frac{1}{3}$, $P(A|B)=\frac{1}{2}$,则 $P(\bar{A}\bar{B})=$________.

【分析】　根据乘法公式

$$P(AB)=P(A)P(B|A)=\frac{1}{4}\cdot\frac{1}{3}=\frac{1}{12},\ P(B)=\frac{P(AB)}{P(A|B)}=\frac{\frac{1}{12}}{\frac{1}{2}}=\frac{1}{6},$$

再应用减法公式

$$P(\bar{A}B)=P(B)-P(AB)=\frac{1}{6}-\frac{1}{12}=\frac{1}{12},$$
$$P(\bar{A}\bar{B})=P(\bar{A})-P(\bar{A}B)=\frac{3}{4}-\frac{1}{12}=\frac{2}{3}.$$

或应用加法公式

$$P(A\cup B)=P(A)+P(B)-P(AB)=\frac{1}{4}+\frac{1}{6}-\frac{1}{12}=\frac{1}{3},$$
$$P(\bar{A}\bar{B})=P(\overline{A\cup B})=1-P(A\cup B)=\frac{2}{3}.$$

例 15　假设 A、B、C 是随机事件,A 与 C 互不相容, $P(AB)=\frac{1}{2}$, $P(C)=\frac{1}{3}$,则 $P(AB\mid\bar{C})=$________.

【分析】　由于 A 与 C 互不相容,所以 $AC=\Phi$, 则 $ABC=\Phi$, 从而 $P(ABC)=P(\Phi)=0$

$$P(AB \mid \bar{C})=\frac{P(AB\bar{C})}{P(\bar{C})}=\frac{P(AB)-P(ABC)}{P(\bar{C})}=\frac{\frac{1}{2}-0}{1-\frac{1}{3}}=\frac{3}{4}.$$

例 16 设 40 件产品中有 3 件不合格品,从中任取两件,已知所取两件产品中有一件是不合格品,则另一件也是不合格品的概率为________.

【解】 引进 $A=\{$两件中有一件是不合格品$\}=A_1\cup A_2$,其中 $A_1=\{$两件均不合格$\}$,$A_2=\{$一件合格,另一件不合格$\}$.

$$P(A)=P(A_1)+P(A_2)=\frac{C_3^2+C_{37}^1C_3^1}{C_{40}^2}$$

$$P(\text{另一件不合格}\mid A)=\frac{P(A_1)}{A(A)}=\frac{\frac{C_3^2}{C_{40}^2}}{\frac{C_3^2+C_{37}^1C_3^1}{C_{40}^2}}=\frac{1}{38}.$$

例 17 为了防止意外,在矿内同时设有甲、乙两种报警系统,每种系统单独使用时,其有效的概率系统甲为 0.92,系统乙为 0.93,在甲系统失灵的条件下,乙系统仍有效的概率为 0.85,则:

① 发生意外时,这两个报警系统至少有一个失效的概率 $\alpha=$________;

② 在乙失灵的条件下,甲仍有效的概率 β ________.

【分析】 设事件 A、B 分别表示系统甲、乙单独使用时有效,根据题意知,$P(A)=0.92$,$P(B)=0.93$,$P(B|\bar{A})=0.85$.

① $\alpha=P(A\cup B)=P(A)+P(\bar{A}B)=P(A)+P(\bar{A})P(B|\bar{A})$
$=0.92+0.08\times 0.85=0.988$;

② 由于 $P(A\bar{B})=P(A\cup B)-P(B)=0.988-0.93=0.058$,

所以
$$\beta=P(A|\bar{B})=\frac{P(A\bar{B})}{P(B)}=\frac{0.058}{0.07}=0.83.$$

题型 6 利用全概率公式和贝叶斯公式计算概率

例 18 盒中装有 5 个红球和 3 个白球,袋中装有 4 个红球和 3 个白球,从盒中任取 3 个球放入袋中,然后从袋中任取 1 个球,求这个球是红球的概率. 若已知从袋中任取 1 个球为红球,问从盒中取出的 3 球中没有红球的概率.

【分析】 本题的试验可以分成两个阶段在进行,第一阶段是从盒中取球,第二阶段是从袋中取球,而第一阶段共有 4 个互斥的结果是 B_1, B_2, B_3, B_4,第二阶段的一个结果 A 是已知的,要求的是 A 发生的条件下,B_1 发生的(条件)概率,故用贝叶斯公式.

【解】 设 $A=\{$从袋中取出 1 球为红球$\}$,$B_1=\{$盒中取出 3 个红球$\}$,$B_2=\{$盒中取出 2

个红球}，$B_3=\{$盒中取出 1 个红球$\}$，$B_4=\{$盒中取出 0 个红球$\}$.

则 $P(B_1)=\dfrac{C_5^3}{C_8^3}=\dfrac{10}{56}$，$P(B_2)=\dfrac{C_5^2C_3^1}{C_8^3}=\dfrac{30}{56}$，

$$P(B_3)=\frac{C_5^1C_3^2}{C_8^3}=\frac{15}{56},\ P(B_4)=\frac{C_3^3}{C_8^3}=\frac{1}{56}.$$

且 $P(A|B_1)=\dfrac{7}{10}$，$P(A|B_2)=\dfrac{6}{10}$，$P(A|B_3)=\dfrac{5}{10}$，$P(A|B_4)\dfrac{4}{10}$.

故 $P(A)=\sum\limits_{i=1}^{4}P(B_i)P(A\mid B_i)=\dfrac{329}{560}$，

$$P(B_4|A)\frac{P(B_4)P(A\mid B_4)}{P(A)}=\frac{4}{329}.$$

例 19　12 个乒乓球中有 9 个新球和 3 个旧球，第一次比赛时取出 3 个球，用完后放回去，第二次比赛又从中取出 3 个球，(1) 求第二次取出的 3 个球中有 2 个新球的概率；(2) 若第二次取出的 3 个球中有 2 个新球，求第一次取到的 3 个球中恰有一个新球的概率.

【分析】　在问题(1)中，由于第二次取球的结果的可能性依赖第一次取球的不同情况，因而要利用全概率公式，而问题(2)则是在已知第二次取球结果的条件下求第一次取球的情况的概率，因而要利用贝叶斯公式.

【解】　记 $A_i=$“第一次取出 i 个新球”$(i=0,1,2,3)$，$B_i=$“第二次取出 i 个新球”$(i=0,1,2,3)$.

根据古典概型概率的计算有 $P(A_0)=\dfrac{C_3^3}{C_{12}^3}=\dfrac{1}{220}$，$P(A_1)=\dfrac{C_9^1C_3^2}{C_{12}^3}=\dfrac{27}{220}$，

$$P(A_3)=\frac{C_9^2C_3^1}{C_{12}^3}=\frac{27}{55},\ P(A_4)=\frac{C_9^3}{C_{12}^3}=\frac{21}{55}.$$

在第一次取到 i 个新球的情况下，第二次取球是在 $9-i$ 个新球，$3+i$ 个旧球中任取 3 个球，于是有

$$P(B_2\mid A_0)=\frac{C_9^2C_3^1}{C_{12}^3}=\frac{27}{55},\ P(B_2\mid A_1)=\frac{C_8^2C_4^1}{C_{12}^3}=\frac{28}{55},$$

$$P(B_2\mid A_2)=\frac{C_7^2C_5^1}{C_{12}^3}=\frac{105}{220},\ P(B_2\mid A_3)=\frac{C_6^2C_6^1}{C_{12}^3}=\frac{90}{220}.$$

$$\begin{aligned}(1)\ P(B_2)&=\sum_{i=0}^{3}P(A_i)P(B_2\mid A_i)\\&=\frac{1}{220}\times\frac{27}{55}+\frac{27}{220}\times\frac{28}{55}+\frac{27}{55}\times\frac{105}{220}+\frac{21}{55}\times\frac{90}{220}=\frac{1\,377}{3\,025}\approx 0.455.\end{aligned}$$

$$(2)\ P(A_2\mid B_2)=\frac{P(A_2B_2)}{P(B_2)}=\frac{P(A_2)P(B_2\mid A_2)}{P(B_2)}=\frac{\dfrac{27}{220}\times\dfrac{28}{55}}{\dfrac{1\,377}{3\,025}}\approx 0.137.$$

7.3 独立性与伯努利实验

7.3.1 知识点梳理

1) 事件的独立性

(1) 事件 A 与 B 相互独立是指：$P(AB)=P(A)P(B)$.

(2) n 个事件相互独立：从 $A_1, A_2, \cdots, A_n$ 中任取 $k(1<k\leqslant n)$ 个 $A_{i_1}, A_{i_2}, \cdots, A_{i_k}$，都有 $P(A_{i_1}, A_{i_2}, \cdots, A_{i_k})=P(A_{i_1})P(A_{i_2})\cdots P(A_{i_k})$，则称 $A_1, A_2, \cdots A_n$ 相互独立.

(3) 事件独立性的性质：

① 若 $P(A)>0$ (或 $P(B)>0$)，则事件 A 与 B 相互独立 $\Leftrightarrow P(B|A)=P(B)$ (或 $P(A|B)=P(A)$).

② 若 A 与 B 独立，则 A 与 $\bar{B}$，$\bar{A}$ 与 B，$\bar{A}$ 与 $\bar{B}$ 均相互独立.

推广：多个事件独立时有类似结论.

③ 若 $A_1, A_2, \cdots, A_n$ 相互独立，则

$$P(A_1\cup A_2\cup\cdots\cup A_n)=1-P(\overline{A_1})P(\overline{A_2})\cdots P(\overline{A_n}).$$

(4) 可靠性：一个系统能正常工作的概率称为系统的可靠性.

(5) 独立重复试验：进行 n 次试验，每次试验的条件都相同，且各次试验相互独立，则称为 n 次独立重复试验.

注： 同时观察在相同条件下进行的 n 个试验与重复观察同一试验 n 次具有相同的意义.

2) 伯努利试验

若试验仅有两个结果 A 和 $\bar{A}$，这种试验称为伯努利试验. 伯努利试验独立重复地进行 n 次，称为 n 重伯努利试验.

若 $P(A)=p$，$P(\bar{A})=1-p(0<p<1)$，则 n 重伯努利试验中 A 事件发生 k 次的概率为 $P\{X=k\}=C_n^k p^k(1-p)^{n-k}(k=0, 1, \cdots, n)$.

7.3.2 题型归类与方法分析

题型 7 伯努利试验

例 20 进行一系列独立重复试验，每次试验成功的概率为 p，则在成功 2 次之前已经失败 3 次的概率为(　　).

A. $4p(1-p)^3$　　B. $C_5^2 p^2(1-p)^3$

C. $(1-p)^3$　　D. $4p^2(1-p)^3$

【解】 在成功 2 次之前已经失败 3 次的事件等价于第 5 次试验成功，而前 4 次事件中

恰有一次成功，于是其概率为

$$C_4^1 p(1-p)^3 \cdot p = 4p^2(1-p)^3.$$

正确答案选 D.

例 21　设每次射击命中率为 0.3，连续进行 4 次射击，如果 4 次均未命中，则目标不会被摧毁；如果击中 1 次、2 次，则目标被摧毁的概率分别为 0.4 与 0.6；如果击中 2 次以上，则目标一定被摧毁. 求目标被摧毁的概率.

【解】　设事件 $A_k=$“射击 4 次命中 k 次”$(k=0,1,2,3,4)$，$B=$“目标被摧毁”，则根据 4 重伯努利试验概型的公式 $P(A_k)=C_4^k(0.3)^k(0.7)^{4-k}(k=0,1,2,3,4)$，计算得

$$P(A_0)=(0.7)^4=0.2401,\ P(A_1)=0.4116,\ P(A_2)=0.2646,$$
$$P(A_3)=0.0756,\ P(A_4)=0.0081.$$

由于 A_0, A_1, A_2, A_3, A_4 是一完备事件组，且

$$P(B|A_0)=0,\ P(B|A_1)=0.4,\ P(B|A_2)=0.6,\ P(B|A_3)=1,\ P(B|A_4)=1.$$

利用全概率公式，得

$$P(B)=\sum_{i=0}^{4}P(A_i)P(B|A_i)=0.4071.$$

同步测试 7

1) 填空题

(1) 一袋中装有 10 个球,其中 3 个黑球,7 个白球. 每次从中任取一球,直到第 3 次才取到黑球的概率为________,至少取 3 次才能取到黑球的概率为________.

(2) 设 A、B 满足 $P(A)=\dfrac{1}{2}$, $P(B)=\dfrac{1}{3}$,且 $P(A\mid B)+P(\bar{A}\mid \bar{B})=1$,则 $P(A\cup B)=$________.

(3) 设事件 A、B 相互独立,已知它们都不发生的概率为 0.16,又知 A 发生 B 不发生的概率与 B 发生 A 不发生的概率相等,则 A、B 都发生的概率是________.

2) 选择题

(1) 下列事件运算不等于事件 A 的是(　　).

A. $(B\cup A)-(B-A)$　　B. $(A\cup B)(A\cup \bar{B})$

C. $(A\cap B)\cup(A\cap \bar{B})$　　D. $(A-\bar{B})(\overline{A\cup B})$

(2) 每次试验成功率为 $p(0<p<1)$,现进行重复试验,直到第 10 次试验才取得 4 次成功的概率是(　　).

A. $C_{10}^{4}p^{4}(1-p)^{6}$　　B. $C_{9}^{3}p^{4}(1-p)^{6}$

C. $C_{9}^{4}p^{4}(1-p)^{5}$　　D. $C_{9}^{3}p^{3}(1-p)^{6}$

3) 解答题

(1) 设事件 A, B, C 两两独立, $P(A)=P(B)=P(C)$.

① 若 A, B, C 中至少有一个发生的概率为 $\dfrac{23}{25}$, A, B, C 中至少有一个不发生的概率为 $\dfrac{14}{25}$,求 $P(A)$;

② 若 $P(ABC)=0$,证明 $P(A)\leqslant\dfrac{1}{2}$.

(2) 假设有一厂家生产的仪器,以概率 0.7 可直接出厂;以 0.3 的概率需进一步调试,令调试后以概率 0.8 可以出厂,以 0.2 的概率定为不合格品不能出厂,现该厂新生产了 n 台 $(n\geqslant 2)$ 仪器(假设各台仪器的生产过程相互独立),求

① 全部能出厂的概率;

② 其中恰有两件不能出厂的概率;

③ 其中至少有两件不能出厂的概率.

第 8 章　随机变量及其分布

随机变量是概率论与数理统计研究的基本对象，它是定义在样本空间上具有某种可测性的实值函数. 我们关心的是它取哪些值以及取这些值的概率，而分布函数则完整地描述了随机变量取值的统计规律，再加上分布函数有良好的分析性质，所以成为研究随机变量的重要工具.

本章重点：

(1) 随机变量及其概率分布的概念.

(2) 随机变量的分布函数.

(3) 离散型随机变量.

(4) 连续型随机变量.

(5) 常用的八大分布.

(6) 随机变量函数的分布.

8.1　随机变量及其分布函数

8.1.1　知识点梳理

1) 随机变量的概念

设 $S=\{e\}$ 为样本空间. $X=X\{e\}$ 是定义在样本空间 S 上的实值单值函数，称 $X=X\{e\}$ 为随机变量.

2) 分布函数

(1) 定义：$F(x)=P\{X\leqslant x\}$，$-\infty<x<+\infty$.

(2) 性质：

① $0\leqslant F(x)\leqslant 1$.

② $F(x)$ 单调不减，即当 $x_1\leqslant x_2$ 时，$F(x_1)\leqslant F(x_2)$.

③ $F(-\infty)=\lim\limits_{x\to-\infty}F(x)=0$，$F(+\infty)=\lim\limits_{x\to+\infty}F(x)=1$.

④ $F(x)$ 右连续，$\lim\limits_{x\to x_0^+}F(x)=F(x_0)$.

8.1.2 题型归类与方法分析

题型 1 用分布的性质判别或确定分布

要判别某数列、函数是否为某随机变量的分布列、分布密度、分布函数时,需一一验证是否满足相应分布的性质.

例 1 设 $f(x)$, $g(x)$ 分别是 X, Y 的概率密度,则下列函数中是某随机变量的概率密度的是( ).

A. $f(x)g(x)$ B. $\frac{3}{5}f(x)+\frac{2}{5}g(x)$

C. $3f(x)-2g(x)$ D. $2f(x)+g(x)-2$

【分析】 因为 $f(x)$, $g(x)$ 分别是 X, Y 的概率密度,所以 $f(x)$, $g(x)$ 满足:

① $f(x)\geqslant 0$, $g(x)\geqslant 0$; ② $\int_{-\infty}^{+\infty}f(x)\mathrm{d}x=1$, $\int_{-\infty}^{+\infty}g(x)\mathrm{d}x=1$;

因此 $\int_{-\infty}^{+\infty}\frac{2}{5}f(x)+\frac{3}{5}g(x)\mathrm{d}x=1$ 且 $\frac{2}{5}f(x)+\frac{3}{5}g(x)\geqslant 0$,所以选 B.

例 2 设 X_1, X_2 是两个相互独立的连续型随机变量,它们的概率密度分别为 $f_1(x)$, $f_2(x)$,分布函数为 $F_1(X)$, $F_2(X)$,则( ).

A. $f_1(x)+f_2(x)$ 为某一随机变量的概率密度

B. $f_1(x)f_2(x)$ 为某一随机变量的概率密度

C. $F_1(x)+F_2(x)$ 为某一随机变量的概率密度

D. $F_1(x)F_2(x)$ 为某一随机变量的概率密度

【分析】 由密度函数和分布函数的性质,首先排除 A, C.

设 $f_1(x)=\begin{cases}1 & 0<x<1\\0 & 其他\end{cases}$, $f_2(x)=\begin{cases}\frac{1}{2} & 0<x<2\\0 & 其他\end{cases}$,则 $\int_{-\infty}^{+\infty}f(x)g(x)\mathrm{d}x=\frac{1}{2}$,所以排除 B,答案选 D.

8.2 离散型、连续型随机变量

8.2.1 知识点梳理

1) 离散型随机变量

(1) 概率分布: $P\{X=x_i\}=p_i(i=1, 2, \cdots)$ 满足:

① $p_i\geqslant 0\ (i=1, 2, \cdots)$; ② $\sum_{i=1}^{\infty}p_i=1$.

(2) 几种常用分布：

① 0-1 分布.

② 二项分布 $B(n, p)$.

③ 泊松分布 $P(\lambda)$.

④ 超几何分布 $P\{X=k\}=\frac{C_M^k C_{N-M}^{n-k}}{C_N^n}\ (k=0, 1, \cdots, n, n\leqslant M)$.

⑤ 几何分布 $P\{X=k\}=p(1-p)^{k-1}(k=1, 2, \cdots)$.

(3) 泊松定理：设随机变量 $X_n\sim B(n, p_n)$，如果 $np_n=\lambda>0$，

则 $\lim\limits_{n\to\infty}P\{X_n=k\}=\frac{\lambda^k}{k!}e^{-\lambda}(k=0, 1, 2, \cdots)$.

特别地，当 n 很大，p 较小时，$\lambda=np$ 则 $B(n, p)$ 可近似看做 $P(\lambda)$，即 $C_n^k p^k(1-p)^{n-k}\approx\frac{\lambda^k}{k!}e^{-\lambda}$.

2) 连续型随机变量

(1) 概率密度：若随机变量 X 的分布函数可以表示为

$$F(x)=\int_{-\infty}^{x}f(t)\mathrm{d}t\ (x\in\mathbf{R}),$$

其中 $f(x)$ 是非负函数. 则称 X 为连续型随机变量，$f(x)$ 称为 X 的概率密度函数，简称概率密度.

(2) 概率密度性质：

① $f(x)\geqslant 0$.

② $\int_{-\infty}^{+\infty}f(x)\mathrm{d}x=1$.

③ $P\{x_1<X\leqslant x_2\}=F(x_2)-F(x_1)=\int_{x_1}^{x_2}f(x)\mathrm{d}x$.

④ 在 $f(x)$ 的连续点处，有 $F'(x)=f(x)$.

(3) 常用连续型分布：

① 均匀分布 $U(a, b)$.

② 指数分布 $E(\lambda)$：

$f(x)=\begin{cases}\lambda e^{-\lambda x} & x>0\\ 0 & x\leqslant 0\end{cases}$，其中 $\lambda>0$.

③ 正态分布 $N(\mu, \sigma^2)$.

● 标准正态分布 $N(0, 1)$

密度函数 $\varphi(x)=\frac{1}{\sqrt{2\pi}}e^{-\frac{x^2}{2}}$ 为偶函数；

概率积分 $\int_{-\infty}^{\infty}e^{-\frac{x^2}{2}}\mathrm{d}x=\sqrt{2\pi}$；

分布函数：$\Phi(-x)=1-\Phi(x)$.

● 若 $X \sim N(\mu, \sigma^2)$，则 $\dfrac{X-\mu}{\sigma} \sim N(0, 1)$，$aX+b \sim N(a\mu+b, a^2\sigma^2)$.

● 若 $X \sim N(\mu, \sigma^2)$，则

$$P\{x_1 < X \leqslant x_2\} = P\left\{\frac{x_1-\mu}{\sigma} < \frac{X-\mu}{\sigma} \leqslant \frac{x_2-\mu}{\sigma}\right\} = \Phi\left(\frac{x_2-\mu}{\sigma}\right) - \Phi\left(\frac{x_1-\mu}{\sigma}\right).$$

8.2.2 题型归类与方法分析

题型 2 求分布中未知参数

由分布的性质和题设条件，建立未知参数的等量关系，再解方程(组).

例 3 设 X 的分布函数为 $F(x) = \begin{cases} 0 & x < -1 \\ \dfrac{1}{8} & x = -1 \\ ax+b & -1 < x < 1 \\ 1 & x \geqslant 1 \end{cases}$ 且 $P(X=1) = \dfrac{1}{4}$，则 $a =$ ______，$b =$ ______.

【分析】 $P(X=1) = F(1) - F(1-0) = 1-(a+b) = \dfrac{1}{4}$，即 $a+b = \dfrac{3}{4}$， ①

由分布函数的右连续性，知

$$F(-1) = F(-1-0)，即 -a+b = \frac{1}{8}, \quad ②$$

解方程①，②可得：

$$a = \frac{5}{16},\ b = \frac{7}{16}.$$

例 4 设 X 的分布函数为 $F(x)$，密度函数为 $f(x) = af_1(x) + bf_2(x)$，其中 $f_1(x)$ 为 $N(0, \sigma^2)$ 的概率密度，$f_2(x)$ 为参数为 λ 的指数分布密度，已知 $F(0) = \dfrac{1}{8}$，则 $a =$ ______，$b =$ ______.

【分析】

$$f_1(x) = \frac{1}{\sqrt{2\pi}\sigma} e^{-\frac{x^2}{2\sigma^2}}, -\infty < x < +\infty,\ f_2(x) = \begin{cases} \lambda e^{-\lambda x} & x > 0 \\ 0 & x \leqslant 0 \end{cases};$$

$$F(0) = \int_{-\infty}^{0} f(x)dx = \int_{-\infty}^{0} af_1(x) + bf_2(x)dx = \int_{-\infty}^{0} af_1(x)dx = aF_1(0) = \frac{1}{2}a = \frac{1}{8};$$

所以

$a=\frac{1}{4}$,又 $a+b=1$,所以 $b=\frac{3}{4}$.

例 5 设 X 的分布列为

X	-1	0	$\sqrt{2}$	$\sqrt{3}$
P	$a+b$	$a-b$	a^2+b^2	a^2-b^2

则 b 的取值范围是__________.

【分析】 由分布列的性质知:$a+b\geqslant 0$, $a-b\geqslant 0$, $a^2+b^2\geqslant 0$, $a^2-b^2\geqslant 0$.

$$a+ba-ba+b+a-b+a^2+b^2+a^2-b^2=1.$$

所以解得

$$|b|\leqslant\frac{\sqrt{3}-1}{2}.$$

题型 3 一维随机变量分布之间的转换

要弄清已知什么分布,求什么分布,该用什么公式,注意什么问题.

例 6 已知 X 的分布列 $P(x=1)=0.2$, $P(x=2)=0.3$, $P(x=3)=0.5$,则分布函数 $F(x)=$?

【分析】

$$F(x)=\begin{cases}0 & x<1\\ 0.2 & 1\leqslant x<2\\ 0.5 & 2\leqslant x<3\\ 1 & x\geqslant 3\end{cases}$$

例 7 已知 X 的分布函数为 $F(x)=\begin{cases}0 & x<-1\\ 0.2 & -1\leqslant x<2\\ 0.5 & 2\leqslant x<3\\ 1 & x\geqslant 3\end{cases}$,则 X 的分布列为________.

【分析】 X 的分布列为:$P(x=1)=0.2$, $P(x=2)=0.3$, $P(x=3)=0.5$.

题型 4 利用常用的分布求概率

例 8 设 X 服从参数为 λ 的泊松分布,$P(X=1)=P(X=2)$,求概率 $P(0<X^2<3)$.

【解】 已知 $P(X=k)=\frac{\lambda^k}{k!}e^{-\lambda}$, $k=0, 1, \cdots$,由于 $P(X=1)=P(X=2)$,即 $\frac{\lambda}{1!}e^{-\lambda}=\frac{\lambda^2}{2!}e^{-\lambda}$,解得 $\lambda=2$,故 $P(0<X^2<3)=P(X=1)=2e^{-2}$.

例 9 假设测量的随机误差 $X\sim N(0, 10^2)$,试求在 100 次独立重复测量中,至少有三次测量误差的绝对值大于 19.6 的概率 α,并利用泊松定理求出 α 的近似值 ($e^{-5}=0.007$).

【解】 依题意 $\alpha = P\{100$ 次测量中,至少有三次测量误差的绝对值大于 $19.6\}$,为计算 α,需对事件 $A=$“至少有三次测量误差的绝对值大于 19.6”$=$“100 次独立重复测量中,‘$|X|>19.6$’至少发生三次”做进一步分析,若记 $B=$“$|X|>19.6$”,Y 是 100 次独立重复测量中事件 B 发生的次数,则 $A=$“$Y\geqslant 3$”,由独立试验序列知,$Y\sim B(100, p)$,其中

$$\begin{aligned} p &= P(B) = P(|X|>19.6) = 1-P(|X|\leqslant 19.6) \\ &= 1-P(-19.6\leqslant X\leqslant 19.6) = 1-[\Phi(1.96)-\Phi(-1.96)] \\ &= 2[1-\Phi(1.96)] = 2\times 0.025 = 0.05, \end{aligned}$$

因此所求的概率

$$\alpha = P(A) = P(Y\geqslant 3) = 1-P(Y<3) = 1-P(Y=0)-P(Y=1)-P(Y=2),$$

而 $P(Y=k) = C_{100}^{k}(0.05)^{k}(0.95)^{100-k}$,

由于 $n=100$ 充分大,$p=0.05$ 很小,$np=5$ 适中,由泊松定理知 $P(Y=k)\approx\dfrac{\lambda^k}{k!}e^{-\lambda}$,其中 $\lambda = np = 5$,所以

$$\alpha\approx 1-e^{-5}-5e^{-5}-\frac{25}{2}e^{-5} = 1-18.5e^{-5} = 0.87.$$

8.3 随机变量函数的分布

8.3.1 知识点梳理

(1) 一维随机变量函数的分布:$Y=g(X)$.

(2) 离散型随机变量:设离散型随机变量 X 的概率分布为

$$P\{X=x_i\} = p_i (i=1, 2, \cdots).$$

则 $Y=g(X)$ 取值 $g(x_i)$ 的概率为 $P\{Y=g(x_i)\} = p_k(i=1, 2, \cdots)$.

如果有若干个 $g(x_i)$ 相同,则将它们相应的概率之和作为 $Y=g(X)$ 取该值的概率.

(3) 连续型随机变量:

① 分布函数法:$Y=g(X)$ 的分布函数

$$F_Y(y) = P\{Y\leqslant y\} = P\{g(X)\leqslant y\} = \int_{g(x)\leqslant y} f(x)dx,$$

其中 $f(x)$ 为 X 的概率密度函数,于是,Y 的概率密度函数 $f_Y(y) = F_Y{}'(y)$.

② 公式法:若 $g(x)$ 单调可导,$h(y)$ 为其反函数,则 $Y=g(X)$ 的概率密度函数

$$f_Y(y) = \begin{cases} f_X[h(y)]\,|h'(y)| & \alpha<y<\beta \\ 0 & \text{其他} \end{cases},$$

其中 (α, β) 是函数 $g(x)$ 在 X 可能取值的区间上的值域.

8.3.2 题型归类与方法分析

题型 4 求随机变量函数的分布

例 10 已知随机变量 $X \sim N(0, 1)$，求随机变量 $Y = e^X$ 的概率密度函数.

【解】 $Y = e^X$ 的分布函数 $F(y) = P(Y \leqslant y) = P(e^X \leqslant y)$，故

当 $y \leqslant 0$ 时，$F(y) = 0$；当 $y > 0$ 时，$F(y) = P(X \leqslant \ln y) = \Phi(\ln y)$，

即 $$F(y) = \begin{cases} 0 & y \leqslant 0 \\ \Phi(\ln y) & y > 0 \end{cases}.$$

所以 $$f(y) = \begin{cases} 0 & y \leqslant 0 \\ \dfrac{1}{y}\varphi'(\ln y) & y > 0 \end{cases} = \begin{cases} 0 & y \leqslant 0 \\ \dfrac{1}{y}\dfrac{1}{\sqrt{2\pi}} e^{-\frac{1}{2}(\ln y)^2} & y > 0 \end{cases}.$$

例 11 设随机变量 X 服从参数为 λ 的指数分布，求 $Y = 1 - e^{-\lambda X}$ 的分布函数.

【解】 依题设知 $X \sim f(x) = \begin{cases} \lambda e^{-\lambda x} & x > 0 \\ 0 & x \leqslant 0 \end{cases}$，$Y = 1 - e^{-\lambda X}$ 的分布函数

$$F(y) = P(Y \leqslant y) = P(1 - e^{-\lambda X} \leqslant y) = P(e^{-\lambda X} \geqslant 1 - y).$$

当 $1 - y \leqslant 0$，即 $y \geqslant 1$ 时，$F(y) = 1$；

当 $1 - y > 0$，即 $y < 1$ 时，

$$F(y) = P(e^{-\lambda X} \geqslant 1 - y) = P\left(X \leqslant -\frac{1}{\lambda}\ln(1 - y)\right) = \int_{-\infty}^{-\frac{1}{\lambda}\ln(1-y)} f(x)\mathrm{d}x;$$

当 $\ln(1 - y) < 0$，即 $0 < y < 1$ 时，

$$F(y) = P(e^{-\lambda X} \geqslant 1 - y) = \int_0^{-\frac{1}{\lambda}\ln(1-y)} \lambda e^{-\lambda X}\mathrm{d}x = -e^{-\lambda X}\Big|_0^{-\frac{1}{\lambda}\ln(1-y)} = y;$$

当 $\ln(1 - y) \geqslant 0$，即 $y \leqslant 0$ 时，$F(y) = 0$.

综上可得 $Y = 1 - e^{-\lambda X}$ 的分布函数为

$$F(y) = \begin{cases} 0 & y \leqslant 0 \\ y & 0 < y < 1 \\ 1 & y \geqslant 1 \end{cases}.$$

同步测试 8

1) 填空题

(1) 若随机变量 X 服从 $N(2,\sigma^2)$，且 $P\{2\leqslant X<4\}=0.3$，则 $P\{X<0\}=$________.

(2) 若随机变量 ξ 在区间 $(1,5)$ 上服从均匀分布，则方程 $x^2+\xi x+1=0$ 有实根的概率是________.

(3) 设 X 的分布函数为 $F(x)=\begin{cases}0 & x<0\\ A\sin x & 0\leqslant x\leqslant\dfrac{\pi}{2}\\ 1 & x>\dfrac{\pi}{2}\end{cases}$，则 $A=$________，$P\left\{\left|X\right|<\dfrac{\pi}{6}\right\}=$________.

2) 选择题

(1) 设 ξ 的概率密度为 $\varphi(x)=\dfrac{1}{2}\mathrm{e}^{-|x|}$，$-\infty<x<+\infty$，则其分布函数为(　　).

A. $F(x)=\begin{cases}\dfrac{1}{2}\mathrm{e}^{x} & x<0\\ 1 & x\geqslant 0\end{cases}$　　B. $F(x)=\begin{cases}\dfrac{1}{2}\mathrm{e}^{x} & x<0\\ 1-\dfrac{1}{2}\mathrm{e}^{-x} & x\geqslant 0\end{cases}$

C. $F(x)=\begin{cases}1-\dfrac{1}{2}\mathrm{e}^{-x} & x<0\\ 1 & x\geqslant 0\end{cases}$　　D. $F(x)=\begin{cases}\dfrac{1}{2}\mathrm{e}^{x} & x<0\\ 1-\dfrac{1}{2}\mathrm{e}^{-x} & 0\leqslant x<1\\ 1 & x\geqslant 1\end{cases}$

(2) 当 X 的可能取值为下列哪个区间时，$f(x)=\cos x$ 可成为 X 的密度函数.

A. $\left[0,\dfrac{\pi}{2}\right]$　　B. $\left[\dfrac{\pi}{2},\pi\right]$　　C. $[0,\pi]$　　D. $\left[\dfrac{3\pi}{2},\dfrac{7\pi}{4}\right]$

3) 计算题

(1) 抛掷一枚不均匀的硬币，出现正面的概率为 $p(0<p<1)$，以 X 表示一直掷到正、反面都出现时所需要投掷的次数，求 X 的概率分布.

(2) 设随机变量 X 服从参数为 1 的指数分布，已知事件 $A=\{a<X<5\}$，$B=\{0<X<3\}$ 独立，求 a 的值 $(0<a<3)$.

(3) 随机数字序列要有多长才能使 0 至少出现一次的概率不小于 0.9?

(4) 设随机变量 X 服从参数为 λ 的指数分布,求 $Y=\max\left\{X,\frac{1}{X}\right\}$ 的分布函数.

(5) 设随机变量 X 的概率密度为

$$f(x)=\begin{cases}\dfrac{1}{3\sqrt[3]{x^2}} & 1\leqslant x\leqslant 8\\ 0 & \text{其他}\end{cases},$$

$F(x)$ 是 X 分布函数,求随机变量 $Y=F(X)$ 的分布函数.

第 9 章　多维随机变量及其分布

多维随机变量是一维随机变量的自然推广. 把若干个随机变量放在一起研究不仅出自实际的需要，而且，在理论上也引出了许多新的研究领域. 对于多维随机变量的研究，不仅需要考虑各个分量的性质，还需要研究它们之间相互的联系. 由此，独立性的引入就为许多理论结果的导出做了准备.

随机变量的函数的分布律的推导，是随机变量分布理论中的一个重要内容，它揭示了各种概率分布间的内在联系，并且在数理统计与其他应用分支中有广泛的应用.

多维正态分布是一维正态分布的自然推广. 它具有许多良好的性质，从而决定了它在概率论与数理统计中的重要地位.

本章重点：

(1) 二维随机变量的联合分布函数.

(2) 二维随机变量的边缘分布函数.

(3) 二维离散型随机变量的联合概率分布、边缘分布及条件分布.

(4) 二维连续型随机变量的联合概率密度、边缘概率密度及条件概率密度.

(5) 二维随机变量的独立性.

(6) 两个随机变量函数的分布.

9.1　多维随机变量及其分布函数

9.1.1　知识点梳理

1) 随机变量的分布函数

定义　设 (X, Y) 是二维随机变量，对于任意实数 x, y，二元函数：

$$F(x, y) = P(X \leqslant x, Y \leqslant y)$$

称为二维随机变量 (X, Y) 的分布函数，或称为随机变量 X 和 Y 的联合分布函数.

性质　$F(x, y)$ 是 (x, y) 的分布函数，满足：

(1) $0 \leqslant F(x, y) \leqslant 1$.

(2) $F(x, y)$ 关于 x 或 y 不减,右连续.

(3) $F(x, -\infty) = F(-\infty, y) = F(-\infty, -\infty) = 0$, $F(+\infty, +\infty) = 1$.

(4) 对 $\forall x_1 < x_2$, $y_1 < y_2$ 有

$$P\{x_1 < X \leqslant x_2, y_1 < Y \leqslant y_2\} = F(x_2, y_2) - F(x_2, y_1) - F(x_1, y_2) + F(x_1, y_1) \geqslant 0.$$

2) 离散型随机变量的分布列

定义　如果二维随机变量(X, Y)只可能取有限对或可列对值(x_i, y_j), $i, j = 1, 2, \cdots$ 则称 (X, Y) 为离散型随机变量. 称 $P(X = x_i, Y = y_j) = p_{ij}$, $i, j = 1, 2, \cdots$ 为 (X, Y) 的联合分布列.

性质　$P(X = x_i, Y = y_j) = p_{ij}$, $i, j = 1, 2, \cdots$ 是 (X, Y) 的分布列,满足:

(1) $p_{ij} \geqslant 0$.

(2) $\sum_i \sum_j p_{ij} = 1$.

3) 连续型随机变量的概率密度函数

定义　如果 (X, Y) 的分布函数可表示为 $F(x, y) = \int_{-\infty}^{y} \mathrm{d}v \int_{-\infty}^{x} f(u, v) \mathrm{d}u$, $x, y \in \mathbf{R}$, 其中 $f(x, y) \geqslant 0$, 则称 (X, Y) 为二维连续型随机变量,称 $f(x, y)$ 为 (X, Y) 的联合概率密度函数.

性质　$f(x, y)$ 是 (X, Y) 的密度函数,满足:

(1) $f(x, y) \geqslant 0$.

(2) $\int_{-\infty}^{+\infty} \int_{-\infty}^{+\infty} f(x, y) \mathrm{d}x \mathrm{d}y = 1$.

9.1.2　题型归类与方法分析

题型 1　有关概率分布的计算

例 1　编号为 1, 2, 3 的三个球随意放入编号为 1, 2, 3 的三个盒子中,每盒仅放一个球,令: X_i 当 i 号球落入第 i 号盒中时, $X_i = 1$; 否则, $X_i = 0$ $(i = 1, 2)$, 求 (X_1, X_2) 的联合分布.

【解】　先求出 X_i 的分布,然后求出联合分布的部分值,从而求得联合分布.

如果将 3 个数的任一排列作为一个基本事件,则基本事件总数为 $3! = 6$,

$P\{X_1 = 1\} =$ "1 号球落入 1 号盒"的概率$= \frac{2!}{3!} = \frac{1}{3}$;

$P\{X_1 = 0\} = 1 - \frac{1}{3} = \frac{2}{3}$, 同理 $P\{X_2 = 1\} = \frac{1}{3}$, $P\{X_2 = 0\} = \frac{2}{3}$;

又 $P\{X_1 = 1, X_2 = 1\} =$ "1 号球落入 1 号盒, 2 号球落入 2 号盒"的概率$= \frac{1}{6}$,由此得 (X_1, X_2) 的联合分布为:

X_1 \ X_2	0	1
0	$\frac{3}{6}$	$\frac{1}{6}$
1	$\frac{1}{6}$	$\frac{1}{6}$

9.2 联合分布、边缘分布、条件分布及独立性

9.2.1 知识点梳理

1) 由联合分布函数转换为联合密度、边缘分布函数

已知(X, Y)的联合分布函数 $F(x, y)$，则

(1) 二维连续型随机变量 (X, Y) 的联合密度函数 $f(x, y)=\dfrac{\partial^2 F(x, y)}{\partial x \partial y}$，当$(x, y)$为连续点时.

(2) X 的边缘分布函数 $F_x(x)=F(x,+\infty)$；Y 的边缘分布函数 $F_Y(y)=F(+\infty, y)$.

2) 由联合分布列转换为联合分布函数、边缘分布列和条件分布列

已知二维离散型随机变量 (X, Y) 的联合分布列 $P(X=x_i, Y=y_j)=p_{ij}$, $i, j=1, 2, \cdots$ 则

(1) (X, Y) 的联合分布函数 $F(x, y)=\sum\limits_{y_j \leqslant y}\sum\limits_{x_i \leqslant x} P(X=x_i, Y=y_j)$.

(2) X 的边缘分布列 $P_i=P(X=x_i)=\sum\limits_j P(X=x_i, Y=y_j)$, $i=1, 2, \cdots$

Y 的边缘分布列 $P_j=P(Y=y_j)=\sum\limits_i P(X=x_i, Y=y_j)$, $j=1, 2, \cdots$

(3) X 的条件分布列 $P(X=x_i/Y=y_j)=\dfrac{P(X=x_i, Y=y_j)}{P(Y=y_j)}$, $i=1, 2, \cdots$

Y 的条件分布列 $P(Y=y_j/X=x_i)=\dfrac{P(X=x_i, Y=y_j)}{P(X=x_i)}$, $j=1, 2, \cdots$

3) 由联合分布密度函数转换为联合分布函数、边缘分布密度和条件分布密度

已知 (X, Y) 的联合密度函数 $f(x, y)$，则

(1) (X, Y) 的联合分布函数 $F(x, y)=\int_{-\infty}^{y} \mathrm{d}v \int_{-\infty}^{x} f(u, v)\mathrm{d}u$, $\forall x, y \in \mathbf{R}$.

(2) X 的边缘概率密度函数 $f_X(x)=\int_{-\infty}^{+\infty} f(x, y)\mathrm{d}y$, $\forall x \in \mathbf{R}$;

Y 的边缘概率密度函数 $f_Y(y)=\int_{-\infty}^{+\infty} f(x, y)\mathrm{d}x$, $\forall x \in \mathbf{R}$.

(3) X 的条件概率密度函数 $f_{X/Y}(x/y)=\dfrac{f(x, y)}{f_Y(y)}$, $f_Y(y)>0$, $\forall x \in \mathbf{R}$;

Y 的条件概率密度函数 $f_{Y/X}(y/x)=\dfrac{f(x, y)}{f_X(x)}$, $f_X(x)>0$, $\forall y \in \mathbf{R}$.

4) 由边缘分布列和条件分布列转换为联合分布列

已知 $X(Y)$ 的边缘分布列和 $Y(X)$ 的条件分布列,则 (X, Y) 的联合分布列

$$\begin{aligned}P(X=x_i, Y=y_j)&=P(Y=y_j)P(X=x_i/Y=y_j)\\&=P(X=x_i)P(Y=y_j/X=x_i).\end{aligned}$$

5) 由边缘概率密度和条件概率密度转换为联合分布密度

已知 $X(Y)$ 的边缘密度函数和 $Y(X)$ 的条件密度函数,则 (X, Y) 的联合密度

$$f(x, y)=f_X(x)f_{Y/X}(y/x)=f_Y f_{X/Y}(x/y).$$

6) 随机变量相互独立性定义(等价条件)与性质

定义与等价条件:

X 与 Y 独立 $\Leftrightarrow P(X\leqslant x, Y\leqslant y)=P(X\leqslant x)P(Y\leqslant y)$

或 $F(x, y)=F_X(x)F_Y(y)$, $\forall x, y\in\mathbf{R}$;

(离散型) $\Leftrightarrow P(X=x_i, Y=y_j)=P(X=x_i)P(Y=y_j)$, $\forall x, y\in\mathbf{R}$;

(离散型) $\Leftrightarrow P(X=x_i/Y=y_j)=P(X=x_i)$

且 $P(Y=y_j/X=x_i)=P(Y=y_j)$;

(连续型) $\Leftrightarrow f(x, y)=f_X(x)f_Y(y)$;

(连续型) $\Leftrightarrow f_{X/Y}(x/y)=f_X(x)$ 且 $f_{Y/X}(y/x)=f_Y(y)$.

性质:

(1) 常数 C 与任意随机变量 X 独立.

(2) 若 $X_1, X_2 \cdots X_n$ 独立,将他们任意分成 $k(2\leqslant k\leqslant n)$ 个没有公共元素的组,这 K 组也是相互独立,由每个组产生一个新随机变量,则这 K 个新随机变量相互独立.

9.2.2 题型归类与方法分析

题型 2 二维随机变量分布之间的转换及独立性

分布转换时,要弄清已知什么分布,求什么分布,该用什么公式,注意什么问题.判别随机变量独立性时,要弄清已知什么分布,该用哪个等价条件判别.

例 2 设 (X, Y) 的分布函数为

$$F(x, y)=A\left(B+\arctan\frac{x}{2}\right)\left(C+\arctan\frac{y}{3}\right)\quad(-\infty<x, y<+\infty)$$

① 求常数 A, B, C; ② 求联合密度函数; ③ 求边缘分布函数.

【分析】 ① 求常数 A, B, C:

$$F(-\infty, y) = A\left(B - \frac{\pi}{2}\right)\left(C + \arctan\frac{y}{3}\right) = 0,$$

$$F(x, -\infty) = A\left(B + \arctan\frac{x}{2}\right)\left(C - \frac{\pi}{2}\right) = 0,$$

$$F(+\infty, +\infty) = A\left(B + \frac{\pi}{2}\right)\left(C + \frac{\pi}{2}\right) = 1,$$

综上三式,可得:

$$B = C = \frac{\pi}{2},\ A = \frac{1}{\pi^2}.$$

② 求联合密度函数:

$$F(x, y) = \frac{1}{\pi^2}\left(\frac{\pi}{2} + \arctan\frac{x}{2}\right)\left(\frac{\pi}{2} + \arctan\frac{y}{3}\right);$$

$$f(x, y) = \frac{\partial^2 F(x, y)}{\partial x \partial y} = \frac{6}{\pi^2(4 + x^2)(9 + y^2)}.$$

③ 求边缘分布函数:

$$F_X(x) = F(x, +\infty) = \frac{1}{\pi}\left(\frac{\pi}{2} + \arctan\frac{x}{2}\right);$$

$$F_Y(y) = F(+\infty, y) = \frac{1}{\pi}\left(\frac{\pi}{2} + \arctan\frac{y}{3}\right).$$

例 3 已知 (X, Y) 的联合密度为 $f(x, y) = \begin{cases} Ae^{-(x+y)} & 0 < x < y \\ 0 & \text{其他} \end{cases}$,

① 求常数 A; ② 问 X 与 Y 是否独立;

③ 求条件密度 $f_{X/Y}(x/y)$, $f_{Y/X}(y/x) = f_Y(y)$; ④ 求联合分布函数 $F(x, y)$.

【解】 ① 求常数 A:

$$1 = \int_{-\infty}^{+\infty}\int_{-\infty}^{+\infty} f(x, y)\,dx\,dy = \int_0^{+\infty}\int_0^y Ae^{-x-y}\,dx\,dy = \frac{A}{2},\text{所以 } A = 2.$$

② 问 X 与 Y 是否独立?

$$f_X(x) = \begin{cases} \int_x^{+\infty} 2e^{-x-y}\,dy & x > 0 \\ 0 & x \leqslant 0 \end{cases} = \begin{cases} 2e^{-2x} & x > 0 \\ 0 & x \leqslant 0 \end{cases};$$

$$f_Y(y) = \begin{cases} \int_0^y 2e^{-x-y}\,dx & y > 0 \\ 0 & y \leqslant 0 \end{cases} = \begin{cases} 2e^{-y}(1 - e^{-y}) & y > 0 \\ 0 & y \leqslant 0 \end{cases}.$$

因为 $f(x, y) \neq f_X(x)f_Y(y)$,所以 X 与 Y 不独立.

③ 求条件密度 $f_{X/Y}(x/y)$, $f_{Y/X}(y/x) = f_Y(y)$,

当 $x>0$ 时

$$f_{X/Y}(x/y)=\frac{f(x,\ y)}{f_X(x)}=\begin{cases}\dfrac{2\mathrm{e}^{-x-y}}{2\mathrm{e}^{-2x}} & y>x\\ 0 & \text{其他}\end{cases}=\begin{cases}\mathrm{e}^{x-y} & y>x\\ 0 & \text{其他}\end{cases};$$

当 $y>0$ 时

$$f_{Y/X}(y/x)=\frac{f(x,\ y)}{f_Y(y)}=\begin{cases}\dfrac{2\mathrm{e}^{-x-y}}{2\mathrm{e}^{-y}(1-\mathrm{e}^{-y})} & y>x>0\\ 0 & \text{其他}\end{cases}.$$

④ 求联合分布函数 $F(x,\ y)$：

$$F(x,\ y)=P(X\leqslant x,Y\leqslant y)=\int_{-\infty}^{x}\int_{-\infty}^{y}f(u,\ v)\mathrm{d}u\mathrm{d}v$$

当 $x\leqslant 0$ 或 $y\leqslant 0$ 时，$F(x,\ y)=0$，

当 $0<y\leqslant x$ 时，$F(x,\ y)=\int_0^y\mathrm{d}u\int_u^y 2\mathrm{e}^{-u-v}\mathrm{d}v=1-2\mathrm{e}^{-y}+\mathrm{e}^{-2y}$

当 $0<x<y$ 时，$F(x,\ y)=\int_0^x\mathrm{d}u\int_u^y 2\mathrm{e}^{-u-v}\mathrm{d}v=1-2\mathrm{e}^{-y}-\mathrm{e}^{-2x}+2\mathrm{e}^{-y}\mathrm{e}^{-x}$

综上得：

$$F(x,\ y)=\begin{cases}1-2\mathrm{e}^{-y}+\mathrm{e}^{-2y} & 0<y\leqslant x\\ 1-2\mathrm{e}^{-y}-\mathrm{e}^{-2x}+2\mathrm{e}^{-y}\mathrm{e}^{-x} & 0<x<y\\ 0 & x\leqslant 0\text{ 或 }y\leqslant 0\end{cases}.$$

9.3　随机变量函数的分布

9.3.1　知识点梳理

1）随机变量函数的分布

(1) 若 $g(x)$，$h(x)$ 是连续函数，则 $(U,\ V)=(g(X),\ h(X))$ 是二维连续型随机变量，求分布时，先求联合分布函数：

$$F(u,\ v)=P(U\leqslant u,\ V\leqslant v)=P(g(X)\leqslant u,\ h(X)\leqslant v)=\int\limits_{\substack{g(x)\leqslant u\\ h(x)\leqslant v}}f(x)\mathrm{d}x,\ \forall u,\ v\in\mathbf{R}.$$

(2) 若 $(U,\ V)=(g(X),\ h(X))$ 是二维离散型随机变量，求联合分布列时，先确定 $(U,\ V)$ 的取值 $(U,\ V)=(u_m,\ v_n)=(g(x\in G_m),\ h(x\in G_n))$，

$$(G_m,\ G_n \text{ 是数集}, m,\ n=1,\ 2,\ \cdots)$$

再求对应概率 $P(U=u_m,\ V=v_n)=\int_{G_m\cap G_n} f(x)\mathrm{d}x\ (m,\ n=2)$.

2) 二维随机变量函数的分布

(1) 二维离散型随机变量函数的分布. 设 $(X,\ Y)$ 是离散型随机变量,且分布列为 $P(X=x_i,\ Y=y_j)=P_{ij},\ i,\ j=1,\ 2,\ \cdots$ 则

① $Z=g(X,\ Y)$ 是离散型随机变量,求分布列时

先求 Z 可能的取值 $Z=g(x_i,\ y_j)=z_m,\ m=1,\ 2,\ \cdots$

再求对应概率 $\quad P(Z=z_m)=\sum\limits_{g(x_i,\ y_j)=z_m} P(X=x_i,\ Y=y_j),\ m=1,\ 2,\ \cdots$

② $(U,\ V)=(g(X,\ Y),\ h(X,\ Y))$ 是二维离散型随机变量,求分布列时,先求 $(U,\ V)$ 可能的取值 $(U,\ V)=(g(x_i,\ y_j),\ h(x_i,\ y_j))=(u_l,\ v_m),\ l,\ m=1,\ 2,\ \cdots$

再求对应概率 $P(U=u_l,\ V=v_m)=\sum\limits_{\substack{g(x_i,\ y_j)=u_l\\ h(x_i,\ y_j)=v_m}} P(X=x_i,\ Y=y_j),\ l,\ m=1,\ 2,\ \cdots$

(2) 二维连续型随机变量函数的分布. 设 $(X,\ Y)$ 是连续型随机变量,且概率密度为 $f(x,\ y)$,

① 若 $g(x,\ y)$ 是连续函数,则 $Z=g(X,\ Y)$ 是连续型随机变量,求其分布时可先求分布函数:

$$F_Z(z)=P(Z\leqslant z)=P(g(X,\ Y)\leqslant z)=\iint\limits_{g(x,\ y)\leqslant z} f(x,\ y)\mathrm{d}x\mathrm{d}y,\ \forall z\in\mathbf{R},$$

再求概率密度 $\qquad f_z(z)=F'_z(z).$

② 若 $Z=f(X,\ Y)$ 是离散型随机变量,求其分布列时先确定 Z 的取值 $Z=z_m=g((x,\ y)\in D_m)$, $(D_m$ 是平面点集, $m=1,\ 2,\ \cdots)$ 再求对应概率 $P(Z=z_m)=\iint\limits_{D_m} f(x,\ y)\mathrm{d}x\mathrm{d}y,\ m=1,\ 2,\ \cdots$

③ 若 $(U,\ V)=(g(X,\ Y),\ h(X,\ Y))$ 是二维离散型随机变量,求联合分布列时,先确定 $(U,\ V)$ 的取值 $(U,\ V)=(u_m,\ v_n)=(g(x,\ y)\in D_m),\ h((x,\ y)\in D_n)$. $(D_m,\ D_n$ 是平面点集, $m,\ n=1,\ 2,\ \cdots)$

3) 多个随机变量简单函数的分布公式

(1) 和的分布. 设 $(X,\ Y)$ 的联合概率密度为 $f(x,\ y)$,则 $Z=X+Y$ 的概率密度为

$$f_Z(z)=\int_{-\infty}^{\infty} f(x,\ z-x)\mathrm{d}x=\int_{-\infty}^{\infty} f(z-y,\ y)\mathrm{d}y.$$

当 X 与 Y 独立,且概率密度分别为 $f_X(x)$, $f_Y(y)$,则 $Z=X+Y$ 的概率密度为

$$f_Z(z)=\int_{-\infty}^{\infty} f_X(x)f_Y(z-x)\mathrm{d}x=\int_{-\infty}^{\infty} f_X(z-y)f_Y(y)\mathrm{d}y.$$

(2) 商的分布. 设 (X, Y) 的联合概率密度为 $f(x, y)$，则 $Z=\frac{X}{Y}$ 的概率密度为

$$f_Z(z)=\int_{-\infty}^{\infty}|y| f(yz, y)\mathrm{d}y;$$

当 X 与 Y 独立,且概率密度分别为 $f_X(x)$, $f_Y(y)$，则 $Z=\frac{X}{Y}$ 的概率密度为

$$f_Z(z)=\int_{-\infty}^{\infty}|y| f_X(yz)f_Y(y)\mathrm{d}y.$$

(3) 最大、最小的分布. 设 $X_1, X_2, X_3, \cdots X_n$ 相互独立,其分布函数分别为 $F_{X_1}(x)$, $F_{X_2}(x)$, $F_{X_3}(x)$, $\cdots F_{X_n}(x)$,

则① $U=\max\{X_1, X_2, X_3, \cdots, X_n\}$ 的分布函数为

$$F_U=F_{X_1}(x)F_{X_2}(x)F_{X_3}(x)\cdots F_{X_n}(x);$$

② $V=\min\{X_1, X_2, X_3, \cdots, X_n\}$ 的分布函数为

$$F_V=1-[1-F_{X_1}(x)][1-F_{X_2}(x)][1-F_{X_3}(x)]\cdots[1-F_{X_n}(x)].$$

4) 常用的二维连续型分布

(1) 二维均匀分布

$$f(x, y)=\begin{cases}\frac{1}{A} & (x, y)\in G \\ 0 & \text{其他}\end{cases} \quad (A\text{ 为 }G\text{ 的面积});$$

(2) 二维正态分布 $N(\mu_1, \mu_2, \sigma_1^2, \sigma_2^2, \rho)$,

$$f(x, y)=\frac{1}{2\pi\sigma_1\sigma_2\sqrt{1-\rho^2}}\exp\left\{\frac{-1}{2(1-\rho^2)}\left[\frac{(x-\mu_1)^2}{\sigma_1^2}-2\rho\frac{(x-\mu_1)(y-\mu_2)}{\sigma_1\sigma_2}+\frac{(y-\mu_2)^2}{\sigma_2^2}\right]\right\}.$$

9.3.2 题型归类与方法分析

题型 3 随机变量函数的分布

例 3 设 X 的分布列为

X	0	1	2	3
P	$\theta-\frac{1}{5}$	$\theta+\frac{1}{5}$	$\frac{1}{2}-\theta$	$\frac{1}{2}-\theta$

且 $P(X \geqslant 2)=\dfrac{1}{2}$，令 $Y_K=\begin{cases}K & X \geqslant K \\ -K & X<K\end{cases}$ $(K=1,2)$，求 Y_1 与 Y_2 的联合分布.

【分析】

$P(X \geqslant 2)=P(X=2)+P(X=3)=\dfrac{1}{2}-\theta+\dfrac{1}{2}-\theta=1-2\theta=\dfrac{1}{2}$，所以 $\theta=\dfrac{1}{4}$

$Y_1=\begin{cases}1 & x \geqslant 1 \\ -1 & x<1\end{cases}$，$Y_2=\begin{cases}2 & x \geqslant 2 \\ -2 & x<2\end{cases}$.

$P(Y_1=1, Y_2=2)=P(x \geqslant 1, x \geqslant 2)=P(x \geqslant 2)=\dfrac{1}{2}$；

$P(Y_1=1, Y_2=-2)=P(x \geqslant 1, x<2)=P(x=1)=\theta+\dfrac{1}{5}=\dfrac{9}{20}$；

$P(Y_1=-1, Y_2=2)=P(x<1, x \geqslant 2)=0$；

$P(Y_1=-1, Y_2=-2)=1-\dfrac{1}{2}-\dfrac{9}{20}=\dfrac{1}{20}$.

Y_2 \ Y_1	-1	1
-2	$\frac{1}{20}$	$\frac{9}{20}$
2	0	$\frac{1}{2}$

例 5 设随机变量 X 的概率密度为

$$f(x)=\begin{cases}\dfrac{1}{2} & -1<x<0 \\ \dfrac{1}{4} & 0<x<2 \\ 0 & \text{其他}\end{cases},$$

令 $Y=X^2$，$F(x, y)$ 为二维随机变量 (X, Y) 的分布函数，求

① Y 的概率密度 $f_Y(y)$；② $F\left(-\dfrac{1}{2}, 4\right)$.

【分析】

① Y 的概率密度 $f_Y(y)$ $\forall y$，$F_Y(y)=P(Y \leqslant y)=P(X^2 \leqslant y)$，

当 $y<0$ 时，$F_Y(y)=0$；

当 $0<y \leqslant 1$ 时，$F_Y(y)=P(X^2 \leqslant y)=P(-\sqrt{y} \leqslant X \leqslant \sqrt{y})=\int_{-\sqrt{y}}^{0} \dfrac{1}{2} \mathrm{d}x+\int_{0}^{\sqrt{y}} 4 \mathrm{d}x=$

$\dfrac{3}{4}\sqrt{y}$；

当 $1 < y \leqslant 4$ 时，$F_Y(y) = P(X^2 \leqslant y) = P(-\sqrt{y} \leqslant X \leqslant \sqrt{y}) = \int_{-1}^{0} \frac{1}{2}\mathrm{d}x + \int_{0}^{\sqrt{y}} 4\mathrm{d}x = \frac{1}{2} + \frac{1}{4}\sqrt{y}$；当 $y \geqslant 4$ 时，$F_Y(y) = 1$. 所以

$$f_Y(y) = \begin{cases} \frac{3}{8\sqrt{y}} & 0 \leqslant y \leqslant 1 \\ \frac{1}{8\sqrt{y}} & 1 < y \leqslant 4 \\ 0 & \text{其他} \end{cases}.$$

② $$F\left(-\frac{1}{2}, 4\right) = P\left(X \leqslant -\frac{1}{2}, Y \leqslant 4\right) = P\left(X \leqslant -\frac{1}{2}, X^2 \leqslant 4\right)$$
$$= P\left(-2 \leqslant X \leqslant -\frac{1}{2}\right) = \int_{-1}^{-\frac{1}{2}} \frac{1}{2}\mathrm{d}x = \frac{1}{4}.$$

题型 4　二维随机变量函数的分布

例 6　(07，四)设随机变量 X，Y 独立同分布，且 X 的概率分布为

X	1	2
P	$\frac{2}{3}$	$\frac{1}{3}$

记 $U = \max\{X, Y\}$，$V = \min\{X, Y\}$.

求：① (U, V) 的概率分布；　② U 与 V 的协方差 $\mathrm{cov}(U, V)$.

【分析】

Y \ X	1	2
1	$\frac{4}{9}$	$\frac{2}{9}$
2	$\frac{2}{9}$	$\frac{1}{9}$

$U = \max\{X, Y\}$ 的分布列为：

U	1	2
P	$\frac{4}{9}$	$\frac{5}{9}$

$V = \min\{X, Y\}$ 的分布列为：

V	1	2
P	$\frac{8}{9}$	$\frac{1}{9}$

U \ V	1	2
1	$\frac{4}{9}$	0
2	$\frac{4}{9}$	$\frac{1}{9}$

$$\operatorname{cov}(U, V)=E(UV)-E(U)E(V)=\frac{4}{81}.$$

例 7 设 $(X, Y) \sim f(x, y)=\begin{cases}2\mathrm{e}^{-(x+2y)} & x>0,\ y>0 \\ 0 & \text{其他}\end{cases}$，求 $Z=X+2Y$ 的分布函数 $F_Z(z)$.

【解】 直接应用“由联合密度函数计算概率公式”求解

$$F_Z(z)=P(X+2Y \leqslant z)=\iint_{x+2y \leqslant z} f(x, y)\,\mathrm{d}x\mathrm{d}y,$$

当 $z \leqslant 0$ 时，$F_Z(z)=0$，

当 $z>0$ 时，$F_Z(z)=\int_0^z \int_0^{\frac{1}{2}(z-x)} 2\mathrm{e}^{-(x+2y)}\,\mathrm{d}y=1-\mathrm{e}^{-z}-z\mathrm{e}^{-z}$；

综上得

$$F_Z(z)=\begin{cases}0 & z \leqslant 0 \\ 1-\mathrm{e}^{-z}-z\mathrm{e}^{-z} & z>0\end{cases}.$$

例 8 设 (X, Y) 的概率密度为 $f(x, y)=\begin{cases}1 & 0<x \leqslant 1,\ 0<y \leqslant 2x \\ 0 & \text{其他}\end{cases}$，

求 $Z=2X-Y$ 的概率密度 $f_Z(z)$.

【解】 当 $Z<0$ 时，$F_Z(z)=0$；

当 $Z \geqslant 2$ 时，$F_Z(z)=1$；

当 $0 \leqslant Z<2$ 时，$F_Z(z)=P(Z \leqslant z)=P(2X-Y \leqslant z)=1-\frac{1}{2}(Z-2)\left(1-\frac{Z}{2}\right)$；

所以 $f_Z(z)=\begin{cases}1-\dfrac{Z}{2} & 0<Z<2 \\ 0 & \text{其他}\end{cases}$.

例 9 设 X, Y 独立，且 $X \sim N[0, 1]$，$Y \sim N[0, 1]$，

记 $U=\begin{cases}0 & X^2+Y^2\leqslant 1\\ 1 & X^2+Y^2>1\end{cases}$，$V=\begin{cases}0 & X^2+Y^2\leqslant 2\\ 1 & X^2+Y^2>2\end{cases}$，

求 (U, V) 的联合分布.

【解】 由定义先求出 U，V 的分布，然后再求其联合分布.

由题设知 (X, Y) 的联合密度函数

$$f(x, y)=f_X(x)f_Y(y)=\frac{1}{2\pi}\mathrm{e}^{-\frac{1}{2}(x^2+y^2)}，所以$$

$$P(U=0)=P(X^2+Y^2\leqslant 1)=\iint\limits_{x^2+y^2\leqslant 1} f(x, y)\mathrm{d}x\mathrm{d}y=\frac{1}{2\pi}\int_0^{2\pi}\int_0^1 \mathrm{e}^{-\frac{1}{2}r^2}r\mathrm{d}r=1-\mathrm{e}^{-\frac{1}{2}}$$

$$P(V=0)=P(X^2+Y^2\leqslant 2)=\iint\limits_{x^2+y^2\leqslant 2} f(x, y)\mathrm{d}x\mathrm{d}y=\frac{1}{2\pi}\int_0^{2\pi}\int_0^{\sqrt{2}} \mathrm{e}^{-\frac{1}{2}r^2}r\mathrm{d}r=1-\mathrm{e}^{-1},$$

$$P(U=0, V=1)=P(X^2+Y^2\leqslant 1, X^2+Y^2>2)=0,$$

由此可求得 (U, V) 的联合分布列：

V \ U	0	1
0	$1-\mathrm{e}^{-\frac{1}{2}}$	0
1	$\mathrm{e}^{-\frac{1}{2}}-\mathrm{e}^{-1}$	e^{-1}

题型 5　求分布的应用问题

若题目中的随机变量是离散型时，首先要明确其全部可能取值，其次要计算随机变量取各值的概率，后者的计算应结合求随机事件概率的各种方法与概率的基本公式完成. 否则求其随机变量的分布函数，此时也是求随机事件的概率.

例 10 现有一批产品，其使用寿命为 $X\sim E(\lambda)$，平均寿命为 400 h，今从中随意取 200 个，分成 100 盒，每盒 2 个，如果盒中 2 个产品的使用寿命都超过 500 h，那么这盒产品被定为优质产品，

记 $Y_i=\begin{cases}1 & 第\,i\,盒为优质产品\\ 0 & 否则\end{cases}\quad (i=1, \cdots, 100).$

① 求 Y_i 的分布列；② 如果用 Y 表示 100 个盒中的优质品盒数，求 Y 的分布；③ 求 (Y, Y_i) 的联合分布.

【解】 ① $P(Y_i=0)=1-\mathrm{e}^{-2.5}$，$P(Y_i=1)=\mathrm{e}^{-2.5}$，$i=1, 2, \cdots, 100$

② $P(Y=k)=C_{100}^k\mathrm{e}^{-2.5k}(1-\mathrm{e}^{-2.5k})$，$k=1, 2, \cdots, 100$

③ $P(Y=k, Y_i=1)=C_{100}^k\mathrm{e}^{-2.5k}(1-\mathrm{e}^{-2.5k})\dfrac{k}{100}$，

$$P(Y=k, Y_i=0)=C_{100}^k\mathrm{e}^{-2.5k}(1-\mathrm{e}^{-2.5k})\frac{100-k}{100},\ k=1, 2, \cdots, 100$$

同步测试 9

(1) 已知 X 的分布函数为 $F(x)$，则下述结论不正确的是(　　).

A. 若 $F(a)=0$，则对 $\forall x\leqslant a$，有 $F(x)=0$

B. 若 $F(a)=1$，则对 $\forall x\geqslant a$，有 $F(x)=1$

C. 若 $F(a)=\frac{1}{2}$，则 $\lim\limits_{\Delta x\to 0^+}F(a+\Delta x)=\frac{1}{2}$

D. 若 $F(a)=\frac{1}{2}$，则 $\lim\limits_{\Delta x\to 0^+}F(a-\Delta x)=\frac{1}{2}$

(2) 设二维随机变量 (X,Y) 的分布列为：

X \ Y	0	1
0	0.4	α
1	β	0.1

若随机事件 $\{X=0\}$ 与 $\{X+Y=1\}$ 相互独立，则 $\alpha=$ ________，$\beta=$ ________.

(3) 设 X 的概率密度为 $f(x)=\frac{1}{2}e^{-|x|}$，$x\in\mathbf{R}$，则 X 的分布函数 $F(x)=$ ________.

(4) 设 X 与 Y 独立，且 $X\sim N[0,1]$，$Y\sim U[0,1]$，求 $Z=X+Y$ 的分布密度.

(5) 已知 X 与 Y 独立，$Y\sim U[0,1]$，X 为离散型随机变量，且

$$F_X(x)=\begin{cases}0 & x<0\\ \frac{1}{4} & 0\leqslant x<1\\ 1 & x\geqslant 1\end{cases},$$

求 $Z=X+Y$ 的分布函数 $F_Z(z)$.

(6) 若 $P(A)=\frac{1}{4}$，$P(B|A)=P(A|B)=\frac{1}{2}$，令

$$X=\begin{cases}1 & A\text{发生}\\ 0 & A\text{不发生}\end{cases},\quad Y=\begin{cases}1 & B\text{发生}\\ 0 & B\text{不发生}\end{cases},$$

求 (X,Y) 的分布列.

(7) 一给水设备每次供水时间为 2 h，已知设备启动时发生故障的概率为 0.001，一旦设备启动，它的无故障工作时间 X 服从指数分布，平均无故障时间为 10 h，试求该设备每次开

启后直到关机时间 Y 的分布函数 $F_Y(y)$.

(8) 一水渠出口闸门挡板是边长为 1 的正方形，已知初始水面高度为 $\frac{3}{4}$，现发现挡板某一部分出现一小孔(小孔等可能出现在挡板任一位置)，水经小孔流出，求剩余液面高度 X 的分布函数.

第 10 章　随机变量的数字特征

随机变量的概率分布，是关于随机变量的一种完整描述，然而在很多情况下，关于随机变量的研究，并不一定要求这样完整(有时是难以做到的)，而只需知道关于它的某些数字特征就可以了. 在这些用来作为显示随机变量的概率分布数字特征中，最重要的就是数学期望和方差. 它们分别度量了随机变量取值的集中趋势与离中趋势. 在常见的一些情况，如二项分布、普阿松分布、正态分布这些最重要的情形，分布完全由这两个数字特征所决定，由于数学期望具有很好的运算性质，因而成为描述随机变量特征的有效工具.

本章重点：

(1) 数学期望的概念、性质及计算.

(2) 方差的概念、性质及计算.

(3) 协方差的概念、性质及计算.

(4) 相关系数的概念、性质及计算.

(5) 随机变量的矩的概念.

10.1　数学期望与方差

10.1.1　知识点梳理

1) 随机变量的数学期望

(1) **定义**　设 X 是随机变量，Y 是 X 的函数：$Y=g(X)$，

① X 是离散型随机变量，X 分布律为 $p_i=P\{X=x_i\}(i=1,2,\cdots)$，

• 若级数 $\sum_{i=1}^{\infty}x_iP\{X=x_i\}$ 绝对收敛，则称 $E(X)=\sum_{i=1}^{\infty}x_iP\{X=x_i\}$ 为随机变量 X 的数学期望，否则称 X 的数学期望不存在.

• 若级数 $\sum_{i=1}^{\infty}g(x_i)P\{X=x_i\}$ 绝对收敛，则 $E[g(X)]=\sum_{i=1}^{\infty}g(x_i)P\{X=x_i\}$ 为 $Y=g(X)$ 的数学期望，否则称 $Y=g(X)$ 的数学期望不存在.

② X 是连续型随机变量，其概率密度为 $f(x)$，

● 若积分 $\int_{-\infty}^{+\infty} xf(x)\mathrm{d}x$ 绝对收敛，则称 $E(X)=\int_{-\infty}^{+\infty} xf(x)\mathrm{d}x$ 为随机变量 X 的数学期望，否则称 X 的数学期望不存在.

● 若积分 $\int_{-\infty}^{+\infty} g(x)f(x)\mathrm{d}x$ 绝对收敛，则 $E[g(X)]=\int_{-\infty}^{+\infty} g(x)f(x)\mathrm{d}x$ 为 $Y=g(X)$ 的数学期望，否则称 $Y=g(X)$ 的数学期望不存在.

注： 数学期望又称为概率平均值，简称为均值或期望，刻画随机变量一切可能值的集中位置.

(2) 性质：

① 对任意常数 a_i 与随机变量 $X_i(i=1, 2, 3, \cdots, n)$ 有

$$E\Big(\sum_{i=1}^{n} a_i X_i\Big)=\sum_{i=1}^{n} a_i E(X_i),$$

特别地，$E(C)=C$, $E(aX+c)=aE(X)+c$, $E(X\pm Y)=E(X)\pm E(Y)$.

② 设 X 与 Y 相互独立，则

$$E(XY)=E(X)\cdot E(Y).\ E[g_1(X)g_2(Y)]=E[g_1(X)]\cdot E[g_2(Y)].$$

一般地，设 $X_1, X_2, \cdots, X_n$ 相互独立，则 $E\Big(\prod_{i=1}^{n} X_i\Big)=\prod_{i=1}^{n} E(X_i)$,

$$E\Big[\prod_{i=1}^{n} g_i(X_i)\Big]=\prod_{i=1}^{n} E[g_i(X_i)].$$

2) 随机变量的方差与标准差

(1) **定义**　设 X 是随机变量，如果 $E[X-E(X)]^2$ 存在，则称 $E[X-E(X)]^2$ 为 X 的方差，记为 $D(X)$ 或 $Var(X)$，即

$$D(X)=E[X-E(X)]^2=E(X^2)-E^2(X).$$

称 $\sqrt{D(X)}$ 为 X 的标准差或均方差，称随机变量 $X^*=\dfrac{X-E(X)}{\sqrt{D(X)}}$ 为 X 的标准化变量，此时 $E(X^*)=0$, $D(X^*)=1$.

(2) 性质：

① $D(X)\geqslant 0$；

② $D(C)=0$（C 为常数）；$D(X)=0 \Leftrightarrow P\{X=E(X)\}=1$；

③ $D(aX+b)=a^2D(X)$；

④ $$\begin{aligned} D(X\pm Y)&=D(X)+D(Y)\pm 2E\{[X-E(X)][Y-E(Y)]\}\\ &=D(X)+D(Y)\pm 2\operatorname{cov}(X, Y), \end{aligned}$$

$$D\Big(\sum_{i=1}^{n} a_i X_i\Big)=\sum_{i=1}^{n} a_i^2 D(X_i)+2\sum_{1\leqslant i<j\leqslant n} a_i a_j \operatorname{cov}(X_i, X_j).$$

⑤ 如果 X 与 Y 独立，则 $D(aX+bY)=a^2D(X)+b^2D(Y)$,

$$D(XY)=D(X)\cdot D(Y)+D(X)\cdot E^2(Y)+D(Y)\cdot E^2(X)\geqslant D(X)\cdot D(Y).$$

一般地,如果 X_1, X_2, … X_n 两两相互独立, $g_i(x)$ 为 x 的连续函数,则

$$D\left(\sum_{i=1}^{n} a_i X_i\right)=\sum_{i=1}^{n} a_i^2 D(X_i); \qquad D\left(\sum_{i=1}^{n} g_i(X_i)\right)=\sum_{i=1}^{n} D\left(g_i(X_i)\right).$$

⑥ 对任意常数 C, 有 $D(X)=E[X-E(X)]^2 \leqslant E(X-C)^2$.

3) 二维随机变量的数字特征

两个随机变量函数的数学期望.

定义 设 X, Y 为随机变量, $g(X, Y)$ 为 X, Y 的函数,

① (X, Y) 是离散型的,其联合分布律为 $p_{ij}=P\{X=x_i, Y=y_j\}$ $i, j=1, 2, \cdots$ 若级数 $\sum\limits_{i=1}^{\infty} g(x_i, y_j)p_{ij}$ 绝对收敛,则定义 $E[g(X, Y)]=\sum\limits_{i=1}^{\infty} g(x_i, y_j)p_{ij}$.

② (X, Y) 是连续型的,其联合密度函数为 $f(x, y)$, 若积分 $\int_{-\infty}^{+\infty}\int_{-\infty}^{+\infty} g(x, y)f(x, y)\mathrm{d}x\mathrm{d}y$ 绝对收敛,则定义 $E[g(X, Y)]=\int_{-\infty}^{+\infty}\int_{-\infty}^{+\infty} g(x, y)f(x, y)\mathrm{d}x\mathrm{d}y$.

10.1.2 题型归类与方法分析

题型 1 随机变量的数学期望与方差

求期望与方差的常用方法有:

(1) 对分布律或概率密度已知的情形,按定义直接计算.

(2) 对由随机试验给出的随机变量,先求出其分布,再按定义计算.

(3) 利用期望与方差的性质以及常见分布的期望与方差进行计算.

(4) 对较复杂的随机变量,将其分解为简单的随机变量,特别是分解为 0-1 分布的随机变量的和进行计算.

例 1 试验成功的概率为 $\frac{3}{4}$, 失败的概率为 $\frac{1}{4}$, 独立重复试验直到成功 2 次为止. 试求试验次数的数学期望.

【解】 设 X 表示所需试验次数,则 X 的可能取值为 2, 3, … 于是

$$P\{X=k\}=C_{k-1}^{1}\left(\frac{3}{4}\right)\left(\frac{1}{4}\right)^{k-2}\times\frac{3}{4}=C_{k-1}^{1}\left(\frac{3}{4}\right)^{2}\left(\frac{1}{4}\right)^{k-2}, k=2, 3, \cdots$$

从而
$$E(X)=\sum_{k=2}^{+\infty} k\times C_{k-1}^{1}\left(\frac{3}{4}\right)^{2}\left(\frac{1}{4}\right)^{k-2}=\left(\frac{3}{4}\right)^{2}\sum_{k=2}^{+\infty} k\times(k-1)\left(\frac{1}{4}\right)^{k-2}$$
$$=\left(\frac{3}{4}\right)^{2}\sum_{k=2}^{+\infty}(x^k)''\Big/_{x=\frac{1}{4}}=\left(\frac{3}{4}\right)^{2}\frac{2}{(1-x)^3}\Big/_{x=\frac{1}{4}}=\frac{8}{3}.$$

例 2 已知编号为 1, 2, 3, 4 的 4 个袋子中各有 3 个白球, 2 个黑球,现从 1, 2, 3 号袋子中各取一球放入 4 号袋中,则 4 号袋中白球数 X 的期望 $E(X)=$________, 方差 $D(X)=$________.

【解】 显然 4 号袋中的白球数 X 取决于前 3 个袋中取出的球是否为白球，若记 $X_i = \begin{cases} 1 & \text{第 } i \text{ 号袋中取出球为白球} \\ 0 & \text{否则} \end{cases}$ $(i=1,2,3)$，则 X_1, X_2, X_3 相互独立，且都服从同一分布：

$$X_i \sim \begin{bmatrix} 1 & 0 \\ \dfrac{3}{5} & \dfrac{2}{5} \end{bmatrix}.$$

于是 $E(X_i)=\dfrac{3}{5}$，$D(X_i)=\dfrac{6}{25}$，而 $X=3+X_1+X_2+X_3$，所以 $E(X)=3+E(X_1)+E(X_2)+E(X_3)=3+3\times\dfrac{3}{5}=\dfrac{24}{5}$，$D(X)=D(X_1)+D(X_2)+D(X_3)=3\times\dfrac{6}{25}=\dfrac{18}{25}$.

例 3 设随机变量 X 的概率密度 $f(x)=\dfrac{1}{\sqrt{\pi}}e^{-x^2+2x-1}$，$-\infty<x<+\infty$，则 $E(X)=$ ________，$D(X)=$ ________.

【解】 $f(x)=\dfrac{1}{\sqrt{2\pi}\times\dfrac{1}{\sqrt{2}}}e^{-\frac{(x-1)^2}{2\times\frac{1}{2}}}$，即 $X\sim N\left(1,\dfrac{1}{2}\right)$，故 $E(X)=1$，$D(X)=\dfrac{1}{2}$.

例 4 设随机变量 X 的分布函数为 $F(X)=0.3\Phi(x)+0.7\Phi\left(\dfrac{x-1}{2}\right)$，其中 $\Phi(x)$ 为标准正态分布函数，则 $E(X)=$ ________.

【解】 随机变量 X 的概率密度为 $f(x)=F'(x)=0.3\phi(x)+0.35\phi\left(\dfrac{x-1}{2}\right)$，其中 $\phi(x)$ 为标准正态分布的概率密度函数.

于是 $E(X)=\displaystyle\int_{-\infty}^{+\infty}xf(x)\mathrm{d}x=0.3\int_{-\infty}^{+\infty}x\phi(x)\mathrm{d}x+0.35\int_{-\infty}^{+\infty}x\phi\left(\frac{x-1}{2}\right)\mathrm{d}x.$

注意到 $\displaystyle\int_{-\infty}^{+\infty}x\phi(x)\mathrm{d}x=0$，以及令 $\dfrac{x-1}{2}=u$，

$$\int_{-\infty}^{+\infty}x\phi\left(\frac{x-1}{2}\right)\mathrm{d}x=\int_{-\infty}^{+\infty}(1+2u)\phi(u)\cdot 2\mathrm{d}u=2\int_{-\infty}^{+\infty}\phi(u)\mathrm{d}u=2.$$ 故 $E(X)=0.7$.

题型 2　随机变量函数的期望与方差

求解随机变量函数期望的常用方法有：

1) 直接用函数期望公式计算

(1) 若 $y=g(x)$ 为连续函数，

① X 是离散型随机变量，分布律为 $p_i=P\{X=x_i\}(i=1,2,\cdots)$，则

$$E(Y)=Eg[(X)]=\sum_{i=1}^{\infty}g(x_i)p_i.$$

② X 是连续型随机变量，其概率密度为 $f(x)$，则 $E(Y)=Eg[(X)]=\int_{-\infty}^{+\infty}g(x)f(x)\mathrm{d}x.$

(2) 若 $z=g(x, y)$ 为实变量 x, y 的二元函数，

① (X, Y) 是二维离散型随机变量，其分布律为

$$p_{ij}=P\{X=x_i, Y=y_j\}(i, j=1, 2, \cdots),$$

则 $E(Z)=Eg[(X, Y)]=\sum_i\sum_j g(x_i, y_j)p_{ij}.$

② (X, Y) 是二维连续型随机变量，其概率密度为 $f(x, y)$，则

$$E(Z)=Eg[(X, Y)]=\int_{-\infty}^{+\infty}\int_{-\infty}^{+\infty}g(x, y)f(x, y)\mathrm{d}x\mathrm{d}y.$$

2) 由数学期望、方差与协方差的性质以及常见分布的数学期望与方差计算

3) 先由随机变量函数的概率分布，再按定义计算.

例 5 设随机变量 $X\sim N(0, 2)$，$Y=3X^2+2X-1$，则 $E(Y)=$ ________，$D(Y)=$ ________.

【分析】 求常见分布函数的数学期望这类问题常用技巧是：① 充分利用数学期望与方差的性质；② 利用常见分布的数学期望与方差进行计算.

【解】 因 $X\sim N(0, 2)$，于是 $E(X)=0$, $D(X)=2$. 故

$$\begin{aligned}E(Y)&=E(3X^2+2X-1)=3E(X^2)+2E(X)-1\\&=3[D(X)+E^2(X)]+2E(X)-1=3(2+0^2)+2\times0-1=5.\\D(Y)&=D(3X^2+2X-1)=9E(X^2)+4E(X)\\&=9[D(X)+E^2(X)]+4E(X)=9(2+0^2)+4\times0=18.\end{aligned}$$

例 6 设随机变量 $X\sim\pi(\lambda)$，求 $E\left(\frac{1}{X+1}\right)$, $E\left(\frac{1+(-1)^X}{2}\right)$.

【解】 $X\sim\pi(\lambda)$，分布律 $P\{X=k\}=\frac{\lambda^k}{k!}\mathrm{e}^{-\lambda}$, $k=0, 1, \cdots$

$$E\left(\frac{1}{X+1}\right)=\sum_{k=0}^{+\infty}\frac{1}{k+1}\frac{\lambda^k}{k!}\mathrm{e}^{-\lambda}=\frac{\mathrm{e}^{-\lambda}}{\lambda}\sum_{k=0}^{+\infty}\frac{\lambda^{k+1}}{(k+1)!}=\frac{\mathrm{e}^{-\lambda}}{\lambda}(\mathrm{e}^{\lambda}-1).$$

$$\begin{aligned}E\left(\frac{1+(-1)^X}{2}\right)&=\frac{1}{2}+\sum_{k=0}^{+\infty}\frac{(-1)^k}{2}\frac{\lambda^k}{k!}\mathrm{e}^{-\lambda}=\frac{1}{2}+\frac{1}{2}\sum_{k=0}^{+\infty}\mathrm{e}^{-\lambda}\frac{(-\lambda)^k}{k!}\\&=\frac{1}{2}+\frac{\mathrm{e}^{-\lambda}}{2}\cdot\mathrm{e}^{-\lambda}=\frac{1}{2}(1+\mathrm{e}^{-2\lambda}).\end{aligned}$$

例 7 设 ξ, η 是相互独立且服从同一分布的两个随机变量，已知 ξ 的分布律为 $P\{\xi=k\}=\frac{1}{3}$, $k=1, 2, 3$. 又设 $X=\max\{\xi, \eta\}$, $Y=\min\{\xi, \eta\}$.

① 分别求 X 与 Y 的分布律；② 求 (X, Y) 的联合分布律；③ 求 $E(X)$, $E(Y)$, $E(XY)$.

【解】 ① 易知 X 的可能取值为 1, 2, 3,且有

$$P\{X=1\}=P\{\xi=1, \eta=1\}=P\{\xi=1\}P\{\eta=1\}=\frac{1}{9},$$

$$P\{X=2\}=P\{\xi=2, \eta=2\}+P\{\xi=2, \eta=1\}+P\{\xi=1, \eta=2\}=\frac{3}{9},$$

$$P\{X=3\}=\sum_{j=1}^{3}P\{\xi=3, \eta=j\}+\sum_{i=1}^{3}P\{\xi=i, \eta=3\}=\frac{5}{9}.$$

即 X 的分布律为：

X	1	2	3
P	1/9	3/9	5/9

又 Y 的可能取值为 1, 2, 3,且有

$$P\{Y=1\}=\sum_{j=1}^{3}P\{\xi=1, \eta=j\}+\sum_{i=2}^{3}P\{\xi=i, \eta=1\}=\frac{5}{9},$$

$$P\{Y=2\}=P\{\xi=2, \eta=2\}+P\{\xi=2, \eta=3\}+P\{\xi=3, \eta=2\}=\frac{3}{9},$$

$$P\{Y=3\}=P\{\xi=3, \eta=3\}=P\{\xi=3\}P\{\eta=3\}=\frac{1}{9}.$$

即 Y 的分布律为：

X	1	2	3
P	5/9	3/9	1/9

② 显然 $P\{X<Y\}=0$, 即

$P\{X=1, Y=2\}=P\{X=1, Y=3\}=P\{X=2, Y=3\}=0$, 且

$$P\{X=1, Y=1\}=P\{\xi=1, \eta=1\}=P\{\xi=1\}P\{\eta=1\}=\frac{1}{9},$$

$$P\{X=2, Y=1\}=P\{\xi=1, \eta=2\}+P\{\xi=2, \eta=1\}=\frac{1}{9}+\frac{1}{9}=\frac{2}{9},$$

$$P\{X=2, Y=2\}=P\{\xi=2, \eta=2\}=\frac{1}{9},$$

$$P\{X=3, Y=3\}=P\{\xi=3, \eta=3\}=\frac{1}{9},$$

$$P\{X=3, Y=1\}=1-\frac{7}{9}=\frac{2}{9},$$

$$P\{X=3, Y=2\}=P\{\xi=3, \eta=2\}+P\{\xi=2, \eta=3\}=\frac{1}{9}+\frac{1}{9}=\frac{2}{9}.$$

即 (X, Y) 的联合分布律为:

X \ Y	1	2	3
1	1/9	0	0
2	2/9	1/9	0
3	2/9	2/9	1/9

③ 由①知:

$$E(X)=1\times\frac{1}{9}+2\times\frac{2}{9}+3\times\frac{5}{9}=\frac{22}{9},$$

$$E(Y)=1\times\frac{5}{9}+2\times\frac{3}{9}+3\times\frac{1}{9}=\frac{14}{9},$$

由②知

$$E(XY)=1\times\frac{1}{9}+2\times\frac{2}{9}+3\times\frac{2}{9}+4\times\frac{1}{9}+6\times\frac{2}{9}+9\times\frac{1}{9}=4.$$

例 8 设随机变量 X 在区间 $[-1, 1]$ 上服从均匀分布,随机变量

① $Y=\begin{cases}1 & X>0\\ 0 & X=0\\ -1 & X<0\end{cases}$;② $Y=\dfrac{X}{1+X^2}$,求 $D(Y)$.

【解】 显然随机变量 Y 是 X 的函数,$Y=g(X)$,因此计算 $D(Y)$ 可以直接应用公式 $E(Y)=E[g(x)]$,或用定义计算.

① 方法一(公式法):已知 $X\sim f(x)=\begin{cases}\dfrac{1}{2} & -1\leqslant x\leqslant 1\\ 0 & 其他\end{cases}$,故

$E(Y)=E[g(x)]=\int_{-\infty}^{+\infty}g(x)f(x)\mathrm{d}x=\int_{-\infty}^{0}-f(x)\mathrm{d}x+\int_{0}^{+\infty}f(x)\mathrm{d}x=\int_{-1}^{0}-\frac{1}{2}\mathrm{d}x+\int_{0}^{1}\frac{1}{2}\mathrm{d}x=0,$

$E(Y^2)=E[g^2(x)]=\int_{-\infty}^{+\infty}g^2(x)f(x)\mathrm{d}x=\int_{-\infty}^{+\infty}f(x)\mathrm{d}x=1,$

$D(Y)=E(Y^2)-E^2(Y)=1.$

方法二(定义法):

$E(Y)=1\times P\{Y=1\}+0\times P\{Y=0\}+(-1)\times P\{Y=-1\}=P\{X>0\}-P\{X<0\}=\int_{0}^{1}\frac{1}{2}\mathrm{d}x-\int_{-1}^{0}\frac{1}{2}\mathrm{d}x=0.$

又 $Y=\begin{cases}1 & X\neq 0\\ 0 & X=0\end{cases}$,

所以　$D(Y)=E(Y^2)-E^2(Y)=E(Y^2)=P\{X>0\}+P\{X<0\}=1$.

②$Y=\dfrac{X}{1+X^2}=g(X)$，故

$$E(Y)=E[g(x)]=\int_{-\infty}^{+\infty}g(x)f(x)\mathrm{d}x=\int_{-1}^{1}\frac{1}{2}\cdot\frac{x}{1+x^2}\mathrm{d}x=0,$$

$$D(Y)=E(Y^2)-E^2(Y)=\int_{-1}^{1}\frac{1}{2}\cdot\frac{x^2}{(1+x^2)^2}\mathrm{d}x=\int_{0}^{1}\frac{x^2}{(1+x^2)^2}\mathrm{d}x=-\int_{0}^{1}\frac{x}{2}\mathrm{d}\frac{1}{1+x^2}$$
$$=-\frac{x}{2}\frac{1}{1+x^2}\Big|_0^1+\int_0^1\frac{1}{2}\cdot\frac{1}{1+x^2}\mathrm{d}x=-\frac{1}{4}+\frac{1}{2}\arctan x\Big|_0^1=-\frac{1}{4}+\frac{\pi}{8}.$$

例 9　设随机变量 X 与 Y 相互独立，且均服从 $N\left(0,\ \dfrac{1}{2}\right)$，试求 $Z=|X-Y|$ 的期望与方差.

【解】　令 $U=X-Y$，则 U 服从正态分布. 而 $E(U)=0$，$D(U)=1$，故 $U\sim N(0,1)$，

$$E(|X-Y|)=E(|U|)=\int_{-\infty}^{+\infty}|x|\frac{1}{\sqrt{2\pi}}\mathrm{e}^{-\frac{1}{2}x^2}\mathrm{d}x=\frac{2}{\sqrt{2\pi}}\int_0^{+\infty}x\mathrm{e}^{-\frac{1}{2}x^2}\mathrm{d}x=\sqrt{\frac{2}{\pi}},$$

$$E[(|X-Y|)^2]=E(|U|^2)=E(U^2)=D(U)+E^2(U)=1+0^2=1,$$

所以

$$D(|X-Y|)=E(|X-Y|^2)-E^2(|X-Y|)=1-\left(\sqrt{\frac{2}{\pi}}\right)^2=1-\frac{2}{\pi}.$$

例 10　设随机变量 (X,Y) 是在以点 $(0,1)$，$(1,0)$，$(1,1)$ 为顶点的三角形区域上服从均匀分布，试求随机变量 $Z=X+Y$ 的方差.

【解】　已知 (X,Y) 的联合密度 $f(x,y)$ 条件下，计算 $D(Z)=D(X+Y)=D[g(X,Y)]$，

显然可直接应用公式 $E[g(X,Y)]=\int_{-\infty}^{+\infty}\int_{-\infty}^{+\infty}g(x,y)f(x,y)\mathrm{d}x\mathrm{d}y$ 计算. 也可以先求出 $Z=X+Y$ 的密度函数 $f_z(z)$，而后应用定义计算 $D(Z)$.

方法一(公式法)：

由题设知 (X,Y) 在区域 $G=\{(x,y);\ 0\leqslant x\leqslant 1,\ 1-x\leqslant y\leqslant 1\}$ 上服从均匀分布，故 (X,Y) 的联合概率密度为

$$f(x,y)=\begin{cases}2 & 0\leqslant x\leqslant 1,\ 1-x\leqslant y\leqslant 1\\ 0 & \text{其他}\end{cases},$$

故

$$E(Z)=E(X+Y)=\int_{-\infty}^{+\infty}\int_{-\infty}^{+\infty}(x+y)f(x,\ y)\mathrm{d}x\mathrm{d}y=\int_0^1\mathrm{d}x\int_{1-x}^{1}2(x+y)\mathrm{d}y=\frac{4}{3}.$$

$$E(Z^2)=E[(X+Y)^2]=\int_{-\infty}^{+\infty}\int_{-\infty}^{+\infty}(x+y)^2f(x,\ y)\mathrm{d}x\mathrm{d}y$$

$$=\int_0^1\mathrm{d}x\int_{1-x}^{1}2\,(x+y)^2\mathrm{d}y=\frac{11}{6}.$$

$$D(Z)=E(Z^2)-E^2(Z)=\frac{11}{6}-\frac{16}{9}=\frac{1}{18}.$$

方法二(定义法)：先求出 $Z=X+Y$ 的分布函数 $F(z)$，再求 $F'(z)=f(z)$，最后计算 $E(Z)$，$D(Z)$. 因为

$$f(x,\ y)=\begin{cases}2 & 0\leqslant x\leqslant 1,\ 1-x\leqslant y\leqslant 1\\ 0 & 其他\end{cases},$$

所以 $Z=X+Y$ 的分布函数

$$F(z)=P\{X+Y\leqslant z\}=\iint\limits_{x+y\leqslant z}f(x,\ y)\mathrm{d}x\mathrm{d}y=\begin{cases}0 & z<1\\ 2\left[\frac{1}{2}-\frac{1}{2}(2-z)^2\right] & 1\leqslant z<2\\ 1 & 2\leqslant z\end{cases},$$

$Z=X+Y$ 的密度函数 $f(z)=\begin{cases}2(2-z) & 1\leqslant z<2\\ 0 & 其他\end{cases}$，

故
$$E(Z)=\int_{-\infty}^{+\infty}zf(z)\mathrm{d}z=\int_1^2 2z(2-z)\mathrm{d}z=\frac{4}{3},$$

$$E(Z^2)=\int_{-\infty}^{+\infty}z^2f(z)\mathrm{d}z=\int_1^2 z^2 2(2-z)\mathrm{d}z=\frac{11}{6},$$

$$D(Z)=E(Z^2)-E^2(Z)=\frac{11}{6}-\frac{16}{9}=\frac{1}{18}.$$

10.2 协方差与相关系数

10.2.1 知识点梳理

1) 定义

如果随机变量 X 与 Y 的方差 $D(X)>0$，$D(Y)>0$ 存在，称 $\mathrm{cov}(X,\ Y)=E\{[X-E(X)][Y-E(Y)]\}$ 为 X 与 Y 的协方差. 称 $\rho_{X,\ Y}=\dfrac{\mathrm{cov}(X,\ Y)}{\sqrt{D(X)}\sqrt{D(Y)}}$ 为 X 与 Y 的相关系数.

若 $\rho_{X,Y}=0$，称 X 与 Y 不相关. 若 $\rho_{X,Y}\neq 0$，称 X 与 Y 相关.

注： 相关系数 $\rho_{X,Y}$ 描述 X 与 Y 的线性相依性，$|\rho_{X,Y}|$ 的大小是刻画 X 与 Y 之间线性相关程度的一种度量. $\rho_{X,Y}=0$ 表示 X 与 Y 之间不存在线性关系，并不意味 X 与 Y 之间不存在相依关系，它们之间可能存在某种非线性关系.

2）性质

(1) 对称性：$\mathrm{cov}(X, Y)=\mathrm{cov}(Y, X)$，$\mathrm{cov}(X, X)=D(X)$.

(2) 线性性：$\mathrm{cov}(X, c)=0$，$\mathrm{cov}(aX, bY)=ab\,\mathrm{cov}(X, Y)$，

$$\mathrm{cov}(X_1+X_2, Y)=\mathrm{cov}(X_1, Y)+\mathrm{cov}(X_2, Y),$$

一般地，$\mathrm{cov}\left(\sum_{i=1}^{n}a_i X_i, \sum_{j=1}^{m}b_j Y_j\right)=\sum_{i=1}^{n}\sum_{j=1}^{m}a_i b_j\,\mathrm{cov}(X_i, X_j)$，

由于 $D\left(\sum_{i=1}^{n}a_i X_i\right)=\sum_{i=1}^{n}a_i^2 D(X_i)+2\sum_{1\leqslant i<j\leqslant n}a_i a_j\,\mathrm{cov}(X_i, X_j)$，所以当 $X_1, X_2, \cdots, X_n$ 两两不相关时，有 $D\left(\sum_{i=1}^{n}a_i X_i\right)=\sum_{i=1}^{n}a_i^2 D(X_i)$.

(3) 相关系数的有界性 $|\rho_{X,Y}|\leqslant 1$，$|\rho_{X,Y}|=1\Leftrightarrow$ 存在常数 a，b 使得 $P\{Y=aX+b\}=1$，其中 $\rho_{X,Y}=1$ 时，$a>0$；$\rho_{X,Y}=-1$ 时，$a<0$.

3）矩与协方差矩阵

(1) 设 X 为随机变量，如果 $\alpha_k=E(X^k)(k=1, 2, \cdots)$ 存在，则称 α_k 为 X 的 k 阶原点矩；如果 $\beta_k=E[X-E(X)]^k(k=1, 2, \cdots)$ 存在，则称 β_k 为 X 的 k 阶中心矩.

(2) 设 $X=(X_1, X_2, \cdots, X_n)^{\mathrm{T}}$ 为 n 维随机变量，如果 $D(X_i)(i=1, 2, \cdots, n)$ 存在，则称矩阵 $\sum=(\mathrm{cov}(X_i, X_i))_{n\times n}$ 为 X 的协方差矩阵. 特别地，二维随机变量 (X, Y) 的协方差矩阵为

$$\sum=\begin{pmatrix}\mathrm{cov}(X, X) & \mathrm{cov}(X, Y)\\ \mathrm{cov}(Y, X) & \mathrm{cov}(Y, Y)\end{pmatrix}.$$

注： 由于 $\mathrm{cov}(X_i, X_j)=\mathrm{cov}(X_j, X_i)$，故 $\sum$ 是 n 阶对称矩阵.

4）二维正态分布 $N(u_1, u_2, \sigma_1^2, \sigma_2^2, \rho)$ 性质

(1) 若 $(X, Y)\sim N(u_1, u_2, \sigma_1^2, \sigma_2^2, \rho)$，则

$$X\sim N(u_1, \sigma_1^2),\ Y\sim N(u_2, \sigma_2^2),\ \rho_{XY}=\rho.$$

(2) 若 $(X, Y)\sim N(u_1, u_2, \sigma_1^2, \sigma_2^2, \rho)$，则 X 与 Y 不相关与独立等价.

(3) 若 $(X, Y)\sim N(u_1, u_2, \sigma_1^2, \sigma_2^2, \rho)$，令 $Z=aX+bY$，$W=cX+dY$. 那么 (Z, W) 也服从二维正态分布.

5）常见分布的数学期望与方差

(1) 若 X 服从参数为 p 的 0-1 分布，那么 $E(X)=p$，$D(X)=p(1-p)$.

(2) 若 $X\sim\pi(\lambda)(P(\lambda))$，那么 $E(X)=\lambda$，$D(X)=\lambda$.

(3) 若 $X\sim B(n, p)$，那么 $E(X)=np$，$D(X)=np(1-p)$.

(4) 若 $X \sim U(a, b)$，那么 $E(X) = \dfrac{a+b}{2}$，$D(X) = \dfrac{(a-b)^2}{12}$.

(5) 若 $X \sim E(\lambda)$，那么 $E(X) = \lambda$，$D(X) = \lambda^2$.

(6) 若 $X \sim N(u, \sigma^2)$，那么 $E(X) = u$，$D(X) = \sigma^2$.

10.2.2 题型归类与方法分析

题型 3 协方差、相关系数、独立性与相关性

解题提示：

(1) 协方差与相关系数的计算实际上是随机变量函数的数学期望的计算. 若题设条件中有联合分布律、联合概率密度，则通常按定义直接计算；否则，利用其性质计算.

(2) 不相关是由数字特征来确定的，即由相关系数 $\rho = 0$ 或协方差 $\mathrm{cov}(X, Y) = 0$ 确定，而独立性是由分布确定的，即通过联合分布与边缘分布的关系确定. 对一般的二维随机变量 (X, Y)，只要相关系数存在，X, Y 独立即可推出 X, Y 不相关，然而由 X, Y 不相关推不出 X, Y 独立，X, Y 相关可推出 X, Y 不独立. 另外对于二维正态随机变量 X, Y 独立 $\Leftrightarrow X, Y$ 不相关.

例 11 将一枚硬币重复掷 n 次，以 X, Y 分别表示正面向上和反面向上的次数，则 X, Y 的相关系数为(　　).

A. -1　　B. 0　　C. $\dfrac{1}{2}$　　D. 1

【解】 因为 $X+Y=n$，即 $Y=n-X$，可用公式求相关系数，也可由相关系数的性质得出.

方法一：因 $X+Y=n$，即 $Y=n-X$，于是

$$D(Y) = D(n-X) = D(X),$$
$$\mathrm{cov}(X, Y) = \mathrm{cov}(X, n-X) = -\mathrm{cov}(X, X) = -D(X),$$

因此，$\rho_{XY} = \dfrac{\mathrm{cov}(X, Y)}{\sqrt{D(X)}\sqrt{D(Y)}} = -\dfrac{D(X)}{\sqrt{D(X)}\sqrt{D(Y)}} = -1$，所以选 A.

方法二：因为 $X+Y=n$，即 $Y=n-X$，Y 是 X 的线性函数，且 X 的系数是 $-1<0$，故 X, Y 的相关系数为 -1，故选 A.

例 12 已知随机变量 X 与 Y 独立，$D(X)>0$，$D(Y)>0$，$E(X)=E(Y)=0$，则(　　).

A. $D(X+Y) > D(X)+D(Y)$　　B. $D(X-Y) > D(X)-D(Y)$

C. $D(X \cdot Y) = D(X) \cdot D(Y)$　　D. $D(X \cdot Y) > D(X) \cdot D(Y)$

【解】 考查相互独立随机变量方差的性质. 由于 X 与 Y 独立，故 $D(X+Y) = D(X) + D(Y)$. 选项 A, B 不正确，又 $E(X) = E(Y) = 0$，

$$D(XY)=D(X)\cdot D(Y)+D(X)\cdot E^2(Y)+D(Y)\cdot E^2(X)=D(X)\cdot D(Y).$$

选择 C.

例 13 设随机变量 X, Y 都服从正态分布,且它们不相关,则随机变量(　　).

A. X, Y 一定独立　　B. (X, Y) 服从二维正态分布

C. X, Y 未必独立　　D. $X+Y$ 一定服从一维正态分布

【解】 已知的是 X, Y 都服从正态分布,虽然它们不相关,但并不能保证 (X, Y) 服从二维正态分布,故 A、B、D 都不能确定,即选 C.

例 14 设二维随机变量 (X, Y) 服从 $N(u, u; \sigma^2, \sigma^2; 0)$, 则 $E(XY^2)=$ ________.

【分析】 本题考查二维常见分布的函数的数学期望.

【解】 由题目条件可知 (X, Y) 的相关系数 $\rho=0$, 从而 X, Y 相互独立,且 $X\sim N(u, \sigma^2)$, $Y\sim N(u, \sigma^2)$, 故 $E(XY^2)=E(X)E(Y^2)=u(u^2+\sigma^2)$.

例 15 设 A, B 是二随机事件,随机变量 $X=\begin{cases}1 & \text{若 } A \text{ 出现}\\ -1 & \text{若 } A \text{ 不出现}\end{cases}$, $Y=\begin{cases}1 & \text{若 } B \text{ 出现}\\ -1 & \text{若 } B \text{ 不出现}\end{cases}$, 试证明 X, Y 不相关的充分必要条件是 A, B 相互独立.

【分析】 X, Y 不相关 $\Leftrightarrow \rho_{XY}=0 \Leftrightarrow \mathrm{cov}(X, Y)=0 \Leftrightarrow E(XY)=E(X)E(Y)$, 因此问题转化为求数学期望,而 XY, X, Y 的数学期望计算又与 $P(AB)$, $P(A)$, $P(B)$ 联系起来,最终可导出 $P(AB)=P(A)\cdot P(B)$, 即 A, B 相互独立.

【解】 由题设 $P\{X=1\}=P(A)$, $P\{X=-1\}=P(\bar{A})=1-P(A)$,

$$P\{Y=1\}=P(B),\ P\{Y=-1\}=P(\bar{B})=1-P(B),$$

由数学期望的定义,有 $E(X)=1\times P(A)+(-1)P(\bar{A})=2P(A)-1$,

$$E(Y)=1\times P(B)+(-1)P(\bar{B})=2P(B)-1,$$

又由于 XY 只有两个可能取值 1 和 -1, 因此

$$\begin{aligned}P\{XY=1\}&=P\{X=1, Y=1\}+P\{X=-1, Y=-1\}\\&=P(AB)+P(\overline{AB})=P(AB)+1-P(A\cup B)\\&=P(AB)+1-P(A)-P(B)+P(AB)\\&=2P(AB)+1-P(A)-P(B),\end{aligned}$$

$$P\{XY=-1\}=1-P\{XY=1\}=P(A)+P(B)-2P(AB).$$

于是

$$E(XY)=1\times P\{XY=1\}+(-1)P\{XY=-1\}=4P(AB)-2P(A)-2P(B)+1.$$

从而

$$\mathrm{cov}(X, Y)=E(XY)-E(X)E(Y)=4P(AB)-4P(A)P(B).$$

可见, $\mathrm{cov}(X, Y)=0 \Leftrightarrow P(AB)=P(A)P(B)$, 即 X, Y 不相关的充分必要条件是 A, B

相互独立.

注意:本题考查了随机事件的独立性,随机变量的函数及其分布,随机变量的数字特征等概率论中的主要知识点,是一个很好的综合题.

例 16 设随机变量序列 $X_1, X_2, \cdots, X_n (n>1)$ 独立同分布,且方差为 $\sigma^2>0$. 令 $Y=\frac{1}{n}\sum_{i=1}^{n}X_i$,则下列成立的是(　　).

A. $\operatorname{cov}(X_1, Y)=\frac{\sigma^2}{n}$　　B. $\operatorname{cov}(X_1, Y)=\sigma^2$

C. $D(X_1+Y)=\frac{\sigma^2}{n}(n+2)$　　D. $D(X_1-Y)=\frac{\sigma^2}{n}(n+1)$

【分析】 本题考查协方差及方差的基本计算能力或抽样分布定理.

【解】 由协方差计算的多项式乘法原则得

$\operatorname{cov}(X_1, Y)=\operatorname{cov}\left(X, \frac{1}{n}\sum_{i=1}^{n}X_i\right)=\frac{1}{n}\sum_{i=1}^{n}\operatorname{cov}(X_1, X_i)=\frac{1}{n}\operatorname{cov}(X_1, X_1)=\frac{\sigma^2}{n}$. 故选 A.

C 错. 因为 $D(Y)=D\left(\frac{1}{n}\sum_{i=1}^{n}X_i\right)=\frac{1}{n^2}D\left(\sum_{i=1}^{n}X_i\right)=\frac{1}{n^2}\sum_{i=1}^{n}D(X_i)=\frac{\sigma^2}{n}$.

从而 $D(X_1+Y)=D(X_1)+D(Y)+2\operatorname{cov}(X_1, Y)=\sigma^2+\frac{\sigma^2}{n}+2\frac{\sigma^2}{n}=\frac{\sigma^2}{n}(n+3)$.

D 错. $D(X_1-Y)=D(X_1)+D(Y)-2\operatorname{cov}(X_1, Y)=\sigma^2+\frac{\sigma^2}{n}-2\frac{\sigma^2}{n}=\frac{\sigma^2}{n}(n-1)$.

例 17 设二维随机变量 (X, Y) 的联合概率密度为

$$f(x, y)=\begin{cases} cxy & 0\leqslant x\leqslant 1,\ 0\leqslant y\leqslant x \\ 0 & \text{其他} \end{cases},$$

试求:① 常数 c;② $E(X), E(Y), D(X), D(Y)$;③ $\operatorname{cov}(X, Y), \rho_{XY}$.

【分析】 利用 $\int_{-\infty}^{+\infty}\int_{-\infty}^{+\infty}f(x, y)\mathrm{d}x\mathrm{d}y=1$ 先求出常数 c,再利用公式计算数字特征.

【解】 ① $1=\int_{-\infty}^{+\infty}\int_{-\infty}^{+\infty}f(x, y)\mathrm{d}x\mathrm{d}y=c\int_0^1 x\mathrm{d}x\int_0^x y\mathrm{d}y=c\int_0^1\frac{1}{2}x^3\mathrm{d}x=\frac{1}{8}c\Rightarrow c=8$.

所以 $f(x, y)=\begin{cases} 8xy & 0\leqslant x\leqslant 1,\ 0\leqslant y\leqslant x \\ 0 & \text{其他} \end{cases}$.

② $E(X)=\int_0^1\left(\int_0^x x\cdot 8xy\mathrm{d}y\right)\mathrm{d}x=8\int_0^1 x^2\mathrm{d}x\int_0^x y\mathrm{d}y=4\int_0^1 x^4\mathrm{d}x=\frac{4}{5}$,

$E(Y)=\int_0^1\left(\int_Y^1 y\cdot 8xy\mathrm{d}y\right)\mathrm{d}y=\frac{8}{15}$,

$E(X^2)=\int_0^1\left(\int_0^x x^2\cdot 8xy\mathrm{d}y\right)\mathrm{d}x=8\int_0^1 x^3\mathrm{d}x\int_0^x y\mathrm{d}y=4\int_0^1 x^5\mathrm{d}x=\frac{2}{3}$,

$$D(X)=E(X^2)-[E(X)]^2=\frac{2}{3}-\left(\frac{4}{5}\right)^2=\frac{2}{75},$$

$$E(Y^2)=\int_0^1\left(\int_y^1 y^2\cdot 8xy\mathrm{d}x\right)\mathrm{d}y=\frac{1}{3},$$

$$D(Y)=E(Y^2)-[E(Y)]^2=\frac{1}{3}-\left(\frac{8}{15}\right)^2=\frac{11}{225},$$

$$E(XY)=\int_0^1\left(\int_0^x xy\cdot 8xy\mathrm{d}y\right)\mathrm{d}x=8\int_0^1 x^2\mathrm{d}x\int_0^x y^2\mathrm{d}y=\frac{8}{3}\int_0^1 x^5\mathrm{d}x=\frac{4}{9}.$$

③ $\operatorname{cov}(X, Y)=E(XY)-E(X)E(Y)=\frac{4}{9}-\frac{4}{5}\times\frac{8}{15}=\frac{4}{225},$

$$\rho_{X,Y}=\frac{\operatorname{cov}(X,Y)}{\sqrt{D(X)}\sqrt{D(Y)}}=\frac{\frac{4}{225}}{\sqrt{\frac{2}{75}}\sqrt{\frac{11}{225}}}=\frac{2}{33}\sqrt{66}.$$

例18 设随机变量 X, Y 独立同分布，且 X 的概率分布为 $X=\begin{bmatrix}1 & 2\\ \frac{2}{3} & \frac{1}{3}\end{bmatrix}$. 记 $U=\max\{X, Y\}$, $V=\min\{X, Y\}$. ① 求 (U, V) 的概率分布；② 求 (U, V) 的协方差 $\operatorname{cov}(U, V)$.

【分析】 考查二维离散型随机变量函数的联合分布及协方差计算.

【解】 ① 易知 $U=\max\{X, Y\}$, $V=\min\{X, Y\}$ 的取值范围都是 1, 2，故 (U, V) 的概率分布为 $P\{U=1, V=1\}=P\{X=1, Y=1\}=P\{X=1\}P\{Y=1\}=\frac{4}{9}$；

$P\{U=2, V=2\}=P\{X=2, Y=2\}=P\{X=2\}P\{Y=2\}=\frac{1}{9}$；

$P\{U=1, V=2\}=P\{\phi\}=0$；

$$\begin{aligned}P\{U=2, V=1\}&=P\{X=2, Y=1\}+P\{X=1, Y=2\}\\&=P\{X=2\}P\{Y=1\}+P\{X=1\}P\{Y=2\}=\frac{4}{9}.\end{aligned}$$

② $\operatorname{cov}(U, V)=E(UV)-E(U)E(V)=\frac{16}{9}-\frac{14}{9}\frac{10}{9}=\frac{4}{81}.$

例19 设随机变量 X 的密度函数为 $f(x)=\frac{1}{2}\mathrm{e}^{-|x|}$, $-\infty<x<+\infty$.

① 求 $E(X)$, $D(X)$；② 求 X 与 $|X|$ 的协方差，并判断 X 与 $|X|$ 是否不相关；③ 问 X 与 $|X|$ 是否相互独立？为什么？

【分析】 求 $E(X|X|)$ 时利用 X 函数的数学期望公式，而不要复杂化，把它看成 X 与 $|X|$ 函数的数学期望.

【解】 ① 因为下面的广义积分收敛，所以

$$E(X)=\int_{-\infty}^{+\infty}xf(x)\mathrm{d}x=\int_{-\infty}^{+\infty}x\cdot\frac{1}{2}\mathrm{e}^{-|x|}\mathrm{d}x=0\text{(奇函数在对称区间上的积分为 0)}.$$

$$E(X^2)=\int_{-\infty}^{+\infty}x^2f(x)\mathrm{d}x=\int_{-\infty}^{+\infty}x^2\cdot\frac{1}{2}\mathrm{e}^{-|x|}\mathrm{d}x=\int_0^{+\infty}x^2\cdot\mathrm{e}^{-x}\mathrm{d}x$$

$$=-x^2\mathrm{e}^{-x}\Big|_0^{+\infty}+\int_0^{+\infty}2x\cdot\mathrm{e}^{-x}\mathrm{d}x=\int_0^{+\infty}2x\cdot\mathrm{e}^{-x}\mathrm{d}x=2.$$

$$D(X)=E(X^2)-E^2(X)=2.$$

② 因为 $\mathrm{cov}(X,|X|)=E(X|X|)-E(X)E(|X|)$，而

$$E(X|X|)=\int_{-\infty}^{+\infty}x|x|\cdot\frac{1}{2}\mathrm{e}^{-|x|}\mathrm{d}x=0\text{(奇函数在对称区间上的积分为 0)}.$$

于是 $\mathrm{cov}(X,|X|)=E(X|X|)-E(X)E(|X|)=0-0\times E(|X|)=0.$

从而 $\rho(X,|X|)=\dfrac{\mathrm{cov}(X,|X|)}{\sqrt{D(X)}\sqrt{D(|X|)}}=0$，即 X 与 $|X|$ 不相关.

③ 因为 $P\{X>1\}=\displaystyle\int_1^{+\infty}\frac{1}{2}\mathrm{e}^{-x}\mathrm{d}x=\frac{1}{2}\mathrm{e}^{-x}\Big|_{+\infty}^{1}=\frac{1}{2\mathrm{e}}$,

$$P\{|X|>1\}=P\{X>1\}+P\{X<-1\}=\frac{1}{2\mathrm{e}}+\int_{-\infty}^{-1}\frac{1}{2}\mathrm{e}^{-|x|}\mathrm{d}x=\frac{1}{\mathrm{e}},$$

$$P\{X>1,|X|>1\}=P\{X>1\}=\frac{1}{2\mathrm{e}}\neq P\{X>1\}P\{|X|>1\},$$

所以 X 与 $|X|$ 不相互独立.

题型 4　有关数字特征的应用题

解题提示：

应用题往往是将问题归结为求随机变量函数 $g(X)$ 或 $g(X,Y)$ 的期望及其极值，或与之有关的某些参数所应满足的条件，解答这类问题的关键在于弄清题意，通过变量关系分析变量之间或变量与事件之间的关系式，并求出与之有关的随机变量的分布. 余下的问题就是套用正确的公式进行程序性的计算，或用微分法求其极值.

例 20　设某种商品每周的需求量 X 是服从区间 $[10,30]$ 上的均匀分布的随机变量，而经销商进货数量为区间 $[10,30]$ 中的某一整数，商店每销售一单位商品可获利 500 元；若供大于求则销价处理，每处理一单位商品亏损 100 元；若供不应求可从外部调剂供应，此时每一单位商品仅获利 300 元，为使商店所获利润期望不少于 9 280 元，试确定最少进货量.

【分析与解答】　设进货量为 k 个单位，商店获利为 $Y=g(X)$，则 k 应使 $E(Y)\geqslant 9\,280$. 为求 k，首先应写出利润函数 Y，并计算 $E(Y)$. 由题设知

$$Y=g(X)=\begin{cases}500k+(X-k)300 & k<X\leqslant 30\\ 500X-(k-X)100 & 10\leqslant X\leqslant k\end{cases}=\begin{cases}200k+300X & k<X\leqslant 30\\ 600X-100k & 10\leqslant X\leqslant k\end{cases},$$

其中 X 的密度函数 $f(x)=\begin{cases}\dfrac{1}{20} & 10\leqslant x\leqslant 30\\ 0 & 其他\end{cases}$，

故
$$E(Y)=E[g(X)]=\int_{-\infty}^{+\infty}g(x)f(x)\mathrm{d}x$$
$$=\int_{10}^{k}(600x-100k)\cdot\frac{1}{20}\mathrm{d}x+\int_{k}^{30}(200k+300x)\cdot\frac{1}{20}\mathrm{d}x$$
$$=-7.5k^2+350k+5\,250.$$

依题意，k 应使 $E(Y)\geqslant 9\,280$. 即 $-7.5k^2+350k+5\,250\geqslant 9\,280$，解得 $20\dfrac{2}{3}\leqslant k\leqslant 26$，所以商店所获利润期望不少于 9 280 元，最少进货量为 21 单位.

例 21　某商店销售某种季节性商品，每售出一件获利 5(百元)，季节末未售出的商品每件亏损 1(百元)，以 X 表示该季节此种商品的需求量，已知 X 等可能地取值 $[1, 100]$ 中的任一正整数，问商店应提前储备多少件该种商品，才能使获利的期望值达到最大？

【分析】　设提前储备 n 件商品，商店获利为 $Y=g(X, n)$，依题意，n 应使 $E(Y)$ 达到最大. 首先应写出利润函数 $Y=g(X, n)$，并计算 $E(Y)$. 由题设知当商店有 n 件商品时，该季节商店获利为 $Y_n=g(X, n)=\begin{cases}5n & n\leqslant X\leqslant 100\\ 5X-(n-X) & 1\leqslant X<n\end{cases}=\begin{cases}5n & n\leqslant X\leqslant 100\\ 6X-n & 1\leqslant X<n\end{cases}$，其中需求量 X 的概率分布为 $P\{X=k\}=\dfrac{1}{100}(k=1, 2, \cdots, 100)$，故

$$E(Y_n)=E[g(X, n)]=\sum_{k=1}^{100}g(k, n)P\{X=k\}=\frac{1}{100}\Big[\sum_{k=1}^{n-1}(6k-n)+\sum_{k=n}^{100}5n\Big]$$
$$=\frac{1}{100}\Big[6\cdot\frac{(1+n-1)(n-1)}{2}-n(n-1)+5n(100-n+1)\Big]$$
$$=\frac{1}{100}(503n-3n^2),$$

n 应使 $E(Y_n)$ 达到最大. 为求 n，我们考虑 $\varphi(x)=503x-3x^2$，令 $\varphi'(x)=503-6x=0$，得 $x=83.8$，故 $n=84$，即商店最佳进货量为 84 件.

同步测试 10

1) 填空题

(1) 设口袋中有 6 只红球，4 只白球，任意摸出一只球记住颜色后放回口袋中，一共进行 4 次，记 X 为摸到红球的次数，则 $E(X)=$ ______.

(2) 设随机变量 X_1, X_2, X_3, X_4 相互独立，且都服从正态分布 $N(0, \sigma^2)$，如果二阶行列式 $Y=\begin{vmatrix} X_1 & X_2 \\ X_3 & X_4 \end{vmatrix}$，方差 $D(X)=\dfrac{1}{4}$，则 $\sigma^2=$ ______.

(3) 已知随机变量 X_1, X_2 相互独立，且分别服从参数为 λ_1, λ_2 的泊松分布，已知 $P(X_1+X_2>0)=1-\mathrm{e}^{-1}$，则 $E(X_1+X_2)^2=$ ______.

(4) 设二维随机变量 (X, Y) 在区域 D：$0<x<1$，$|y|<x$ 内服从均匀分布，则 $D(2X+1)=$ ______.

(5) 设随机变量 X 服从参数为 $n=100$，$p=0.2$ 的二项分布；Y 服从参数为 $\lambda=3$ 的泊松分布，且 X, Y 相互独立，则 $D(2X-3Y)=$ ______.

2) 选择题

(1) 已知离散型随机变量 X 的可能取值为

$$x_1=-1,\ x_2=0,\ x_3=1,\ E(X)=0.1,\ D(X)=0.89,$$

则对应于 x_1, x_2, x_3 的概率 P_1, P_2, P_3 为(　　).

A. $P_1=0.4, P_2=0.1, P_3=0.5$

B. $P_1=0.1, P_2=0.4, P_3=0.5$

C. $P_1=0.5, P_2=0.1, P_3=0.4$

D. $P_1=0.4, P_2=0.5, P_3=0.1$

(2) 设随机变量 X 与 Y 的方差存在且不为 0，则 $D(X+Y)=D(X)+D(Y)$ 是 X 和 Y 的(　　).

A. 不相关的充分条件，但不是必要条件

B. 独立的充分条件，但不是必要条件

C. 不相关的充分必要条件

D. 独立的充分必要条件

(3) 设随机变量 X 与 Y 独立同分布，记 $U=X-Y$，$V=X+Y$，则随机变量 U, V 必然(　　).

A. 不独立　　　　B. 独立

C. 相关系数不为 0　　　　D. 相关系数为 0

(4) 设随机变量 X 与 Y 都服从正态分布且不相关，则它们(　　).

A. 一定独立　　B. 一定服从二维正态分布

C. 未必独立　　D. 一定不服从二维正态分布

(5) 设 X 是一随机变量，x_0 是任意实数，$E(X)$ 是 X 的数学期望，则(　　).

A. $E[(X-x_0)^2]=E[X-E(X)]^2$　　B. $E[(X-x_0)^2]\geqslant E[X-E(X)]^2$

C. $E[(X-x_0)^2]<E[X-E(X)]^2$　　D. $E[(X-x_0)^2]=0$

3）解答题

(1) 设随机变量 X 的密度函数为 $f(x)=\frac{1}{2}\mathrm{e}^{-|x-u|}$，$-\infty<x<+\infty$，求 $E(X)$，$D(X)$.

(2) 设某产品每周需求量为 Q，Q 的可能取值为 1，2，3，4，5(等可能取各值)，生产每件产品成本是 $C_1=3$ 元，每件产品售价为 $C_2=9$ 元，没有售出的产品以每件 $C_3=1$ 元的费用存入仓库. 问生产者每周生产多少产品可使所期望的利润最大.

(3) 设 $E(X)=2$，$E(Y)=4$，$D(X)=4$，$D(Y)=9$，$\rho_{XY}=0.5$，求：

① $U=3X^2-2XY+Y^2-3$ 的数学期望；② $V=3X-Y+5$ 的方差.

(4) 设 X 与 Y 是随机变量，均服从标准正态分布，相关系数 $\rho_{XY}=0.5$，令 $Z_1=aX$，$Z_2=bX+cY$，试确定 a，b，c 的值，使 $D(Z_1)=D(Z_2)=1$ 且 Z_1，Z_2 不相关.

(5) 设 X 与 Y 是相互独立的随机变量，证明：

$$D(XY)=D(X)\cdot D(Y)+D(X)\cdot E^2(Y)+D(Y)\cdot E^2(X).$$

第 11 章　大数定律与中心极限定理

大数定律和中心极限定理都是讨论随机变量序列的极限定理，它们是概率论中比较深入的理论结果．契比雪夫不等式是概率论中的一个十分重要的理论结果，它是证明各种大数定律的一个主要工具．中心极限定理是许多数理统计方法的基础．中心极限定理说明了许多小的随机因素的叠加会使总和的分布趋近于正态分布．正因为如此，后面的数理统计内容才能把绝大多数样本看成是来自正态总体．

本章重点：

(1) 切比雪夫不等式．

(2) 切比雪夫大数定律、伯努利大数定律、辛钦大数定律．

(3) 列维-林德伯格中心极限定理、棣莫弗-拉普拉斯中心极限定理．

11.1　大数定律

11.1.1　知识点梳理

1) 依概率收敛

(1) 设 $X_1, X_2, \cdots, X_n, \cdots$ 是一个随机变量序列，a 是一个常数，若对任意的 $\varepsilon>0$，有 $\lim\limits_{n\to\infty}P\{|X_n-a|<\varepsilon\}=1$，则称序列 $X_1, X_2, \cdots, X_n, \cdots$ 依概率收敛于 a．记为 $X_n\xrightarrow{P}a$．

(2) 设 $X_1, X_2, \cdots, X_n$ 是一个随机变量序列，X 是随机变量，若对任意的 $\varepsilon>0$，有 $\lim\limits_{n\to\infty}P\{|X_n-X|<\varepsilon\}=1$，则称序列 $X_1, X_2, \cdots, X_n, \cdots$ 依概率收敛于 X．记为 $X_n\xrightarrow{P}X$．

2) 切比雪夫不等式

设 X 是随机变量，且有有限方差，则对任意的 $\varepsilon>0$，有 $P\{|X-E(X)|\geqslant\varepsilon\}\leqslant\dfrac{D(X)}{\varepsilon^2}$，或 $P\{|X-E(X)|<\varepsilon\}\geqslant1-\dfrac{D(X)}{\varepsilon^2}$．

3) 大数定律

(1) 切比雪夫大数定律．设随机变量序列 $X_1, X_2, \cdots, X_n, \cdots$ 相互独立，每个 X_i 的方差存在，且一致有界，即存在常数 c，使得 $D(X_i)\leqslant c\ (i=1, 2, \cdots, n, \cdots)$，则对任意的 $\varepsilon>0$，有

$$\lim_{n\to\infty}P\left\{\left|\frac{1}{n}\sum_{i=1}^{n}X_i-\frac{1}{n}\sum_{i=1}^{n}E(X_i)\right|<\varepsilon\right\}=1 \text{ 或 } \lim_{n\to\infty}P\left\{\left|\frac{1}{n}\sum_{i=1}^{n}X_i-\frac{1}{n}\sum_{i=1}^{n}E(X_i)\right|\geqslant\varepsilon\right\}=0.$$

注： ① 相互独立且方差一致有界的随机变量 $X_1, X_2, \cdots, X_n$ 的平均值 $\frac{1}{n}\sum_{i=1}^{n}X_i$ 依概率收敛于它的数学期望.

② 切比雪夫大数定律的特殊情况：设随机变量 $X_1, X_2, \cdots, X_n, \cdots$ 相互独立同分布，且 $E(X_i)=u$，$D(X_i)=\sigma^2$，$i=1, 2, \cdots, n, \cdots$ 则对任意的 $\varepsilon>0$，有 $\lim_{n\to\infty}P\left\{\left|\frac{1}{n}\sum_{i=1}^{n}X_i-u\right|<\varepsilon\right\}=1$ 或 $\lim_{n\to\infty}P\left\{\left|\frac{1}{n}\sum_{i=1}^{n}X_i-u\right|\geqslant\varepsilon\right\}=0$.

(2) 伯努利大数定律. 设随机变量序列 $X_1, X_2, \cdots, X_n, \cdots$ 相互独立，同服从 0－1 分布 $B(1, p)$，则对任意的 $\varepsilon>0$，有

$$\lim_{n\to\infty}P\left\{\left|\frac{1}{n}\sum_{i=1}^{n}X_i-p\right|<\varepsilon\right\}=1 \text{ 或 } \lim_{n\to\infty}P\left\{\left|\frac{1}{n}\sum_{i=1}^{n}X_i-p\right|\geqslant\varepsilon\right\}=0.$$

注： 设事件 A 在每次试验中发生的概率为 p，n 次独立重复试验中 A 发生的次数为 n_A，则 A 发生的频率 $f_n\left(\frac{n_A}{n}\right)\xrightarrow{P}p$.

(3) 辛钦大数定律. 设随机变量序列 $X_1, X_2, \cdots, X_n, \cdots$ 相互独立同分布，且 $E(X_i)=u$，$(i=1, 2, \cdots, n, \cdots)$，则对任意的 $\varepsilon>0$，有 $\lim_{n\to\infty}P\left\{\left|\frac{1}{n}\sum_{i=1}^{n}X_i-u\right|<\varepsilon\right\}=1$ 或 $\lim_{n\to\infty}P\left\{\left|\frac{1}{n}\sum_{i=1}^{n}X_i-u\right|\geqslant\varepsilon\right\}=0$.

11.1.2　题型归类与方法分析

题型 1　切比雪夫不等式

解题提示：切比雪夫不等式主要用来：① 粗略估计概率. 关键是求出相应随机变量的数学期望与方差，然后再将要估计的概率转化为以数学期望为中心的对称区间上的概率；② 证明一些与概率有关的不等式.

例 1　设随机变量 X 的数学期望 $E(X)=u$，方差 $D(X)=\sigma^2$，根据切比雪夫不等式估计 $P\{|X-u|\geqslant 2\sigma\}\leqslant$ ________.

【解】　由切比雪夫不等式 $P\{|X-E(X)|\geqslant\varepsilon\}\leqslant\frac{D(X)}{\varepsilon^2}$，有

$P\{|X-u|\geqslant 2\sigma\}\leqslant\frac{\sigma^2}{(2\sigma)^2}=\frac{1}{4}$，因此应填 $\frac{1}{4}$.

例 2 设随机变量 X 与 Y 的数学期望分别为-2和 2,方差分别为 1 和 4,而相关系数为-0.5,则根据切比雪夫不等式有 $P\{|X+Y|\geqslant 6\}\leqslant$______.

【解】 由题目 $\mathrm{cov}(X,Y)=\sqrt{D(X)D(Y)}\rho=2\times(-0.5)=-1$,故 $D(X+Y)=D(X)+D(Y)+2\mathrm{cov}(X,Y)=1+4+2\times(-1)=3$.

又 $E(X+Y)=E(X)+E(Y)=(-2)+2=0$,由切比雪夫不等式得 $P\{|X+Y|\geqslant 6\}\leqslant\dfrac{D(X+Y)}{6^2}=\dfrac{3}{6^2}=\dfrac{1}{12}$.

例 3 设随机变量 $X_1, X_2, \cdots, X_9$ 相互独立同分布,$E(X_i)=1$, $D(X_i)=1$, $i=1, 2, \cdots, 9$. 令 $S_9=\sum\limits_{i=1}^{9}X_i$,则对任意 $\xi>0$,从切比雪夫不等式直接可得( ).

A. $P(|S_9-1|<\xi)>1-\dfrac{1}{\xi^2}$　　B. $P(|S_9-9|<\xi)\geqslant 1-\dfrac{9}{\xi^2}$

C. $P(|S_9-9|<\xi)>1-\dfrac{1}{\xi^2}$　　D. $P\left(\left|\dfrac{1}{9}S_9-1\right|<\xi\right)\geqslant 1-\dfrac{1}{\xi^2}$

【分析】 因为 $E(S_9)\neq 1$,故 A 不正确;因 $D(S_9)\neq 1$,故 C 不正确;而 $D\left(\dfrac{1}{9}S_9\right)=\dfrac{1}{9^2}D(S_9)=\dfrac{1}{9}\neq 1$,故 D 不正确,从而选 B.

题型 2 大数定律

解题提示:大数定律是指:当 $n\to\infty$ 时,独立同分布的随机变量平均值 $\left(\dfrac{1}{n}\sum\limits_{i=1}^{n}X_i\right)$ 依概率收敛其数学期望.

例 4 设随机变量序列 $X_1, X_2, \cdots, X_n, \cdots$ 相互独立,X_n 服从参数为 n 的指数分布$(n\geqslant 1)$,则下列随机变量序列中不服从切比雪夫大数定律的是( ).

A. $X_1, \dfrac{1}{2}X_2, \cdots, \dfrac{1}{n}X_n, \cdots$　　B. $X_1, X_2, \cdots, X_n, \cdots$

C. $X_1, 2X_2, \cdots, nX_n, \cdots$　　D. $X_1, 2^2X_2, \cdots, n^2X_n, \cdots$

【解】 由题设知 $\{X_n, n\geqslant 1\}$ 相互独立,且 $D(X_n)=\dfrac{1}{n^2}\leqslant 1$,所以 B 服从切比雪夫大数定律,又 $D\left(\dfrac{1}{n}X_n\right)=\dfrac{1}{n^2}D(X_n)=\dfrac{1}{n^4}\leqslant 1$, $D(nX_n)=n^2D(X_n)=1\leqslant 2$,由此可知,A、C 服从切比雪夫大数定律,然而 $D(n^2X_n)=n^4D(X_n)=n^2$,选项 D 不服从切比雪夫大数定律,故选择 D.

例 5 设随机变量序列 $X_1, X_2, \cdots, X_n, \cdots$ 相互独立,根据辛钦大数定律,当 $n\to\infty$ 时,$\dfrac{1}{n}\sum\limits_{i=1}^{n}X_i$ 依概率收敛其数学期望,只要 $\{X_n, n\geqslant 1\}$( ).

A. 有相同的数学期望　　B. 服从同一离散型分布

C. 服从同一泊松分布　　　　　　　　　D. 服从同一连续型分布

【分析】 辛钦大数定律要求 $\{X_n, n \geqslant 1\}$ 独立同分布且数学期望存在，选项 A 缺少"同分布"，B、D 缺少"数学期望存在"这一条件，因而正确选项是 C.

例 6 设随机变量序列 $X_1, X_2, \cdots, X_n, \cdots$ 相互独立，同服从参数为 2 的指数分布，则当 $n \to \infty$ 时，$Y_n = \dfrac{1}{n}\sum_{i=1}^{n} X_i^2$ 依概率收敛于______.

【解】 由辛钦大数定律知相互独立同分布，且数学期望存在的随机变量序列的平均值依概率收敛到其数学期望. 因此 $E(X_i^2)$ 为所求. 又 $E(X_i) = \dfrac{1}{2}$，$D(X_i) = \dfrac{1}{4}$，故 $E(X_i^2) = D(X_i) + E^2(X_i) = \dfrac{1}{2}$，因此应填 $\dfrac{1}{2}$.

11.2 中心极限定理

11.2.1 知识点梳理

1）独立同分布中心极限定理（列维-林德伯格中心极限定理）

设随机变量序列 $X_1, X_2, \cdots, X_n, \cdots$ 相互独立同分布，且 $E(X_i) = u$，$D(X_i) = \sigma^2$ $(i = 1, 2, \cdots, n, \cdots)$，则对任意的实数 x，有

$$\lim_{n \to \infty} P\left\{\frac{\sum_{i=1}^{n} X_i - nu}{\sqrt{n}\sigma} \leqslant x\right\} = \int_{-\infty}^{x} \frac{1}{\sqrt{2\Pi}} e^{-\frac{t^2}{2}} dt = \Phi(x).$$

注： 独立同分布随机变量 $X_1, X_2, \cdots, X_n$ 的和 $\dfrac{1}{n}\sum_{i=1}^{n} X_i$ 的标准化变量，当 n 充分大时，有 $Y_n = \dfrac{\sum_{i=1}^{n} X_i - nu}{\sqrt{n}\sigma} \xrightarrow{\text{近似服从}} N(0, 1)$.

2）棣莫弗-拉普拉斯中心极限定理

设随机变量 $\eta_n \sim B(n, p)(n = 1, 2, \cdots)(0 < p < 1)$，则对任意的实数 x，有

$$\lim_{n \to \infty} P\left\{\frac{\eta_n - np}{\sqrt{np(1-p)}} \leqslant x\right\} = \int_{-\infty}^{x} \frac{1}{\sqrt{2\Pi}} e^{-\frac{t^2}{2}} dt = \Phi(x).$$

注： ① $\eta_n = \sum_{i=1}^{n} X_i$，其中 $X_1, X_2, \cdots, X_n$ 相互独立，同服从 $B(1, p)$ 分布. 棣莫弗-拉普拉斯中心极限定理是独立同分布中心极限定理的特例；② 当 n 充分大时，二项分布可用正态分布来近似.

11.2.2 题型归类与方法分析

题型 3　中心极限定理

解题提示：中心极限定理的问题主要以两种形式出现：一是直接给出独立同分布随机变量系列；二是通过实际问题间接给出.其求解步骤都可归纳为：

(1) 正确选取独立同分布随机变量序列 $X_1, X_2, \cdots, X_n, \cdots$；

(2) 将 $\sum_{i=1}^{n} X_i$ 标准化：$\dfrac{\sum_{i=1}^{n} X_i - nu}{\sqrt{n}\sigma}$ 近似服从 $N(0, 1)$；

(3) 近似计算：

$$P\left\{a \leqslant \sum_{i=1}^{n} X_i \leqslant b\right\} = P\left\{\frac{a-nu}{\sqrt{n}\sigma} \leqslant \frac{\sum_{i=1}^{n} X_i - nu}{\sqrt{n}\sigma} \leqslant \frac{b-nu}{\sqrt{n}\sigma}\right\}$$
$$\approx \Phi\left(\frac{b-nu}{\sqrt{n}\sigma}\right) - \Phi\left(\frac{a-nu}{\sqrt{n}\sigma}\right).$$

例 7　随机变量序列 $X_1, X_2, \cdots, X_n, \cdots$ 相互独立，$S_n = X_1 + X_2 + \cdots + X_n$，则根据独立同分布中心极限定理，当 n 充分大时，S_n 近似服从正态分布，只要 $X_1, X_2, \cdots, X_n, \cdots$（　）.

A. 有相同的期望与方差　　B. 服从同一离散型分布

C. 服从同一均匀分布　　D. 服从同一连续型分布

【解】　应用定理成立的条件：“独立同分布，期望与方差都存在”，即知正确选项是 C. 选项 A, B 缺少“同分布”条件，D 虽然“同分布”，但期望、方差未必存在，所以这些选项都不正确.

例 8　银行为支付某日即将到期的债券须准备一笔现金，已知这批债券共发放了 500 张，每张须付本息 1 000 元，设持券人(1 人 1 券)到期到银行领取本息的概率为 0.4，问银行于该日应准备多少现金才能以 99.9%的把握满足客户的兑换.

【分析】　若 X 为该日到银行领取本息的总人数，则所需现金为 $1\,000X$，设银行该日应准备现金 x 元，为使银行能以 99.9%的把握满足客户的兑换，则 $P\{1\,000X \leqslant x\} \geqslant 0.999$.

【解】　设 X 为该日到银行领取本息的总人数，则 $X \sim B(500, 0.4)$，所需支付现金为 $1\,000X$，为使银行能以 99.9%的把握满足客户的兑换，银行该日应准备现金 x 元，则 $P\{1\,000X \leqslant x\} \geqslant 0.999$. 由棣莫弗-拉普拉斯中心极限定理知：

$$P\{1\,000X \leqslant x\} = P\left\{X \leqslant \frac{x}{100}\right\} = P\left\{\frac{X - 500\times 0.4}{\sqrt{500\times 0.4\times 0.6}} \leqslant \frac{\frac{x}{1\,000} - 500\times 0.4}{\sqrt{500\times 0.4\times 0.6}}\right\}$$
$$= P\left\{\frac{X-200}{\sqrt{120}} \leqslant \frac{x - 200\,000}{2\,000\sqrt{30}}\right\} \approx 1 - \Phi\left(\frac{x-200\,000}{2\,000\sqrt{30}}\right) \geqslant 0.999 = \Phi(3.1),$$

即 $\dfrac{x-200\,000}{2\,000\sqrt{30}} \geqslant 3.1$，得 $x \geqslant 233\,958.798$.

例 9　一生产线生产的产品成箱包装，每箱重量是随机的. 假设每箱平均重 50 千克，若用最大载重量为 5 吨的汽车承运，试利用中心极限定理说明每辆最多装多少箱，才能保证不超载的概率大于 0.977 ($\Phi(2)=0.977$，其中 $\Phi(x)$ 是标准正态分布函数).

【解】　设 X_i 为装运的第 i 箱重量(单位：千克)，n 为所求箱数，则 $X_1, X_2, \cdots, X_n$ 相互独立同分布，n 箱的总重量 $T_n = X_1+X_2+\cdots+X_n=\sum\limits_{i=1}^{n}X_i$，且 $E(X_i)=50$，$\sqrt{D(X_i)}=5$.

由独立同分布中心极限定理知

$$P\{T_n \leqslant 5\,000\} = P\left\{\sum_{i=1}^{n}X_i \leqslant 5\,000\right\} = P\left\{\frac{\sum\limits_{i=1}^{n}X_i-50n}{5\sqrt{n}} \leqslant \frac{5\,000-50n}{5\sqrt{n}}\right\}$$

$$=P\left\{\frac{\sum\limits_{i=1}^{n}X_i-50n}{5\sqrt{n}} \leqslant \frac{1\,000-10n}{\sqrt{n}}\right\} \approx \Phi\left(\frac{1\,000-10n}{\sqrt{n}}\right) > 0.977 = \Phi(2),$$

即 $\dfrac{1\,000-10n}{\sqrt{n}} > 2$，解得 $n < 98.019\,9$，故最多可装 98 箱.

同步测试11

1) 填空题

(1) 假设$\{X_n, n\geqslant 1\}$相互独立,且都服从参数为λ的指数分布,记$\overline{X}=\frac{1}{n}\sum\limits_{i=1}^{n}X_i$,则当$n\to\infty$时,$\overline{X}$依概率收敛于______;$\frac{1}{n}\sum\limits_{i=1}^{n}X_i^2$依概率收敛于______;$\frac{1}{n}\sum\limits_{i=1}^{n}(X_i-\overline{X})^2$依概率收敛于______;$\lim P\left\{0<\overline{X}<\frac{2}{\lambda}\right\}=$______.

(2) 设随机变量$X_n\ (n\geqslant 1)$相互独立且都在$[-1, 1]$上服从均匀分布,则$\lim P\left\{\frac{\sum\limits_{i=1}^{n}X_i}{\sqrt{n}}\leqslant 1\right\}=$______(结果用正态分布函数$\Phi(\sqrt{3})$表示).

(3) 设Y_n是n次伯努利试验中事件A出现的次数,p为A在每次试验中出现的个概率,则对任意$\xi>0$,有$\lim P\left\{\left|\frac{Y_n}{n}-p\right|\geqslant\xi\right\}=$______.

2) 选择题

(1) 下列命题正确的是(　　).

A. 由辛钦大数定律可以得出切比雪夫大数定律

B. 由切比雪夫大数定律可以得出辛钦大数定律

C. 由切比雪夫大数定律可以得出伯努利大数定律

D. 由伯努利大数定律可以得出切比雪夫大数定律

(2) 设随机变量序列$X_1, X_2, \cdots, X_n, \cdots$独立同分布,其分布函数为$F(x)=a+\frac{1}{\pi}\arctan\frac{x}{b}$,$b\neq 0$,则辛钦大数定律对此序列(　　).

A. 当常数a,b取适当的数值时适用　　B. 不适用

C. 适用　　D. 无法判断

3) 解答题

(1) 设随机变量序列$X_1, X_2, \cdots, X_n, \cdots$相互独立且都服从参数为$\frac{1}{2}$的0-1分布,如果常数$C$使$\lim P\left\{C\frac{\sum\limits_{i=1}^{n}(X_{2i}-X_{2i-1})}{\sqrt{n}}\leqslant x\right\}=\Phi(x)$,求常数$C$.

(2) 假设市场上出售的某种商品，每日价格的变化是一个随机变量，如果用 Y_n 表示第 n 天商品的价格，则有 $Y_n = Y_{n-1} + X_n (n \geqslant 1)$，其中 Y_0 为初始价格，$X_1, X_2, \cdots, X_n, \cdots$ 为独立同分布的随机变量，$E(X_n) = 0$，$D(X_n) = 1$. 假设该商品的最初价格为 a 元，那么 10 周后(即在第 71 天)，该商品价格在 $(a-10)$，$(a+10)$ (单位：元)之间的概率是多少？(用中心极限定理计算，$\Phi(1.2) = 0.8849$)

(3) 假设每人每次打电话时间 X (单位：分)服从参数为 1 的指数分布，试求 800 人次通话中至少有 3 次超过 6 分钟的概率 α，并利用泊松定理与中心极限定理分别求出 α 的近似值 ($e^{-2} = 0.1353$，$e^{-6} = 0.00248$，$\Phi(0.71) = 0.7611$，$\Phi(1.41) = 0.9207$).

第 12 章　样本及抽样分布

统计学的核心问题是由样本推断总体，要理解统计的一些基本概念，它们是总体、简单随机样本、统计量及样本数字特征. 统计量是样本的函数，统计量的选择和运用在统计推断中占据核心地位.

本章重点：

(1) 总体与样本.

(2) 统计量.

(3) 抽样分布.

12.1　样本、总体与统计量

12.1.1　知识点梳理

1) 总体与个体

我们把所研究的对象的全体称为总体，把总体中的每一个基本单位称为个体. 我们所关心的是研究对象的某一个数量指标 X 及其取值的分布情况，数量指标 X 所有可能取的值的全体，看成一个总体.

2) 随机样本

抽样：从总体 X 中抽取有限个个体进行观察的过程，称为抽样.

样本与样本值：从总体 X 中抽取 n 个个体 $X_1, X_2, \cdots, X_n$ 进行观察，就得到了一组数值 $(x_1, x_2, \cdots, x_n)$. n 维的随机变量 $(X_1, X_2, \cdots, X_n)$ 称为容量是 n 的样本. 对总体的 n 次观察一经完成，我们就得到完全确定的一组数值 $(x_1, x_2, \cdots, x_n)$ 称为样本的一个观察值，或简称为样本值.

3) 统计量

(1) 统计量(定义)：不含任何未知参数的函数.

(2) 常用的统计量：设 $(X_1, X_2, \cdots, X_n)$ 是来自总体 X 的一个样本.

样本均值：$\overline{X} \stackrel{\Delta}{=} \frac{1}{n}\sum_{i=1}^{n} X_i$；

样本方差：$S^2 \overset{\Delta}{=} \frac{1}{n-1}\sum_{i=1}^{n}(X_i-\overline{X})^2$；

样本 k 阶原点矩：$A_k \overset{\Delta}{=} \frac{1}{n}\sum_{i=1}^{n}X_i^k \quad (k=1, 2, \cdots)$；

样本 k 阶中心矩：$M_k \overset{\Delta}{=} \frac{1}{n}\sum_{i=1}^{n}(X_i-\overline{X})^k \quad (k=1, 2, \cdots)$.

12.1.2 题型归类与方法分析

题型 1 求统计量的数字特征

例 1 设 $X_1, X_2, \cdots, X_n (n>2)$ 是来自总体 $X \sim N(0, 1)$ 的样本，$\overline{X}$ 为样本均值，记 $Y_i = X_i - \overline{X}$, $i=1, 2, \cdots, n$，求① $D(Y_i)$；② $\mathrm{cov}(Y_1, Y_n)$.

【解】 ① $\frac{n-1}{n}$；② $-\frac{1}{n}$

例 2 设 $X_1, X_2, \cdots, X_n$ 是来自总体 $X \sim N(\mu, \sigma^2)$ 的样本，$\overline{X}$ 和 S^2 分别是样本均值和样本方差，$T = \overline{X}^2 - \frac{1}{n}S^2$，

(1) 证明：T 是 μ^2 的无偏估计量；

(2) 当 $\mu=0$, $\sigma=1$ 时，求 $D(T)$

【解】 $\frac{2}{n(n-1)}$.

例 3 已知 $X_1, \cdots, X_n$ 是来自总体 X 容量为 n 的简单随机样本，其均值和方差分别为 $\overline{X}$ 与 S^2.

(1) 如果 $EX=\mu$, $DX=\sigma^2$，试证明：$X_i-\overline{X}$ 与 $X_j-\overline{X} (i\neq j)$ 的相关系数 $\rho = -\frac{1}{n-1}$；

(2) 如果总体 X 服从正态分布 $N(0, \sigma^2)$，试证明：协方差 $\mathrm{cov}(X_1, S^2)=0$.

例 4 设总体 X 和 Y 相互独立，分别服从 $N(\mu, \sigma_1^2)$, $N(\mu, \sigma_2^2)$. $X_1, X_2, \cdots, X_m$ 与 $Y_1, Y_2, \cdots, Y_n$ 是分别来自 X 和 Y 的简单随机样本，其样本均值分别为 $\overline{X}, \overline{Y}$，样本方差分别为 S_X^2 和 S_Y^2，令 $Z = \alpha\overline{X} + \beta\overline{Y}$, $\alpha = \frac{S_X^2}{S_X^2+S_Y^2}$, $\beta = \frac{S_Y^2}{S_X^2+S_Y^2}$，求 EZ.

【解】 μ

12.2 抽样分布

12.2.1 知识点梳理

1) χ^2 分布

定义 设 n 个相互独立的随机变量 $X_1, X_2, \cdots, X_n$ 都服从标准正态分布 $N(0, 1)$,则称随机变量

$$\chi^2 \triangleq \sum_{i=1}^{n} X_i^2$$

服从自由度为 n 的 χ^2 分布,记为 $\chi^2 \sim \chi^2(n)$.

χ^2 分布的重要性质:

性质 1 设 $\chi^2 \sim \chi^2(n)$,则有 $E(\chi^2) = n, D(\chi^2) = 2n$.

性质 2 设 $Y_1 \sim \chi^2(n_1), Y_2 \sim \chi^2(n_2)$,且 Y_1, Y_2 相互独立,则有

$$Y_1 + Y_2 \sim \chi^2(n_1 + n_2).$$

2) t 分布

定义 设 $X \sim N(0, 1), Y \sim \chi^2(n)$,且 X, Y 相互独立,则称随机变量 $T = \dfrac{X}{\sqrt{Y/n}}$ 服从自由度为 n 的 t 分布,记为 $T \sim t(n)$.

性质 $t_{1-\alpha}(n) = -t_\alpha(n)$.

3) F 分布

定义 设 $X \sim \chi^2(n_1), Y \sim \chi^2(n_2)$,且 X, Y 独立,则称随机变量 $F = \dfrac{X/n_1}{Y/n_2}$ 服从自由度为(n_1, n_2)的 F 分布,记为 $F \sim F(n_1, n_2)$,其中 n_1 称为第一自由度,n_2 称为第二自由度.

$F(n_1, n_2)$分布的下侧分位数有如下性质:$F_{1-p}(n_1, n_2) = \dfrac{1}{F_p(n_2, n_1)}$.

4) 几个定理

(1) $\overline{X} \sim N\left(\mu, \dfrac{\sigma^2}{n}\right)$.

(2) $\dfrac{(n-1)S^2}{\sigma^2} \sim \chi^2(n-1)$.

(3) $\overline{X}$ 与 S^2 独立.

定理 1 设 $(X_{1i}, X_{2i}, \cdots, X_{n_i i})$ 是来自具有相同方差 σ^2、均值为 μ_i 的正态总体 $N(\mu_i, \sigma^2)$ 的样本$(i=1, \cdots, t)$,且设这 t 个样本之间相互独立. 设

$$\overline{X}_i = \frac{1}{n_i}\sum_{j=1}^{n_i} X_{ji},\ S_i^2 = \frac{1}{n_i - 1}\sum_{j=1}^{n_i}(X_{ji} - \overline{X}_i)^2$$

分别是第 i 个总体的样本均值和样本方差（$i = 1, \cdots, t$），则有

(1) $2t$ 个随机变量 $\overline{X}_1, \cdots, \overline{X}_t, S_1^2, \cdots, S_t^2$ 是相互独立的；

(2) $\left[\sum_{i=1}^{t}(n_i - 1)S_i^2\right]/\sigma^2 = \sum_{i=1}^{t}\sum_{j=1}^{n_i}(X_{ji} - \overline{X}_i)/\sigma^2 \sim \chi^2(n-t)$，其中 $n=n_1+\cdots+n_t$；

(3) 当 $t = 2$ 时，有 $\dfrac{(\overline{X}_1 - \overline{X}_2) - (\mu_1 - \mu_2)}{S_\omega\sqrt{\dfrac{1}{n_1} + \dfrac{1}{n_2}}} \sim t(n_1 + n_2 - 2)$，

其中 $S_\omega = \sqrt{\dfrac{(n_1 - 1)S_1^2 + (n_2 - 1)S_2^2}{n_1 + n_2 - 2}}$.

定理 2 设$(X_1, X_2, \cdots, X_n)$是总体 $N(\mu, \sigma^2)$ 的样本，$\overline{X}$ 和 S^2 分别是样本均值和样本方差，则有 $\sqrt{n}(\overline{X} - \mu)/S \sim t(n-1)$.

定理 3 设 $(X_1, \cdots, X_{n_1})$ 与 $(Y_1, \cdots, Y_{n_2})$ 分别是来自总体 $N(\mu_1, \sigma_1^2)$ 和 $N(\mu_2, \sigma_2^2)$ 的样本，并且它们相互独立，而 S_1^2 和 S_2^2 分别是这两个样本的方差，则

$$F = \sigma_2^2 S_1^2/\sigma_1^2 S_2^2 \sim F(n_1 - 1, n_2 - 1).$$

12.2.2 题型归类与方法分析

题型 2 统计量的分布

例 5 设 $X \sim t(n)$，$(n > 1)$，则 $Y = \dfrac{1}{X^2}$ 服从________分布.

【解】 $F(n, 1)$.

例 6 设 $X_1, X_2, \cdots, X_n$ 是来自总体 $X \sim N(0, 1)$ 的样本，$\overline{X}$ 和 S^2 分别是样本均值和样本方差，则(　　).

A. $\overline{X} \sim N(0, 1)$　　B. $n\overline{X} \sim N(0, 1)$　　C. $\sum_{k=1}^{n} X_k^2 \sim \chi^2(n)$　　D. $\dfrac{\overline{X}}{S} \sim t(n-1)$

【解】 C.

例 7 设 $X_1, X_2, \cdots, X_n$ 是来自标准正态总体的简单随机样本，$\overline{X}$ 和 S^2 为样本均值和样本方差，则(　　).

A. $\overline{X}$ 服从标准正态分布

B. $\sum_{i=1}^{n} X_i^2$ 服从自由度为 $n-1$ 的 χ^2 分布

C. $n\overline{X}$ 服从标准正态分布

D. $(n-1)S^2$ 服从自由度为 $n-1$ 的 χ^2 分布

【解】 B.

例 8 设总体 X 服从正态分布 $N(\mu, \sigma^2)$，从中抽一样本 $X_1, X_2, \cdots, X_n, X_{n+1}$，记 $\overline{X}_n=\dfrac{1}{n}\sum_{i=1}^{n}X_i$，$S_n^2=\dfrac{1}{n-1}\sum_{i=1}^{n}(X_i-\overline{X}_n)^2$，试证：$\sqrt{\dfrac{n}{n+1}}\sim\dfrac{X_{n+1}-\overline{X}_n}{S_n}\sim t(n-1)$.

题型 3 正态分布，卡方分布，t-分布及 F-分布的关系与转化

例 9 已知(X,Y)的联合概率密度为 $f(x, y)=\dfrac{1}{12\pi}\mathrm{e}^{-\frac{1}{2}(9x^2+4y^2-8y+4)}$，则 $\dfrac{9X^2}{4(Y-1)^2}$ 服从参数为________的________分布.

【解】 (1, 1)；F.

例 10 设 X_1, X_2, X_3, X_4 是来自正态总体 $N(0, 2^2)$ 的简单随机样本，$Y=a(X_1-2X_2)^2+b(3X_3-4X_4)^2$，则当 $a=$________，$b=$________时，统计量 Y 服从 χ^2 分布，自由度为________.

【解】 2.

例 11 设 $X_1, X_2, \cdots, X_n$ 是来自正态总体 $N(0, \sigma^2)$ 的简单随机样本，$\overline{X}$ 是样本均值，记 $Q^2=\sum_{i=1}^{n}(X_i-\overline{X})^2$，$\dfrac{\overline{X}}{Q}$ 的线性函数 $T=a\dfrac{\overline{X}}{Q}$ 服从自由度为 $n-1$ 的 t 分布，则 $a=$________.

【解】 $a=\sqrt{n(n-1)}$.

例 12 设 $X_1, \cdots, X_n$ 是取自正态总体 $N(0, \sigma^2)$ 的简单随机样本，X 与 S^2 分别是样本均值与样本方差，则(　　).

A. $\dfrac{\overline{X}^2}{\sigma^2}\sim\chi^2(1)$.　　B. $\dfrac{S^2}{\sigma^2}\sim\chi^2(n-1)$.

C. $\dfrac{\overline{X}}{S}\sim t(n-1)$.　　D. $\dfrac{S^2}{n\overline{X}^2}\sim F(n-1, 1)$

【解】 D.

同步测试 12

1）填空题

(1) 设总体 X 与 Y 独立且都服从正态分布 $N(0,\sigma^2)$，已知 $X_1,\cdots,X_m$ 与 $Y_1,\cdots,Y_n$，是分别来自总体 X 与 Y 的简单随机样本，统计量 $T=\dfrac{2(X_1+\cdots+X_n)}{\sqrt{Y_1^2+\cdots+Y_n^2}}$ 服从 $t(n)$ 分布，则 $\dfrac{m}{n}=$ ________.

(2) 设随机变量 X 和 Y 相互独立且都服从正态分布 $N(0,3^2)$，而 $X_1,\cdots,X_9$ 和 $Y_1,\cdots,Y_9$ 分别是来自总体 X 和 Y 的简单随机样本，则统计量 $U=\dfrac{X_1+\cdots+X_9}{\sqrt{Y_1^2+\cdots+Y_9^2}}$ 服从 ________ 分布，参数为 ________.

(3) 设 $X_1,X_2,\cdots,X_9$ 是来自总体 $X\sim N(\mu,4)$ 的简单随机样本，而 $\overline{X}$ 是样本均值，则满足 $P\{|\overline{X}-\mu|<\mu\}=0.95$ 的常数 $\mu=$ ________. ($\Phi(1.96)=0.975$)

(4) 已知总体 X 与 Y 相互独立且都服从正态分布 $N(\mu,\sigma^2)$，如果来自总体 X 与 Y 容量都为 n 的简单随机样本的均值分别为 $\overline{X},\overline{Y}$，则满足 $P\{|\overline{X}-\overline{Y}|>\sigma\}\leqslant 0.05$ 的最小样本容量 $n=$ ________.

(5) 假设总体 X 服从标准正态分布，$X_1,X_2,\cdots,X_n$ 是取自总体 X 的简单随机样本，则统计量 $Y_1=\dfrac{X_1-X_2}{\sqrt{X_3^2+X_4^2}}$ 与 $Y_2=\dfrac{\sqrt{n-1X_1}}{\sqrt{\sum\limits_{i=2}^{n}X_i^2}}$ 都服从 ________ 分布，其分布参数分别为 ________ 和 ________.

(6) 设总体 X 服从正态分布 $N(0,\sigma^2)$，而 $X_1,X_2,\cdots,X_{15}$ 是取自总体 X 的简单随机样本，则 $\dfrac{X_1^2+\cdots+X_{10}^2}{2(X_{11}^2+\cdots+X_{15}^2)}$ 服从 ________ 分布，分布参数为 ________.

2）选择题

(1) 设随机变量 X 服从自由度为 n 的 t 分布，定义 t_α 满足 $P\{X\leqslant t_\alpha\}=1-\alpha$，$0<\alpha<1$. 若已知 $P\{|X|>x\}=b$，$b>0$，则 x 等于(　　).

A. $t_{1-\alpha}$　　B. $t_{1-\frac{\alpha}{2}}$　　C. t_α　　D. $t_{\frac{\alpha}{2}}$

(2) 设随机变量 X 和 Y 都服从标准正态分布，则(　　).

A. $X+Y$ 服从正态分布　　B. X^2+Y^2 服从 χ^2 分布

C. X^2 和 Y^2 服从 χ^2 分布　　D. X^2/Y^2 服从 F 分布

(3) 假设两个正态总体 $X\sim N(\mu_1,1)$，$Y\sim N(\mu_2,1)$，$X_1,X_2,\cdots,X_m$ 与 $Y_1,Y_2,\cdots,$

Y_n分别是取自总体X和Y的相互独立的简单随机样本. $\overline{X}$与$\overline{Y}$分别是其样本均值, S_1^2和S_2^2分别是其样本方差,则(　　).

A. $\overline{X}-\overline{Y}-(\mu_1-\mu_2)\sim N(0,\ 1)$

B. $S_1^2+S_2^2\sim\chi^2(m+n-2)$

C. $\dfrac{S_1^2}{S_2^2}\sim F(m-1,\ n-1)$

D. $\dfrac{\overline{X}-\overline{Y}-(\mu_1-\mu_2)}{\sqrt{\dfrac{S_1^2+S_2^2}{m+n-2}}\sqrt{\dfrac{1}{m}+\dfrac{1}{n}}}\sim t(m+n-2)$

3) 解答题

(1) 设$X_1,\ X_2,\ \cdots,\ X_{10}$是来自正态总体$X\sim N(0,\ 2^2)$的简单随机样本,求常数$a,\ b,\ c,\ d$,使$Q=aX_1^2+b(X_2+X_3)^2+c(X_4+X_5+X_6)^2+d(X_7+X_8+X_9+X_{10})^2$服从$\chi^2$分布,并求自由度$m$.

(2) 设总体X的数学期望$EX=\mu$,方差$DX=\sigma^2$, $X_1,\ X_2,\ \cdots,\ X_{2n}$是来自总体$X$容量为$2n$的简单随机样本,样本均值为$\overline{X}$,统计量$Y=\sum\limits_{i=1}^{n}(X_i+X_{n+i}-2\overline{X})^2$,求$EY$.

(3) 设$X\sim N(\mu,\ \sigma^2)$,从中抽取16个样本, S^2为样本方差, $\mu,\ \sigma^2$未知,求$P\left\{\dfrac{S^2}{\sigma^2}\leqslant 2.039\right\}$.

(4) 设$\overline{X}$和$\overline{Y}$都是来自正态总体$N(\mu,\ \sigma^2)$的容量为n的两个相互独立的样本均值,试确定n,使得两个样本均值之差的绝对值超过σ的概率大约为0.01.

(5) 设$X_1,\ X_2,\ \cdots,\ X_n$是曲子正态总体X的简单随机样本, $EX=\mu,\ DX=4$, $\overline{X}=\dfrac{1}{n}\sum\limits_{i=1}^{n}X_i$,试分别求出满足下列各式的最小样本容量$n$:

① $P\{|\overline{X}-\mu|\leqslant 0.10\}\geqslant 0.90$;

② $D\overline{X}\leqslant 0.10$;

③ $E|\overline{X}-\mu|\leqslant 0.10$.

(6) 设$X_1,\ X_2,\ \cdots,\ X_9$是来自正态总体X的简单随机样本, $Y_1=\dfrac{1}{6}(X_1+\cdots+X_6)$, $Y_2=\dfrac{1}{3}(X_7+X_8+X_9)$, $S^2=\dfrac{1}{2}\sum\limits_{i=7}^{9}(X_i-Y_2)^2$, $Z=\dfrac{\sqrt{2}(Y_1-Y_2)}{S}$.

证明:统计量Z服从自由度为2的t分布.

(7) 设正态总体$X\sim N(\mu,\ \sigma^2)$, $X_1,\ X_2,\ \cdots,\ X_n$为来自X的简单随机样本,求证:
$W=n\left(\dfrac{\overline{X}-\mu}{\sigma}\right)^2\sim\chi^2(1)$, $F=n\left(\dfrac{\overline{X}-\mu}{S}\right)^2\sim F(1,\ n-1)$.

第 13 章　参数估计和假设检验

统计推断是由样本推断总体，是统计学的核心内容，统计推断的基本问题主要包括统计估计和假设检验.统计估计分为参数估计和非参数估计、点估计及区间估计.而假设检验是根据样本所提供的信息来判断对总体所作的假设是否成立.区间估计和假设检验是两种不同性质的问题，但它们又有非常强的内在联系.

本章重点：

(1) 矩估计.

(2) 最大似然估计.

(3) 区间估计.

(4) 假设检验.

13.1　参数估计

13.1.1　知识点梳理

1) 参数点估计问题的一般提法

点估计问题就是根据样本$(X_1, X_2, \cdots, X_n)$，对未知参数 θ 构造出一个统计量 $\hat{\theta} = \hat{\theta}(X_1, X_2, \cdots, X_n)$ 作为参数 θ 的估计，称 $\hat{\theta}$ 为 θ 的估计量.

将样本值$(x_1, x_2, \cdots, x_n)$代入估计量 $\hat{\theta} = \hat{\theta}(X_1, X_2, \cdots, X_n)$，就得到一个具体数值 $\hat{\theta} = \hat{\theta}(x_1, x_2, \cdots, x_n)$，这个数值称为 θ_i 的估计值.在不致混淆的情况下，统称估计量和估计值为估计，并都简记为 $\hat{\theta}$.

2) 矩估计法

(1) 矩估计法的思想：以样本矩作为相应的总体矩的估计，以样本矩的函数作为相应的总体矩的同一函数的估计.

(2) 矩估计法的具体做法：设总体的分布含有 k 个待估计的参数 $\theta_1, \theta_2, \cdots, \theta_k$，则总体的原点矩是含这些参数的函数：

$$E(X^i) = \mu_i(\theta_1, \theta_2, \cdots, \theta_k)\ (i = 1, 2, \cdots, k).$$

设上述方程组的解为

$$\theta_i = g_i(\mu_1, \mu_2, \cdots, \mu_k)\ (i=1, 2, \cdots, k).$$

用样本矩估计总体矩：$\hat{\mu}_i = A_i (i=1, 2, \cdots, k)$，得

$$\hat{\theta}_i = g_i(A_1, A_2, \cdots, A_k)\ (i=1, 2, \cdots, k).$$

3) 最大似然估计法

(1) 基本思想. 把已经发生的事件看作最可能出现的事件,认为它具有最大的概率.

(2) 似然函数：设总体 X 是连续型变量,其概率密度为 $f(x;\theta)$ $(\theta \in \Theta)$. 又设$(x_1, x_2, \cdots, x_n)$是样本的一个观察值,则随机样本$(X_1, X_2, \cdots, X_n)$落在点$(x_1, x_2, \cdots, x_n)$的邻域内的概率近似为 $\prod_{i=1}^{n} f(x_i;\theta)\mathrm{d}x_i$. 我们取 θ 的估计值使这一概率达到最大值,这只需考虑函数 $L(x_1, x_2, \cdots, x_n;\theta) = \prod_{i=1}^{n} f(x_i;\theta)$ 的最大值,称为 $L(x_1, x_2, \cdots, x_n;\theta)$ 为 θ 的似然函数.

离散分布情形中的似然函数：对每一样本值$(x_1, x_2, \cdots, x_n)$,在参数空间 Θ内使似然函数 $L(x_1, x_2, \cdots, x_n;\theta)$ 达到最大的参数估计值 $\hat{\theta} = \hat{\theta}(x_1, x_2, \cdots, x_n)$，称为参数 θ 的最大似然估计值,它满足 $L(x_1, x_2, \cdots, x_n;\hat{\theta}(x_1, x_2, \cdots, x_n)) = \max\limits_{\theta\in\Theta} L(x_1, x_2, \cdots, x_n;\theta)$，称统计量 $\hat{\theta}(X_1, X_2, \cdots, X_n)$ 为参数 θ 的最大似然估计量,参数 θ 的最大似然估计记为 $\hat{\theta}_l$.

(3) 最大似然估计法一般步骤：

① 写出似然函数 $L(x_1, x_2, \cdots, x_n;\theta) = \prod_{i=1}^{n} f(x_i;\theta)$

② 求出使得似然函数达到最大值的(两种方法：对数求导法和分析法).

4) 估计量的评选标准

(1) 无偏性：设 $\hat{\theta} = \hat{\theta}(X_1, X_2, \cdots, X_n)$ 是 θ 的一个估计量,如果它满足 $E(\hat{\theta}) = \theta$ (对一切 $\theta \in \Theta$) 则称 $\hat{\theta}$ 是 θ 的一个无偏估计量.

注：一个估计如果不是无偏的就称这个估计是有偏的,称 $|E(\hat{\theta}-\theta)|$ 为估计 $\hat{\theta}$ 的偏,在科学技术中也称为 $\hat{\theta}$ 的系统误差,无偏估计的实际意义就是无系统误差.

例 1 设总体 X 的 k 阶矩存 $\mu_k = E(X^k)$ $(k \geqslant 1)$ 存在,试证明不论总体的分布如何,样本的 k 阶原点矩 $A_k = \frac{1}{n}\sum_{i=1}^{n} X^k$ 是总体 k 阶原点矩 μ_k 的无偏估计.

说明：由例 1 知,不论总体服从什么分布,只要它的数学期望存在,$\overline{X}$ 总是总体数学期望 $\mu_1 = E(X)$ 的无偏估计.

例 2 对于均值 μ, 方差 $\sigma^2 > 0$ 都存在的总体 X,不论它的分布如何,样本方差

$$S^2 = \frac{1}{n-1}\sum_{i=1}^{n}(X_i - \overline{X})^2$$

是总体方差 σ^2 的无偏估计量.

(2) 有效性：比较同一个参数的两个不同的无偏估计量的好坏，一般是方差小的较好. 一般地，设 $\hat{\theta}_1$, $\hat{\theta}_2$ 是 θ 的两个无偏估计，如果

$$D(\hat{\theta}_1) \leqslant D(\hat{\theta}_2) \text{（对一切 } \theta \in \Theta\text{）}$$

成立，我们称 $\hat{\theta}_1$ 较 $\hat{\theta}_2$ 有效.

(3) 一致性：一致估计量.

设 $\hat{\theta}_n$ 为参数 θ 的估计量，若对于任意的 $\theta \in \Theta$, 当 $n \to +\infty$ 时 $\hat{\theta}_n$ 依概率收敛于 θ, 即如果

$$\lim_{n \to \infty} P\{|\hat{\theta}_n - \theta| \geqslant \varepsilon\} = 0 \text{（对一切 } \varepsilon > 0,\ \theta \in \Theta\text{）}$$

成立，则称 $\hat{\theta}_n$ 为 θ 的相合估计量或一致估计量.

5) 区间估计

(1) 所谓参数的区间估计，本质上是给出一个随机区间

$$[\hat{\theta}_1(X_1, X_2, \cdots, X_n), \hat{\theta}_2(X_1, X_2, \cdots, X_n)],$$

对一个具体问题，一旦得到了样本值 $(x_1, x_2, \cdots, x_n)$ 之后，便给出了一个具体的区间 $[\hat{\theta}_1(x_1, x_2, \cdots, x_n), \hat{\theta}_2(x_1, x_2, \cdots, x_n)]$, 并且认为未知参数 θ 是在这个区间内.

区间 $[\hat{\theta}_1(X_1, X_2, \cdots, X_n), \hat{\theta}_2(X_1, X_2, \cdots, X_n)]$ 中的未知参数 θ 是一个随机事件. 这个事件的概率的大小反映了这个区间估计的可靠程度；而区间长度的均值 $E(\hat{\theta}_2 - \hat{\theta}_1)$ 的大小反映了这个区间估计的精确程度.

我们自然希望反映可靠程度的概率越大越好，而反映精确程度的平均区间长度越短越好. 但在实际问题中两者总是不能兼顾.

(2) 置信区间.

设总体 X 的分布函数族为 $\{F(x;\theta), \theta \in \Theta\}$. 对于 α $(0 < \alpha < 1)$, 如果有两个统计量 $\hat{\theta}_1 = \hat{\theta}_1(X_1, X_2, \cdots, X_n)$ 和 $\hat{\theta}_2 = \hat{\theta}_2(X_1, X_2, \cdots, X_n)$, 使

$$P\{\hat{\theta}_1(X_1, X_2, \cdots, X_n) \leqslant \theta \leqslant \hat{\theta}_2(X_1, X_2, \cdots, X_n)\} \geqslant 1-\alpha \text{（对一切 } \theta \in \Theta\text{）},$$

则称随机区间 $[\hat{\theta}_1, \hat{\theta}_2]$ 是 θ 的双侧 $1-\alpha$ 置信区间；称 $1-\alpha$ 为置信度；$\hat{\theta}_1$ 和 $\hat{\theta}_2$ 分别称为双侧置信下限和双侧置信上限.

(3) 单侧置信区间.

设总体 X 的分布函数族为 $\{F(x;\theta), \theta \in \Theta\}$. 对于 α $(0 < \alpha < 1)$, 如果有统计量 $\hat{\theta}_1 = \hat{\theta}_1(X_1, X_2, \cdots, X_n)$, 使得

$$P\{\hat{\theta}_1(X_1, X_2, \cdots, X_n) \leqslant \theta\} \geqslant 1 - \alpha \text{（对一切 } \theta \in \Theta\text{）},$$

则称 $\hat{\theta}_1(X_1, X_2, \cdots, X_n)$ 为 θ 的单侧置信下限.

如果有统计量 $\hat{\theta}_2 = \hat{\theta}_2(X_1, X_2, \cdots, X_n)$, 使得

$$P\{\theta \leqslant \hat{\theta}_1(X_1, X_2, \cdots, X_n)\} \geqslant 1 - \alpha \text{（对一切 } \theta \in \Theta\text{）},$$

则称 $\hat{\theta}_2(X_1, X_2, \cdots, X_n)$ 为 θ 的单侧置信上限.

(4) 一个正态总体下未知参数的置信区间

① 方差 σ^2 已知,均值 μ 的置信度为 $1-\alpha$ 的置信区间为

$$\left[\overline{X}-u_{1-\alpha/2}\cdot\frac{\sigma}{\sqrt{n}},\ \overline{X}+u_{1-\alpha/2}\cdot\frac{\sigma}{\sqrt{n}}\right].$$

② 方差 σ^2 未知,均值 μ 的置信度为 $1-\alpha$ 的置信区间为

$$\left[\overline{X}-\frac{S}{\sqrt{n}}t_{1-\alpha/2}(n-1),\ \overline{X}+\frac{S}{\sqrt{n}}t_{1-\alpha/2}(n-1)\right].$$

③ 均值 μ 已知,σ^2 的置信度为 $1-\alpha$ 的置信区间为

$$\left[\frac{\sum_{i=1}^{n}(X_i-\mu)^2}{\chi^2_{1-\alpha/2}(n)},\ \frac{\sum_{i=1}^{n}(X_i-\mu)^2}{\chi^2_{\alpha/2}(n)}\right].$$

④ 均值 μ 未知

已知:$Q=\dfrac{\sum_{i=1}^{n}(X_i-\overline{X})^2}{\sigma^2}=\dfrac{(n-1)S^2}{\sigma^2}\sim\chi^2(n-1)$,其中 $S^2=\dfrac{1}{n-1}\sum_{i=1}^{n}(X_i-\overline{X})^2$.

可得 σ^2 的置信度为 $1-\alpha$ 的置信区间为 $\left[\dfrac{(n-1)S^2}{\chi^2_{1-\alpha/2}(n-1)},\ \dfrac{(n-1)S^2}{\chi^2_{\alpha/2}(n-1)}\right]$.

13.1.2 题型归类与方法分析

题型 1 矩估计与最大似然估计

例 1 设总体 X 的概率密度函数为 $f(x)=\begin{cases}\lambda^2 x\mathrm{e}^{-\lambda x} & x>0\\ 0 & \text{其他}\end{cases}$,其中 $\lambda>0$ 为未知,X_1, X_2, …, X_n 是来自总体 X 的样本,求:

① λ 的矩估计量;② λ 的最大似然估计量.

【解】 $\bar{\lambda}=\dfrac{2}{\overline{X}}$; $\bar{\lambda}=\dfrac{2}{\overline{X}}$

例 2 设某种元件的寿命 $X\sim f(x)=\begin{cases}2\mathrm{e}^{-2(x-\theta)} & x>\theta\\ 0 & x\leqslant\theta\end{cases}$ $(\theta>0)$ 为未知参数,又设 x_1, x_2, …, x_n 是 X 的一组样本观测值,求 θ 的最大似然估计值.

【解】 $\bar{\theta}=\min(x_1, x_2, \cdots, x_n)$

例 3 设总体 X 的概率密度函数为 $f(x)=\begin{cases}\dfrac{\theta^2}{x^3}\mathrm{e}^{-\frac{\theta}{x}} & x>0\\ 0 & \text{其他}\end{cases}$,其中 θ 为未知参数,且 $\theta>$

0, X_1, X_2, …, X_n 为来自总体 X 的简单随机样本.

求：(1) θ 的矩估计量；(2) θ 的最大似然估计量.

【解】 $\hat{\theta}=\overline{X}$；$\hat{\theta}=\dfrac{2n}{\sum\limits_{i=1}^{n}\dfrac{1}{X_i}}$.

例 4　设总体 X 的概率密度函数为 $f(x)=\begin{cases}\theta & 0<x<1\\ 1-\theta & 1\leqslant x<2\\ 0 & 其他\end{cases}$，其中 θ 为未知参数，且 $\theta>0$, X_1, X_2, …, X_n 为来自总体 X 的简单随机样本，记 N 为样本值 x_1, x_2, …, x_n 中小于 1 的个数，求 θ 的最大似然估计值.

【解】 $\hat{\theta}=\dfrac{N}{n}$.

练习题 1　设总体 X 的均值 μ 及方差 σ^2 都存在，且 $\sigma^2>0$，但 μ, σ^2 均未知. 又设(X_1, X_2, …, X_n)是一个样本，试求 μ, σ^2 的矩估计.

练习题 2　设总体 X 在$[\mu-\rho, \mu+\rho]$上服从均匀分布，μ, ρ 未知，(X_1, X_2, …, X_n)是一个样本，试求 μ, ρ 的矩估计.

练习题 3　设(X_1, X_2, …, X_n)是来自泊松总体 $\pi(\lambda)$ 的样本，其中 $\lambda>0$ 是未知参数，试求 λ 的极大似然估计量.

练习题 4　设总体 X 服从$[0, \theta]$上的均匀分布，$\theta>0$ 未知，试由样本 x_1, x_2, …, x_n 求出 θ 的极大似然估计.

题型 2　估计量的评选标准(无偏性和有效性)

例 5　设 X_1, X_2, …, X_n 为来自二项分布总体 $b(n, p)$ 的样本，$\overline{X}$ 和 S^2 分别是样本均值和样本方差，若 $\overline{X}+kS^2$ 为 np^2 的无偏估计，则 $k=$ ________.

【解】 -1.

例 6　设总体 X 的期望为 μ，方差为 σ^2，分别抽取样本容量为 n_1, n_2 的两个独立样本，$\overline{X}_1$, $\overline{X}_2$ 为两个样本的均值，试证：如果 a, b 是满足 $a+b=1$ 的常数，则 $Y=a\overline{X}_1+b\overline{X}_2$ 是 μ 的无偏估计量，并确定 a, b，使 $D(Y)$ 最小.

【解】 $a=\dfrac{n_1}{n_1+n_2}$, $b=\dfrac{n_2}{n_1+n_2}$.

例 7　设总体 X 的分布律为：$P\{X=1\}=1-\theta$；$P\{X=2\}=\theta-\theta^2$；$P\{X=3\}=\theta^2$. 其中 $0<\theta<1$ 且未知，记 N_i 表示来自总体 X 的样本(样本容量为 n)中等于 $i(i=1, 2, 3)$ 的个数，求常数 a_1, a_2, a_3，使得 $T=\sum\limits_{i=1}^{3}a_iN_i$ 为 θ 的无偏估计量，并求 $D(T)$.

【解】 $a_1=0$, $a_2=a_3=\dfrac{1}{n}$；$D(T)=\dfrac{\theta(1-\theta)}{n}$.

例 8　设随机变量 X 与 Y 独立，且 $X\sim N(\mu, \sigma^2)$, $Y\sim N(\mu, 2\sigma^2)$，其中 $\sigma>0$ 未知，记

$Z=X-Y$,求:

(1) Z 的概率密度函数;

(2) 设 $Z_1, Z_2, \cdots, Z_n$ 是来自总体 Z 的一个样本,求 σ^2 的最大似然估计量 $\hat{\sigma}^2$;

(3) 证明:$\hat{\sigma}^2$ 是 σ^2 的无偏估计量.

【解】 (1) $Z \sim N(0, 3\sigma^2)$;

(2) $\hat{\sigma}^2=\frac{1}{3n}\sum_{i=1}^{n} Z_i^2$;

(3) 略.

13.2 假设检验

13.2.1 知识点梳理

1) 定义

对总体的分布函数形式或分布中某些未知参数作出某种假设(称为统计假设),然后抽取样本,根据样本信息对假设的正确性进行判断的问题,称为统计假设检验,简称为假设检验.

2) 两类错误

由于抽样的随机性,作出的判断总有可能会犯两类错误:一是假设 H_0 实际上是真的,我们却作出了拒绝 H_0 的错误,称这类"以真为假"的错误为第一类错误;二是当 H_0 实际上不真时,我们却接受了 H_0,称这类"以假为真"的错误为第二类错误.

对于给定的显著性水平 α,拒绝域(临界点)可由 $P\{|Z-E(Z)|\geqslant k\}=\alpha$ 来确定.统计量 Z 称为检验统计量.

实际推断原理

(1) 显著性水平:我们无法消除犯第一类错误的可能性,但我们可以将犯第一类错误的概率控制在一定限度之内,即给出一个较小的数 $\alpha\ (0<\alpha<1)$,使得 $P\{拒绝 H_0 \mid H_0 为真\}\leqslant\alpha$,我们称 α 为显著性水平(简称水平).这种只对犯第一类错误的概率加以控制,而不考虑犯第二类错误的检验问题,称为显著性检验问题.

(2) 检验统计量:要确定拒绝域,我们需要构造一个统计量 Z,在 H_0 为真时,这个统计量的分布是完全确定的.一般来说,概率很小的事件在一次试验中实际上几乎是不发生的.

3) 假设检验的步骤

(1) 根据实际问题的要求,提出原假设 H_0 和备择假设 H_1.

(2) 根据 H_0 的内容,选取适当的检验统计量,并能确定出检验统计量的分布.

(3) 给定显著性水平 α 以及样本容量 n.

(4) 由 H_1 的内容,确定拒绝域的形式,通常在水平 α 下,查相应检验统计量分布的分位数来确定拒绝域.

(5) 根据样本值计算检验统计量的具体值.

(6) 作出拒绝还是接受 H_0 的统计判断.

4) 正态总体均值的假设检验

(1) 单个正态总体均值的检验. 单边检验与双边检验:

假设检验问题“$H_0: \mu=\mu_0$, $H_1: \mu \neq \mu_0$”称双边假设检验.

假设检验问题“$H_0: \mu \leqslant \mu_0$, $H_1: \mu > \mu_0$”称右边检验.

假设检验问题“$H_0: \mu \geqslant \mu_0$, $H_1: \mu < \mu_0$”称左边检验.

在双边假设检验中,“$H_1: \mu \neq \mu_0$”表示 μ 可能大于 μ_0,也可能小于 μ_0,称为双边备择假设.

① Z 检验法: 设总体 $X \sim N(\mu, \sigma^2)$,其中 σ^2 已知,μ 未知,求检验问题 $H_0: \mu=\mu_0$, $H_1: \mu \neq \mu$ 的拒绝域. 当 H_0 为真时,检验统计量 $U=\sqrt{n}(\overline{X}-\mu_0)/\sigma \sim N(0, 1)$.

给定显著性水平 α,由

$$P\{\text{拒绝 } H_0 \mid H_0 \text{ 为真}\}=P\{\sqrt{n} \mid \overline{X}-\mu_0 \mid /\sigma \geqslant u_{1-\alpha/2}\}=\alpha$$

知拒绝域为 $|u|=\sqrt{n} \mid \bar{x}-\mu_0 \mid /\sigma \geqslant u_{1-\alpha/2}$.

② t 检验: 设总体 $X \sim N(\mu, \sigma^2)$,其中 μ, σ^2 未知,求检验问题 $H_0: \mu=\mu_0$, $H_1: \mu \neq \mu_0$ 的拒绝域.

当 H_0 为真时,检验统计量 $t=\sqrt{n}(\overline{X}-\mu_0)/S \sim t(n-1)$.

给定显著性水平 α,由

$$P\{\text{拒绝 } H_0 \mid H_0 \text{ 为真}\}=P\{\sqrt{n} \mid \overline{X}-\mu_0 \mid /S \geqslant t_{1-\alpha/2}(n-1)\}=\alpha$$

即得拒绝域为 $|t|=\sqrt{n} \mid \bar{x}-\mu_0 \mid /s \geqslant t_{1-\alpha/2}(n-1)$

(2) 两个正态总体均值差的检验. 设$(X_1, X_2, \cdots, X_n)$与$(Y_1, Y_2, \cdots, Y_m)$分别来自正态总体 $N(\mu_1, \sigma^2)$ 与 $N(\mu_2, \sigma^2)$,且相互独立. 又它们的样本均值分别为 $\overline{X}$, $\overline{Y}$,样本其样本方差分别为 S_1^2, S_2^2. 设 μ_1, μ_2, σ^2 均为未知,求检验问题 $H_0: \mu_1=\mu_2$, $H_1: \mu_1 > \mu_2$ 的拒绝域.

引用下述统计量作为检验统计量: $t=(\overline{X}-\overline{Y})/S_\omega\sqrt{\dfrac{1}{n}+\dfrac{1}{m}}$,

其中 $S_\omega=\sqrt{\dfrac{(n-1)S_1^2+(m-1)S_2^2}{n+m-2}}$. 当 H_0 为真时,有 $t \sim t(n+m-2)$. 与单个总体的 t 检验法相仿,其拒绝域的形式为 $t \geqslant k$. 给定显著性水平 α,由 $P\{\text{拒绝 } H_0 \mid H_0 \text{ 为真}\}=P\{(\overline{X}-\overline{Y})/S_\omega\sqrt{\dfrac{1}{n}+\dfrac{1}{m}} \geqslant k\}=\alpha$ 可得 $k=t_{1-\alpha}(n+m-2)$. 于是拒绝域为 $t=(\bar{x}-\bar{y})/s_\omega\sqrt{\dfrac{1}{n}+\dfrac{1}{m}} \geqslant t_{1-\alpha}(n+m-2)$.

13.2.2 题型归类与方法分析

题型 3 正态总体的期望和方差的区间估计和假设检验

例 9 已知一批零件的长度 $X \sim N(\mu, 1)$，从中取 16 个，得到平均值为 40 cm，求 μ 的置信度为 0.95 的置信区间 ________.

【解】 40 ± 0.49.

例 10 已知 $x_1, x_2, \cdots, x_{10}$ 是取自正态总体 $N(\mu, 1)$ 的 10 个观测值，统计假设为 $H_0: \mu = \mu_0 = 0$；$H_1: \mu \neq 0$，如果检验的显著性水平 $\alpha = 0.05$，且拒绝域 $R = \{|\overline{X}| \geqslant k\}$，求 k 的值.

【解】 $k \approx 0.62$.

同步测试 13

(1) 假设总体 X 的方差 DX 存在，$X_1, X_2, \cdots, X_n$ 是取自总体 X 简单随机样本，其均值和方差分别为 $\overline{X}$, S^2, EX^2 的矩估计量是(　　).

A. $S^2+\overline{X}^2$　　B. $(n-1)S^2+\overline{X}^2$

C. $nS^2+\overline{X}^2$　　D. $\dfrac{n-1}{n}S^2+\overline{X}^2$

(2) 假设总体 X 的方差 $DX=\sigma^2$ 存在 $(\sigma>0)$, $X_1, \cdots, X_n$ 是取自总体 X 的简单随机样本，其方差为 S^2，且 $DS>0$，则(　　).

A. S 是 σ 的矩估计量　　B. S 是 σ 的最大似然估计量

C. S 是 σ 的无偏估计量　　D. S 是 σ 的相合(一致)估计量

(3) 总体均值置信度为 95%的置信区间为 $(\hat{\theta}_1, \hat{\theta}_2)$ 其含义是(　　).

A. 总体均值 μ 的真值以 95%的概率落入区间 $(\hat{\theta}_1, \hat{\theta}_2)$

B. 样本均值 $\overline{X}$ 以 95%的概率落入区间 $(\hat{\theta}_1, \hat{\theta}_2)$

C. 区间 $(\hat{\theta}_1, \hat{\theta}_2)$ 含总体均值 μ 的真值概率为 95%

D. 区间 $(\hat{\theta}_1, \hat{\theta}_2)$ 含样本均值 $\overline{X}$ 的概率为 95%

(4) 设总体 X 的概率密度为 $f(x;\theta)=\begin{cases}e^{-(x-\theta)} & x\geqslant\theta \\ 0 & \text{其他}\end{cases}$，而 $X_1, X_2, \cdots, X_n$ 是来自总体 X 的简单随机样本，求未知参数 θ 的据估计量________.

(5) 在假设检验问题中，如果原假设 H_0 的否定区域为 C，那么样本值 $(x_1, \cdots, x_n)$ 只可能有下列四种情况，其中拒绝 H_0 且不犯错误的是(　　).

A. H_0 成立，$(x_1, \cdots, x_n)\in C$　　B. H_0 成立，$(x_1, \cdots, x_n)\notin C$

C. H_0 不成立，$(x_1, \cdots, x_n)\in C$　　D. H_0 不成立，$(x_1, \cdots, x_n)\notin C$

(6) 已知正态总体 $X\sim N(a, \sigma_x^2)$ 和 $Y\sim N(b, \sigma_y^2)$ 相互独立，其中 4 个分布参数都未知，设 $X_1, X_2, \cdots, X_n$ 与 $Y_1, Y_2, \cdots, Y_n$ 是分别来自 X 和 Y 的简单随机样本，样本均值分别为 $\overline{X}$ 和 $\overline{Y}$，样本方差相应为 S_x^2 和 S_y^2，则检验假设 $H_0: a\leqslant b$ 使用 t 检验的前提条件是(　　).

A. $\sigma_x^2\leqslant\sigma_y^2$　　B. $S_x^2\leqslant S_y^2$　　C. $\sigma_x^2=\sigma_y^2$　　D. $S_x^2=S_y^2$

(7) 设 $X_1, X_2, \cdots, X_n$ 是取自总体 X 的一个简单随机样本，$DX=\sigma^2$，$\overline{X}$ 是样本均值，则 σ^2 的无偏估计量是(　　).

A. $\dfrac{1}{n+1}\sum\limits_{i=1}^{n}(X_i-\overline{X})^2$　　B. $\dfrac{1}{n}\sum\limits_{i=1}^{n}(X_i-\overline{X})^2$

C. $\dfrac{1}{n-1}\sum\limits_{i=1}^{n}(X_i-\overline{X})^2$　　D. $\dfrac{1}{n}\sum\limits_{i=1}^{n}(X_i^2-\overline{X}^2)$

(8) 设 $X_1, X_2, \cdots, X_n$ 是取自总体 X 的简单随机样本,记 $EX=\mu$, $DX=\sigma^2$, $\overline{X}=\dfrac{1}{n}\sum\limits_{i=1}^{n}X_i$, $S^2=\dfrac{1}{n-1}\sum\limits_{i=1}^{n}(X_i-\overline{X})^2$, $DS>0$, 则(　　).

A. S 是 σ 的无偏估计　　B. S^2 是 σ^2 的无偏估计

C. $\overline{X}^2$ 的 μ^2 的无偏估计　　D. $\dfrac{1}{n-1}\sum\limits_{i=1}^{n}X_i^2$ 是 EX^2 的无偏估计

(9) 设 $\overline{X}$ 是从总体 X 中取出的简单随机样本 $X_1, X_2, \cdots, X_n$ 的样本均值,则 $\overline{X}$ 是 μ 的矩估计,如果(　　).

A. X 服从 $N(\mu, \sigma^2)$　　B. X 服从参数为 μ 的指数分布

C. $P\{X=m\}=\mu(1-\mu)^{m-1}$, $m=1, 2, \cdots$　　D. X 服从 $[0, \mu]$ 上均匀分布

(10) 设总体 $X\sim N(0, \sigma^2)$, 参数 $\sigma>0$ 未知, $X_1, X_2, \cdots, X_n$ 是来自总体 X 的简单随机样本 $(n>1)$, 令估计量 $\hat{\sigma}_1^2=S^2=\dfrac{1}{n-1}\sum\limits_{i=1}^{n}(X_i-\overline{X})^2$, $\hat{\sigma}_2^2=\dfrac{1}{n}\sum\limits_{i=1}^{n}X_i^2$.

① 验证 $\hat{\sigma}_1^2$ 与 $\hat{\sigma}_2^2$ 的无偏性;② 求方差 $D\hat{\sigma}_1^2$ 与 $D\hat{\sigma}_2^2$ 并比较其大小.

(11) 已知总体 X 的概率密度函数为 $f(x;\theta)=\begin{cases}\dfrac{1}{2\theta} & 0<x<\theta\\ \dfrac{1}{2(1-\theta)} & \theta\leqslant x<1\\ 0 & \text{其他}\end{cases}$, $X_1, X_2, \cdots, X_n$ 为取自 X 的简单随机样本, $\overline{X}$ 为样本均值. 求 θ 的矩估计量,并判断 $4\overline{X}^2$ 是否为 θ^2 的无偏估计量?

(12) 已知总体 X 服从参数为 λ 的泊松分布, $X_1, \cdots, X_n$ 是取自总体 X 的简单随机样本,其均值为 $\overline{X}$, 方差为 S^2, 如果 $\hat{\lambda}=a\overline{X}+(2-3a)S^2$ 是 λ 的无偏估计,则 $a=$________.

(13) 已知总体 X 服从正态分布 $N(\mu, \sigma^2)$, $X_1, \cdots, X_{2n}$ 是来自总体 X 容量为 $2n$ 的简单随机样本,当 σ^2 未知时, $Y=c\sum\limits_{i=1}^{n}(X_{2i}-X_{2i-1})^2$ 为 σ^2 无偏估计,则 $c=$________, $DY=$________.

(14) 设总体 X 的期望为 μ, 方差为 σ^2, 分别抽取容量为 n_1, n_2 的两个独立样本, $\overline{X}_1$, $\overline{X}_2$ 为两个样本的均值,试证:如果 a, b 是满足 $a+b=1$ 的常数,则 $Y=a\overline{X}_1+b\overline{X}_2$ 就是 μ 的无偏估计量,并确定 a, b, 使 DY 最小.

(15) 已知总体 X 服从参数为 $p(0<p<1)$ 的几何分布: $P\{X=x\}=(1-p)^{x-1}p(x=1, 2, \cdots)$, $X_1, X_2, \cdots, X_n$ 是来自总体 X 的简单随机样本,则未知参数 p 的矩估计量为________,最大似然估计量为________.

(16) 已知总体 X 的概率密度 $f(x;\sigma)=\dfrac{1}{2\sigma}e^{-\frac{|x|}{\sigma}}$ (σ 为未知参数, $-\infty<x<\infty$), $X_1, X_2, \cdots, X_n$ 是来自总体 X 的简单随机样本,则 σ 的最大似然估计量为________.

(17) 设 Y 服从参数为 λ 的泊松分布，X_1，X_2，…，X_n 是 X 的简单随机样本，求 λ 的最大似然估计与矩估计.

(18) 已知总体 X 是离散型随机变量，X 的概率分布为

X	0	1	2	3
P	θ^2	$2\theta(1-\theta)$	θ^2	$1-2\theta$

其中 $1<\theta<\dfrac{1}{2}$ 是未知参数，来自总体的如下样本值：3，1，3，0，3，1，2，3. 求 θ 的矩估计值、最大似然估计值.

(19) 设 X_1，X_2，…，X_n 是取自总体 X 的简单随机样本，$a\sum\limits_{i=1}^{n}X_i^2+b\overline{X}^2$ 是总体的方差 σ^2 的无偏估计量，则 a 和 b 分别等于多少?

(20) 设总体 X 的概率密度为 $f(x)=\begin{cases}2\mathrm{e}^{-2(x-\theta)} & x>\theta \\ 0 & 其他\end{cases}$，$\theta>0$ 为未知参数，又设 x_1，x_2，…，x_n 是 X 的一组样本值，求 θ 的最大似然估计值.

(21) 已知总体 X 的密度函数为 $f(x;\ \theta)=\begin{cases}\theta x^{\theta-1} & 0<x<1 \\ 0 & 其他\end{cases}$，$\theta>0$，$X_1$，$X_2$，…，$X_n$ 为简单随机样本，求 θ 的矩估计量.

(22) 设 X 服从 $[a,\ b]$ 上的均匀分布，X_1，X_2，…，X_n 为简单随机样本，求 a，b 的最大似然估计量.

(23) 已知总体 X 的密度函数为 $f(x;\ \theta,\ \beta)=\begin{cases}\dfrac{1}{\sqrt{\theta}}\mathrm{e}^{-\frac{x-\beta}{\sqrt{\theta}}} & x\geqslant\beta \\ 0 & 其他\end{cases}$，$\theta>0$，其中 θ，β 为未知参数，X_1，X_2，…，X_n 为简单随机样本，求 θ 和 β 的矩估计量.

(24) 设总体 X 概率密度函数为 $f(x;\ \theta)=\begin{cases}\theta\alpha x^{\alpha-1}\mathrm{e}^{-\theta x^{\alpha}} & x>0 \\ 0 & x\leqslant 0\end{cases}$ 其中 $\alpha>0$ 为已知，$\theta>0$ 是未知参数，试根据来自 X 的简单随机样本 X_1，X_2，…，X_n，求 θ 的最大似然估计量.

(25) 设总体 X 的概率密度为 $f(x;\ \theta)=\begin{cases}\dfrac{2}{\theta^2}(\theta-x) & 0<x<\theta \\ 0 & 其他\end{cases}$，$X_1$，$X_2$，…，$X_n$ 为来自 X 的一个简单随机样本，求 θ 的矩估计量.

(26) 设 X_1，X_2，…，X_n 是来自总体 X 的简单随机样本，证明：k 阶样本圆点矩 $\hat{\gamma}_k=\dfrac{1}{n}\sum\limits_{i=1}^{n}X_i^k$ 是总体 k 阶原点矩 $\gamma_k=EX^k$ 的无偏估计量.

(27) 已知总体 X 的概率密度 $f(x)\begin{cases}\lambda\mathrm{e}^{-\lambda(x-2)} & x>2 \\ 0 & x\leqslant 2\end{cases}$ $(\lambda>0)$，X_1，X_2，…，X_n 为来自

总体 X 的简单随机样本,$Y=X^2$.

① 求 Y 的期望 EX(记 EY 为 b);

② 求 λ 的矩估计量 $\hat{\lambda}_1$ 和最大似然估计量 $\hat{\lambda}_2$;

③ 利用上述结果求 b 的最大似然估计量.

(28) 设总体 X 在区间 $[0,\theta]$ 上服从均匀分布,$X_1, X_2, \cdots, X_n$ 是取自总体 X 的简单随机样本,$\overline{X}=\frac{1}{n}\sum_{i=1}^{n}X_i$, $X_{(n)}=\max(X_1, X_2, \cdots, X_n)$.

① 求 θ 的矩估计量和最大似然估计量;

② 求常数 a, b,使 $\hat{\theta}_1=a\overline{X}$, $\hat{\theta}_2=bX_{(n)}$ 均为 θ 的无偏估计,并比较其有效性;

③ 应用切比雪夫不等式证明:$\hat{\theta}_1$, $\hat{\theta}_2$ 均为 θ 的一致性(相合性)估计.

(29) 设总体 X 服从正态分布 $N(\mu, \sigma^2)$,其中 σ^2 为已知,则当总体均值 μ 的置信区间长度 l 增大时,其置信度 $1-\alpha$ 的值(　　).

A. 随之增大　　B. 随之减小　　C. 增减不变　　D. 增减不定

(30) 某自动包装机包装洗衣粉,其重量服从正态分布,今随机抽查 16 袋,测得重量(单位:克)分别为:506, 508, 499, 503, 504, 510, 497, 512, 514, 505, 493, 496, 506, 502, 509, 496.

求总体均值 μ 的置信水平为 0.95 的置信区间.

(31) 设来自正态总体 $X\sim N(\mu, 0.9^2)$ 容量为 9 的简单随机样本,得样本均值为 $\bar{x}=5$,则未知参数 μ 的置信度为 0.95 的置信区间是________.

(32) 一商店销售的某种商品来自甲、乙两个厂家,为考察商品性能的差异,现从甲、乙两厂产品中分别抽取了 8 件和 9 件产品,测其性能指标 X,得到两组数据,经对其作相应运算,得 $\bar{x}_1=0.190$, $S_1^2=0.006$, $\bar{x}_2=0.238$, $S_2^2=0.008$,假设性能指标服从正态分布 $N(\mu_i, \sigma_i^2)(i=1, 2)$. 求 $\frac{\sigma_1^2}{\sigma_2^2}$ 和 $\mu_1-\mu_2$ 的 90%置信区间,并对所得结果加以说明.

(33) 某种内服药有使病人血压增高的副作用,已知血压的增高服从均值为 $\mu_0=22$ 的正态分布. 现研制出一种新药品,测试了 10 名服用新药病人的血压,记录血压的数据如下:18, 27, 23, 15, 18, 15, 18, 20, 17, 8. 问这组数据能否支持"新药的副作用小"这一结论($\alpha=0.05$)?

(34) 已知 $X_1, X_2, \cdots, X_n$ 是取自正态总体 $N(\mu, 1)$ 的 10 个观测值,统计假设为 H_0: $\mu=\mu_0=0$; H_1: $\mu\neq 0$.

① 如果检验的显著性水平 $\alpha=0.05$,且拒绝域 $R=\{|\overline{X}|\geqslant k\}$,求 k 的值;

② 若已知 $\bar{x}=1$,是否可以据此样本推断 $\mu=0(\alpha=0.05)$?

③ 若 H_0: $\mu=0$ 的拒绝域为 $R=\{|\overline{X}|\geqslant 0.8\}$,求检验的显著性水平 α.

(35) 设 0.50, 1.25, 0.80, 2.00 是来自总体 X 的简单随机样本值,已知 $Y=\ln X$ 服从正态分布 $N(\mu, 1)$,求:

① X 的期望 $E(X)$;

② μ 的置信度为 0.95 的置信区间;

③ 利用上述结果求 $E(X)$ 的置信度为0.95的置信区间.

(36) 假设批量生产的某种配件的内径 X 服从正态分布 $N(\mu, \sigma^2)$，今随机抽取16个配件，测得平均内径 $\overline{X}=3.05$ 毫米，样本标准差 $s=0.4$ 毫米，试求 μ 和 σ^2 的90%置信区间.

(37) 设 $X_1, X_2, \cdots, X_n$ 是来自正态总体 $N(\mu, \sigma^2)$ 的简单随机样本，其中参数 μ 和 σ^2 未知，记 $\overline{X}=\frac{1}{n}\sum_{i=1}^{n}X_i$，$T^2=\sum_{i=1}^{n}(X_i-\overline{X})^2$，则假设 $H_0: \mu=0$ 的 t 检验使用统计量 $t=$ ________.

(38) 某装置的平均工作温度据制造厂家称低于190摄氏度. 今从一个由16台装置构成的随机样本测得工作温度的平均值和标准差分别为195摄氏度和8摄氏度，根据这些数据能否支持厂家的结论？设 $\alpha=0.05$，并假定工作温度近似服从正态分布.

同步测试参考答案

同步测试 1

1) 填空题

(1) 2

(2) 分析：把第 2, 3, 4, … n 各列均加至第 1 列，则第 1 列为 $n-1$，提取公因子 $n-1$ 后，再把第 1 列的 -1 倍加至第 2, 3, 4, … n 各行，可化为上三角形行列式，即

$$|\boldsymbol{A}| = (-1)^{n-1}(n-1)$$

(3) -4

(4) 180

(5) 分析：利用行列式性质，有

$$\text{原式} = n - m$$

(6) 分析：$\boldsymbol{A}^2 = (\boldsymbol{\alpha\alpha}^{\mathrm{T}})(\boldsymbol{\alpha\alpha}^{\mathrm{T}}) = \boldsymbol{\alpha}(\boldsymbol{\alpha}^{\mathrm{T}}\boldsymbol{\alpha})\boldsymbol{\alpha}^{\mathrm{T}} = 2\boldsymbol{\alpha\alpha}^{\mathrm{T}} = 2\boldsymbol{A}$，

归纳可得

$$\boldsymbol{A}^n = 2^{n-1}\boldsymbol{A},$$

那么

$$|a\boldsymbol{E} - \boldsymbol{A}^n| = |a\boldsymbol{E} - 2^{n-1}\boldsymbol{A}| = a^2(a - 2^n)$$

(7) 分析：用 $\boldsymbol{A}$ 右乘矩阵方程的两端，有

$$3\boldsymbol{AB} = 6\boldsymbol{B} + \boldsymbol{A} \Rightarrow 3(\boldsymbol{A} - 2\boldsymbol{E})\boldsymbol{B} = \boldsymbol{A} \Rightarrow 3^3\ |\boldsymbol{A} - 2\boldsymbol{E}| \cdot |\boldsymbol{B}| = |\boldsymbol{A}|$$

故

$$|\boldsymbol{B}| = \frac{1}{9}$$

(8) 分析：由 $\boldsymbol{BA} = \boldsymbol{B} + 2\boldsymbol{E}$ 得 $\boldsymbol{B}(\boldsymbol{A} - \boldsymbol{E}) = 2\boldsymbol{E}$，两边取行列式，有

$$|\boldsymbol{B}|\,|\boldsymbol{A} - \boldsymbol{E}| = 4,$$

因为 $|\boldsymbol{A} - \boldsymbol{E}| = 2$，所以 $|\boldsymbol{B}| = 2$.

(9) 分析：$|\boldsymbol{A} + \boldsymbol{E}| = |\boldsymbol{A} + \boldsymbol{AA}^{\mathrm{T}}| = |\boldsymbol{A}(\boldsymbol{E} + \boldsymbol{A}^{\mathrm{T}})| = |\boldsymbol{A}| \cdot |\boldsymbol{E} + \boldsymbol{A}^{\mathrm{T}}| = |\boldsymbol{A}| \cdot |\boldsymbol{E} + \boldsymbol{A}|$

所以 $(1 - |\boldsymbol{A}|) \cdot |\boldsymbol{E} + \boldsymbol{A}| = 0$；

又 $|\boldsymbol{A}| < 0$，

故 $|\boldsymbol{E}+\boldsymbol{A}|=0$.

(10) $a\neq 1$ 且 $a\neq -4$

2) 选择题

(1) 分析：将第 1 列的 -1 倍依次加到其余各列，有

$$f(x)=\begin{vmatrix} x-2 & 1 & 0 & -1 \\ 2x-2 & 1 & 0 & -1 \\ 3x-3 & 1 & x-2 & -2 \\ 4x & -3 & x-7 & -3 \end{vmatrix}=\begin{vmatrix} x-2 & 1 & 0 & 0 \\ 2x-2 & 1 & 0 & 0 \\ 3x-3 & 1 & x-2 & -1 \\ 4x & -3 & x-7 & -6 \end{vmatrix},$$

$$=\begin{vmatrix} x-2 & 1 \\ 2x-2 & 1 \end{vmatrix}\cdot\begin{vmatrix} x-2 & -1 \\ x-7 & -6 \end{vmatrix},$$

由拉普拉斯展开式知 $f(x)$ 是 x 的 2 次多项式，故选 B

(2) B

(3) C

(4) 分析：利用行列式性质，有原式 $=-6m$，选 D

(5) 分析：由 $|k\boldsymbol{A}|=k^n|\boldsymbol{A}|$ 及 $|\boldsymbol{A}^*|=|\boldsymbol{A}|^{n-1}$ 有

$$||\boldsymbol{A}^*|\boldsymbol{A}|=|\boldsymbol{A}^*|^n|\boldsymbol{A}|=(|\boldsymbol{A}|^{n-1})^n|\boldsymbol{A}|=|\boldsymbol{A}|^{n^2-n+1}，选 C$$

(6) 分析：与上题类似，选 C

(7) 分析：用拉普拉斯展开式有

$$|\boldsymbol{C}|=\begin{vmatrix} \boldsymbol{0} & 3\boldsymbol{A} \\ -\boldsymbol{B} & \boldsymbol{0} \end{vmatrix}=(-1)^{mn}|3A||-\boldsymbol{B}|=(-1)^{mn}3^m|\boldsymbol{A}|(-1)^n|\boldsymbol{B}|$$

$$=(-1)^{(m+1)n}3^m ab，故选 D$$

(8) B

(9) B

3) 证明题

(1) 分析：因为 $\boldsymbol{A\alpha}=(\boldsymbol{E}-\boldsymbol{\alpha\alpha}^{\mathrm{T}})\boldsymbol{\alpha}=\boldsymbol{\alpha}-\boldsymbol{\alpha\alpha}^{\mathrm{T}}\boldsymbol{\alpha}=\boldsymbol{\alpha}-\boldsymbol{\alpha}(\boldsymbol{\alpha}^{\mathrm{T}}\boldsymbol{\alpha})=\boldsymbol{\alpha}-\boldsymbol{\alpha}=\boldsymbol{0}$，所以 $\boldsymbol{\alpha}$ 是齐次方程组 $\boldsymbol{Ax}=\boldsymbol{0}$ 的非零解. 故 $|\boldsymbol{A}|=0$.

(2) 分析：由于 $\boldsymbol{A}^*=\boldsymbol{A}^{\mathrm{T}}$，根据 $\boldsymbol{A}^*$ 的定义有 $A_{ij}=a_{ij}$，

又

$$|\boldsymbol{A}|=\sum_{j=1}^{n}a_{ij}A_{ij}=\sum_{j=1}^{n}a_{ij}{}^2>0,$$

故

$$|\boldsymbol{A}|\neq 0$$

(3) 分析：

必要性：对零矩阵及矩阵 $\boldsymbol{B}$ 按列分块，设 $\boldsymbol{B}=(\boldsymbol{\beta}_1,\boldsymbol{\beta}_2,\cdots,\boldsymbol{\beta}_n)$，那么

$$\boldsymbol{AB}=\boldsymbol{A}(\boldsymbol{\beta}_1,\boldsymbol{\beta}_2,\cdots,\boldsymbol{\beta}_n)=(\boldsymbol{A\beta}_1,\boldsymbol{A\beta}_2,\cdots,\boldsymbol{A\beta}_n)=(\boldsymbol{0},\boldsymbol{0},\cdots,\boldsymbol{0}),$$

于是 $\boldsymbol{A\beta}_j=\boldsymbol{0}(j=1,2,\cdots,n)$，即 $\boldsymbol{\beta}_j$ 使齐次线性方程组 $\boldsymbol{Ax}=\boldsymbol{0}$ 的解，由 $\boldsymbol{B}\neq\boldsymbol{0}$，知 $\boldsymbol{Ax}=\boldsymbol{0}$ 有非零解，故 $|\boldsymbol{A}|=0$.

充分性：因为 $|\boldsymbol{A}|=0$，所以齐次线性方程组 $\boldsymbol{Ax}=\boldsymbol{0}$ 有非零解. 设 $\boldsymbol{\beta}$ 是 $\boldsymbol{Ax}=\boldsymbol{0}$ 的一个非零解，那么，令 $\boldsymbol{B}=(\boldsymbol{\beta},\boldsymbol{0},\boldsymbol{0},\cdots,\boldsymbol{0})$，则 $\boldsymbol{B}\neq\boldsymbol{0}$. 而 $\boldsymbol{AB}=\boldsymbol{0}$.

(4) 分析：因为 $\boldsymbol{AA}^{-1}=\boldsymbol{E}$，有 $|\boldsymbol{A}||\boldsymbol{A}^{-1}|=1$. 因为 $\boldsymbol{A}$ 的元素都是整数，按行列式的定义，$|\boldsymbol{A}|$ 必是整数，同理 $|\boldsymbol{A}^{-1}|$ 也是整数，所以 $|\boldsymbol{A}|$ 与 $|\boldsymbol{A}^{-1}|$ 只能取 ±1.

同步测试 2

1) 填空题

(1) $\begin{bmatrix}9&9&9\\9&9&9\\9&9&9\end{bmatrix}$ (2) 3 (3) 21 (4) $\begin{bmatrix}1&1&0\\1&0&0\\0&0&-2\end{bmatrix}$ (5) $\begin{bmatrix}0&0&-2\\0&-3&5\\-6&3&-3\end{bmatrix}$ (6) 0

(7) $|\boldsymbol{A}|=0$ (8) $|\boldsymbol{A}|=0$ (9) $\begin{bmatrix}0&\frac{1}{2}\\-1&-1\end{bmatrix}$ (10) $-\frac{1}{3}(\boldsymbol{A}+2\boldsymbol{E})$

【提示】 (1) $r(\boldsymbol{A})=1$，$\boldsymbol{A}^2=l\boldsymbol{A}$，其中 $l=\sum a_{ii}=-3$.

(2) 设 $l=\boldsymbol{\alpha}^{\mathrm{T}}\boldsymbol{\beta}$，将 $\boldsymbol{A}=2\boldsymbol{E}-\boldsymbol{\alpha\beta}^{\mathrm{T}}$ 代入 $\boldsymbol{A}^2=\boldsymbol{A}+2\boldsymbol{E}$，整理即得.

(3) $|\boldsymbol{A}-2\boldsymbol{B}|=|\boldsymbol{\alpha}_1-2\boldsymbol{\alpha}_3,\boldsymbol{\alpha}_2-2\boldsymbol{\alpha}_1,\boldsymbol{\alpha}_3-2\boldsymbol{\alpha}_2,\boldsymbol{\beta}_1-2\boldsymbol{\beta}_2|$

$=|\boldsymbol{\alpha}_1-2\boldsymbol{\alpha}_3,\boldsymbol{\alpha}_2-2\boldsymbol{\alpha}_1,\boldsymbol{\alpha}_3-2\boldsymbol{\alpha}_2,\boldsymbol{\beta}_1|-|\boldsymbol{\alpha}_1-2\boldsymbol{\alpha}_3,\boldsymbol{\alpha}_2-2\boldsymbol{\alpha}_1,\boldsymbol{\alpha}_3-2\boldsymbol{\alpha}_2,2\boldsymbol{\beta}_2|$

(4) $\boldsymbol{A}^5=\boldsymbol{A}(\boldsymbol{A}^2)^2$，则 $\boldsymbol{A}=[(\boldsymbol{A}^2)^2]^{-1}\boldsymbol{A}^5=[(\boldsymbol{A}^2)^{-1}]^2\boldsymbol{A}^5$

(5) $\boldsymbol{B}^*=|\boldsymbol{B}|\boldsymbol{B}^{-1}$，$|\boldsymbol{B}|=|\boldsymbol{A}^{-1}||\boldsymbol{D}||\boldsymbol{C}^{-1}|=-6$，$\boldsymbol{B}^{-1}=\boldsymbol{CD}^{-1}\boldsymbol{A}=\begin{bmatrix}0&0&\frac{1}{0}\\0&\frac{1}{2}&-\frac{5}{6}\\1&-\frac{1}{2}&\frac{1}{2}\end{bmatrix}$.

(6) 由已知可得 $\boldsymbol{AE}=\boldsymbol{0}$，故 $\boldsymbol{A}=\boldsymbol{0}$.

(7) $\boldsymbol{AB}=\boldsymbol{0}\Rightarrow r(\boldsymbol{A})+r(\boldsymbol{B})\leqslant m$，由 $\boldsymbol{B}\neq0\Rightarrow r(\boldsymbol{B})\geqslant1$，则 $r(\boldsymbol{A})<m\Rightarrow|\boldsymbol{A}|=0$

反之，$|\boldsymbol{A}|=0$，方程组 $\boldsymbol{A}x=\boldsymbol{0}$ 有非零解，则有 $\boldsymbol{B}$.

(8) $\boldsymbol{B}\neq\boldsymbol{C}$，$\boldsymbol{AB}=\boldsymbol{AC}\Leftrightarrow\boldsymbol{A}(\boldsymbol{B}-\boldsymbol{C})=\boldsymbol{0}$，$\boldsymbol{B}-\boldsymbol{C}\neq\boldsymbol{0}\Leftrightarrow|\boldsymbol{A}|=0$

(9) 先求 $\boldsymbol{B}$，再利用二阶矩阵求逆矩阵.

(10) 利用逆矩阵的定义，$\boldsymbol{A}(\boldsymbol{A}+2\boldsymbol{E})=-3\boldsymbol{E}$ 即得.

2) 选择题

(1) B (2) D (3) B (4) D (5) A (6) A (7) D (8) D (9) B

【提示】 (1) $\frac{1}{k}\boldsymbol{A}^{-1}=\boldsymbol{A}^*-\left|\frac{1}{2}\boldsymbol{A}^{\mathrm{T}}\right|\boldsymbol{A}^{-1}$，同乘 $\boldsymbol{A}$，得 $\frac{1}{k}\boldsymbol{E}=-3\boldsymbol{E}+\frac{3}{8}\boldsymbol{E}=-\frac{21}{8}\boldsymbol{E}$.

(2) 用矩阵乘法即可得.

(3) 对 $\boldsymbol{A}$ 作初等变换 $\boldsymbol{A}\rightarrow\begin{bmatrix}1&4&3&-1\\0&11&7&a-1\\0&a+3&0&a\end{bmatrix}$，因为 a，$a+3$ 不能同时为零，故 $r(\boldsymbol{A})=3$.

(4) $\boldsymbol{AB}=\boldsymbol{0}$，且 $\boldsymbol{B}\neq\boldsymbol{0}$ 得 $r(\boldsymbol{A})<n\Rightarrow|\boldsymbol{A}^*|=0$.

(5) 由 $\boldsymbol{AB}=\boldsymbol{BC}=\boldsymbol{CA}=\boldsymbol{E}$ 可知，$\boldsymbol{A}^2=\boldsymbol{B}^2=\boldsymbol{C}^2=\boldsymbol{E}$.

(6) 利用矩阵运算的性质.

(7) $(k\boldsymbol{A})^*=k^{n-1}\boldsymbol{A}^*$.

(8) $\boldsymbol{P}^2=\boldsymbol{E}$，当 m，n 均为偶数时，$\boldsymbol{P}^m\boldsymbol{A}\boldsymbol{P}^n=\boldsymbol{EAE}=\boldsymbol{A}$.

(9) $\boldsymbol{AB}=\boldsymbol{0}$，$\boldsymbol{A}\neq\boldsymbol{0}$ 且 $\boldsymbol{B}\neq\boldsymbol{0}$ 得 $r(\boldsymbol{A})<n$，$r(\boldsymbol{B})<n$.

3) 解答题

【提示】 (1) ① 由 $\boldsymbol{BA}=\boldsymbol{0}$，知 $1\leqslant r(\boldsymbol{A})$，$r(\boldsymbol{B})\leqslant 2$，得 $|\boldsymbol{A}|=0$，从而 $a=1$，将方程转化为解齐次线性方程组 $\boldsymbol{A}^{\mathrm{T}}\boldsymbol{x}=\boldsymbol{0}$，$\boldsymbol{B}^{\mathrm{T}}$ 的列向量是它的解向量，则 $\boldsymbol{B}=\begin{bmatrix}-t & t & t\\ -u & u & u\\ -v & v & v\end{bmatrix}$，$t$，$u$，$v$ 不全为零.

② 由 $\boldsymbol{B}$ 的第 1 列得到它的特征值为 2，0，0. 当 $\lambda=0$ 时，$r(0\boldsymbol{E}-\boldsymbol{B})=1$，故 $\boldsymbol{B}$ 可以相似对角化，即

$$\boldsymbol{B}\sim\begin{bmatrix}2&0&0\\0&0&0\\0&0&0\end{bmatrix},\ \boldsymbol{B}-\boldsymbol{E}\sim\begin{bmatrix}1&0&0\\0&-1&0\\0&0&-1\end{bmatrix},\text{从而}(\boldsymbol{B}-\boldsymbol{E})^6\sim\begin{bmatrix}1&0&0\\0&1&0\\0&0&1\end{bmatrix},\text{得}(\boldsymbol{B}-\boldsymbol{E})^6=\begin{bmatrix}1&0&0\\0&1&0\\0&0&1\end{bmatrix}.$$

(2) ①(用定义) $(\boldsymbol{A}-2\boldsymbol{E})(\boldsymbol{E}-\boldsymbol{B})=-2\boldsymbol{E}$，从而 $\boldsymbol{A}-2\boldsymbol{E}$ 可逆.

② 由①知，$(\boldsymbol{A}-2\boldsymbol{E})(\boldsymbol{E}-\boldsymbol{B})=(\boldsymbol{E}-\boldsymbol{B})(\boldsymbol{A}-2\boldsymbol{E})$，整理得 $\boldsymbol{AB}=\boldsymbol{BA}$.

③ 由 ① 知，$(\boldsymbol{A}-2\boldsymbol{E})^{-1}=\dfrac{1}{2}(\boldsymbol{B}-\boldsymbol{E})$，$\boldsymbol{A}-2\boldsymbol{E}=2(\boldsymbol{B}-\boldsymbol{E})^{-1}=2\begin{bmatrix}0&-1&0\\1&0&0\\0&0&1\end{bmatrix}$，

得 $\boldsymbol{A}=\begin{bmatrix}2&-2&0\\2&2&0\\0&0&4\end{bmatrix}$.

(3) ① 用反对称及二次型的定义易得.

② 用反证法，存在 $\boldsymbol{\alpha}\neq\boldsymbol{0}$，$(\boldsymbol{A}-k\boldsymbol{E})\boldsymbol{\alpha}=\boldsymbol{0}$，即 $\boldsymbol{A\alpha}=\lambda\boldsymbol{\alpha}$，两边同左乘 $\boldsymbol{\alpha}^{\mathrm{T}}$ 即与①矛盾.

③ 由 $\boldsymbol{AB}-\boldsymbol{BA}$ 是反对称矩阵可得 $|\boldsymbol{AB}-\boldsymbol{BA}|=(-1)^n|\boldsymbol{AB}-\boldsymbol{BA}|$，从而得证.

(4) 通过 $\boldsymbol{A}(\boldsymbol{\alpha}_1,\boldsymbol{\alpha}_2,\boldsymbol{\alpha}_3)=(\boldsymbol{\alpha}_1,2\boldsymbol{\alpha}_2,3\boldsymbol{\alpha}_3)$，得到 $\boldsymbol{A}=(\boldsymbol{\alpha}_1,2\boldsymbol{\alpha}_2,3\boldsymbol{\alpha}_3)(\boldsymbol{\alpha}_1,\boldsymbol{\alpha}_2,\boldsymbol{\alpha}_3)^{-1}$，

$$\boldsymbol{A}=\begin{bmatrix}\dfrac{7}{3}&0&-\dfrac{2}{3}\\ 0&\dfrac{5}{3}&-\dfrac{2}{3}\\ -\dfrac{2}{3}&-\dfrac{2}{3}&2\end{bmatrix}.$$

(5) 由 $|\boldsymbol{A}|=1$ 得 $\boldsymbol{A}^{-1}=\begin{bmatrix}\dfrac{1}{2}&\dfrac{\sqrt{3}}{2}\\ -\dfrac{\sqrt{3}}{2}&\dfrac{1}{2}\end{bmatrix}$，$\boldsymbol{A}^{11}=\boldsymbol{A}^{12}\boldsymbol{A}^{-1}=(\boldsymbol{A}^6)^2\boldsymbol{A}^{-1}=\boldsymbol{A}^{-1}$.

(6) 由 $(\boldsymbol{A}-\boldsymbol{B})^3=(\boldsymbol{A}-\boldsymbol{B})(\boldsymbol{A}+\boldsymbol{B})=(\boldsymbol{A}+\boldsymbol{B})(\boldsymbol{A}-\boldsymbol{B})$ 整理证出.

(7) 由 $(\boldsymbol{A}+\boldsymbol{B})^2=\boldsymbol{A}+\boldsymbol{B}$ 化简得 $\boldsymbol{AB}+\boldsymbol{BA}=\boldsymbol{0}$，用 $\boldsymbol{A}$ 左乘、右乘上式两端得到 $\boldsymbol{AB}=\boldsymbol{BA}$.

(8) 用逆矩阵的定义证得,即 $(\boldsymbol{A}-\boldsymbol{E})(\boldsymbol{B}-\boldsymbol{E})^{\mathrm{T}}=\boldsymbol{E}$.

(9) 用正交矩阵的定义可得,$(\boldsymbol{A}+\boldsymbol{B})^{-1}=(\boldsymbol{A}+\boldsymbol{B})^{\mathrm{T}}=\boldsymbol{A}^{\mathrm{T}}+\boldsymbol{B}^{\mathrm{T}}=\boldsymbol{A}^{-1}+\boldsymbol{B}^{-1}$.

(10) 利用 $\boldsymbol{E}-\boldsymbol{A}^{k}=(\boldsymbol{E}-\boldsymbol{A})(\boldsymbol{E}+\boldsymbol{A}+\cdots+\boldsymbol{A}^{k-1})$ 可得.

同步测试 3

1) 填空题

(1) $a\neq 1$ (2) $a=-1$ (3) $a=-2$ (4) $t=-2$ (5) $|\boldsymbol{A}|=-17$

【提示】

(1) n 个 n 维向量 $\boldsymbol{\alpha}_1,\boldsymbol{\alpha}_2,\cdots\boldsymbol{\alpha}_n$ 可以表示任一个 n 维向量 $\Leftrightarrow$ $\boldsymbol{\alpha}_1,\boldsymbol{\alpha}_2,\cdots,\boldsymbol{\alpha}_n$ 线性无关 $\Leftrightarrow$ $|\boldsymbol{\alpha}_1,\boldsymbol{\alpha}_2,\cdots,\boldsymbol{\alpha}_n|\neq 0$.

(2) 因为 $\boldsymbol{\alpha}_1,\boldsymbol{\alpha}_2,\boldsymbol{\alpha}_3$ 线性相关,故 $x_1\boldsymbol{\alpha}_1+x_2\boldsymbol{\alpha}_2+x_3\boldsymbol{\alpha}_3=\mathbf{0}$ 有非零解,

$$[\boldsymbol{\alpha}_1,\boldsymbol{\alpha}_2,\boldsymbol{\alpha}_3]=\begin{bmatrix}1&2&0\\3&7&a\\2&a&5\\a&3&5\end{bmatrix}\to\begin{bmatrix}1&2&0\\0&1&a\\0&a-4&5\\0&3-2a&-5\end{bmatrix}\to\begin{bmatrix}1&2&0\\0&1&a\\0&0&5+4a-a^2\\0&0&2a^2-3a-5\end{bmatrix},$$

由于 $5+4a-a^2=(5-a)(1+a)$, $2a^2-3a-5=(2a-5)(a+1)$,
所以仅当 $a=-1$ 时,上述两个数才同时为零,从而

$\boldsymbol{\alpha}_1,\boldsymbol{\alpha}_2,\boldsymbol{\alpha}_3$ 线性相关 $\Leftrightarrow r(\boldsymbol{\alpha}_1,\boldsymbol{\alpha}_2,\boldsymbol{\alpha}_3)<3\Leftrightarrow a=-1$.

(3) $$[\boldsymbol{\alpha}_1,\boldsymbol{\alpha}_2,\boldsymbol{\alpha}_3]=\begin{bmatrix}1&2&1\\3&1&-1\\6&2&a\\2&-1&-2\end{bmatrix}\to\begin{bmatrix}1&2&1\\0&-5&-4\\0&-10&a-6\\0&-5&-4\end{bmatrix}\to\begin{bmatrix}1&2&1\\0&5&4\\0&0&a+2\\0&0&0\end{bmatrix},$$

可见 $r(\boldsymbol{\alpha}_1,\boldsymbol{\alpha}_2,\boldsymbol{\alpha}_3)=2\Leftrightarrow a+2=0$.

(4) $$\begin{vmatrix}3&2&1\\-1&1&t\\1&-1&2\end{vmatrix}=\begin{vmatrix}3&5&1\\-1&0&t\\1&0&2\end{vmatrix}=-5\begin{vmatrix}-1&t\\1&2\end{vmatrix}=0,\text{所以 } t=-2.$$

(5) $$|\boldsymbol{A}|=\begin{vmatrix}1&0&0\\2&2&3\\3&3&-4\end{vmatrix}=\begin{vmatrix}2&3\\3&-4\end{vmatrix}=-17.$$

2) 选择题

(1) B (2) B (3) A (4) D

【提示】

(1) 由于 A. $(\boldsymbol{\alpha}_1-\boldsymbol{\alpha}_2)+(\boldsymbol{\alpha}_3-\boldsymbol{\alpha}_1)+(\boldsymbol{\alpha}_2-\boldsymbol{\alpha}_3)=\mathbf{0}$,

C. $(\boldsymbol{\alpha}_1-\boldsymbol{\alpha}_2)+(2\boldsymbol{\alpha}_2+\boldsymbol{\alpha}_3)+(\boldsymbol{\alpha}_1+\boldsymbol{\alpha}_2+\boldsymbol{\alpha}_3)=\mathbf{0}$, 故 A 和 C 均线性相关,可排除.

至于 D,令 $\boldsymbol{\beta}_1=\boldsymbol{\alpha}_1+\boldsymbol{\alpha}_2$, $\boldsymbol{\beta}_2=2\boldsymbol{\alpha}_2+3\boldsymbol{\alpha}_3$, $\boldsymbol{\beta}_3=5\boldsymbol{\alpha}_1+8\boldsymbol{\alpha}_2$, 即 $\boldsymbol{\beta}_1,\boldsymbol{\beta}_2,\boldsymbol{\beta}_3$ 可以由 $\boldsymbol{\alpha}_1,\boldsymbol{\alpha}_2$ 线性表出,亦即多数向量可由少数向量线性表出,故 $\boldsymbol{\beta}_1,\boldsymbol{\beta}_2,\boldsymbol{\beta}_3$ 必线性相关.

(2) 考查 $\boldsymbol{\alpha}_1,\boldsymbol{\alpha}_2,\boldsymbol{\alpha}_3$ 中的前三个分量所构成的向量,由于

$\begin{vmatrix} 1 & 1 & 2 \\ 0 & -1 & 0 \\ 6 & 2 & 7 \end{vmatrix} = 5 \neq 0$ 知 $[1, 0, 6]^T, [1, -1, 2]^T, [2, 0, 7]^T$ 线性无关，从而延伸组 $\boldsymbol{\alpha}_1, \boldsymbol{\alpha}_2, \boldsymbol{\alpha}_3$ 必线性无关.

因为 $|\boldsymbol{\alpha}_1, \boldsymbol{\alpha}_2, \boldsymbol{\alpha}_3, \boldsymbol{\alpha}_4| = 5a_4$，所以 $\boldsymbol{\alpha}_1, \boldsymbol{\alpha}_2, \boldsymbol{\alpha}_3, \boldsymbol{\alpha}_4$ 既可能线性相关也可能线性无关，可知C,D均不正确.

(3) 由 $\boldsymbol{A}$ 的列向量组线性无关，知 $r(\boldsymbol{A}) = \boldsymbol{A}$ 的列秩 $= n$，又由 $\boldsymbol{AB} = \boldsymbol{A}$，得 $\boldsymbol{A}(\boldsymbol{B}-\boldsymbol{E}) = \boldsymbol{0}$，那么 $r(\boldsymbol{A}) + r(\boldsymbol{B}-\boldsymbol{E}) \leqslant n$，从而有 $r(\boldsymbol{B}-\boldsymbol{E}) \leqslant n - r(\boldsymbol{A}) = n - n = 0$.

(4) 根据定理"若 $\boldsymbol{\alpha}_1, \boldsymbol{\alpha}_2, \cdots, \boldsymbol{\alpha}_s$ 可由向量组 $\boldsymbol{\beta}_1, \boldsymbol{\beta}_2, \cdots, \boldsymbol{\beta}_t$ 线性表示，且 $s > t$，则 $\boldsymbol{\alpha}_1, \boldsymbol{\alpha}_2, \cdots, \boldsymbol{\alpha}_s$ 必线性相关"，即多数向量可以由少数向量线性表示，则这多数向量必线性相关，故应选D.

3) 解答题

(1) 考查方程组 $x_1\boldsymbol{\alpha}_1 + x_2\boldsymbol{\alpha}_2 + \cdots + x_s\boldsymbol{\alpha}_s = \boldsymbol{\beta}$，

由于 $r(\boldsymbol{\alpha}_1, \boldsymbol{\alpha}_2, \cdots, \boldsymbol{\alpha}_s) = r(\boldsymbol{\alpha}_1, \boldsymbol{\alpha}_2, \cdots, \boldsymbol{\alpha}_s, \boldsymbol{\beta})$，即 $r(\boldsymbol{A}) = r(\overline{\boldsymbol{A}})$ 方程组有解，即 $\boldsymbol{\beta}$ 可以由 $\boldsymbol{\alpha}_1, \boldsymbol{\alpha}_2, \cdots, \boldsymbol{\alpha}_s$ 线性表出.

(2) 设 $k_1\boldsymbol{\alpha}_1 + k_2\boldsymbol{\alpha}_2 + \cdots + k_s\boldsymbol{\alpha}_s = \boldsymbol{0}$，　(3.10)

因为 $\boldsymbol{\alpha}_i, \boldsymbol{\alpha}_j (i \neq j)$ 两两正交，有 $\boldsymbol{\alpha}_i^T\boldsymbol{\alpha}_j = 0$，

用 $\boldsymbol{\alpha}_1^T$ 左乘(3.10)式，得 $k_1\boldsymbol{\alpha}_1^T\boldsymbol{\alpha}_1 = 0$.

注意 $\boldsymbol{\alpha}_1^T\boldsymbol{\alpha}_1 = \|\boldsymbol{\alpha}_1\|^2 > 0$.

(3) 4个3维向量 $\boldsymbol{\alpha}_1, \boldsymbol{\alpha}_2, \boldsymbol{\beta}_1, \boldsymbol{\beta}_2$ 必线性相关，故有不全为0的 k_1, k_2, l_1, l_2 使得

$$k_1\boldsymbol{\alpha}_1 + k_2\boldsymbol{\alpha}_2 + l_1\boldsymbol{\beta}_1 + l_2\boldsymbol{\beta}_2 = \boldsymbol{0}.$$

注意 k_1, k_2 必不全为0，取 $\gamma = k_1\boldsymbol{\alpha}_1 + k_2\boldsymbol{\alpha}_2 = -l_1\boldsymbol{\beta}_1 - l_2\boldsymbol{\beta}_2$，

解方程组 $x_1\boldsymbol{\alpha}_1 + x_2\boldsymbol{\alpha}_2 + y_1\boldsymbol{\beta}_1 + y_2\boldsymbol{\beta}_2 = \boldsymbol{0}$，求其通解可知 $\gamma = k[0, 1, 1]^T$.

(4)

$$(\boldsymbol{\alpha}_1, \boldsymbol{\alpha}_2, \boldsymbol{\alpha}_3, \boldsymbol{\alpha}_4) = \begin{bmatrix} 1 & 2 & 0 & 3 \\ 2 & 0 & -4 & -2 \\ -1 & t & 5 & t+4 \\ 1 & 0 & -2 & -1 \end{bmatrix} \to \begin{bmatrix} 1 & 2 & 0 & 3 \\ 0 & -4 & -4 & -8 \\ 0 & t+2 & 5 & t+7 \\ 0 & -2 & -2 & -4 \end{bmatrix} \to \begin{bmatrix} 1 & 2 & 0 & 3 \\ 0 & 1 & 1 & 2 \\ 0 & 0 & 3-t & 3-t \\ 0 & 0 & 0 & 0 \end{bmatrix}$$

显然 $\boldsymbol{\alpha}_1, \boldsymbol{\alpha}_2$ 线性无关，且

当 $t = 3$ 时，$r(\boldsymbol{\alpha}_1, \boldsymbol{\alpha}_2, \boldsymbol{\alpha}_3, \boldsymbol{\alpha}_4) = 2$，且 $\boldsymbol{\alpha}_1, \boldsymbol{\alpha}_2$ 是极大无关组；

当 $t \neq 3$ 时，$r(\boldsymbol{\alpha}_1, \boldsymbol{\alpha}_2, \boldsymbol{\alpha}_3, \boldsymbol{\alpha}_4) = 3$，且 $\boldsymbol{\alpha}_1, \boldsymbol{\alpha}_2, \boldsymbol{\alpha}_3$ 是极大无关组.

同步测试 4

1) 填空题

(1) 分析：对增广矩阵作初等行变换，有

$$\begin{pmatrix} 1 & -1 & -3 & 2 \\ 0 & 1 & a-2 & a \\ 3 & a & 5 & 16 \end{pmatrix} \to \begin{pmatrix} 1 & -1 & -3 & 2 \\ 0 & 1 & a-2 & a \\ 0 & 0 & 20-a-a^2 & 10-3a-a^2 \end{pmatrix}$$

当 $a = -5$ 时，$r(\boldsymbol{A}) = r(\bar{\boldsymbol{A}}) < 3$，方程组有无穷多解.

(2) $\lambda \neq 1$ 且 $\lambda \neq -\frac{4}{5}$

(3) 分析：$n - r(\boldsymbol{A}) = 4 - 2 = 2$，取 x_3，x_4 为自由未知量，得基础解系为：$(0, 0, 1, 0)^{\mathrm{T}}$，$(-1, 1, 0, 1)^{\mathrm{T}}$.

(4) 分析：由 $(\alpha_2 + \alpha_3) - 2\alpha_1 = (\alpha_2 - \alpha_1) + (\alpha_3 - \alpha_1) = (0, 1, 2, 3)^{\mathrm{T}}$，知 $(0, 1, 2, 3)^{\mathrm{T}}$ 是 $\boldsymbol{Ax} = \boldsymbol{0}$ 的解.

又 $r(\boldsymbol{A}) = 3$，$n - r(\boldsymbol{A}) = 1$，所以 $\boldsymbol{Ax} = \boldsymbol{b}$ 的通解是 $(1, 1, 1, 1)^{\mathrm{T}} + k(0, 1, 2, 3)^{\mathrm{T}}$.

(5) 分析：可知 $r(\boldsymbol{A}) = 1$，于是 $n - r(\boldsymbol{A}) = 2$，所以 $\boldsymbol{Ax} = \boldsymbol{0}$ 的通解是 $k_1(1, 4, 3)^{\mathrm{T}} + k_2(-2, 3, 1)^{\mathrm{T}}$.

(6) 分析：因为 $r(\boldsymbol{A}) = 2$，所以 $|\boldsymbol{A}| = 0$，那么 $\boldsymbol{A}^*\boldsymbol{A} = |\boldsymbol{A}|E = \boldsymbol{0}$，所以 $\boldsymbol{A}$ 的列向量是 $\boldsymbol{A}^*\boldsymbol{x} = \boldsymbol{0}$ 的解.
又 $r(\boldsymbol{A}^*) = 1$，故 $\boldsymbol{A}^*\boldsymbol{x} = \boldsymbol{0}$ 的通解为：$k_1(1, 4, 7)^{\mathrm{T}} + k_2(2, 5, 8)^{\mathrm{T}}$.

(7) $c_1 + c_2 + \cdots + c_t = 1$.

(8) $a = 3$.

(9) 分析：由于矩阵 $\boldsymbol{A}$ 中有 2 阶子式不为 0，故 $r(\boldsymbol{A}) \geqslant 2$，又 $\boldsymbol{\xi}_1 - \boldsymbol{\xi}_2$ 是 $\boldsymbol{Ax} = \boldsymbol{0}$ 的非零解，知 $r(\boldsymbol{A}) < 3$，故 $r(\boldsymbol{A}) = 2$. 于是 $n - r(\boldsymbol{A}) = 1$，所以方程组的通解为：$(-3, 2, 0)^{\mathrm{T}} + k(-1, 1, 1)^{\mathrm{T}}$.

2) 选择题

(1) 应选 A

(2) 应选 C

(3) 分析：$\boldsymbol{AB}$ 是 m 阶矩阵，那么 $\boldsymbol{ABx} = \boldsymbol{0}$ 仅有零解的充要条件是 $r(\boldsymbol{AB}) = m$. 又 $r(\boldsymbol{AB}) \leqslant r(\boldsymbol{B}) \leqslant \min(m, n)$，故当 $m > n$ 时，必有 $r(\boldsymbol{AB}) \leqslant \min(m, n) = n < m$. 所以选 D.

(4) 分析：$\dfrac{\boldsymbol{\beta}_1 + \boldsymbol{\beta}_2}{2}$ 是 $\boldsymbol{Ax} = \boldsymbol{b}$ 的解，$\boldsymbol{\alpha}_1$，$\boldsymbol{\alpha}_1 - \boldsymbol{\alpha}_2$ 是 $\boldsymbol{Ax} = \boldsymbol{0}$ 的线性无关的解，是基础解系. 故应选 B.

(5) 分析：因为 $\boldsymbol{A}$ 是 $m \times n$ 矩阵，若 $r(\boldsymbol{A}) = m$，则

$$m = r(\boldsymbol{A}) \leqslant r(\boldsymbol{A}, \boldsymbol{b}) \leqslant m,$$

于是 $r(\boldsymbol{A}) = r(\boldsymbol{A}, \boldsymbol{b})$，故方程组有解，故选 A.

(6) 分析：(1)与(2)同解，故应选 A.

3) 解答题

(1) 分析：由于 $\boldsymbol{\beta}_i (i = 1, 2, \cdots s)$ 是 α_1，α_2，$\cdots$，α_s 的线性组合，又 α_1，α_2，$\cdots$，α_s 是 $\boldsymbol{Ax} = \boldsymbol{0}$ 的解，所以 $\beta_i (i = 1, 2, \cdots s)$ 均为 $\boldsymbol{Ax} = \boldsymbol{0}$ 的解.

下面分析 $\beta_i (i = 1, 2, \cdots, s)$ 线性无关的条件. 设 $k_1\beta_1 + k_2\beta_2 + \cdots + k_s\beta_s = 0$，即

$$(t_1k_1 + t_2k_s)\alpha_1 + (t_2k_1 + t_1k_2)\alpha_2 + \cdots + (t_2k_{s-1} + t_1k_s)\alpha_s = 0,$$

由于 α_1，α_2，$\cdots$，α_s 线性无关，因此有

$$\begin{cases} t_1k_1 + t_2k_s = 0 \\ t_2k_1 + t_1k_2 = 0 \\ \cdots \\ t_2k_{s-1} + t_1k_s = 0 \end{cases},$$

因为系数行列式

$$\begin{vmatrix} t_1 & 0 & 0 & \cdots & 0 & t_2 \\ t_2 & t_1 & 0 & \cdots & 0 & 0 \\ 0 & t_2 & t_1 & \cdots & 0 & 0 \\ & & & \cdots & & \\ 0 & 0 & 0 & \cdots & t_2 & t_1 \end{vmatrix} = t_1^s + (-1)t_2^s,$$

所以 $t_1^s+(-1)t_2^s\neq 0$ 时，方程组只有零解，从而 $\beta_1,\beta_2,\cdots,\beta_s$ 线性无关.

(2) 分析：① 因为增广矩阵 $\bar{\mathbf{A}}$ 的行列式是范德蒙行列式

$$|\bar{\mathbf{A}}|=\prod_{1\leqslant j<i\leqslant 4}(a_i-a_j)\neq 0,$$

故 $r(\bar{\mathbf{A}})=4$，而系数矩阵 $r(\mathbf{A})=3$，所以方程组无解.

② 当 $a_1=a_3=k,\ a_2=a_4=-k$ 时，方程组同解于

$$\begin{cases}x_1+kx_2+k^2x_3=k^3\\x_1-kx_2+k^2x_3=-k^3\end{cases}.$$

因为 $\begin{vmatrix}1 & k\\1 & -k\end{vmatrix}=-2k\neq 0$，知 $r(\mathbf{A})=r(\bar{\mathbf{A}})=2$，可知导出组的基础解系含有 1 个解向量，那么 $\eta=\beta_1-\beta_2=(-2,0,2)^{\mathrm{T}}$ 是导出组的基础解系. 于是方程组的通解为 $k\eta+\beta_1$，其中 k 是任意常数.

同步测试 5

1) 测试题

(1) -4　(2) -1　(3) $1,7,7$　(4) $4,-2,-1,\frac{1}{2}$　(5) $1,-3,-3$　(6) $1,1,1$　(7) 6

(8) $\begin{bmatrix}2 & & & \\ & 2 & & \\ & & 2 & \\ & & & 0\end{bmatrix}$　(9) $2,2,2$　(10) $k(0,1,1)^{\mathrm{T}},\ k\neq 0$

2) 选择题

(1) D　(2) C　(3) A　(4) A　(5) B　(6) A　(7) C　(8) D　(9) B　(10) A

3) 解答题

(1) $\mathbf{A}^3=\begin{bmatrix}-\frac{1}{2} & 0 & -\frac{9}{2}\\0 & 1 & 0\\-\frac{9}{2} & 0 & -\frac{7}{2}\end{bmatrix}$.

(2) $a=2,\ \mathbf{Q}=\begin{bmatrix}-\frac{1}{\sqrt{2}} & -\frac{1}{\sqrt{6}} & \frac{1}{\sqrt{3}}\\\frac{1}{\sqrt{2}} & -\frac{1}{\sqrt{6}} & \frac{1}{\sqrt{3}}\\0 & \frac{2}{\sqrt{6}} & \frac{1}{\sqrt{3}}\end{bmatrix}$，则 $\mathbf{Q}^{-1}\mathbf{AQ}=\begin{bmatrix}2 & & \\ & 2 & \\ & & 8\end{bmatrix}$.

(3) ① $a=0$ 或 $a=-1$；

② 若 $a=0$，则 $\mathbf{A}$ 的特征值为 $2,2,4$，特征向量为 $k_1(1,0,-1)^{\mathrm{T}}$，k_1 是非零常数；若 $a=-1$，则 $\mathbf{A}$ 的特征值为 $3,3,2$，特征向量为 $k_2(1,0,1)^{\mathrm{T}}$，k_2 是非零常数；

③ 不能相似对角化，无论 $a=0$ 或 $a=-1$，对于 $\mathbf{A}$ 的二重特征值，$\mathbf{A}$ 只有一个线性无关的特征向量.

(4) ① $a=0,\ b=2$;

② $\boldsymbol{P}=\begin{bmatrix}1 & -1 & -2\\ 1 & 0 & 0\\ 0 & 1 & 1\end{bmatrix}$;

(5) $a=-1,\ b=1$; $\boldsymbol{P}=\begin{bmatrix}2 & -2 & 3\\ -1 & 2 & -2\\ 2 & -2 & 2\end{bmatrix}$;

(6) ① $a=-6$;

② 矩阵 $\boldsymbol{A}$ 的属于特征值 3 的特征向量是 $k_1(\boldsymbol{\alpha}_1+2\boldsymbol{\alpha}_2)+k_2(-3\boldsymbol{\alpha}_2+\boldsymbol{\alpha}_3)$，其中 $k_1,\ k_2$ 不全为 0,矩阵 $\boldsymbol{A}$ 的属于特征值−1 的特征向量是 $k_3(\boldsymbol{\alpha}_1-2\boldsymbol{\alpha}_2)$，$k_3\neq 0$.

(7) ① $\boldsymbol{B}$ 的特征值是−2, 1, 1,属于特征值−2 的特征向量是 $k_1(1,\ -1,\ 1)^{\mathrm{T}}$，$k_1\neq 0$，属于特征值 1 的特征向量是 $k_2(1,\ 1,\ 0)^{\mathrm{T}}+k_3(0,\ 1,\ 1)^{\mathrm{T}}$，$k_2,\ k_3$ 不全为 0;

② $\boldsymbol{B}=\begin{bmatrix}0 & 1 & -1\\ 1 & 0 & 1\\ -1 & 1 & 0\end{bmatrix}$.

(8) 略.

(9) 略.

同步测试 6

1) 填空题

(1) 2　(2) $y_1^2+y_2^2-y_3^2$　(3) ± 1　(4) $a>\frac{5}{2}$　(5) $k<-2$ 或 $k>0$　(6) $a<0$

(7) $\begin{bmatrix}1 & 0 & 1\\ 0 & 1 & 0\\ 1 & 0 & -1\end{bmatrix}$ 或 $\begin{bmatrix}1 & 0 & -1\\ 0 & 1 & 0\\ 1 & 0 & 1\end{bmatrix}$

2) 选择题

(1) A　(2) B　(3) C　(4) D　(5) C　(6) B　(7) B

3) 解答题

(1) ① $f(x_1,\ x_2,\ \cdots,\ x_n)=\boldsymbol{x}^{\mathrm{T}}\dfrac{(\boldsymbol{A}^*)^{\mathrm{T}}}{|\boldsymbol{A}|}\boldsymbol{x}$

② 由于 $g(\boldsymbol{x})$ 与 $f(\boldsymbol{x})$ 有相同的正、负惯性指数,从而它们的规范形相同.

(2) ① $a=1,\ b=2$　② $\boldsymbol{Q}=\begin{bmatrix}\frac{2}{\sqrt{5}} & 0 & \frac{1}{\sqrt{5}}\\ 0 & 1 & 0\\ \frac{1}{\sqrt{5}} & 0 & \frac{2}{\sqrt{5}}\end{bmatrix}$,

则经过正交变换 $\boldsymbol{x}=\boldsymbol{Q}\boldsymbol{y}$，二次型化为标准形 $f(y_1,\ y_2,\ y_3)=2y_1^2+2y_2^2-3y_3^2$.

(3) ① $\boldsymbol{A}=\begin{bmatrix}\frac{1}{2} & 0 & -\frac{1}{2}\\ 0 & 1 & 0\\ -\frac{1}{2} & 0 & \frac{1}{2}\end{bmatrix}$　② $\boldsymbol{A}+\boldsymbol{E}$ 的特征值为 2, 2, 1,故 $\boldsymbol{A}+\boldsymbol{E}$ 正定.

(4) ① $-2, -2, 0$　② $k>2$.

(5) 略.

(6) 略.

同步测试 7

1) 填空题

(1) $\frac{7}{40}$, $\frac{7}{15}$　(2) $\frac{2}{3}$　(3) 0.36

2) 选择题

(1) D　(2) B

3) 解答题

(1) ① $\frac{4}{5}$　② 略　(2) ① $(0.94)^n$　② $C_n^2(0.94)^{n-2}(0.06)^2$　③ $1-0.06n\times(0.94)^{n-1}-(0.94)^n$

同步测试 8

1) 填空题

(1) 0.2　(2) $\frac{3}{4}$　(3) 1, $\frac{1}{2}$

2) 选择题

(1) B　(2) A

3) 计算题

(1) $P\{X=k\}=p(1-p)^{k-1}+p^{k-1}(1-p)\ (k=2, 3, 4, \cdots)$

(2) $a=\ln\frac{e^5}{e^5-e^3+1}$

(3) $n\geqslant 22$

(4) $F(y)=\begin{cases}0 & y\leqslant 1\\ e^{-\frac{\lambda}{y}}-e^{-\lambda y} & y>1\end{cases}$

(5) $G(y)=\begin{cases}0 & y\leqslant 0\\ y & 0<y<1\\ 1 & y\geqslant 1\end{cases}$

同步测试 9

(1) D

(2) $\alpha=0.4$, $\beta=0.1$

(3) $F(x)=\begin{cases}\frac{1}{2}e^x & x\leqslant 0\\ 1-\frac{1}{2}e^{-x} & x>0\end{cases}$

(4) $f_Z(z)=\Phi(z)-\Phi(z-1)$

(5) $F_Z(z)=\begin{cases}0 & z<0\\ \dfrac{z}{4} & 0\leqslant z<1\\ \dfrac{3}{4}z-\dfrac{1}{2} & 1\leqslant z<2\\ 1 & z\geqslant 2\end{cases}$

(6)

X \ Y	0	1
0	$\frac{5}{8}$	$\frac{1}{8}$
1	$\frac{1}{8}$	$\frac{1}{8}$

(7) $F_Y(y)=\begin{cases}0 & y<0\\ 0.001 & y=0\\ 0.001+0.999(1-e^{-\frac{y}{10}}) & 0<y\leqslant 2\\ 1 & y\geqslant 2\end{cases}$

(8) $F_X(x)=\begin{cases}0 & x<0\\ x & 0\leqslant x<\dfrac{3}{4}\\ 1 & x\geqslant\dfrac{3}{4}\end{cases}$

同步测试 10

1) 填空题

(1) 2.4　(2) 2　(3) $\frac{1}{\sqrt{8}}$　(4) $\frac{2}{9}$　(5) 91

2) 选择题

(1) A　(2) C　(3) D　(4) C　(5) B

3) 解答题

(1) $E(X)=u$, $D(X)=2$

(2) 每周生产 3 或 4 件产品可使所期望的利润最大

(3) ① $E(U)=24$　② $D(V)=27$

(4) $a=\pm 1$, $b=\frac{1}{\sqrt{3}}$, $c=-\frac{2}{\sqrt{3}}$ 或 $a=\pm 1$, $b=-\frac{1}{\sqrt{3}}$, $c=\frac{2}{\sqrt{3}}$

(5) 证明(略)

同步测试 11

1) 填空题

(1) $\frac{1}{\lambda}$；$\frac{2}{\lambda^2}$；$\frac{1}{\lambda^2}$；1　(2) $\Phi(\sqrt{3})$　(3) 0

2) 选择题

(1) C　(2) B

3) 解答题

(1) $C=\sqrt{2}$　(2) 0.77　(3) 0.323 5

同步测试 12

1) 填空题

(1) $\frac{m}{n}=\frac{1}{4}$　(2) t 分布,参数为 9　(3) $\mu=1.306\,7$　(4) $n=8$　(5) t 分布,2 和 $n-1$　(6) $F(10, 5)$

2) 选择题

(1) D　(2) C　(3) C

3) 解答题

(1) $a=\frac{1}{4}$, $b=\frac{1}{8}$, $c=\frac{1}{12}$, $d=\frac{1}{16}$, $m=4$

(2) $2(n-1)\sigma^2$

(3) 0.99

(4) 11

(5) ① $n\geqslant 1\,089$　② $n\geqslant 40$　③ $n\geqslant 254.65\approx 255$

(6) 略

(7) 略

同步测试 13

(1) D　(2) D　(3) C　(4) $\hat{\theta}=\frac{1}{n}\sum_{i=1}^{n}X_i-1$　(5) C　(6) C　(7) C　(8) B　(9) A

(10) ① 略　② $D\hat{\sigma}_1^2=\frac{2\sigma^4}{n-1}$, $D\hat{\sigma}_2^2=\frac{2\sigma^4}{n}$, 由此可知 $D\hat{\sigma}_1^2<D\hat{\sigma}_2^2$　(11) $\hat{\theta}=\frac{4\overline{X}-1}{2}$；不是

(12) $a=\frac{1}{2}$

(13) $c=\frac{1}{2n}$, $DY=\frac{2}{n}\sigma^4$

(14) $a=\frac{n_1}{n_1+n_2}$, $b=\frac{n_2}{n_1+n_2}$ 时,DY 的最小值为$\frac{\sigma^2}{n_1+n_2}$

(15) $\hat{p}=\frac{1}{\overline{X}}$,其中 $\overline{X}=\frac{1}{n}\sum_{i=1}^{n}X_i$,最大似然估计量$\hat{p}=\frac{1}{\overline{X}}$

(16) $\frac{1}{n}\sum_{i=1}^{n}|X_i|$

(17) λ 的最大似然估计为 $\overline{X}$, 矩估计为 $\overline{X}$

(18) $\frac{1}{4}$；$\frac{7-\sqrt{13}}{12}$

(19) $a=1/n-1$, $b=-1/n-1$

(20) $\hat{\theta}=\min(x_1, x_2, \cdots, x_n)$

(21) $u/1-u$

(22) $a=\min X_i$, $b=\max X_i$

(23) $\frac{1}{n}\sum_{i=1}^{n}(X_i-\overline{X})^2$, $\overline{X}-\sqrt{\frac{1}{n}\sum_{i=1}^{n}(X_i-\overline{X})^2}$

(24) $\frac{n}{\sum_{i=1}^{n}X_i^n}$

(25) $3\overline{X}$

(26) 略

(27)

① $EX=2\left(\frac{1}{\lambda}+1\right)^2+2$

② $\hat{\lambda}_1=\frac{1}{\overline{X}-2}$, $\hat{\lambda}_2=\frac{1}{\overline{X}-2}$

③ $\hat{b}=2(\overline{X}-1)^2+2$

(28) ① θ的矩估计量为$\hat{\theta}=2\overline{X}$，最大似然估计量$\hat{\theta}=\max(X_i, \cdots, X_2)=X_{(n)}$

② $a=2$, $b=\frac{n+1}{n}$, $\hat{\theta}_2$ 比$\hat{\theta}_1$ 有效

③ 略

(29) A

(30) (500.4, 507.1)

(31) (4.412, 5.588)

(32) (0.214, 2.798)

(33) 略

(34) ① 0.62　② 0.011 4　③ 略

(35) ① $e^{\mu+\frac{1}{2}}$　② $(-0.98, 0.98)$　③ $(e^{-0.48}, e^{1.48})$

(36)(0.096, 0.331)

(37) $t=\frac{\overline{X}}{T}\sqrt{n(n-1)}$

(38) 不支持